KB276056

여성복기능사

필기·실기문제

한권으로 합격하기

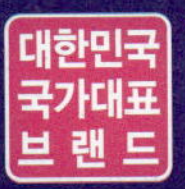

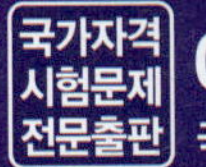

이 책을 발행하며

　여성복기능사 자격시험은 주어진 디자인과 치수에 맞게 여성복을 제작할 수 있는 능력이 있는지를 확인하는 국가공인 자격시험입니다. 이 시험에 합격하기 위해서는 의류 소재, 디자인, 의복 구성, 피복 일반에 대한 이론적인 지식과 작업지시서, 패턴 제작, 재단과 봉제에 대한 실기 기능을 모두 갖추어야 합니다.

　필기시험은 이론과 기출문제를 통해 공부하시면 대부분 합격을 하게 됩니다. 그러나 많은 수험생분들이 필기 · 실기시험을 준비하고 응시하는 과정에서 시행착오를 겪어보았기 때문에 그러한 어려움을 잘 알고 있습니다.

　여성복기능사 실기시험은 요구사항과 도식화에 맞춰 정해진 시간 안에 완성하여 제출하는 것이 가장 중요합니다. 이에 따라 이 책에 수록된 패턴은 출제기준에 부합하면서도 그리기 쉬운 패턴을 연구하여 집필한 것입니다. 그리고 패턴의 제도 과정도 자세히 설명하려고 노력하였습니다.

　실기시험에 대한 내용을 책으로 배운다는 것은 매체 특성상의 한계가 존재하기 때문에 글과 사진으로 설명이 어려운 내용이 있었습니다. 교재의 일부 내용에 대해서는 저자의 유튜브 채널 (낭만바늘) 을 통해 보충 설명을 제공하여 부족한 부분을 보완 하려고 합니다.

　이 책이 여러분의 시험에 합격하는데 큰 도움이 되기를 바라며 각자의 꿈을 위해 도전하는 수험생 여러분을 응원합니다. 최선을 다해서 시험에서 좋은 결과가 있기를 기대합니다.

　끝으로 이 책을 집필하는 데 도움을 주신 크라운 출판사 기획부, 편집부 임직원 여러분께 감사드리며 사랑하는 가족에게 고마움을 전합니다.

저자　안혜숙

Ⅲ. 필기편

Part 1 필기 요약

Part 2 기출복원문제

※ 여성복기능사는 실기가 중요한 시험이어서 이 책의 구성은 실기를 먼저 배치했습니다.

I
시험정보안내

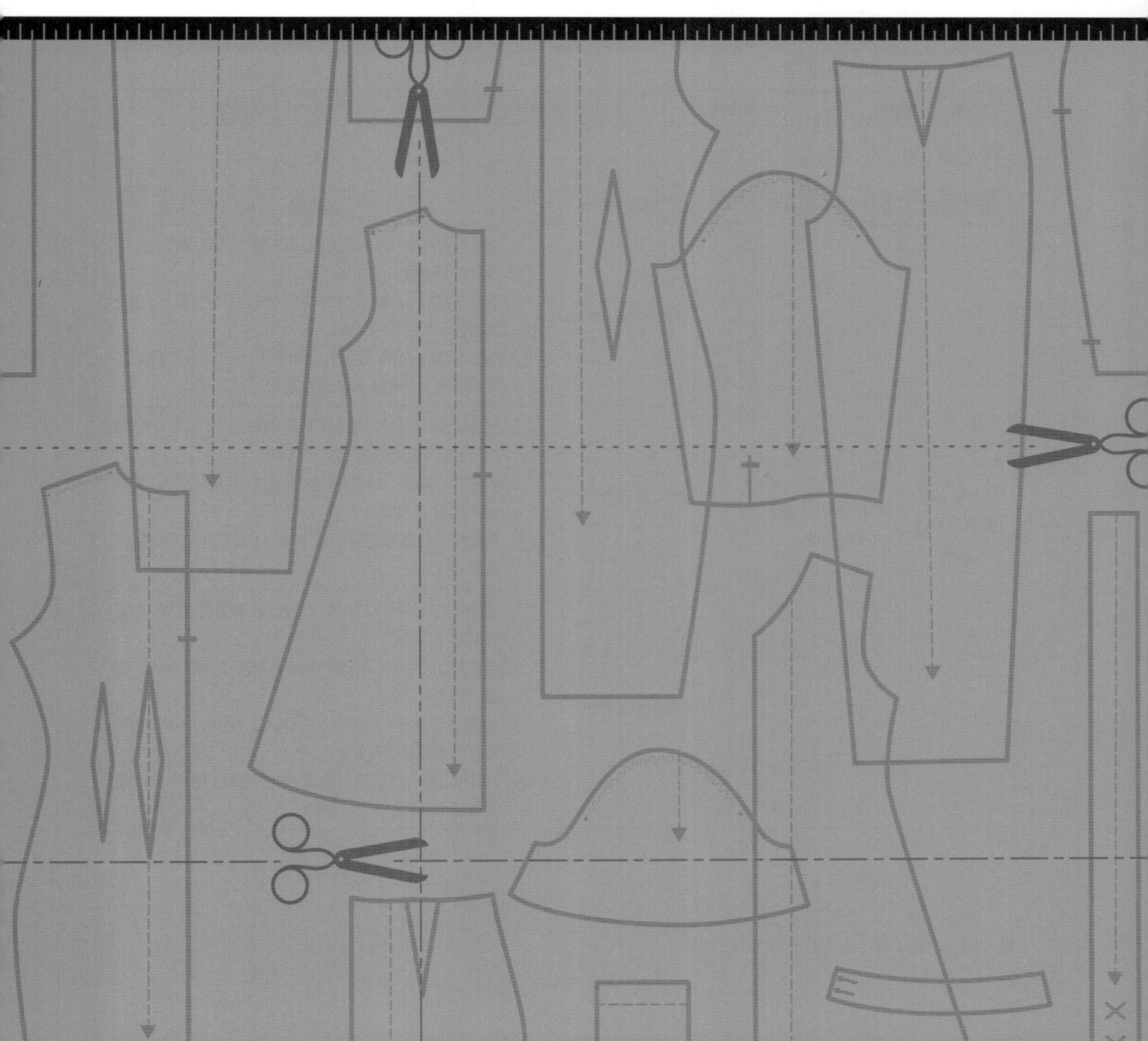

출제기준(실기)

직무 분야	섬유 · 의복	중직무 분야	의복	자격 종목	여성복기능사	적용 기간	2025.1.1~2027.12.31.

○직무내용 : 주어진 디자인과 제시한 치수에 맞게 패턴을 제작하여 마킹 및 재단 후 손바느질과 재봉기를 이용하여 여성복을 제작하는 직무이다.

○수행준거 : 1. 샘플패턴제작을 위하여 디자인 의도를 파악하고, 원부자재를 분석한 후 봉제방법을 계획할 수 있다.
2. 패턴 수정사항을 확인한 후 겉감패턴과 부속패턴을 완성할 수 있다.
3. 부자재와 재봉사를 선정하고 부위별 봉제방법을 제시할 수 있다.
4. 원부자재 특성을 파악하여 마킹방법을 정한 후 마킹할 수 있다.
5. 샘플겉감패턴에 대한 가봉을 의뢰하고, 가봉 후 샘플겉감패턴을 수정하고, 샘플부속패턴을 제작하고, 원단 소요량을 산출할 수 있다.
6. 여성복 샘플겉감패턴 제작에 필요한 사이즈와 패턴제작방법을 정하고 샘플겉감패턴을 제작할 수 있다.
7. 원단특성을 파악하고 재단작업 효율을 높이기 위하여 작업내용 및 아소트 비율을 분석하고 재단작업 치수계획을 수립할 수 있다.
8. 생산의뢰서에 따라서 원단의 상태를 고려하여 연단, 마킹, 재단을 할 수 있다.
9. 의류제품 몸판에 연결되어 있는 부속들을 생산의뢰서와 봉제공정도에 따라 제작할 수 있다.
10. 제직의류 부속봉제에서 만들어진 부속들을 생산의뢰서와 봉제공정도에 따라 재봉기로 부착하여 봉제 완제품을 제작할 수 있다.

실기검정방법	작업형	시험시간	6~7시간 정도

실기과목명	주요항목	세부항목	세세항목
여성복 패턴 및 봉제작업 실무	1. 패션상품 샘플작업지시서 분석	1. 디자인 의도 파악하기	1. 샘플작업지시서에 표현된 도식화를 근거로 패턴제도에 필요한 내용을 파악할 수 있다. 2. 샘플작업지시서를 통하여 패턴제도 시 발생할 수 있는 문제점을 파악할 수 있다. 3. 샘플작업지시서를 통하여 파악된 디자인의 문제점을 보완하여 수정사항을 요청할 수 있다.
		2. 원부자재 분석하기	1. 샘플작업지시서에 따라서 패턴 제도 시 적용할 원단과 디자인의 적합성을 분석할 수 있다. 2. 원단의 수축률, 드레이프성, 물성과 관련된 원단의 특성을 파악할 수 있다. 3. 정해진 원단의 특성에 따라 봉제 시 필요한 부자재를 선정할 수 있다.
		3. 봉제방법 계획하기	1. 샘플작업지시서에 따라서 디자인에 적합한 봉제순서를 계획할 수 있다. 2. 샘플작업지시서에 따라서 원부자재에 적절한 봉제방법을 선택할 수 있다. 3. 샘플작업지시서에 따라서 디자인과 원부자재에 적합한 솔기의 종류를 선택할 수 있다. 4. 샘플작업지시서에 따라서 봉제에 적합한 어태치먼트를 선택할 수 있다.

실기과목명	주요항목	세부항목	세세항목
여성복 패턴 및 봉제작업 실무	2. 메인패턴 제작	1. 샘플 수정사항 확인하기	1. 작업지시서를 기반으로 디자인 변경 사항이 양산을 위한 메인패턴 제작 방식에 알맞은지 확인할 수 있다. 2. 작업지시서를 기반으로 가봉을 거친 샘플의 사이즈 변경 사항을 확인할 수 있다. 3. 작업지시서를 기반으로 가봉을 거친 샘플의 원부자재 변경 사항을 확인할 수 있다.
		2. 겉감패턴 완성하기	1. 작업지시서에 제시된 스펙에 적합한 겉감패턴으로 완성할 수 있다. 2. 작업지시서에 제시된 부위별 요구사항에 알맞은 겉감패턴으로 완성할 수 있다. 3. 생산 현장의 봉제기기 및 봉제 기술에 알맞은 겉감패턴으로 완성할 수 있다. 4. 대량생산 시 발생할 원단의 수축, 이완을 감안한 겉감패턴으로 수정할 수 있다. 5. 완성된 겉감패턴에 부위별로 적합한 시접을 작성할 수 있다.
		3. 부속패턴 완성하기	1. 수정된 겉감패턴에 따라 겉감에 적합한 안감패턴을 완성할 수 있다. 2. 수정된 겉감패턴에 따라 겉감에 적합한 심지패턴을 완성할 수 있다. 3. 수정된 겉감패턴에 따라 겉감에 적합한 주머니 패턴 및 기타 부속패턴을 완성할 수 있다.
	3. 봉제사양서 작성	1. 부자재 선정하기	1. 작업지시서를 기반으로 디자인에 따른 심지 부착 부위를 지정할 수 있다. 2. 작업지시서를 기반으로 정해진 부위에 적합한 심지 종류를 선정할 수 있다. 3. 작업지시서를 기반으로 원단에 따른 심지 접착 조건(온도, 압력, 시간)을 제시할 수 있다. 4. 정해진 부위에 패드, 슬리브 헤딩 종류 및 부착 방법을 제시할 수 있다. 5. 작업지시서를 기반으로 겉감의 특성에 따라 안감의 종류를 결정할 수 있다.
		2. 재봉사 선정하기	1. 작업지시서를 기반으로 겉감특성과 봉제방법에 적합한 재봉사를 선정할 수 있다. 2. 작업지시서를 기반으로 안감특성과 봉제방법에 적합한 재봉사를 선정할 수 있다. 3. 작업지시서를 기반으로 재봉사에 따른 바늘과 본봉땀수를 지정할 수 있다.
		3. 부위별 봉제 방법 제시하기	1. 솔기와 스티치 종류에 적합한 봉제기기, 봉제보조기, 봉제방법을 제시할 수 있다. 2. 의복의 종류에 따른 칼라, 안단, 플랩 등 부속 패턴에 대한 결방향 및 봉제방법, 그에 따른 다리미, 프레스기를 제시할 수 있다. 3. 작업지시서를 기반으로 지퍼, 스냅, 단추 등에 따른 부착 방법을 제시할 수 있다. 4. 손봉제 및 자동화 기기를 이용한 봉제를 구분하여 지정할 수 있다. 5. 작업지시서를 기반으로 메인라벨과 취급주의표시라벨 부착위치와 부착 방법을 지정할 수 있다.

실기과목명	주요항목	세부항목	세세항목
여성복 패턴 및 봉제작업 실무	4. 패션상품 원부자재 소요량 산출	1. 원부자재 특성 파악하기	1. 메인작업지시서를 기반으로 원부자재의 소요량 산출을 위해 가용폭을 확인할 수 있다. 2. 메인작업지시서를 기반으로 원부자재의 원단 결방향을 확인할 수 있다. 3. 원부자재 실물에 따라 원부자재의 무늬 배열의 특징을 파악할 수 있다. 4. 원부자재 실물에 따라 부위별 염색 차이를 파악할 수 있다.
		2. 마킹 방법 결정하기	1. 메인작업지시서를 기반으로 생산 공장의 연단대 길이를 고려하여 마킹방법을 정할 수 있다. 2. 메인작업지시서를 기반으로 원부자재특성에 따라 원부자재의 연단방법을 정할 수 있다. 3. 메인작업지시서를 기반으로 원부자재특성에 따라 마킹 방법을 정할 수 있다.
		3. 마킹하기	1. 메인작업지시서를 기반으로 겉감, 안감, 심지, 배색원단의 소요량을 산출할 수 있다. 2. 메인작업지시서를 기반으로 의복완성에 필요한 기타 부자재의 소요량을 산출할 수 있다. 3. 메인작업지시서를 기반으로 마킹작업완료 후에 누락된 요소가 있는지 확인할 수 있다.
	5. 샘플패턴 수정	1. 가봉 의뢰하기	1. 가봉을 의뢰하기 위해 작업에 맞는 원단 봉제방법을 제시할 수 있다. 2. 가봉을 의뢰하기 위해 샘플봉제 시 디자인에 적합한 부자재를 선택할 수 있다. 3. 가봉을 의뢰하기 위해 샘플봉제 시 적합한 부속품 봉제 방법을 제안할 수 있다.
		2. 샘플겉감패턴 수정하기	1. 수정된 샘플작업지시서를 기반으로 가봉용 샘플 착장 후 실루엣을 변경할 수 있다. 2. 수정된 샘플작업지시서를 기반으로 가봉용 샘플 착장 후 디테일을 변경할 수 있다. 3. 수정된 샘플작업지시서를 기반으로 변경된 사항을 적용하여 샘플겉감패턴을 수 정할 수 있다.
		3. 샘플부속패턴 제작하기	1. 수정된 샘플작업지시서를 기반으로 겉감패턴에 적합한 안감 패턴을 제작할 수 있다. 2. 수정된 샘플작업지시서를 기반으로 겉감패턴에 적합한 심지 패턴을 제작할 수 있다. 3. 수정된 샘플작업지시서를 기반으로 겉감패턴에 적합한 안단 패턴을 제작할 수 있다. 4. 수정된 샘플작업지시서를 기반으로 겉감패턴에 적합한 주머니 패턴을 제작할 수 있다.
		4. 원단 가요척 산출하기	1. 제작된 패턴을 토대로 생산원가 산출에 필요한 원단 소요량을 파악할 수 있다. 2. 원단 가요척 산출을 위해 정해진 원단의 가용폭을 확인할 수 있다. 3. 원단 가요척 산출을 위해 정해진 원단에 알맞은 연단 방법을 정할 수 있다. 4. 원단 가요척 산출을 위해 원자재 발주에 필요한 원단 소요량을 산출할 수 있다.
	6. 여성복 샘플패턴 제작	1. 여성복 사이즈 결정하기	1. 여성복 샘플겉감패턴 제작에 필요한 사이즈를 정하기 위해 복종별 완제품 사이즈 정보를 수집할 수 있다. 2. 여성복 샘플겉감패턴 제작에 필요한 사이즈를 정하기 위해 원단 특성 자료를 수집할 수 있다. 3. 여성복 샘플겉감패턴을 제작하기 위해 여성복의 사이즈를 결정할 수 있다.

실기과목명	주요항목	세부항목	세세항목
여성복 패턴 및 봉제작업 실무	6. 여성복 샘플패턴 제작	2. 여성복 패턴제작 방법 결정하기	1. 샘플 작업지시서에 따라 필요한 기본 원형을 확인할 수 있다. 2. 샘플 작업지시서와 동일한 기존 여성복 샘플에서 패턴을 추출할 수 있는지 확인할 수 있다. 3. 샘플 작업지시서에 따라 기존 패턴을 응용할 수 있는지 확인할 수 있다. 4. 확인된 방법 중 적합한 여성복 패턴 제작방법을 결정 할 수 있다.
		3. 여성복 샘플겉감패턴 제작하기	1. 패턴지에 패턴의 기초 선을 그릴 수 있다. 2. 기초 선 위에 패턴의 디자인 선을 그릴 수 있다. 3. 패턴지에 그려진 패턴의 제반사항을 점검할 수 있다. 4. 패턴 부호, 약자, 겉선을 넣어 샘플겉감 패턴을 제작 할 수 있다.
		4. 입체재단으로 패턴제작 하기	1. 샘플 작업지시서에 따라 적합한 인대를 선택할 수 있다. 2. 샘플 작업지시서에 부착된 스와치와 유사한 소재를 선택 할 수 있다. 3. 샘플 작업지시서에 따라 소재를 피스워크할 수 있다. 4. 샘플 작업지시서에 따라 피스워크 된 소재를 핀 작업할 수 있다. 5. 완성된 결과물에 마킹하여 플랫 패턴을 추출할 수 있다.
	7. 제직의류 재단 준비작업	1. 재단작업 분석하기	1. 생산의뢰서에 따라 아소트(assortment)비율을 분석 할 수 있다. 2. 생산의뢰서의 사이즈별 생산수량 비율에 따라 재단 계획 을 조정할 수 있다. 3. 원단 상태에 따라 재단 계획을 조정할 수 있다. 4. 사이즈 및 칼라비율에 따라 원단별 재단 순서를 정할 수 있다.
		2. 생산보조용 패턴제작하 기	1. 메인 패턴을 참고하여 재단 시 필요한 생산보조용 패턴 을 제작할 수 있다. 2. 봉제 작업 공정에 따라 봉제 시 필요한 생산보조용 패턴 을 제작할 수 있다. 3. 메인 패턴과 작업 공정에 따라 완성 시 필요한 생산보조 용 패턴을 제작할 수 있다.
		3. 재단작업 차수 계획하 기	1. 원단의 소요량을 파악하기 위하여 생산의뢰서에 따라 아 소트(assortment)별 마킹(marking) 방법을 계획할 수 있다. 2. 원단의 폭, 치수변화율, 기모방향, 무늬 형태, 식서방향 에 따라 마킹방법을 선택할 수 있다. 3. 현장과 작업 상황에 따라 패턴 캐드(pattern CAD)를 이용한 마킹 및 출력, 수작업에 의한 마킹을 할 수 있다. 4. 오더량, 사이즈 수, 칼라수 및 재단 테이블 규격을 고려 하여 최소 재단 차수계획을 할 수 있다.
	8. 제직의류 재단 본작업	1. 마킹하기	1. 원단의 소요량을 파악하기 위하여 생산의뢰서에 따라 아 소트(assortment)별 마킹(marking) 방법을 계획할 수 있다. 2. 원단의 폭, 치수변화율, 기모방향, 무늬 형태, 식서방향 에 따라 마킹방법을 선택할 수 있다. 3. 현장과 작업 상황에 따라 패턴 캐드(pattern CAD)를 이용하여 마킹 및 출력을 하여 사용하기도 하고 수작업에 의한 마킹을 할 수도 있다.

실기과목명	주요항목	세부항목	세세항목
여성복 패턴 및 봉제작업 실무	8. 제직의류 재단 본작업	2. 연단하기	1. 원단의 두께와 무늬, 기모 여부에 따라 연단 방법을 선택할 수 있다. 2. 원단의 특성에 따라 연단기 및 연단 보조기구를 활용할 수 있다. 3. 연단을 하면서 원단의 불량 유무와 폭, 길이를 재확인할 수 있다. 4. 수동연단이나 자동기를 이용한 자동연단을 선택할 수 있다. 5. 체크나 스트라이프 원단의 무늬 맞춤을 위하여 핀을 이용하는 연단을 할 수 있다.
		3. 커팅하기	1. 원부자재의 특성에 따라 재단기, 재단 도구, 재단방법을 선택할 수 있다. 2. 선택한 재단기, 재단 도구, 재단 방법에 따라 원부자재를 재단할 수 있다. 3. 수동재단기, 자동재단기(CAM)으로 커팅할 수 있다. 4. 정밀재단을 위하여 배드나이프 커팅을 할 수 있다. 5. 재단 결과에 따라 재단일지를 작성할 수 있다.
	9. 제직의류 부속 봉제	1. 부속 제작 준비하기	1. 재단된 부속들을 종류별로 구분하고 준비할 수 있다. 2. 생산의뢰서에 따라 소매, 옷깃(카라), 주머니, 안감 등의 부속물을 종류별로 구분할 수 있다. 3. 구분된 부속 봉제 방법에 따라 지정된 재봉기, 작업도구, 다림도구 등을 준비할 수 있다.
		2. 개별 부속 제작하기	1. 주머니, 소맷귀, 견장, 허릿단, 지퍼 등 작은 부속들을 제작할 수 있다. 2. 소매, 안감, 옷깃 등 큰 부속들을 제작할 수 있다. 3. 부속끼리 연결박기나 몸판 합복을 위하여 마무리 다림질이나 부착시 박음선 위치를 표시할 수 있다.
		3. 부속봉제 완성하기	1. 봉제 공정도 순서에 따라 2개 이상의 부속으로 구성된 경우 연결 봉제를 할 수 있다. 2. 완성된 부속에 정확한 합복봉제를 할 수 있도록 박음선을 그릴 수 있다. 3. 봉제 박음공정이 완료된 부속을 아이론으로 마감할 수 있다.
	10. 제직의류 합복 봉제	1. 앞뒤판 합복하기	1. 재단 순서에 따라 이색 방지를 위한 앞판과 뒤판을 맞출 수 있다. 2. 앞판과 뒤판을 연결하기위한 봉제를 할 수 있다. 3. 부속물을 부착하기 전에 봉제 상태를 확인할 수 있다.
		2. 부속 부착하기	1. 공정순서에 따라 합복된 몸판에 부속을 부착할 수 있다. 2. 표시된 부속 부착위치에 재봉기기 및 특수 재봉기를 사용하여 주머니, 비조(bijou) 등의 부속을 부착할 수 있다. 3. 합복봉제 공정순서에 따라 옷깃(카라), 소매, 안감 등 주요 부속을 봉제할 수 있다. 4. 부속 부착과 주요 부위의 부분 봉제 결과물의 외관 확인을 통해 제대로 부착되고 봉제되었는지 확인할 수 있다.
		3. 마무리 합복하기	1. 합복공정 순서에 따라 당 재봉기기 및 특수 재봉기를 사용하여 몸판에 소매, 칼라, 겉감과 안감 등 주요부위를 연결할 수 있다. 2. 연결된 주요 부위를 복종별 솔기처리 방법에 따라 시접 정리를 하고, 태킹(tacking)작업, 중간 다림질등을 할 수 있다. 3. 봉제 공정도에 따라 합복공정을 마무리를 할 수 있다.

직무 분야	섬유 · 의복	중직무 분야	의복	자격 종목	여성복기능사	적용 기간	2025.1.1~2027.12.31.

○직무내용 : 주어진 디자인과 제시한 치수에 맞게 패턴을 제작하여 마킹 및 재단 후 손바느질과 재봉기를 이용하여 여성복을 제작하는 직무이다.

필기검정방법	객관식	문제수	60	시험 시간	1시간

필기 과목명	문제수	주요항목	세부항목	세세항목
의복재료, 의복디자인, 여성복 패턴, 여성복 생산	60	1. 섬유의 분류	1. 천연섬유와 인조섬유	1. 천연섬유 2. 인조섬유
		2. 섬유의 외형	1. 섬유의 특성	1. 섬유의 길이와 폭 2. 섬유의 단면과 꼬임 3. 섬유의 감별
		3. 섬유의 성질	1. 섬유의 물리적 성질과 　화학적 성질	1. 섬유의 물리적 성질 2. 섬유의 화학적 성질
		4. 실	1. 실의 특성	1. 실의 꼬임과 굵기 2. 실의 강도와 신도 3. 실의 종류
		5. 직물의 종류	1. 직물의 종류 및 특징	1. 직물　　　2. 편성물 3. 부직포　　　4. 기타
		6. 직물의 조직	1. 직물의 기본조직	1. 평직　　　2. 능직 3. 수자직　　　4. 변화조직
		7. 염색	1. 염색의 특성	1. 정련 및 표백 2. 염색의 특성 3. 염색의 분류
		8. 직물의 가공	1. 직물의 가공 및 특성	1. 정련 및 표백 2. 염색의 특성 3. 염색의 분류
		9. 의복	1. 의복의 성능	1. 일반가공　　　2. 특수가공
		10. 의복 관리	1. 의복의 선택과 관리	1. 의복의 감각적 성능 2. 의복의 위생적 성능 3. 의복의 실용적 성능
		11. 색채의 기초	1. 색채의 3연속성	1. 색상　　　2. 명도 3. 채도　　　4. 색입체
			2. 색의 분류	1. 무채색　　　2. 유채색
			3. 색의 혼합	1. 원색 2. 색광혼합 3. 색료혼합 4. 중간혼합
			4. 색의 표시	1. 색체계 2. 색명

필기 과목명	문제수	주요항목	세부항목	세세항목
의복재료, 의복디자인, 여성복 패턴, 여성복 생산	60	12. 색의 효과	1. 색의 시지각적 효과	1. 색의 시지각 반응 2. 색의 대비 3. 색의 동화, 잔상 4. 색의 진출과 후퇴 5. 팽창과 수축
			2. 색의 감정적인 효과	1. 색채의 감정 2. 색채의 공감각
		13. 색채관리	1. 색채관리와 생활	1. 색채관리 및 조절 2. 의생활과 색채
		14. 디자인	1. 디자인의 요소	1. 선 2. 색채 3. 재질
			2. 디자인의 원리	1. 비례 2. 균형 3. 통일 4. 조화 5. 리듬 6. 강조
		15. 핏 경향 분석	1. 실루엣과 사이즈 경향 분석	1. 실루엣 경향 분석 2. 사이즈 경향 분석
			2. 의복제작 방법 경향 분석	1. 봉제기기 2. 봉제방법
		16. 패션상품 샘플작업 지시서 분석	1. 디자인 의도 파악	1. 샘플 작업지시서
			2. 원부자재와 봉제방법 계획	1. 원부자재 분석 2. 봉제방법 계획
		17. 메인패턴 제작	1. 샘플 수정	1. 사이즈 수정 2. 패턴 수정
			2. 겉감패턴과 부속패턴	1. 원형의 제도 2. 겉감패턴 3. 부속패턴 4. 패턴배치
		18. 봉제사양서 작성	1. 부자재와 재봉사	1. 부자재 2. 재봉사
			2. 부위별 봉제 방법	1. 솔기의 종류와 특성 2. 스티치의 종류와 특성
		19. 패션상품 생산기술지도	1. 봉제기술	1. 재봉기의 종류와 특징 2. 재봉기의 고장과 수리 3. 옷감과 바늘, 실의 관계 4. 봉제기술 5. 마무리작업 6. 자체검사
		20. 패션상품 QC 샘플 검사	1. QC샘플	1. QC샘플 치수 2. QC샘플 착장 3. QC샘플 봉제
			2. QC샘플 수정 지시서	1. QC샘플 수정

필기 과목명	문제수	주요항목	세부항목	세세항목
의복재료, 의복디자인, 여성복 패턴, 여성복 생산	60	21.그레이딩	1.그레이딩 편차와 사잉즈별 패턴	1.그레이딩 편차 2.사이즈별 패턴
			2.패턴입력	1.복종별 패턴
		22.패션상품 원부자재 소요량 산출	1.원부자재 소요량	1.원가계산 2.옷감량 계산 3.원자재 소요량 4.부자재 소요량
		23.샘플패턴 수정	1.샘플패턴	1.가봉 2.샘플겉감패턴 수정 3.샘플부속패턴 수정
		24.여성복 샘플패턴 제작	1.여성복 사이즈	1.인체치수 2.완제품 사이즈
			2.여성복 패턴제작과 샘플겉감패턴제작	1.여성복 평면 패턴
			3.입체재단 패턴	1.여성복 입체 패턴
		25.제직의류 생산의뢰서 분석	1.생산의뢰서	1.도식화 2.QC 의뢰사항 3.원부자재 매치차트
		26.제직의류 재단 후 작업	1.재단물	1.재단물 분류
			2.심지와 특수 작업	1.심지 접착 2.특수 작업
		27.제직의류 완성기계 작업	1.완성다림질	1.다림질 온도와 기호 2.다림질 방법
			2.특종 작업	1.단춧구멍의 종류 2.단춧구멍 기기
			3.검침	1.검침기의 종류와 사용방법
		28.제직의류 완성기타 작업	1.마무리 손바느질과 제사	1.마무리 손바느질 2.제사
			2.포장	1.포장방법
		29.제직의류 재단 준비작업	1.재단	1.재단작업
			2.생산보조용 패턴제작	1.생산보조용 패턴
		30. 제직의류 재단 본작업	1.마킹	1.마킹방법
			2.연단	1.연단의 종류 2.연단기
			3.커팅	1.커팅의 종류 2.커팅기
		31.제직의류 부속 봉제	1.부속 봉제	1.부속 제작 2.개별 부속 제작 3.부속봉제
		32.제직의류 합복 봉제	1.합복 봉제	1.앞뒤판 합복 2.부속 부착 3.마무리 합복

1	필기도구 (볼펜 또는 사인펜)		13	식서테이프
2	필기도구 (연필, 지우개)		14	바이어스테이프
3	풀, 테이프		15	북집 및 실토리
4	전자계산기		16	송곳, 드라이버
5	자(각자, 줄자, 곡자, 그레이딩자, S모드자 등)		17	전기다리미
6	쵸크		18	다리미판
7	손바늘 5호		19	분무기 및 물통
8	손바늘 8호		20	조각천 20*20cm (재봉기 시운전용)
9	시침실 (면사)		21	외발노루발
10	재단 가위		22	미싱바늘 14호
11	반지(골무)		23	미싱바늘 11호
12	시침핀, 핀봉			

Point 수험자 유의사항

수험자 유의사항 꼭 확인하세요!

가. 수헐자는 지정된 공구와 시설만을 사용하고, 수험장 내에서는 이동을 금하며 이동할 때에는 시험위원의 승인을 받아야 하고, 반드시 정숙을 유지하여야 합니다.

나. 지급재료는 시험 전 확인하여 이상이 있을 경우 시험위원으로부터 조치를 받고 시험 도중에는 재료의 교환 및 추가 지급을 하지 아니함에 유의하시오.

다. 작품은 표준시간 내에 완성하여야 하며, 표준시간을 초과할 경우에는 채점대상에서 제외됩니다.

라. 다음과 같은 작품은 채점대상에서 제외됩니다.

    1) 표준시간 이후에 제출한 작품이거나 미완성 작품

    2) 패턴 제도와 재단 시 먹지, 룰렛 및 칼을 사용한 작품

    3) 패턴 제도가 미완성이거나 생략한 작품

    4) 제시된 디자인과 도면이 맞지 않은 패턴 제도이거나 작품

    5) 원단이 동일한 면으로 제작되지 않은 작품

    6) 과제에 적합한 패턴 제도의 식서방향과 원단의 식서방향이 맞지 않은 작품

    7) 변형이 심하여 외관이 극히 불량한 작품

    8) 기능도가 극히 불량한 작품

        가) 봉제 상태가 좌, 우 상이한 작품

        나) 봉제 상태가 잘못되어 착의할 수 없는 작품

        다) 부위별 주어진 적용 치수가 어느 한 부분이라도 1.5cm 이상 차이가 나는 작품

9) 요구사항과 맞지 않은 작품

10) 지정된 시설이나 지급된 재료 이외의 용구를 사용한 작품

마. 작업이 끝난 수험자는 완성된 작품, 문제지와 남은 지급재료를 함께 제출하고, 정리정돈을 잘한 후에 퇴장합니다.

Point 실기시험 응시 TIP!

- 시험 시작 전 북알에 밑실을 2개 이상 감아두세요.
- 도식화와 지시사항에 따라 그대로 만드는 것이 중요합니다.
- 패턴 제도에서 시간을 단축할 수 있도록 패턴을 충분히 연습하세요.
- 원단의 겉면과 안쪽 면을 구분하여 서로 반대로 사용하지 않도록 주의하세요.
- 완성작의 사이즈는 중요한 채점 기준이므로 제작과정에서 사이즈 오차가 나지 않도록 유의하세요.
- 시험 종료 시각이 임박한 상태에서는 긴장되어 손바느질이 잘 안 될 수 있습니다. 손바느질과 마무리 작업에 필요한 시간까지 염두에 두고 시간 배분을 잘 해주세요.

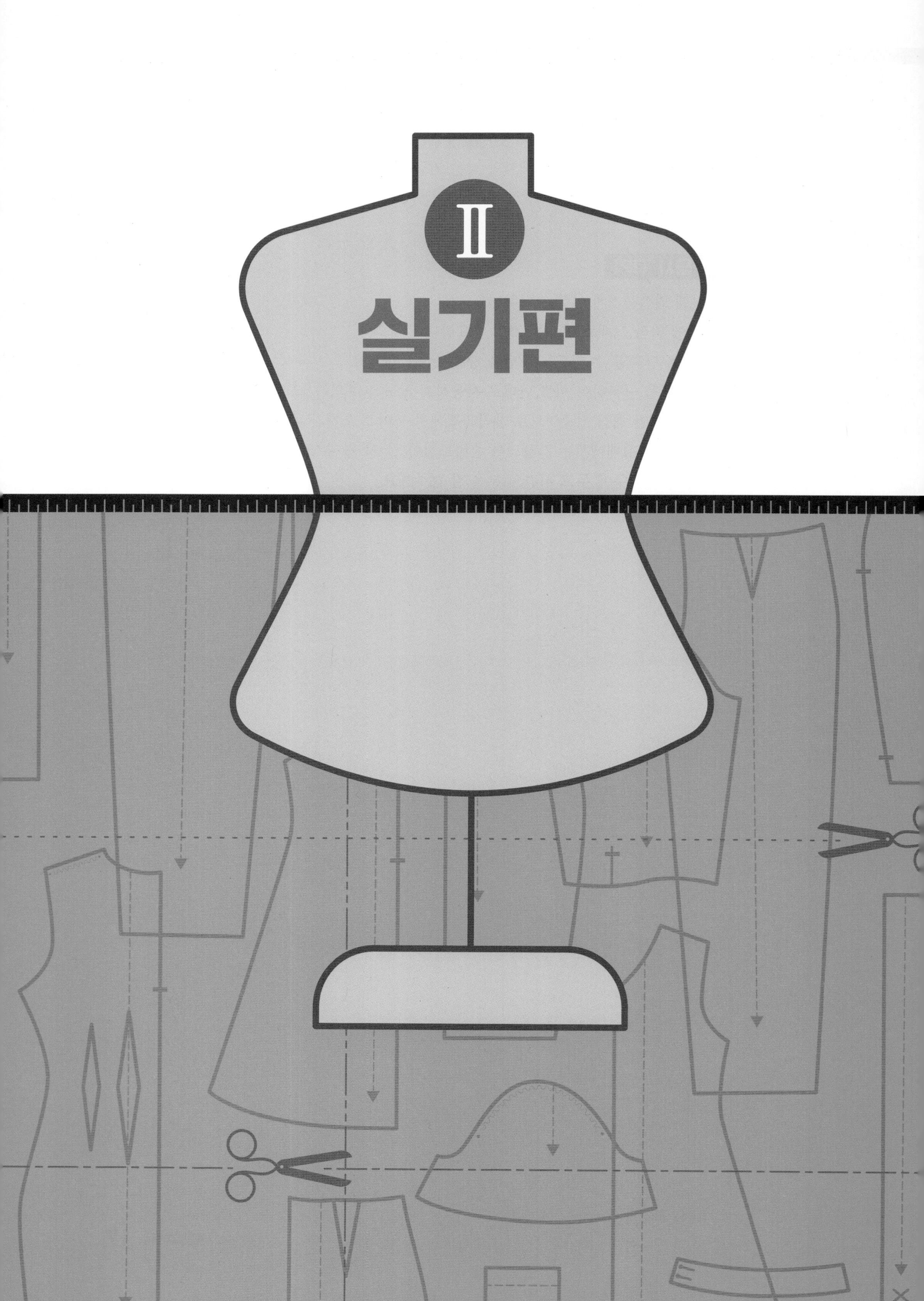

II
실기편

Part 1

실기기초

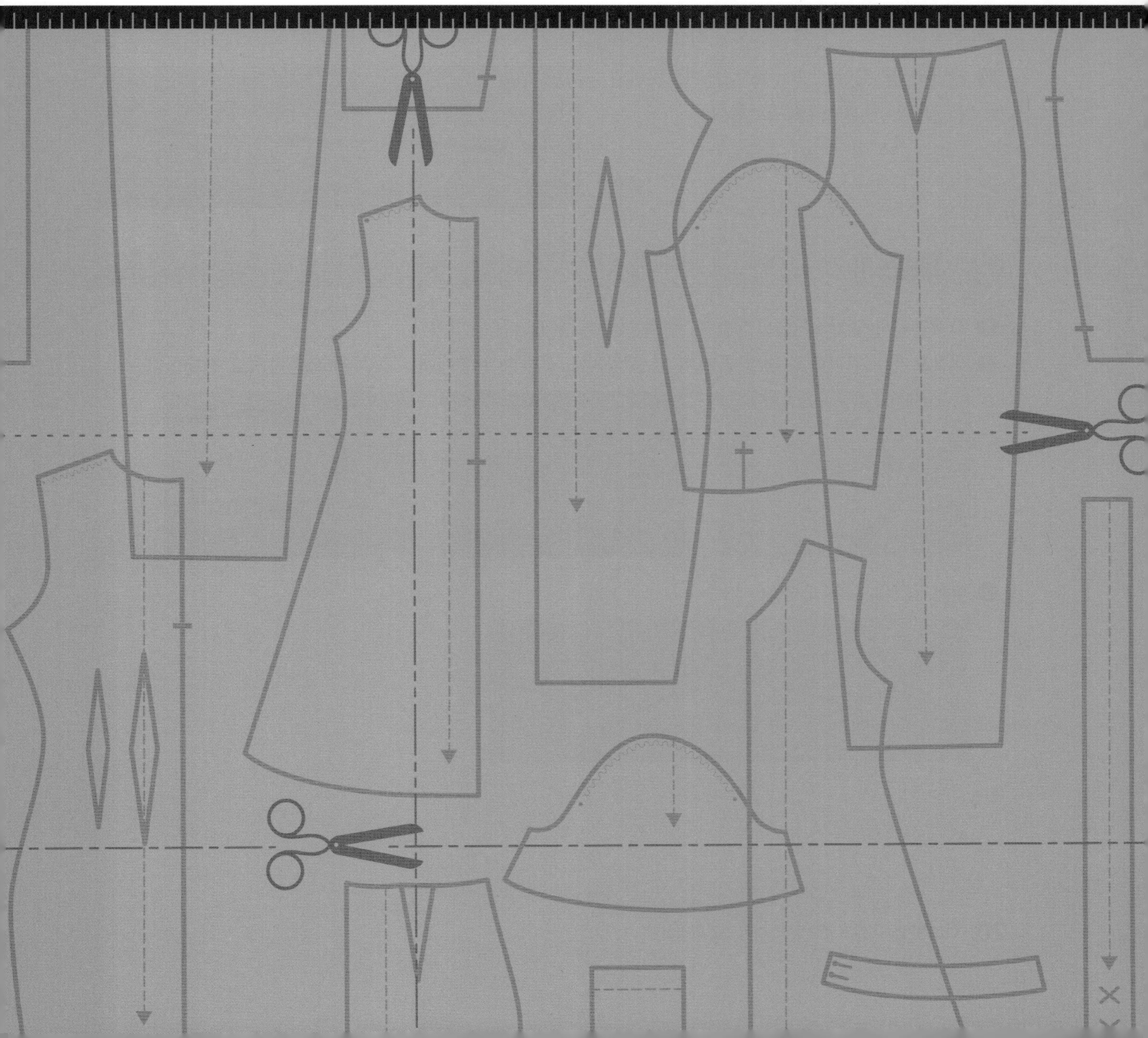

시험에 나오는 손바느질

1 홈질

❶ 기초가 되는 바느질이다. 곡선이나 소매의 오그림에 주로 사용된다.

❷ 홈질은 오른쪽에서 왼쪽으로 진행하며 땀의 간격을 0.2~0.3cm 정도로 바느질한다.

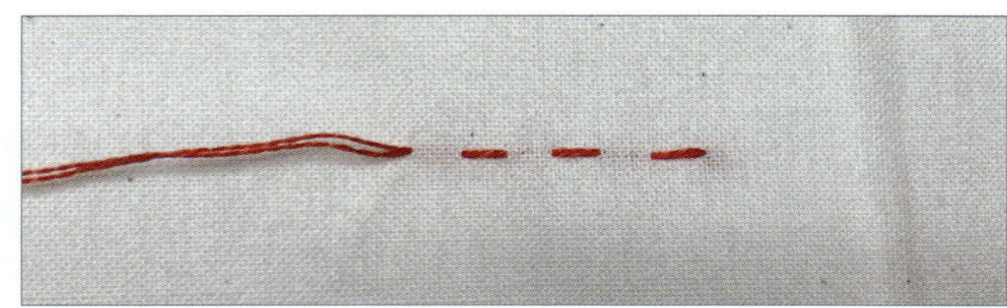

2 시침질

❶ 본봉을 하기 전에 원단이 움직이지 않도록 미리 고정하기 위한 바느질 방법이다.

❷ 앞면의 땀 길이는 2cm로 잡으며, 뒷면의 땀 길이는 0.5cm 정도로 한다.

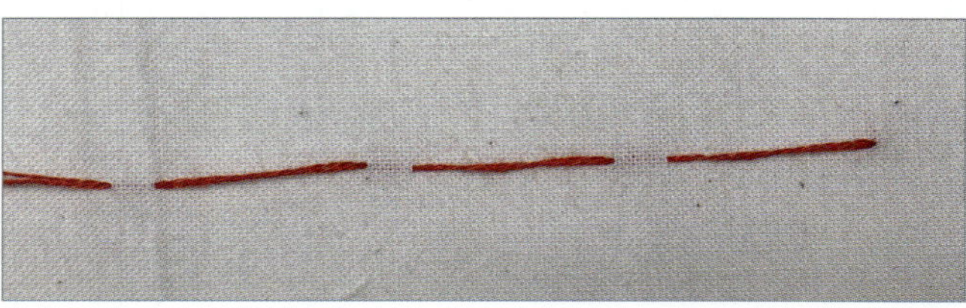

3 새발뜨기

❶ 소맷단이나 밑단 등을 고정할 때 주로 사용하는 바느질 방법이다.

❷ 새발뜨기는 위아래로 번갈아 가며 한 땀씩 바느질하며 왼쪽에서 시작하여 오른쪽으로 진행한다.

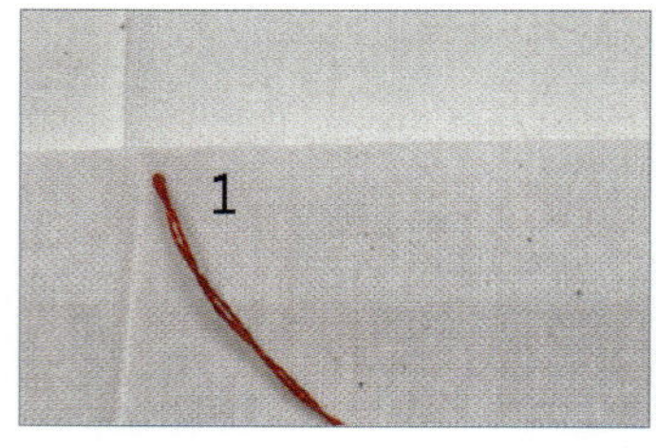

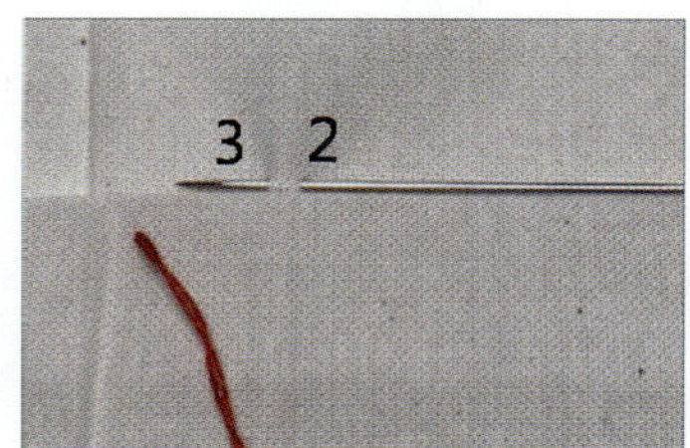

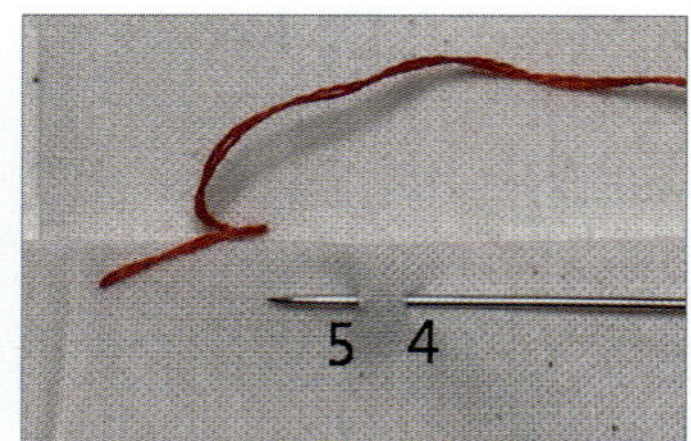

❸ 새발뜨기의 완성 모습

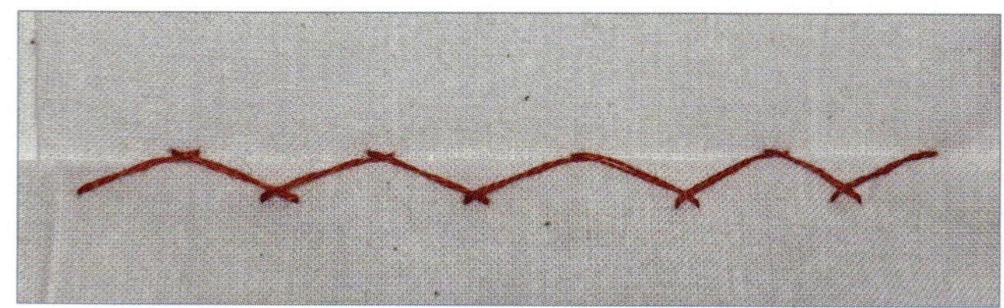

4 공그르기

❶ 옷감의 단이나 시접을 고정할 때 사용하며, 바늘땀이 거의 보이지 않는 바느질 방법이다.

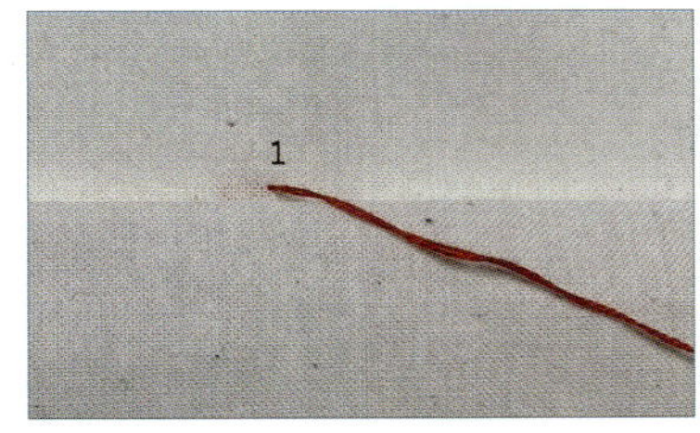
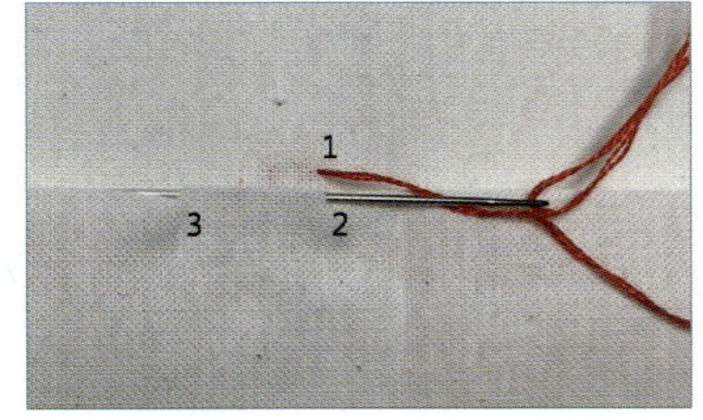
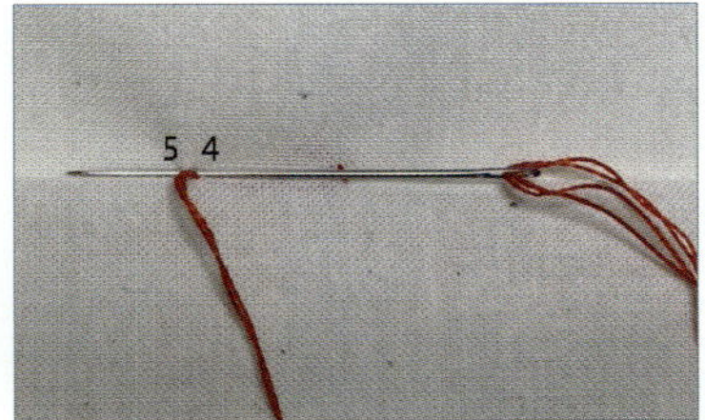

❷ 공그르기의 완성 모습

5 실표뜨기

❶ 패턴의 완성선을 시침실로 표시하는 방법이다. 직선은 실표뜨기를 듬성듬성하며 곡선은 잘게 뜬다.

❷ 원단이 두 겹 겹쳐진 상태에서 완성선을 따라 길게 시침하고 실이 원단 위로 3cm 정도 나오도록 잘라준다.

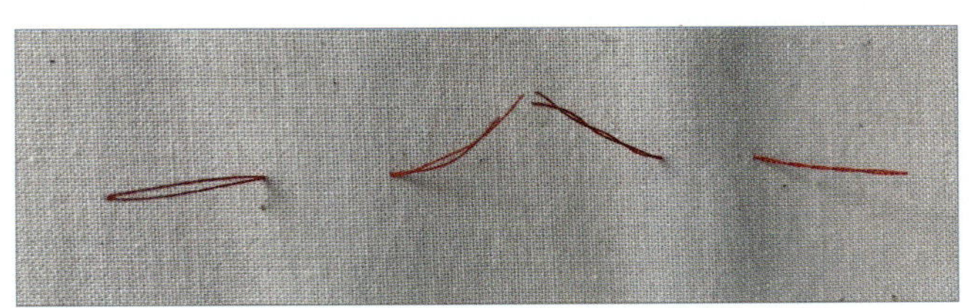

❸ 두 겹으로 겹쳐진 옷감을 들어 올려 원단 사이의 실을 자른다.

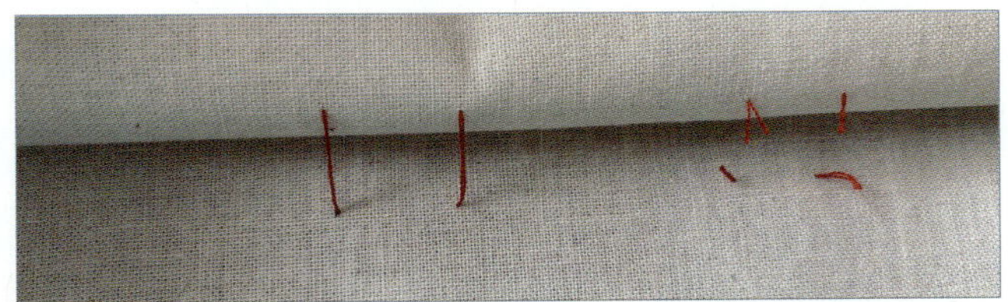

❹ 원단 양쪽에 동일하게 실표가 남는다.

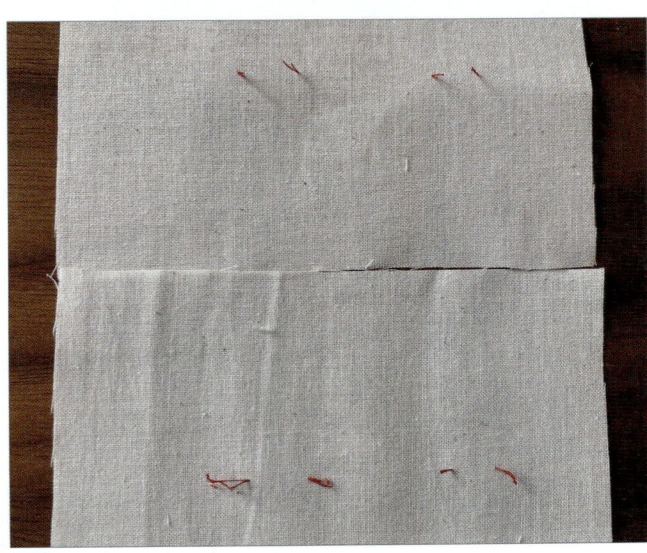

6 버튼홀 스티치 단춧구멍

❶ 단춧 구멍 위치에 만들려고 하는 단춧 구멍의
사이즈대로 두 줄을 박아준다.

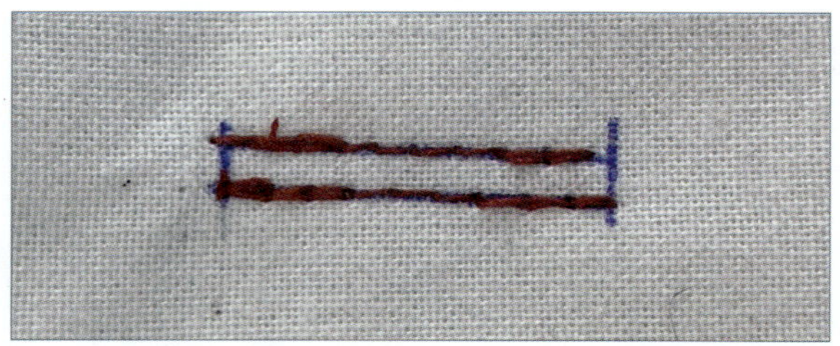

❷ 봉제한 선의 중심을 자르고 머리 부분을 ㅇ 모양
으로 자르거나 펀치로 뚫어준다.

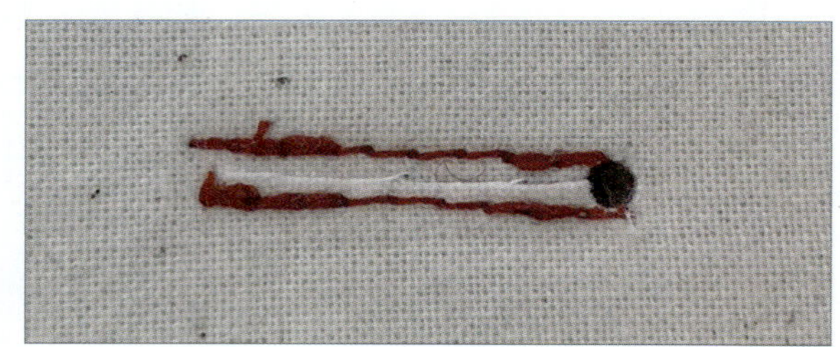

❸ 봉제선을 연결하듯이 ㅁ 자 모양으로 실을 연결
한다.

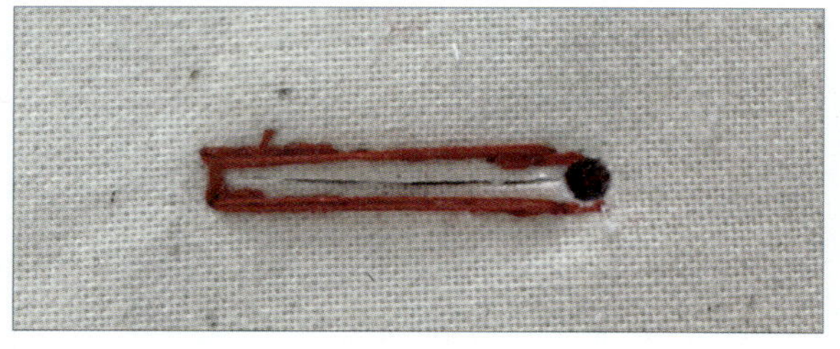

❹ 왼쪽 위에서부터 버튼홀 스티치를 시작한다. 구멍 안쪽에서 바깥쪽으로 바늘을 통과한 뒤 실을 바늘
에 걸어서 당기는 버튼홀 스티치를 시계방향으로 진행하며 계속 반복한다.

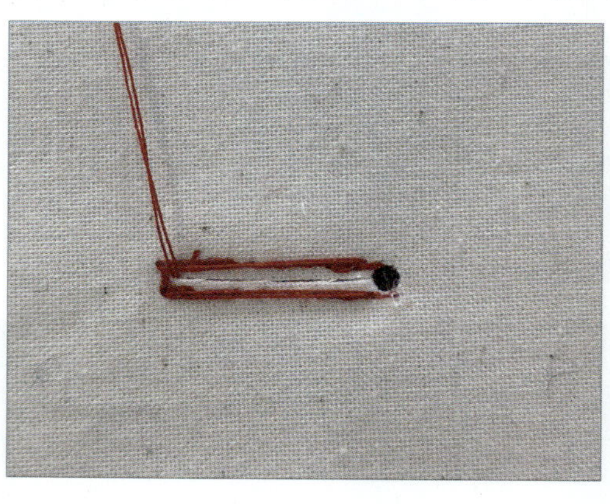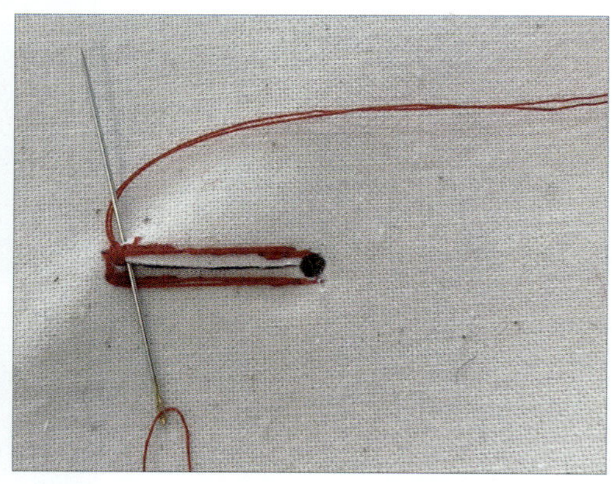

❺ ㅇ 부분을 지나 아래쪽 직선 부분의 왼쪽 끝까지 버튼홀 스티치를 계속하고 시작 위치의 뒤쪽에서
매듭지어 마무리한다.

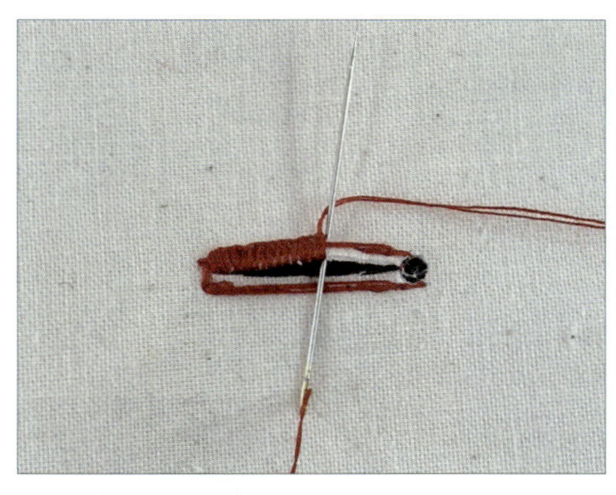 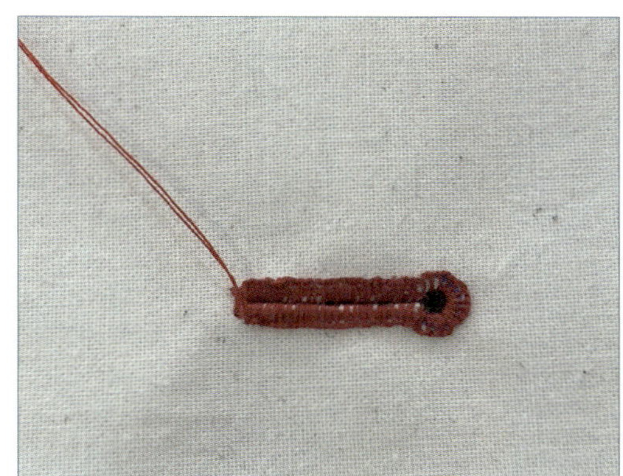

❻ 완성된 버튼홀 스티치 단춧 구멍의 모습

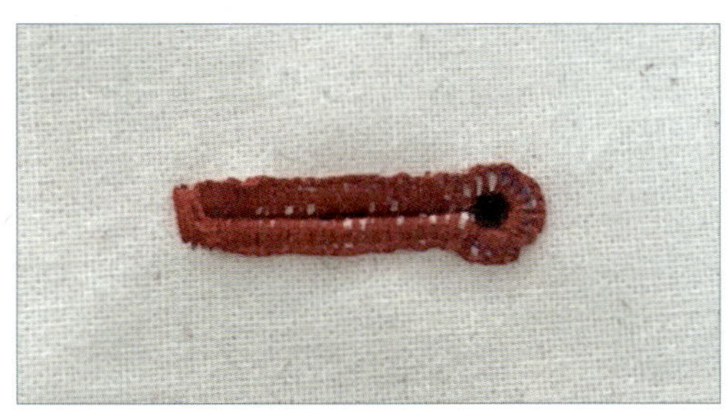

7 실고리

❶ 실고리를 만들 위치의 원단 뒤쪽에서 앞으로 바늘을 통과해
실을 뺀다.

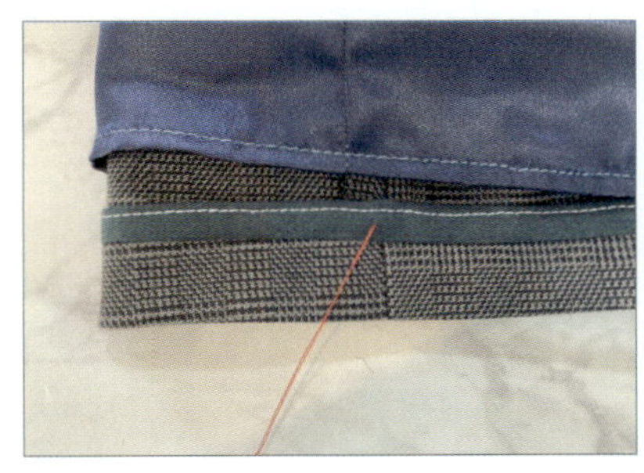

❷ 제자리에서 작게 한 땀을 뜬다.

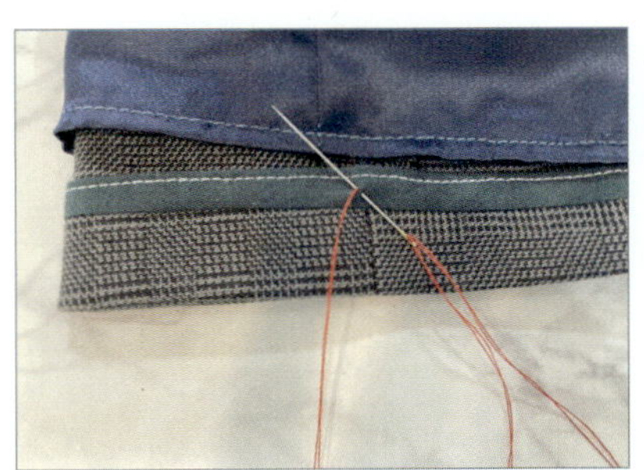

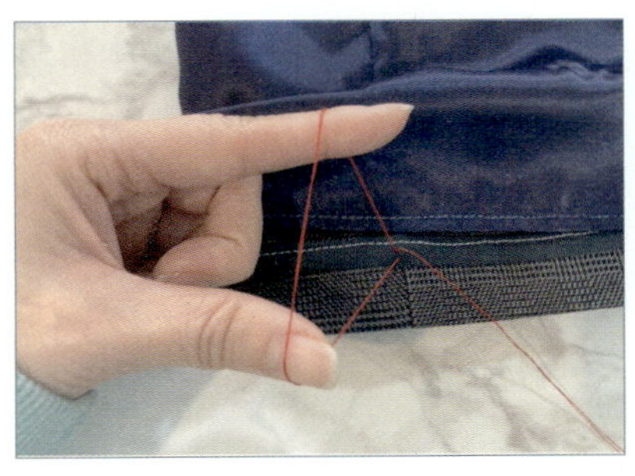

❸ 가운뎃손가락으로 실을 걸어 잡아당기며 새로운 고리를 만들어
  준다. 이전 고리는 새 고리가 만들어지며 실기둥으로 변한다.

❹ 실기둥의 길이가 원하는 길이가 될 때까지 반복한다.

❺ 원하는 길이만큼 만들었다면 고리에 바늘을 통과시킨 뒤 잡
  아당겨 마무리한다.

❻ 실고리로 연결하고자 하는 부분에 바늘을 통과한다.

❼ 매듭을 지어 마무리한다.

8 훅 앤 아이 달기

❶ 스커트의 지퍼 끝이 벌어지지 않도록 훅앤 아이를 달아준다.
버튼홀 스티치로 훅앤 아이의 구멍을 돌아가면서 고정한다

❷ 훅앤 아이의 완성 모습. 옷의 안쪽에서 보았을 때 오른쪽에
훅을 달고 왼쪽에 아이를 단다.

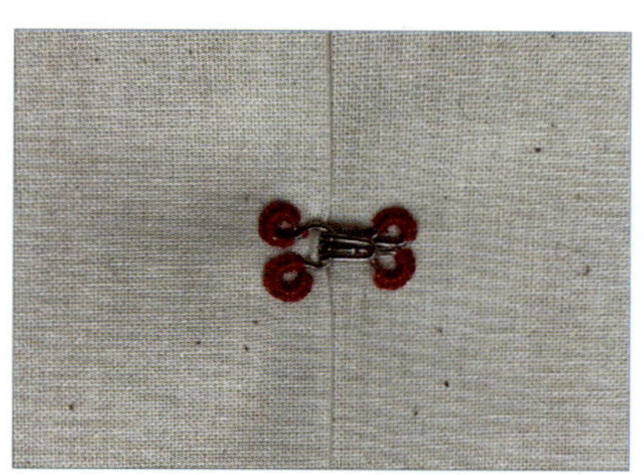

시험에 나오는 솔기 처리방법

1 가름솔

❶ 솔기를 박은 뒤 시접을 양쪽으로 갈라서 다림질한다.

2 뉨솔

❶ 솔기를 박은 뒤 시접을 한쪽으로 넘겨서 다림질한다.

3 끝 접어박아 가름솔

❶ 원단의 겉과 겉을 겹쳐 시접 1.5cm로 봉제한다.

❷ 원단의 안쪽 면을 향해 시접을 0.5cm정도 접어서 끝 박음질한다.

❸ 시접을 갈라서 다림질하여 끝접어박아 가름솔을 완성한다.

4 쌈솔

❶ 원단의 겉과 겉을 겹쳐 시접 1.5cm로 봉제한다.

❷ 스티치하려고 하는 쪽의 시접을 0.4cm 정도만 남기고 잘라낸다.

❸ 자르지 않은 반대쪽 시접으로 잘라낸 시접을 감싸고 시접을 잘라낸 원단의 방향으로 넘긴다.

❹ 시접 끝을 누름상침한다.

❺ 쌈솔이 완성된 모습.

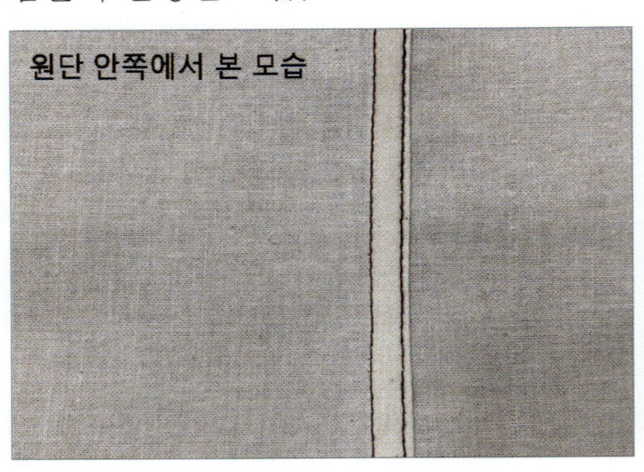

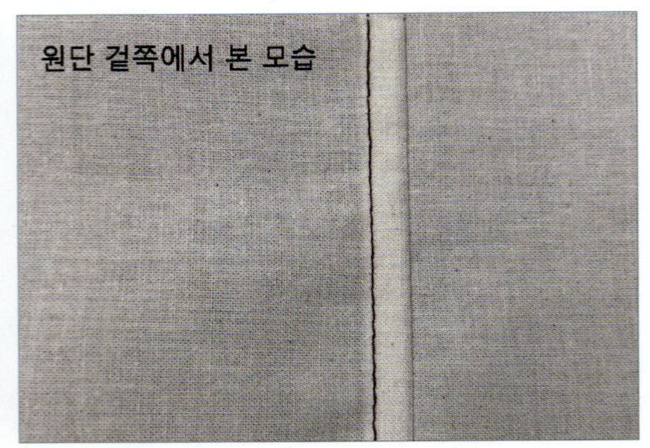

5 **통솔**

❶ 원단의 안쪽 면끼리 마주 닿게 놓고 시접 0.5cm 간격으로 박는다.

❷ 원단 뒤집어 겉면끼리 마주 닿도록 한 뒤, 봉제된 솔기의 1cm 안쪽을 박아 처음에 박았던 시접을 원단 안쪽으로 가둔다.

❸ 통솔로 시접 처리한 겉면의 모습

바이어스

❶ 안감을 45도 방향으로 잘라 테이프를 만든다. 테이프의 두께
는 3~4cm 정도로 바이어스테이프의 용도에 맞게 자른다.

❷ 바이어스테이프의 겉과 겉이 마주 닿게 하고 90도 각도로
겹친 뒤 겹친 부분의 모서리 끝과 끝을 연결하여 박는다.

❸ 시접을 잘라내고 시접을 갈라 다림질한다.

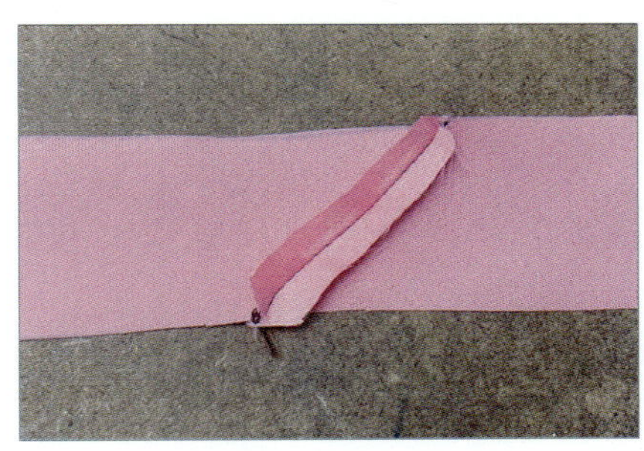

❹ 바이어스 테이프가 연결된 모습

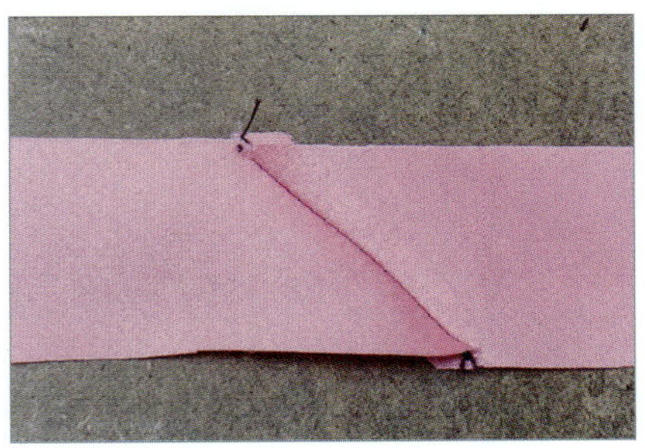

2　바이어스 공그르기 단 처리

❶ 원단의 겉면에 바이어스의 겉면을 마주 닿게 하고 0.7cm~
1cm 간격으로 박는다.

❷ 바이어스감으로 시접의 끝을 감싸 끝박음한다.

❸ 바이어스 시접을 감싼 원단의 뒷모습

❹ 밑단의 완성선에 맞춰 접어 올리고 공그르기한다.

3　바이어스로 원단 끝을 감싸 처리하기

❶ 원단 안쪽에 바이어스 겉면을 마주 대고 0.7~1cm 간격으
로 박는다.

❷ 바이어스감을 두 번 접어 원단 끝을 감싼다. 바이어스감으로 처음 박은 스티치를 살짝 덮어 보이지 않도록 한다.

❸ 원단 겉에서 끝 박음하여 마무리한다.

콘솔지퍼 달기

❶ 지퍼가 달릴 위치에 완성선을 따라 큰 땀으로 되돌아 박기를 하지 않고 임시 박음질한다.

❷ 시접을 가름솔하여 다림질하고 지퍼의 안쪽과 시접에 지퍼가 달릴 지점의 시작과 끝점을 표시한다.

❸ 콘솔지퍼의 이빨을 젖혀 다림질로 고정해 놓고 원단의 안쪽면에서 지퍼 달림 표시에 맞추어 시접과 지퍼를 시침한다.

❹ 외발노루발이나 콘솔지퍼 노루발로 교체 후 지퍼 이빨 가까이에 박음질한다. 이때 지퍼 안쪽에서 시접과 지퍼만 박는다. 겉감을 함께 박지 않는다.

❺ 지퍼가 실제로 열리는 위치보다 1cm 정도 아래까지 더 박아준다.

❻ 반대쪽 시접에도 동일한 방법으로 지퍼를 단다.

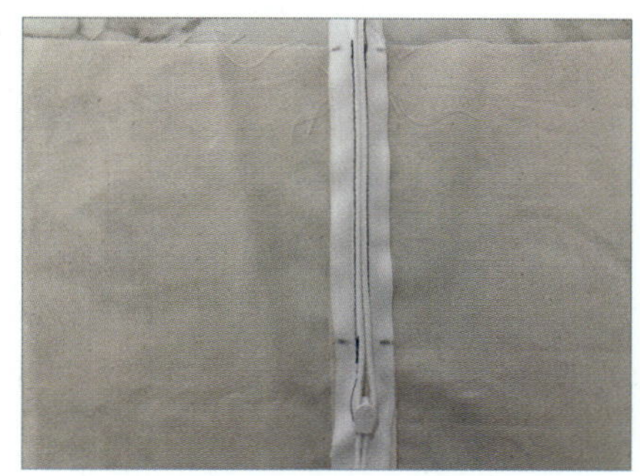

❼ 큰 땀으로 박았던 임시고정용 실을 뜯는다.

❽ 콘솔지퍼 달기가 완성된 모습

Part 2

스커트

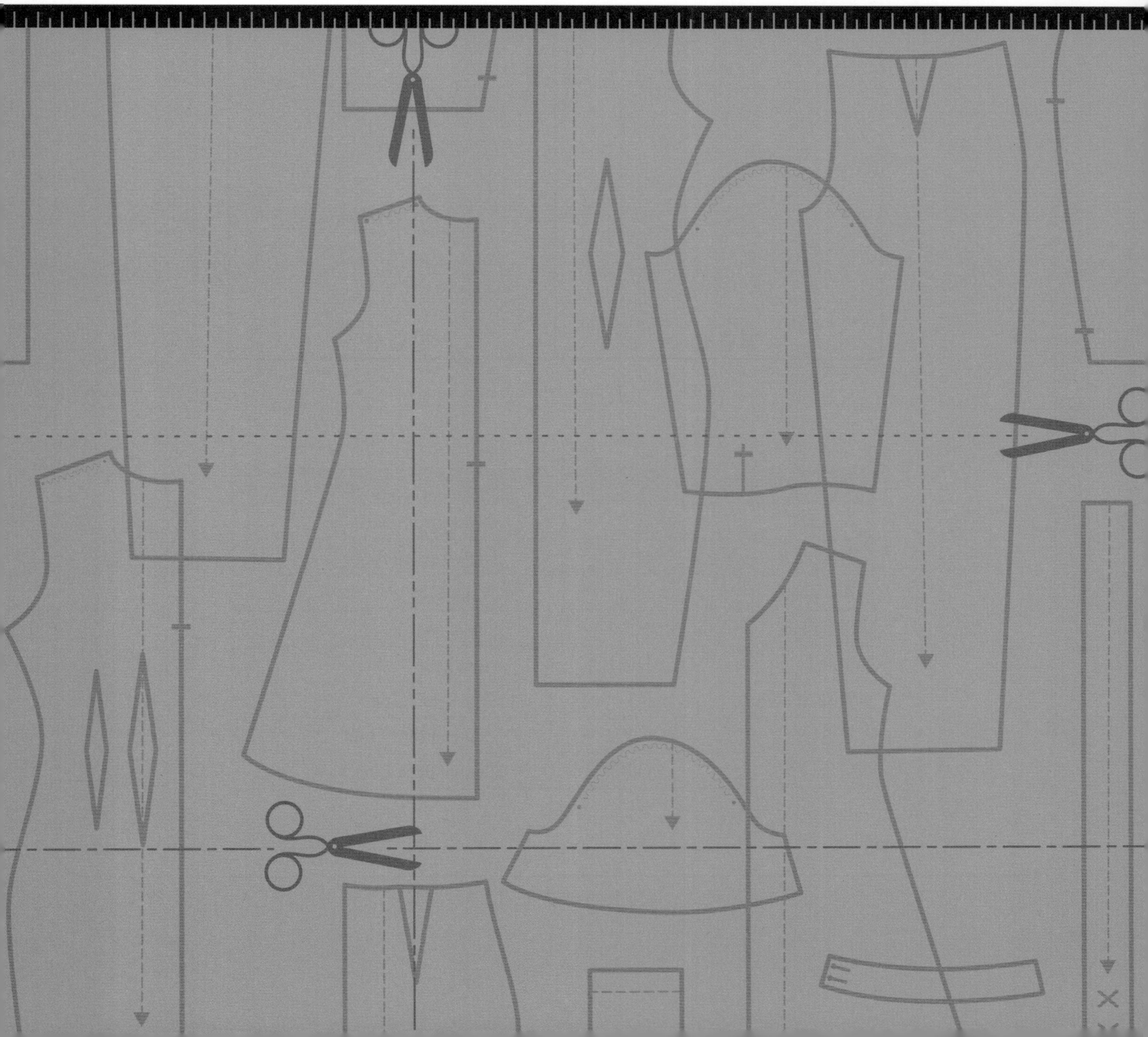

허리둘레선　　　　　　　허리둘레선

엉덩이 둘레선　　　　　　엉덩이 둘레선

뒤중심선　　　　　　　　앞중심선

뒤옆선　앞옆선

밑단선　　　　　　　　　밑단선

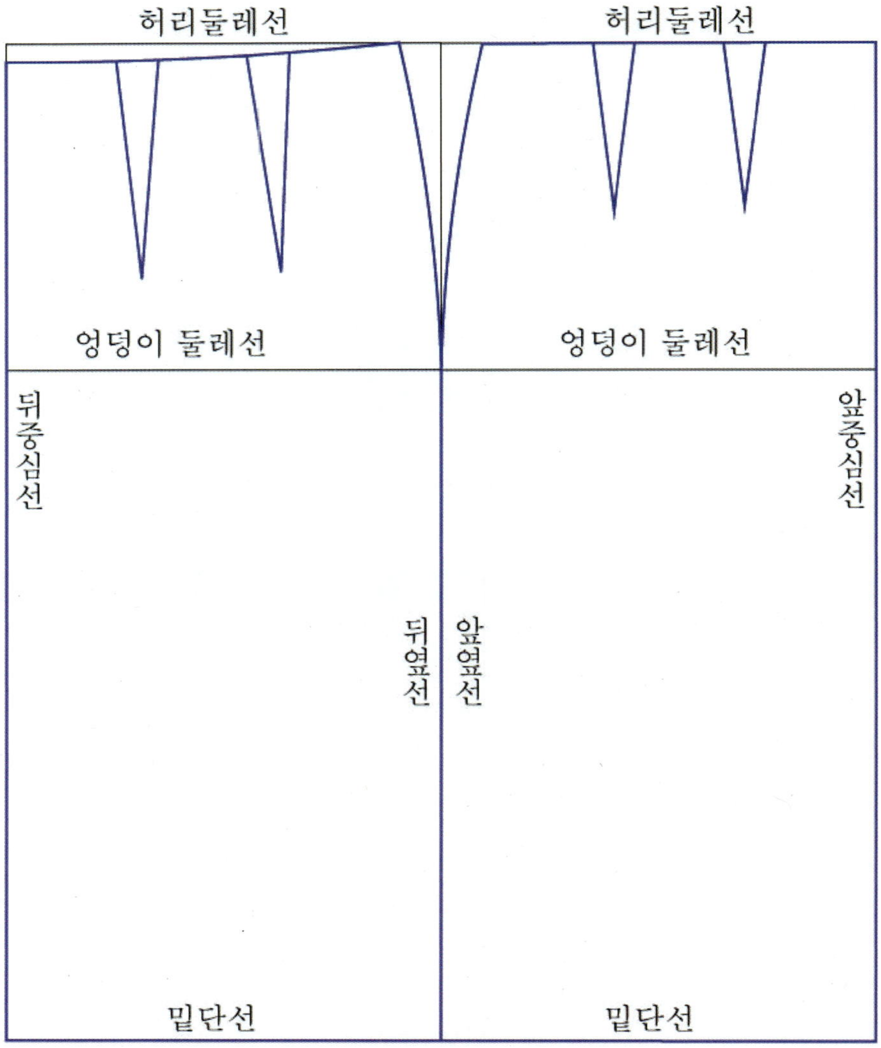

명칭	약자	영문표기
허리둘레	W	Waist circumference
엉덩이둘레	H	Hip circumference
허리둘레선	W.L	Waist Line
엉덩이둘레선	H.L	Hip Line
밑단선	Hm.L	Hem Line
옆 솔기선 (옆선)	S.S	Side Seam Line
앞 중심선	C.F.L	Center Front Line
뒤 중심선	C.B.L	Center Back Line

Chapter 01

스커트 원형 제도

※ 본 교재에 제시된 원형 제도 방법은 착의 여유 분량이 포함되지 않았으며, 다트 길이와 분량은 표준체형에 맞는 치수를 제시하였습니다. 제시된 다트의 길이, 분량 등은 절대적인 치수가 아니며 제작할 옷의 디자인이나 치수에 따라 달라질 수 있습니다.

1 (공통) 스커트 기초선 그리기

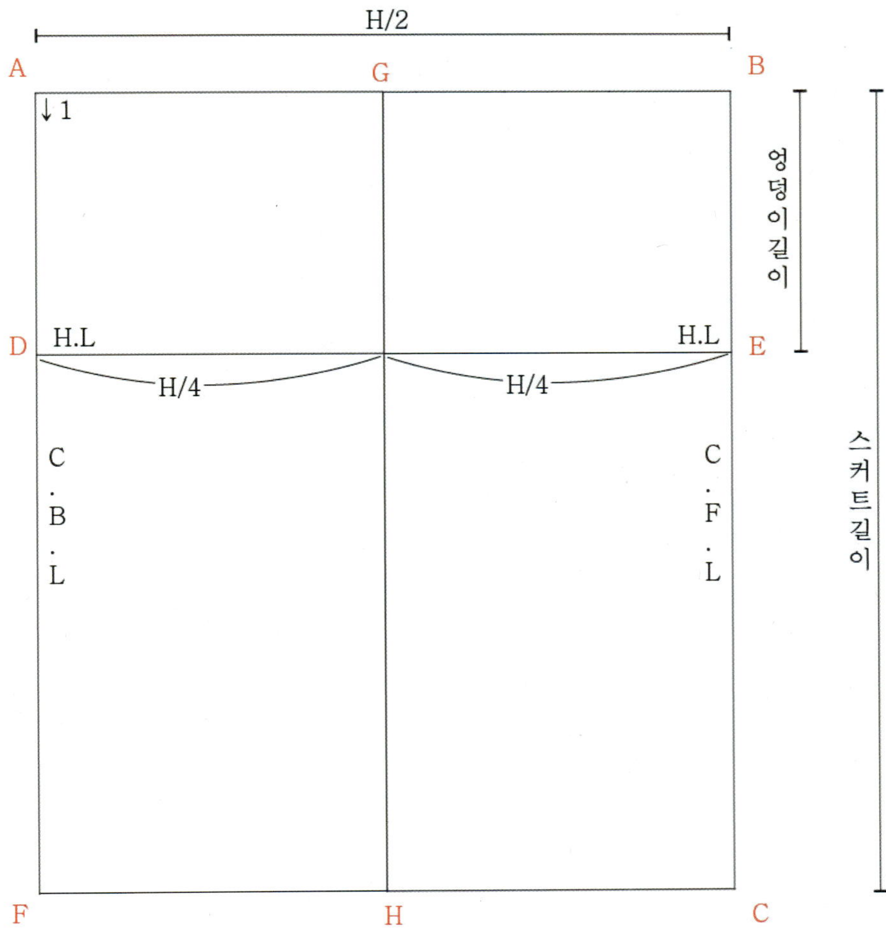

❶ 허리선, 앞 중심선 제도 (직각선 A–B–C) 임의의 직각선을 긋는다. 가로선의 길이는 H/2이며, 세로선의 길이는 스커트 길이로 한다.

❷ 힙선 제도(D–E) : 선 AB에서 엉덩이 길이만큼 내려온 수평선을 그린다.

❸ 밑단선 제도 (F–C): 선 AB에서 스커트 길이만큼 떨어진 수평선을 그린다. F–C의 길이는 H/2 이다.

❹ 뒤 중심선 제도 (A–F): 점 A에서 스커트 길이만큼 수직으로 내린 선을 긋는다.

❺ 스커트 옆선의 기초선 (G–H) : AB의 이등분점 G에서 H점까지 수직으로 내려긋는다.

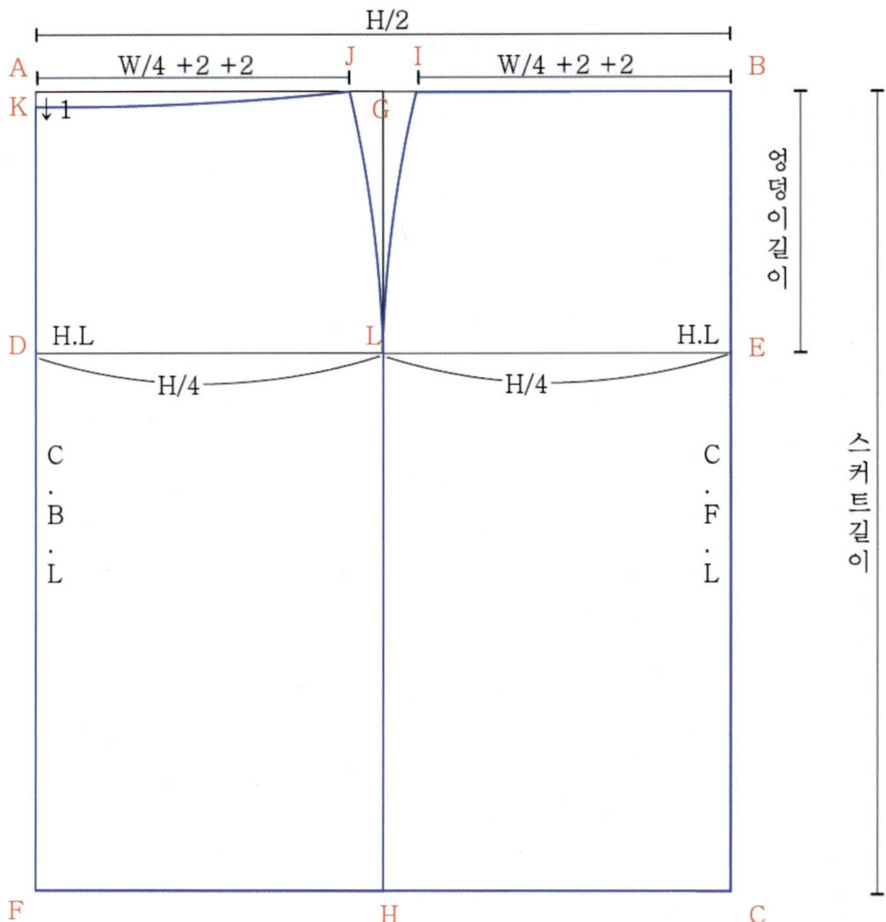

❶ 앞 허리 치수 설정 (I): 점 B에서 W/4+2(다트분량) +2(다트분량) 떨어진 점 I를 찍는다.

❷ 뒤 허리 치수 설정 (J): 점 A에서 W/4+2(다트분량) +2(다트분량) 떨어진 점 J를 찍는다.

❸ 뒤 허리선 내리기 (K) : 점 A에서 1센티 수직으로 내린 점 K를 찍는다.

❹ 뒤 허리선의 완성선 제도 (K-J) : K와 J 를 완만하게 연결한다.

❺ 허리와 옆선 연결 (I-L, J-L): 자연스럽게 옆선을 그린다.

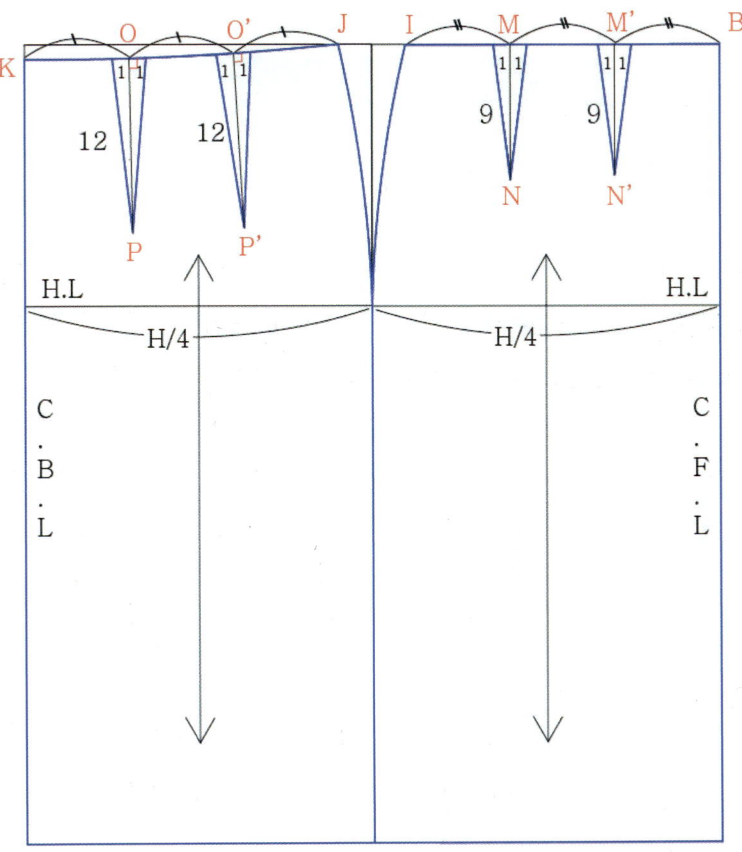

(1) 앞 허리다트 제도

❶ 선 I−B의 삼등분점을 찾는다. (M, M′)

❷ 다트중심선 그리기(M−N, M′−N′) : 허리선에서 수직으로 9센티 내린 점을 찾아 연결한다.

❸ 앞 허리다트 치수설정하고 그리기 : 앞 허리다트는 다트가 2개이고 각각 2센티의 분량을 가지므로, 다트중심(M, M′)에서 양옆으로 1cm씩 이동한 점과 다트 끝점 (N, N′)를 연결하여 다트를 그려준다.

(2) 뒤 허리다트 제도

❶ 선 K−J의 삼등분점을 찾는다. (O, O′)

❷ 다트중심선 그리기(O−P, O′−P′) : 허리선에서 수직으로 12cm 내린 점을 찾아 연결한다. 이때 다트중심선은 옆선 방향으로 살짝 치우치게 된다.

❸ 뒤 허리다트 치수설정하고 그리기 : 뒤 허리다트는 다트가 2개이고 각각 2센티의 분량을 가지므로, 다트중심(O, O′) 에서 양옆으로 1cm씩 이동한 점과 다트 끝점 (P, P′)를 연결하여 다트를 그려준다.

Chapter 02

부분주름 스커트

작업지시서

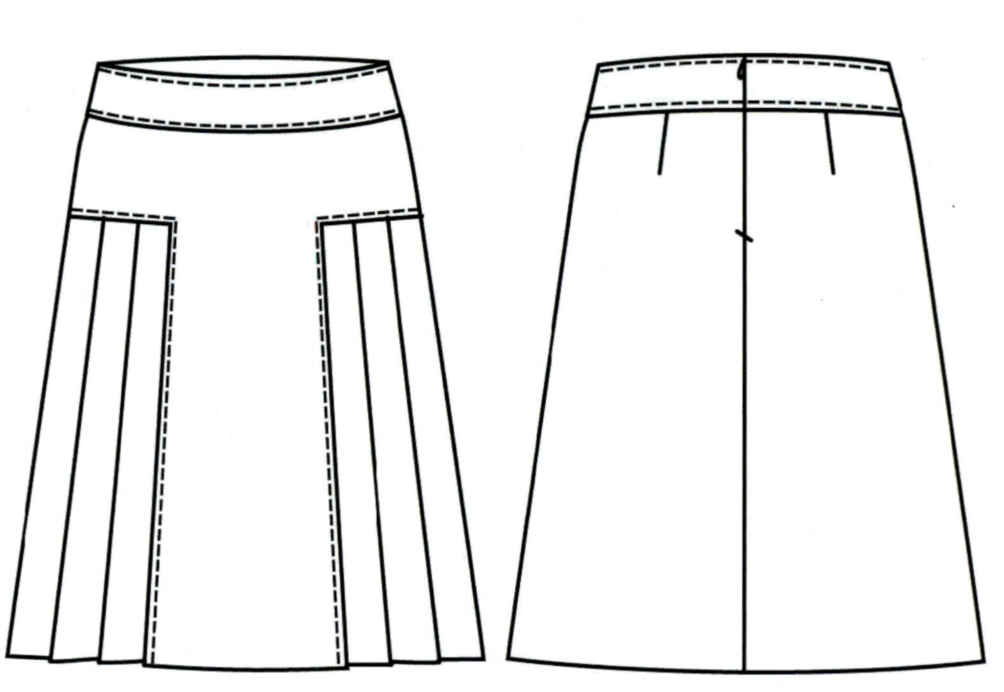

| 봉제 시 유의사항 (5개 이상) | 원 부자재 소요량 | | | |

봉제 시 유의사항 (5개 이상)

1. 벨트의 너비는 4cm로 제작한다.
2. 밑단은 겉감과 안감을 분리하고 안감과 겉감은 실고리로 연결한다.
3. 겉감밑단 시접은 바이어스로 감싸 공그르기 한다.
4. 안감 밑단은 접어박기 처리한다.
5. 스티치는 0.3cm 간격으로 박아준다.
6. 허리벨트 윗부분까지 콘솔지퍼를 달고 걸고리를 단다.

원 부자재 소요량

원 부자재	규격	소요량	단위
원단	150cm	1.5	마
안감	110cm	1	마
심지	110cm	0.5	마
봉사	40s/2합	1	콘
콘솔지퍼	25cm	1	개
걸고리		1	쌍
식서테이프	10mm	2	마

※ 작업지시서는 각 회차 시험의 지시사항에 맞게 작성하세요.

시험시간	5시간 30분 정도

<table>
<tr><td rowspan="1">요구사항</td><td>지급된 재료로 디자인과 같이 부분주름 스커트를 제작하시오.

가. 제시된 디자인과 동일한 작품을 적용 치수에 맞게 제도, 재단하여 의복을 제작하시오.
    (지급받은 원단의 겉면과 안면 (표면과 이면)은 수험자가 판단하여 작업하시오.)
나. 제시된 디자인과 동일한 패턴 2부를 제도하여 1부는 재단에 사용하고, 다른 1부는 제작한 작품과 함께 채점
    용으로 제출하시오.
    (제출용 패턴제도에는 기초선과 제도에 필요한 부호, 약자를 표시하며 패턴지는 자르지 않고 제출합니다.)
다. 패턴제도와 재단 시 먹지, 룰렛과 칼은 사용하지 마시오.
라. 완성치수는 문제에 제시된 치수로 제작하고 제시되지 않은 치수는 디자인에 맞게 제작하시오.

스커트길이 : 60cm, 허리둘레 : 70cm, 엉덩이둘레 : 92cm, 엉덩이길이 : 18cm</td></tr>
</table>

지시사항	벨트는 허리선에 2cm 내린 위치에서 골반 벨트로 하시오. 벨트의 너비는 4cm로 하시오. 벨트 밑으로 9cm 내려온 위치에서 주름을 시작하고, 주름 방향은 옆선 쪽으로 하시오. 뒤판 중심선이 있으며 허리벨트 윗부분까지 지퍼를 다시오. 밑단은 겉감과 안감을 분리하고 겉감 밑단에서 2.5 올라온 위치에 처리하시오. 밑단 시접은 바이어스 공그르기하시오. 안감 밑단은 접어박기하시오. 장식 박음 0.3cm 간격으로 하시오.

도면	

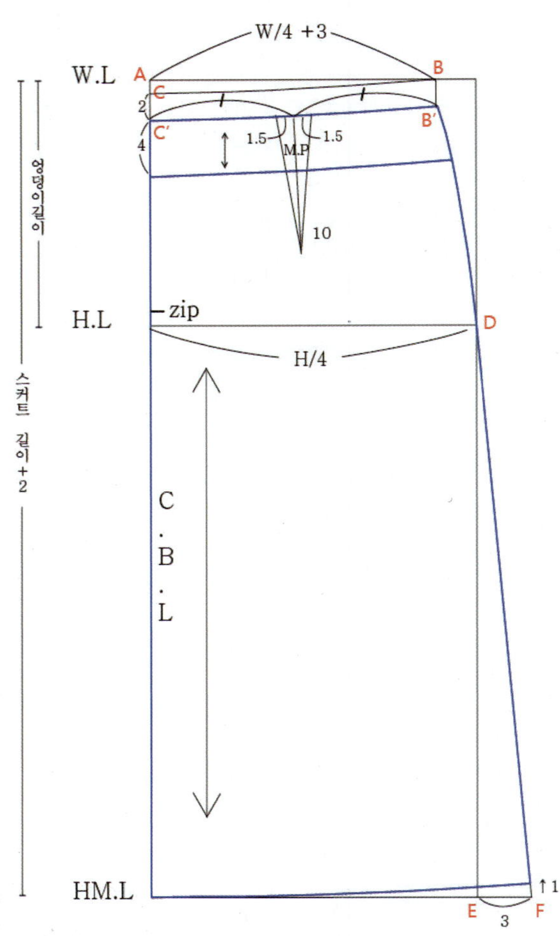

(1) 부분주름 스커트 뒤판 제도

❶ 스커트 원형의 기초선을 그린다. 이때 허리선부터 밑단까지의 길이는 스커트길이 +2cm로 설계한다. (허리선에서 2cm 내려서 제작한 스커트의 길이를 완성치수에 맞추기 위해서 스커트 길이에 2cm를 더해준다.)

❷ A에서 W/4+3 만큼 떨어진 점 B를 찍는다.

❸ 점 A에서 1cm 수직으로 내린 점 C를 찍는다.

❹ C와 B를 연결한다.

❺ C, B에서 수직으로 2cm 내린 점 C′와 B′를 찾는다.

❻ 선 C-B에서 2cm 평행이동한 선 C′-B′를 그린다.

❼ B′와 D를 자연스럽게 연결하여 옆선을 그린다.

❽ E에서 밖으로 3cm 떨어진 점 F를 찍고 D와 연결한다. 이때 B′-D-F의 라인이 매끄럽도록 선을 보정한다.

❾ F에서 위로 1cm를 쳐내어 옆선과 밑단선의 각도가 직각을 이루도록 한다.

❿ C′-B′의 이등분점에서 10cm 길이의 다트중심선을 그리고 3cm 분량의 다트를 그린다.

⑪ C′−B′에서 4cm 내려 허리벨트를 그린다.

⑫ 벨트의 다트에 M.P 표시하고 부호와 약자를 넣는다.

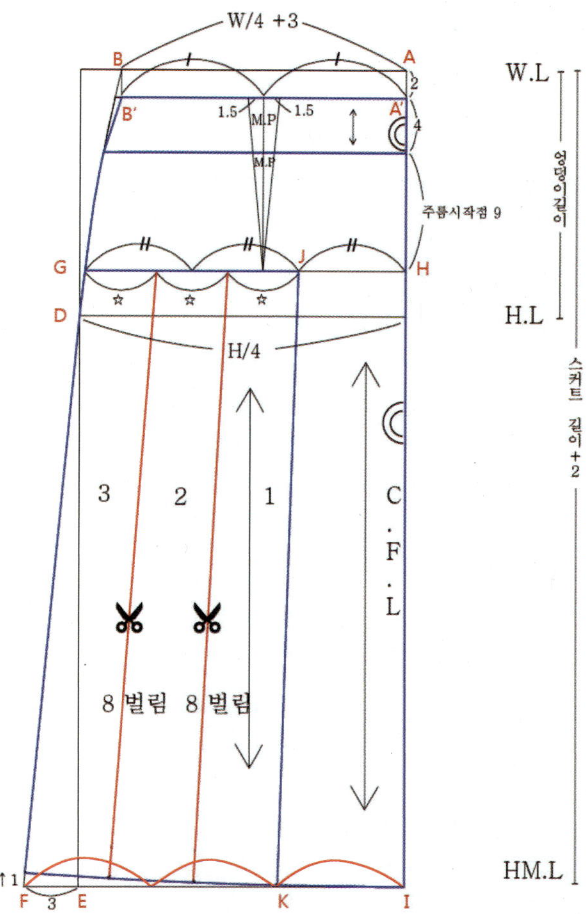

(2) 부분주름 스커트 앞판 제도

❶ 스커트 원형의 기초선을 그린다. 이때 허리선부터 밑단까지의 길이는 스커트길이 +2cm로 설계한다. (cf. 지시사항에 허리선에서 2cm 내린 골반벨트로 하시오.)

❷ A에서 W/4+3 만큼 떨어진 점 B를 찍는다.

❸ A, B에서 수직으로 2cm 내린 점 A′와 B′를 찾고 A′−B′를 그린다.

❹ B′와 D를 자연스럽게 연결하여 옆선을 그린다.

❺ E에서 밖으로 3cm 떨어진 점 F를 찍고 D와 연결한다. 이때 B′−D−F의 라인이 매끄럽도록 선을 보정한다.

❻ A′−B′에서 4cm 내려 벨트선을 그려준다.

❼ 벨트가 끝나는 곳에서 아래로 9cm 내린 선 G−H를 그린다.

❽ A′−B′의 이등분점에서 선 G−H까지 내려오도록 다트중심선을 그리고 3cm 분량의 다트를 그린다.

❾ G−H와 F−I를 각각 3등분한 점을 찾는다. 앞중심 선에 가장 가까운 3등분점 J−K를 연결한다.

❿ G−J와 F−K를 각각 3등분하여 위아래 짝이 되는 등분점끼리 연결한다.

⓫ F에서 위로 1cm를 쳐내어 옆선과 밑단선의 각도가 직각을 이루도록 한다.

⓬ 벨트와 요크의 다트는 M.P 표시하고 패턴 부호와 약자를 넣는다.

2 패턴의 배치와 시접

(1) 겉감

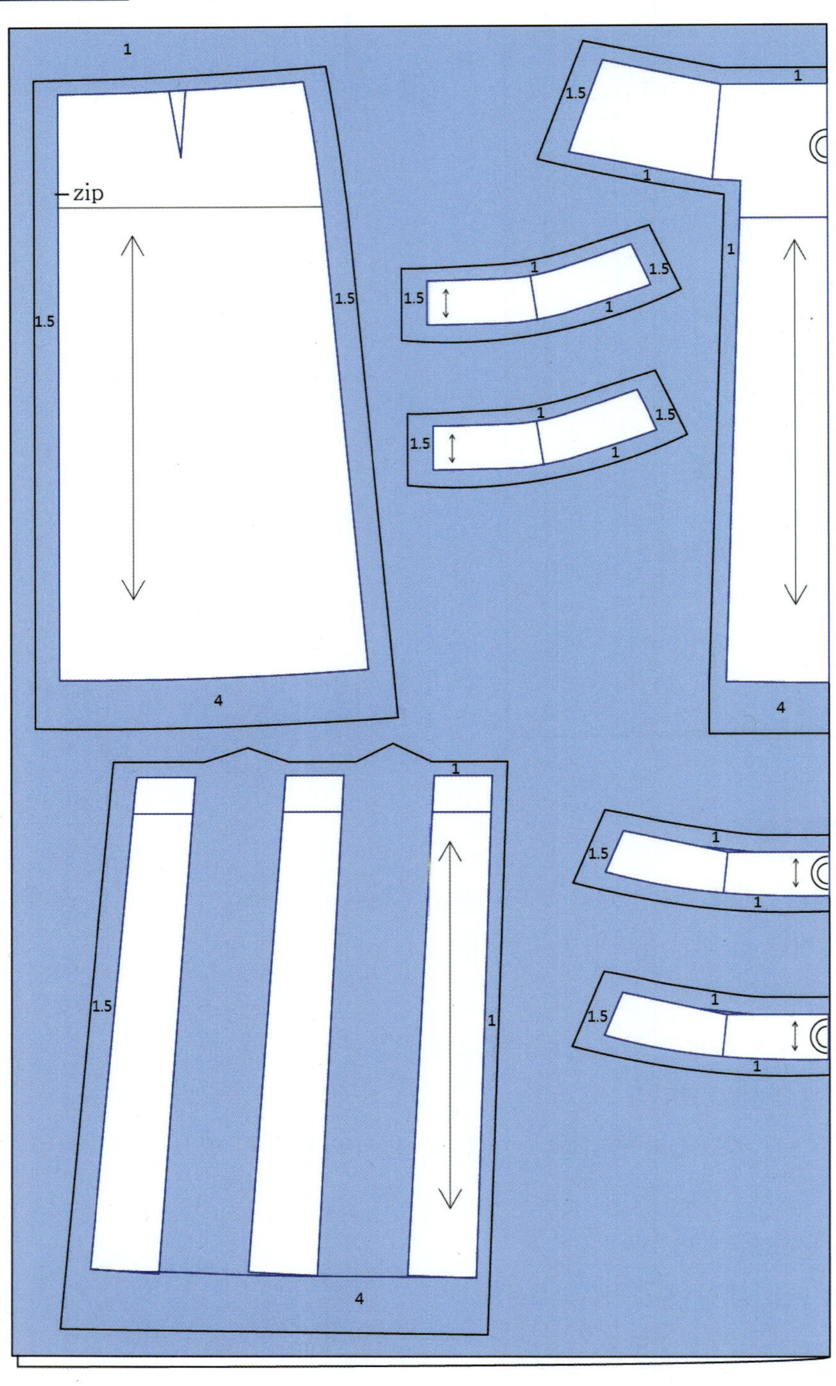

(2) 안감

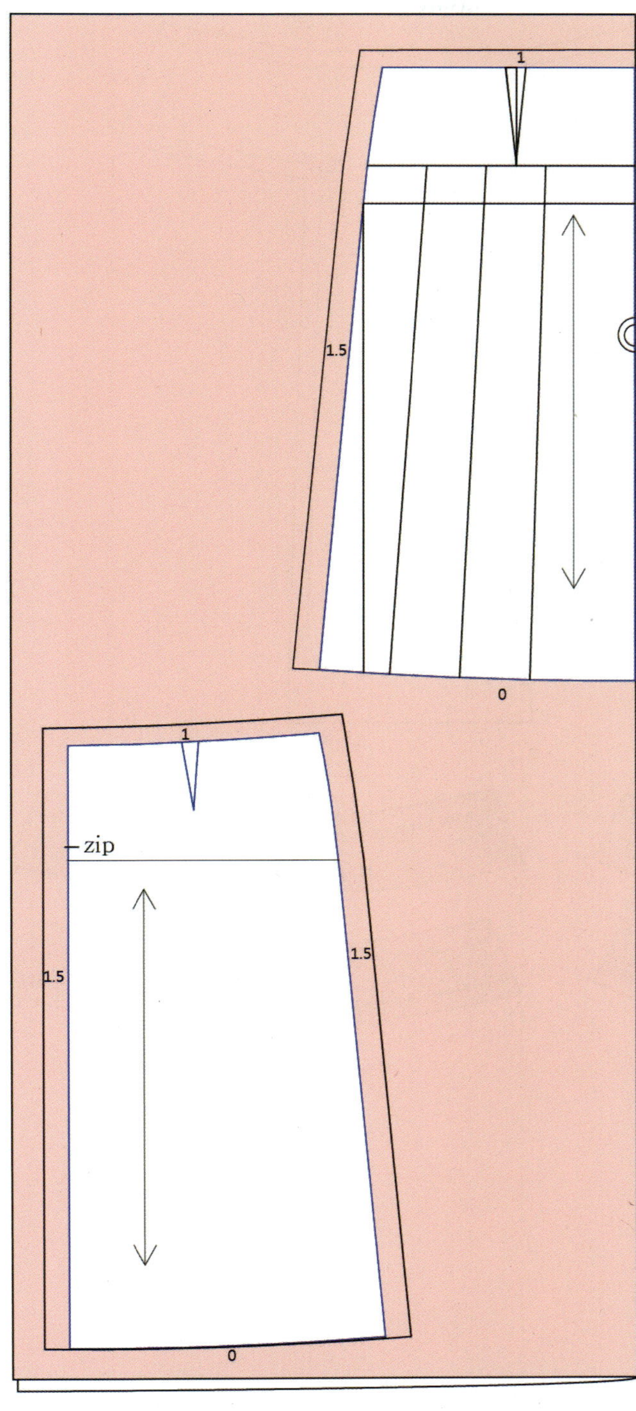

(3) 심지와 식서테이프 부착

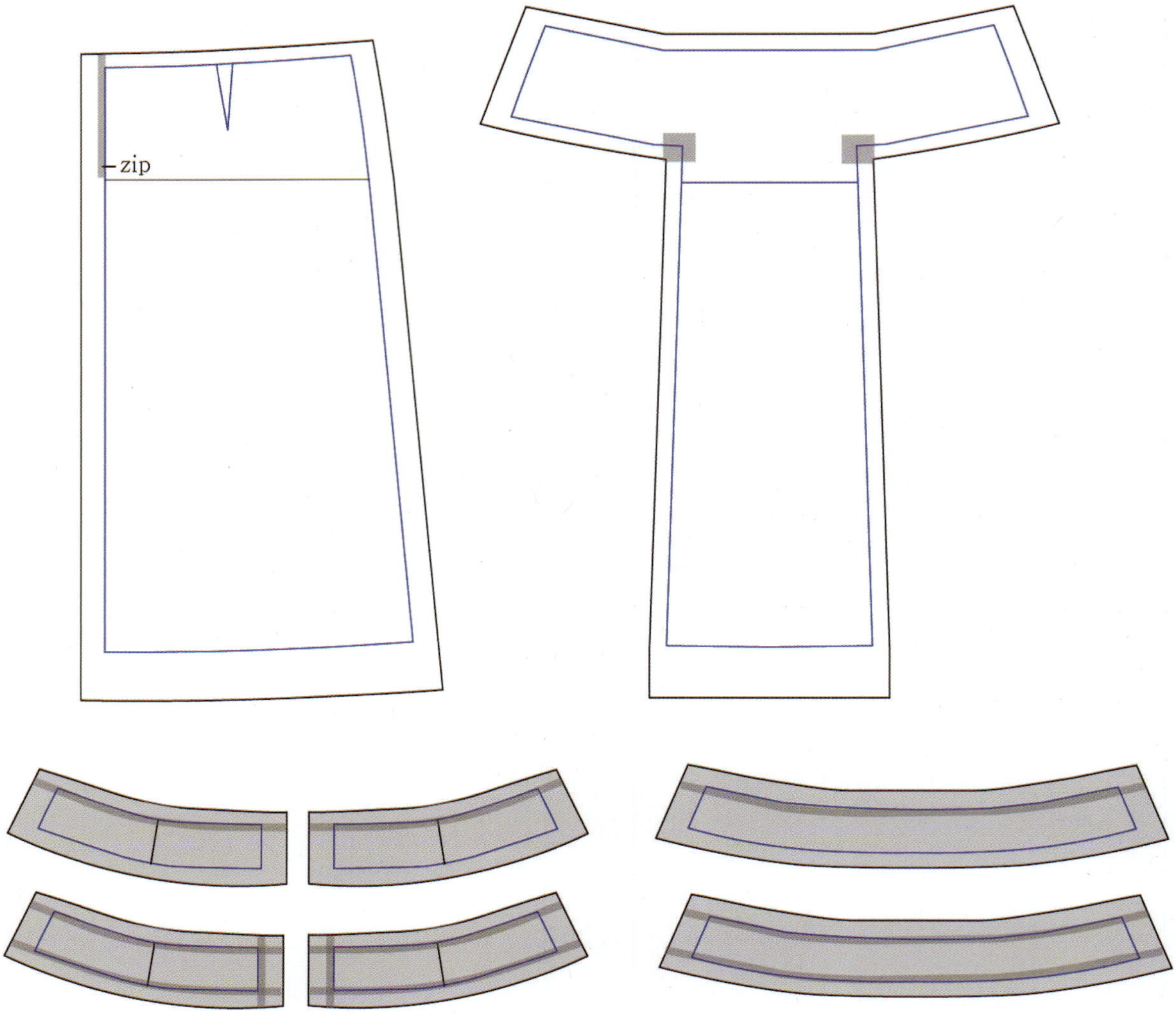

(1) 앞판 제작

❶ 앞판의 주름 위치를 표시하고 주름을 잡아 다림질한 뒤 위쪽 시접을 임시로 박아 주름을 고정한다.
(주름 방향은 옆선 쪽을 향하도록 접는다.)

❷ 앞판 중심과 주름을 연결한다. (모서리 부분에 사선으로 가윗집을 넣어 박아야 한다.)

❸ ㄱ자 모양으로 장식스티치한다.

❹ 앞판 요크를 연결하고 장식스티치한다.

(2) 뒤판 제작

❶ 뒤판의 중심을 박아주고 다트를 박는다. 뒤 중심을 박을 때 지퍼가 달릴 부분은 제외하고 박아준다.

❷ 뒤 요크를 연결해주고 장식스티치한다.

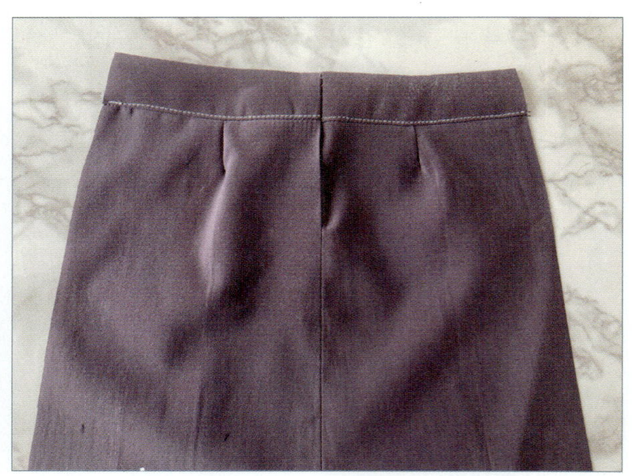

❸ 콘솔 지퍼를 단다.

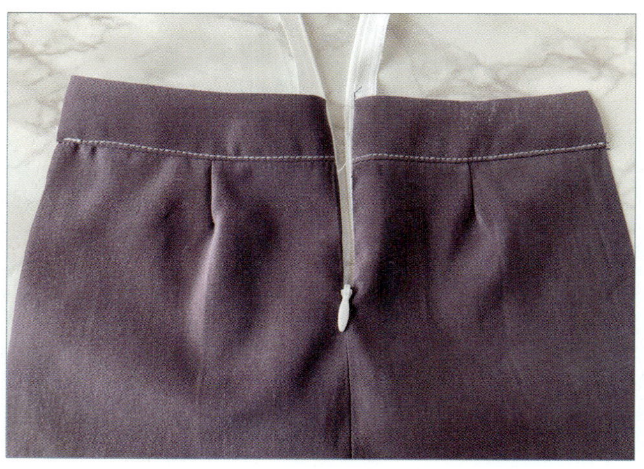

(3) 앞판과 뒤판 연결

❶ 앞, 뒤판의 옆선을 연결하고 시접을 가름솔한다.

(4) 안감 제작

❶ 앞 안감과 요크를 연결한다. 안감 허리에 남는 분량은 주름으로 접어 박는다.

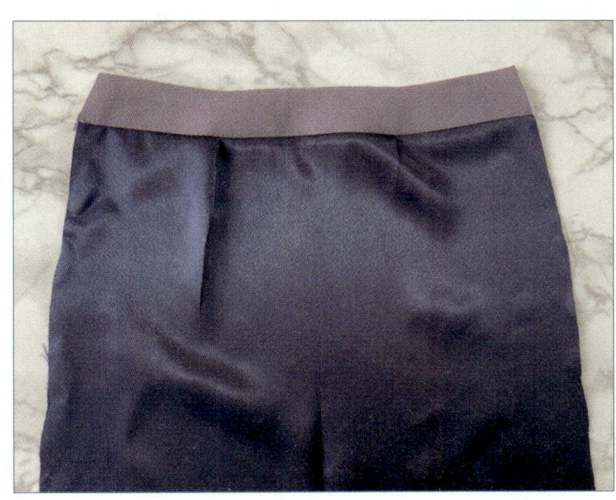

❷ 뒤 안감과 요크를 연결한다. 뒤 안감 허리에 남는 분량은 주름으로 접어 박는다.

❸ 지퍼가 달리는 부분을 제외하고 뒤 중심라인을 박아 연결한다.

❹ 안감 앞, 뒤판의 옆선을 박는다.

(5) 겉감과 안감의 합봉

❶ 지퍼 안쪽에 안감과 지퍼의 달리는 부분의 겉을 맞추어 지퍼 이빨에서 조금 떨어진 위치에 박는다.
(지퍼 양쪽을 모두 안감과 함께 박아준다.)

❷ 겉감과 안감의 허리선을 겉면끼리 맞춰 박고 안단 쪽으로 시접을 넘겨 누름상침한다.

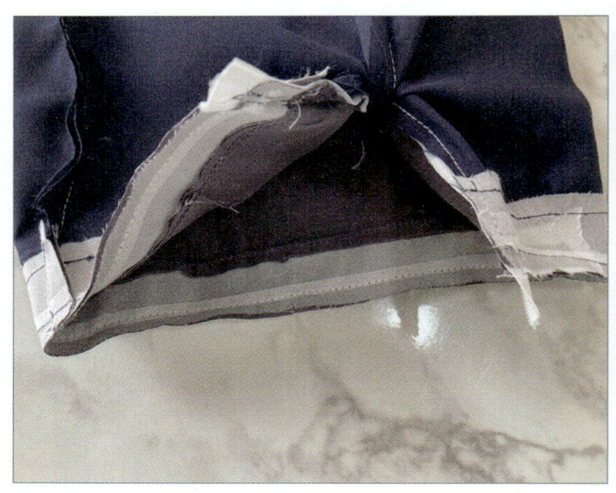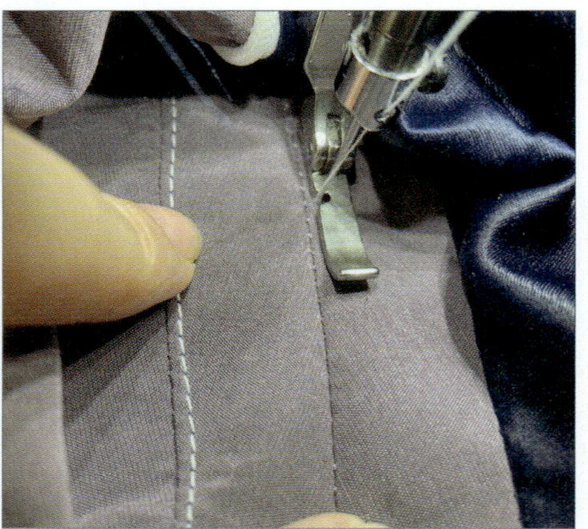

❸ 시접을 정리하고 뒤집어서 허리선에 장식스티치한다.

❹ 밑단 시접을 완성선에 접어 다린 후, 바이어스로 감싸 공그르기한다.

❺ 지시사항에 맞춰 겉감 밑단 위로 2.5cm 위치에서 안감이 끝나도록 밑단을 접어 박는다.

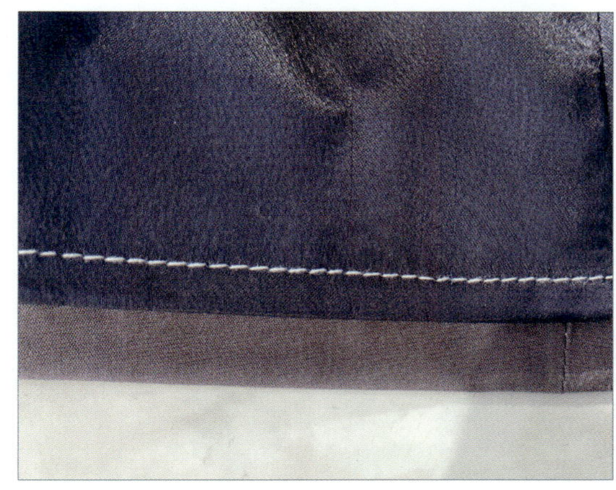

❻ 실고리로 겉감과 안감의 옆선을 고정한다.

❼ 걸고리를 단다.

여성복기능사 필기·실기문제 한권으로 합격하기

Chapter 03

H라인 요크스커트

작업지시서

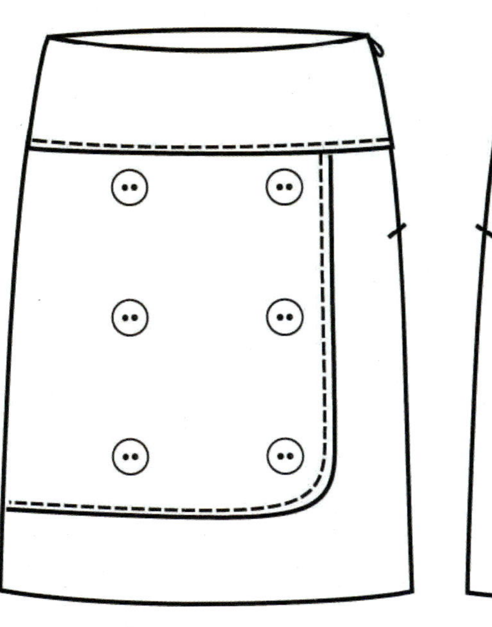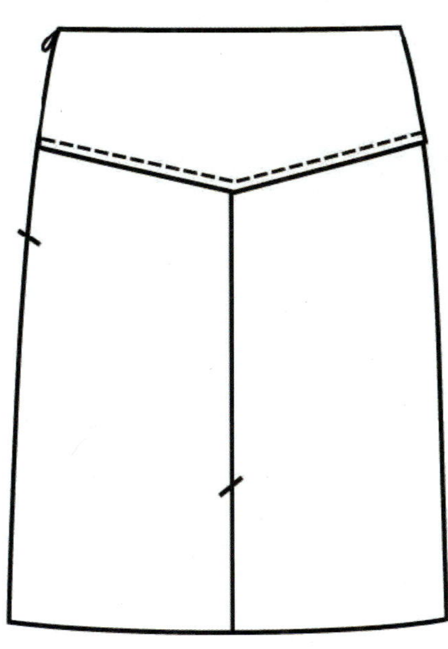

봉제 시 유의사항 (5개 이상)	원 부자재 소요량			
	원 부자재	규격	소요량	단위
	원단	150cm	1.5	마
1. 앞 패널은 안감을 넣어 제작한다.	안감	110cm	1	마
2. 뒤트임 길이는 13cm로 제작한다.	심지	110cm	0.5	마
3. 겉감 밑단은 바이어스 처리 후 공그르기하고 안감 밑단은 말아 박는다.	봉사	40s/2합	1	콘
4. 실 고리로 겉감과 안감을 연결한다.	콘솔지퍼	25cm	1	개
5. 지퍼는 요크 끝까지 달고 걸고리를 달아 준다.	걸고리		1	쌍
6. 스티치 간격은 0.5cm로 한다.	단추	25cm	6	개
	식서테이프	10mm	2	마

※ 작업지시서는 각 회차 시험의 지시사항에 맞게 작성하세요.

시험시간	5시간 30분 정도
요구사항	지급된 재료로 디자인과 같이 H라인 요크 스커트를 제작하시오. 가. 제시된 디자인과 동일한 작품을 적용치수에 맞게 제도, 재단하여 의복을 제작하시오. 　　(지급받은 원단의 겉면과 안면 (표면과 이면)은 수험자가 판단하여 작업하시오.) 나. 제시된 디자인과 동일한 패턴 2부를 제도하여 1부는 재단에 사용하고, 다른 1부는 제작한 작품과 함께 채점 　　용으로 제출하시오. 　　(제출용 패턴제도에는 기초선과 제도에 필요한 부호, 약자를 표시하며 패턴지는 자르지 않고 제출합니다.) 다. 패턴제도와 재단 시 먹지, 룰렛과 칼은 사용하지 마시오. 라. 완성치수는 문제에 제시된 치수로 제작하고 제시되지 않은 치수는 디자인에 맞게 제작하시오. **스커트길이** : 55cm, **허리둘레** : 68cm, **엉덩이둘레** : 92cm, **엉덩이길이** : 18cm
지시사항	앞 패널에 안감을 넣어 처리하시오. 겉감 밑단 시접 4cm로 하시오. 뒤트임 길이 13cm로 하시오. 겉감, 안감 밑단은 3cm 차이 나게 마감하시오. 겉감 밑단 바이어스 처리 후 공그르기하시오. 요크 길이 9cm로 하시오. 실 고리 옆선 두 군데 하시오. 지퍼는 요크 끝까지 달고 걸고리를 다시오. 스티치 간격 0.5cm로 하시오.
도면	

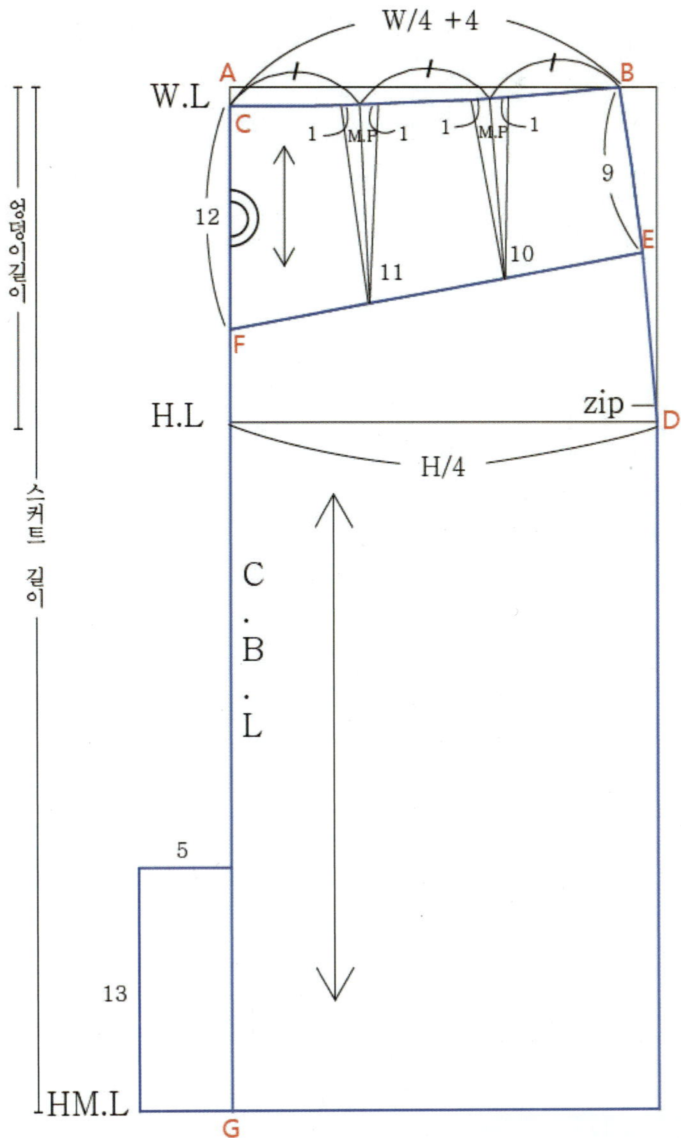

(1) H라인 요크 스커트 뒤판 제도

❶ 스커트 원형의 기초선을 그린다.

❷ A에서 W/4+4 만큼 떨어진 점 B를 찍고 B와 D를 연결하여 엉덩이둘레선까지 옆선을 그린다.

❸ 점 A에서 1cm 수직으로 내린 점 C를 찍는다.

❹ C와 B를 연결한다.

❺ B에서 9cm 떨어진 점 E와 C에서 12cm 떨어진 점 F를 연결하여 뒤판 요크를 그린다.

❻ C−B의 삼등분점에서 요크와 만나는 지점까지 다트중심선을 그리고 2cm 분량의 다트를 각각 그린다.

❼ G점부터 위로 13cm 바깥으로 5cm의 사각형을 그려준다. (뒤트임 제도)

❽ 다트는 M.P 표시하고 패턴 부호와 약자를 넣는다.

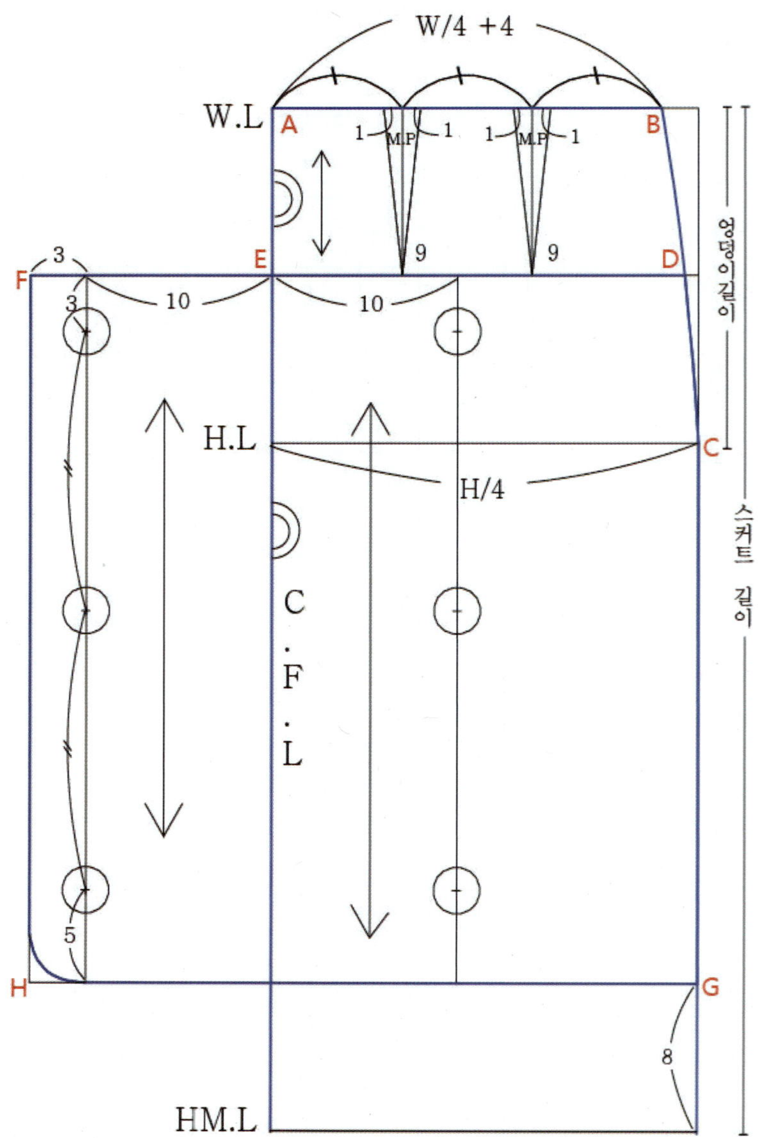

(2) H라인 요크 스커트 앞판 제도

❶ 스커트 원형의 기초선을 그린다.

❷ A에서 W/4+4 만큼 떨어진 점 B를 찍고 B와 C를 연결하여 엉덩이둘레선 까지 옆선을 그린다.
　B에서 9cm 떨어진 점 D를 찍고 수평으로 선을 연결하여 앞판 요크를 그린다.

❸ A–B의 삼등분점에서 요크와 만나는 지점까지 다트중심선을 그리고 2cm 분량의 다트를 각각 그린다.

❹ 점 E에서 13cm 떨어진 점 F까지 직선을 그린다.

❺ 밑단선 에서 8cm 위로 올라가 선 G–H를 그린다. (선 GH는 밑단에 수평한 선)

❻ F와 H를 연결하고 모서리를 굴려준다.

❼ C.F.L에서 좌, 우로 10cm 정도 떨어진 위치에 대칭으로 단추를 표시한다. 단추의 위치는 도식화와
　패턴의 비율에 맞게 그려 넣는다.

❽ 요크의 다트는 M.P 처리하고 패턴부호와 약자를 넣는다.

2 패턴의 배치와 시접

(1) 겉감

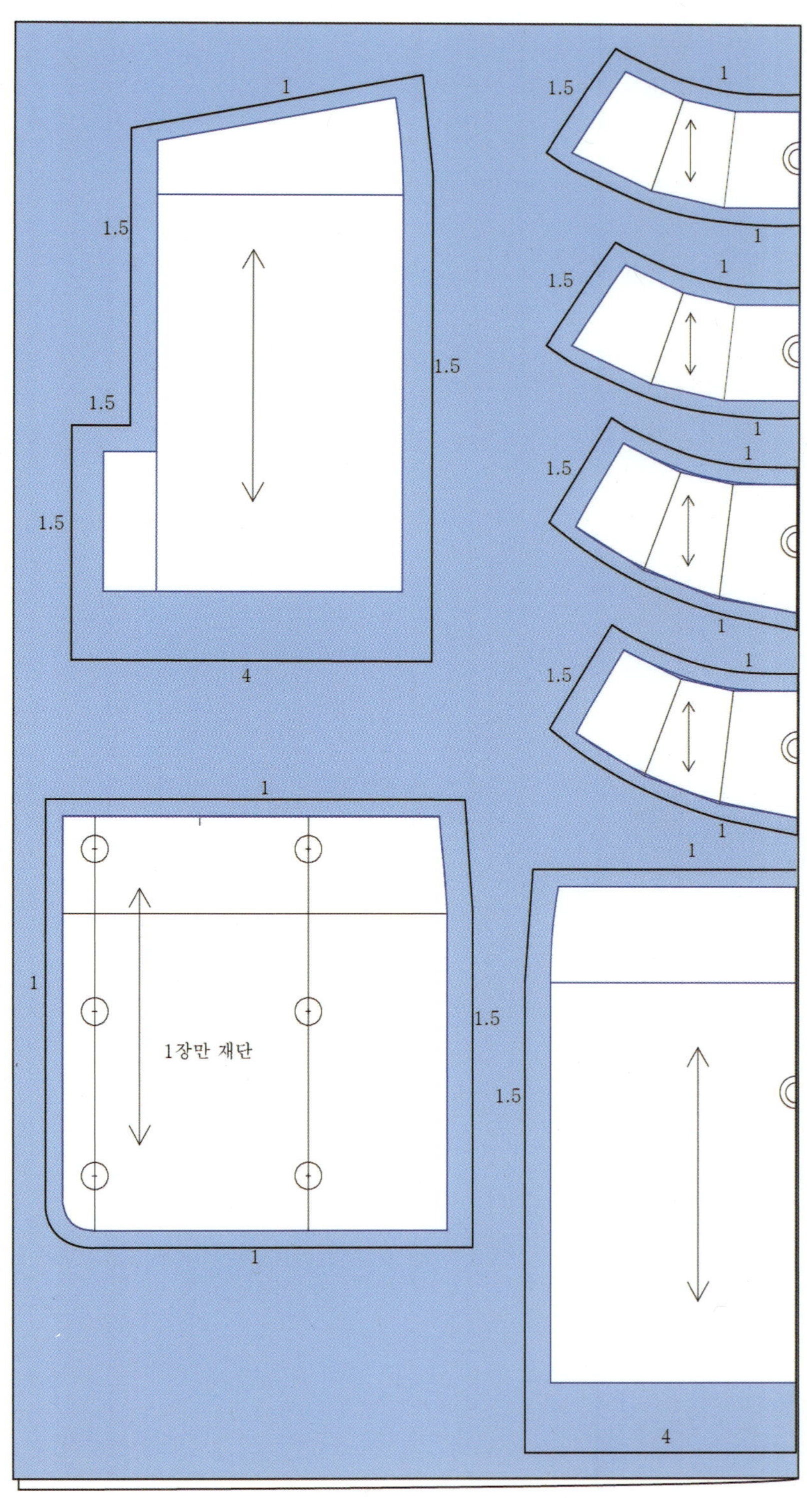

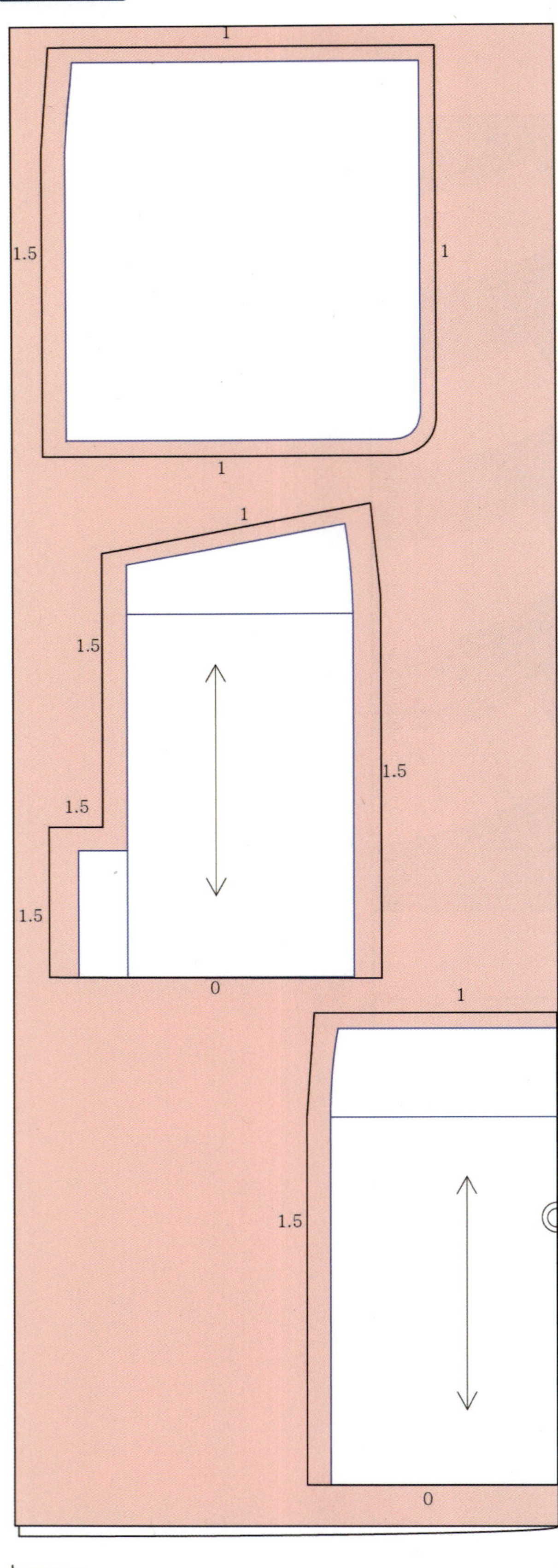

1
1.5
1
1
1
1.5
1.5
1.5
1.5
0
1.5
1
1.5
0
110폭

(3) 심지와 식서테이프 부착

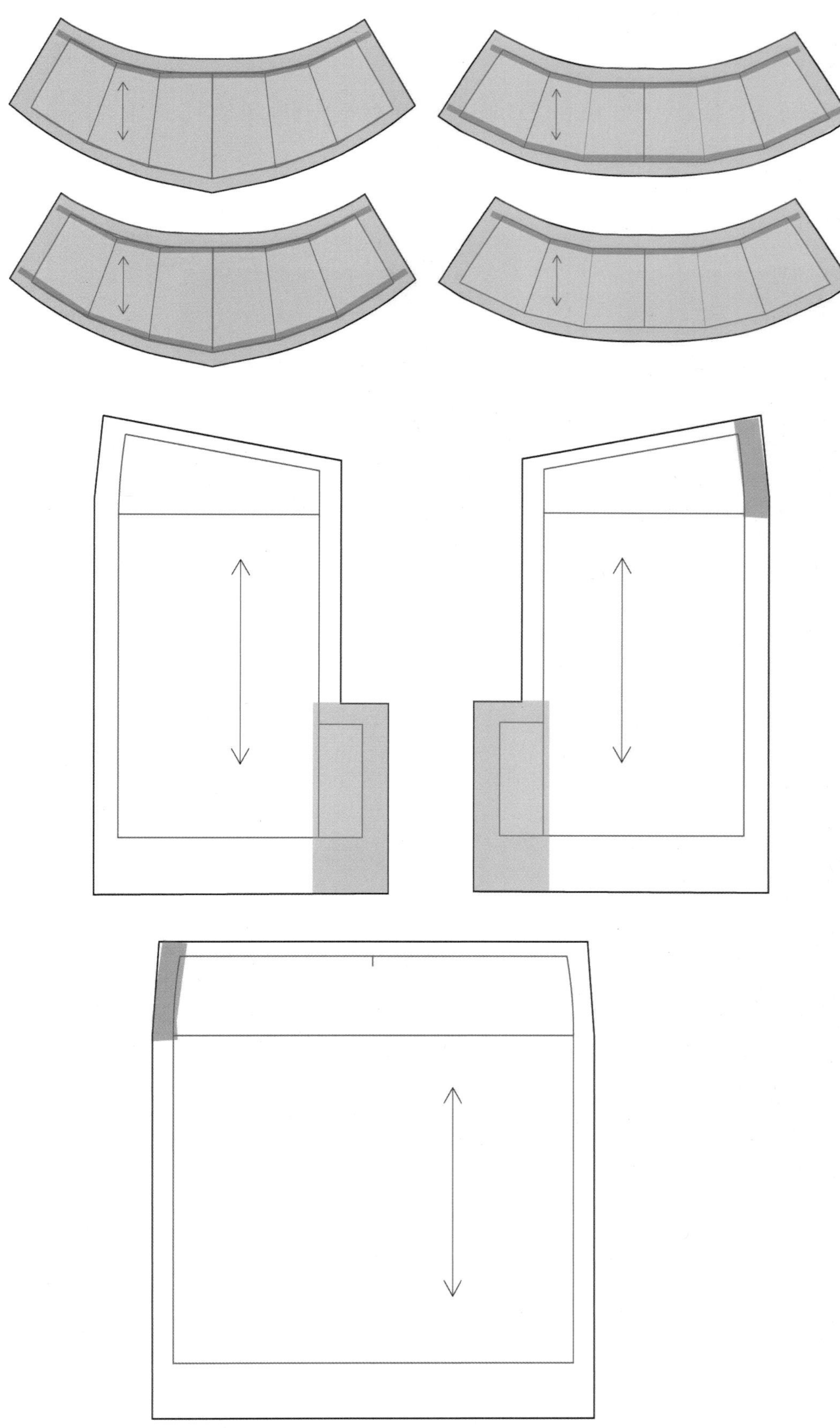

3 봉제

(1) 패널 제작

❶ 스커트 패널 겉감과 안감을 겉면끼리 마주 대고 패널의 오른쪽과 아래쪽 완성선을 따라 박는다.

❷ 봉제한 부분의 시접을 정리하고 뒤집어 다린다.

❸ 도식화의 모양대로 장식 스티치한다.

〈겉〉

〈안〉

(2) 앞판 제작

❶ 스커트 앞판에 스커트 패널을 임시 고정한다.

❷ 앞 요크와 스커트 몸판을 연결해주고 시접을 위로 넘긴 상태에서 장식스티치한다.

(3) 뒤판 제작

❶ 뒤판 스커트의 겉끼리 마주하여 뒤 중심선과 트임 부분을 완성선을 따라 박는다.

❷ 겉에서 봤을 때 트임의 왼쪽 자락이 위로 올라오도록 다림질 해둔다.

❸ 뒤 요크를 연결하고 시접을 위로 향하게 한 상태에서 장식 스티치한다.

(4) 지퍼 달고 옆선 박기

❶ 왼쪽 옆선을 완성선을 따라 박고 가름솔한다.

❷ 지퍼자리에 콘솔지퍼를 단다.

❸ 반대쪽 옆선을 박는다.

(5) 스커트 밑단 처리

❶ 밑단을 완성선에 맞게 접어 다림질하고 밑단 시접 끝을 바이어스로 감싼다.

❷ 오른쪽 트임의 시접은 스커트 밑단 완성선을 따라 겉끼리 마주 보도록 위로 꺾은 뒤, 트임 완성선을 박는다.

❸ 왼쪽 트임의 시접은 트임 완성선을 따라 겉끼리 마주 보도록 옆으로 꺾은 뒤, 스커트 밑단 완성선을 박는다.

❹ 뒤집어서 정리된 밑단의 모습

(6) 안감 봉제

❶ 앞 안감과 앞 안단을 연결한다.

❷ 뒤 안감의 중심을 트임 전까지 박고 안감 트임의 오른쪽 자락이 위로 올라오게 다림질한다. 여기에 뒤판 안단을 연결한다.

❸ 지퍼 부분을 제외하고 안감의 옆선을 박는다.

❶ 겉감의 지퍼 부분에 안감의 겉을 마주 대고 지퍼 부분을 박는다. (안감 합봉 시에는 지퍼에 바짝 박지 않는다.)

❷ 겉감과 안감을 겉끼리 겹쳐 허리선을 박아주고 허리시접을 안단 쪽으로 넘겨 누름상침한다.

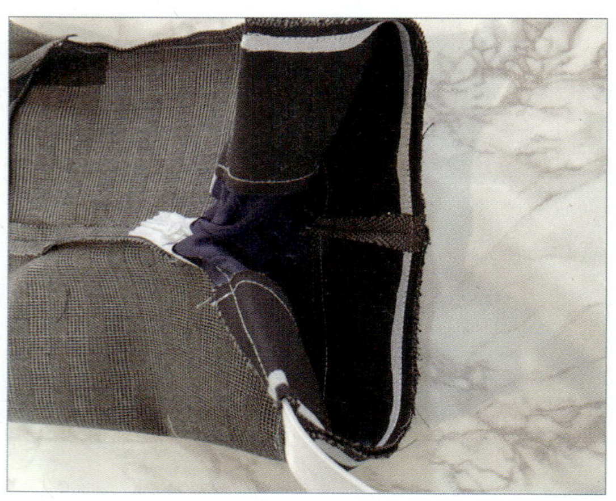

❸ 시접을 정리하고 뒤집어 허리선에 장식스티치를 넣어준다.

❹ 지시사항에 맞춰 겉감 밑단 위로 3cm 위치에서 안감이 끝나도록 안감 밑단을 접어 박는다.

❺ 겉감의 밑단을 공그르기한다.

❻ 트임의 아래쪽(겉감 기준)은 겉감과 안감을 잘 맞추어 공그르기한다.

❼ 트임의 바깥쪽(겉감 기준)은 트임의 안감 부분을 사진과 같이 잘라내고 시접을 안쪽으로 접어 넣어
   공그르기한다.

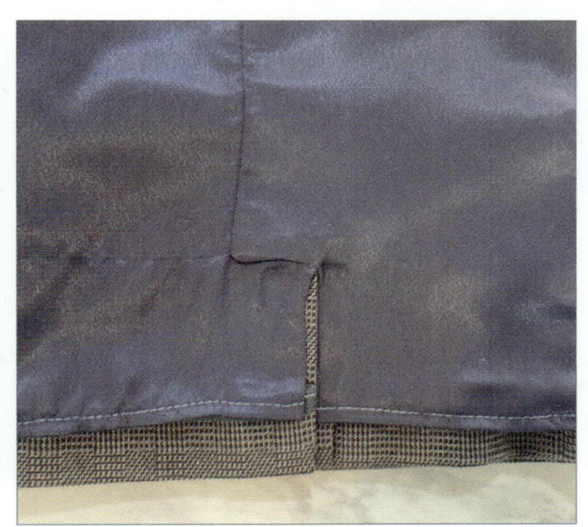

❽ 안감과 겉감에 실고리를 만들어 고정한다.

❾ 패널에 단추 6개를 단다.

❿ 걸고리를 단다.

여성복기능사 필기·실기문제 한권으로 합격하기

Chapter 04

사선 고어드 스커트

작업지시서

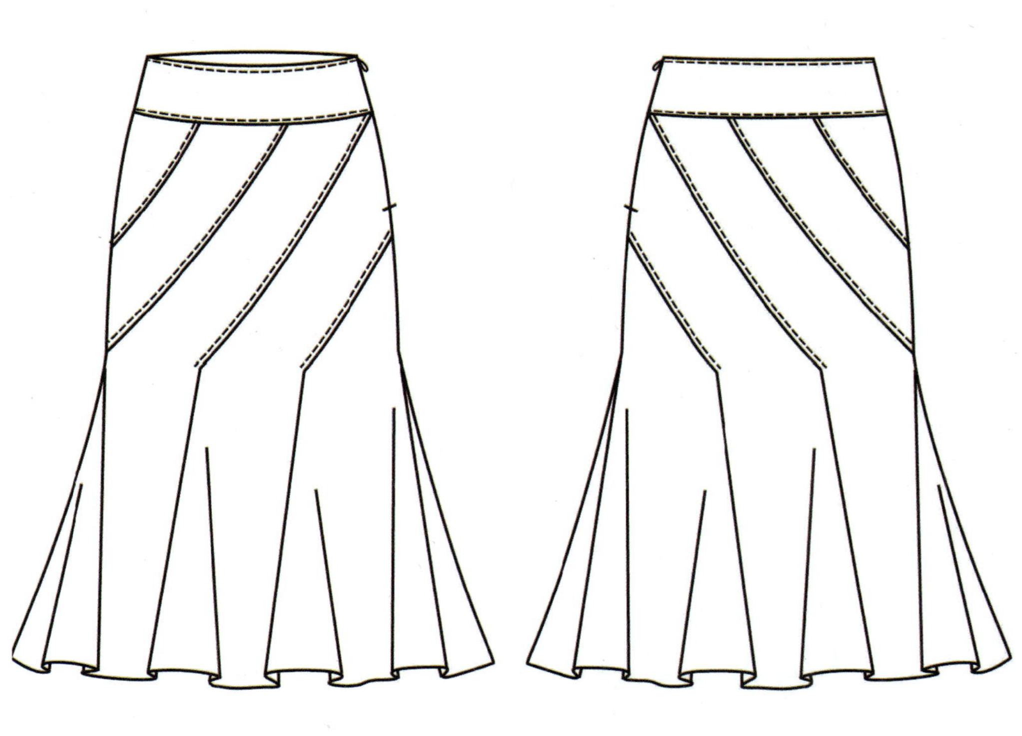

봉제 시 유의사항 (5개 이상)	원 부자재 소요량			
	원 부자재	규격	소요량	단위
	원단	150cm	1.5	마
1. 허리 요크는 4cm 두께로 제작한다.	안감	110cm	1	마
2. 안감은 절개라인을 넣지 말고 겉감 스커트의 사선이 끝나는 부분까지만 넣는다.	심지	110cm	0.5	마
3. 겉감 밑단과 안감 밑단은 1cm씩 두 번 접어 박는다.	봉사	40s/2합	1	콘
4. 요크 끝까지 콘솔지퍼를 달고 걸고리한다.	콘솔지퍼	25cm	1	개
5. 겉감과 안감은 실 고리로 옆선 두 군데에 고정한다.	걸고리		1	쌍
	식서테이프	10mm	2	마

※ 작업지시서는 각 회차 시험의 지시사항에 맞게 작성하세요.

시험시간	5시간 30분 정도
요구사항	지급된 재료로 디자인과 같이 10쪽 사선 고어드 스커트를 제작하시오. 가. 제시된 디자인과 동일한 작품을 적용치수에 맞게 제도, 재단하여 의복을 제작하시오. (지급받은 원단의 겉면과 안면 (표면과 이면)은 수험자가 판단하여 작업하시오.) 나. 제시된 디자인과 동일한 패턴 2부를 제도하여 1부는 재단에 사용하고, 다른 1부는 제작한 작품과 함께 채점용으로 제출하시오. (제출용 패턴제도에는 기초선과 제도에 필요한 부호, 약자를 표시하며 패턴지는 자르지 않고 제출합니다.) 다. 패턴제도와 재단 시 먹지, 룰렛과 칼은 사용하지 마시오. 라. 완성치수는 문제에 제시된 치수로 제작하고 제시되지 않은 치수는 디자인에 맞게 제작하시오. **스커트길이** : 62cm, **허리둘레** : 68cm, **엉덩이둘레** : 92cm, **엉덩이길이** : 18cm
지시사항	허리 요크 4cm 폭으로 제작하시오. 안감 밑단은 1cm씩 두 번 접어 박으시오. 겉감 밑단은 1cm씩 두 번 접어 박으시오. 안감은 라인 없이 사선이 끝나는 부분까지 처리하시오. 지퍼 달고 걸고리하시오. 실 고리 옆선 두 군데 하시오. 장식 스티치는 0.5cm 간격으로 하시오.
도면	

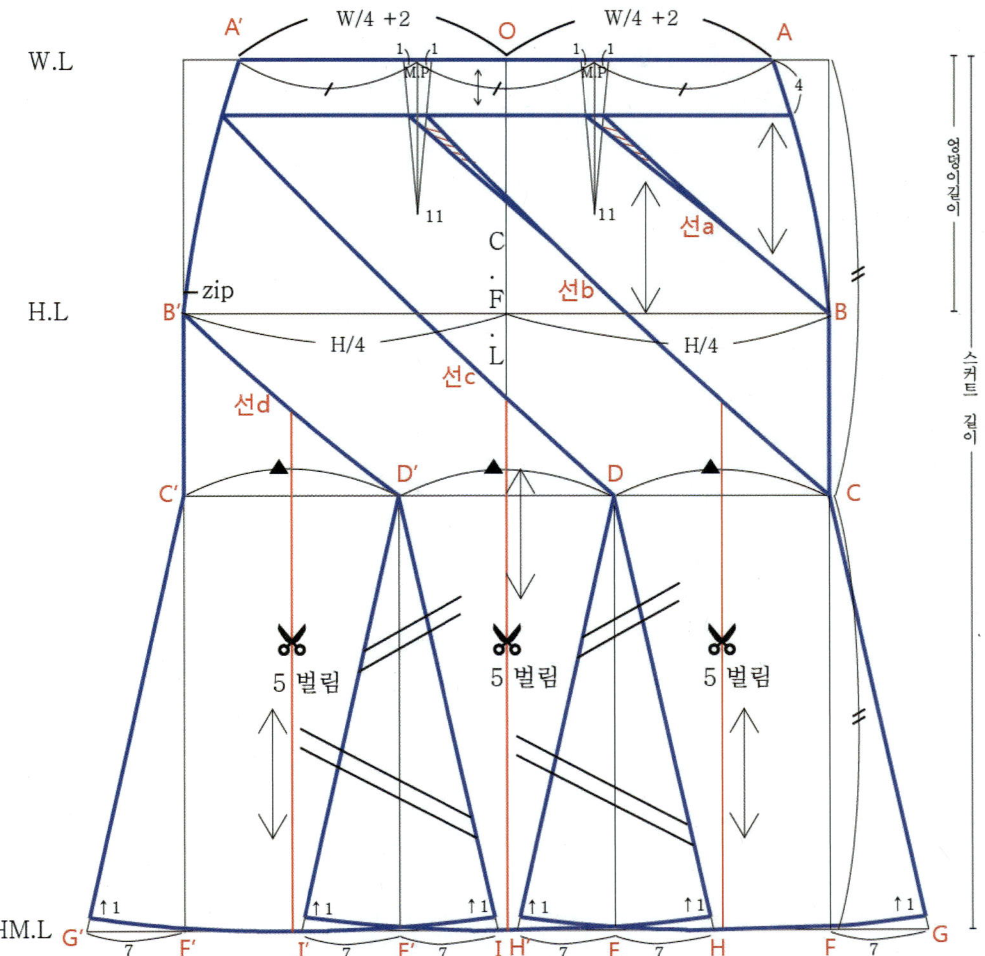

(1) 10쪽 사선 고어드 스커트 앞판 제도

❶ 스커트 원형의 기초선을 그린다. 고어드스커트는 좌우가 비대칭인 디자인이므로 앞판의 반쪽만 제도하는 것이 아니라 앞판의 좌, 우를 붙여 앞판 전체 패턴을 그려준다.

❷ 점 O에서 W/4+2 만큼 떨어진 점 A와 A′를 찍는다.

❸ A와 B, A′와 B′를 각각 자연스럽게 곡선으로 연결한다.

❹ A–A′의 길이를 3등분한다.

❺ 위의 3등분점 에서 11cm의 다트중심선을 그리고 2cm 크기의 다트를 각각 그린다.

❻ 허리선에서 4cm 아래로 평행한 선을 그려 요크를 제도한다.

❼ 스커트의 길이를 이등분 한 점 C와 C′를 연결하고 C–C′의 3등분점 (D, D′)을 찾는다.

❽ 스커트의 사선 절개를 제도한다(선 a, b, c, d). 앞판 도식화의 반대 방향으로 사선을 제도하며, 다트를 M.P 처리하기 위해 요크와 다트선이 만나는 점을 사선의 시작으로 한다. 이때 그려지는 선을 약간의 곡선 처리해준다.

❾ 점 D, D′에서 밑단까지 수직으로 선을 내려긋는다. (이 수직선과 밑단과 만나는 점 E, E′)

❿ 점 F와 F′에서 바깥쪽으로 7cm 떨어진 점 (G, G′)을 찍고 C–G와 C′–G′를 연결한다.

⓫ 점 E에서 좌·우로 7cm 떨어진 점 (H, H′)를 찍고, 점 E′에서 좌·우로 떨어진 점 (I, I′)를 찍는다.

⓬ D–H, D–H′, D′–I, D′–I′를 연결한다.

⓭ G′, I′, I, H′, H, G 지점에서 1cm를 위로 쳐내어 패턴의 밑단 모서리를 직각에 가깝게 수정해준다.

⓮ 〈패턴 벌림선 제도〉 C′–D′ , D′–D, D–C 선을 각각 이등분 한 지점을 찾고, 이등분한 점을 통과하도록 사선(선 b, c, d)과 밑단까지 패턴 벌림선을 그려준다.

⓯ 다트는 M.P 처리하고 패턴부호와 약자를 넣는다.

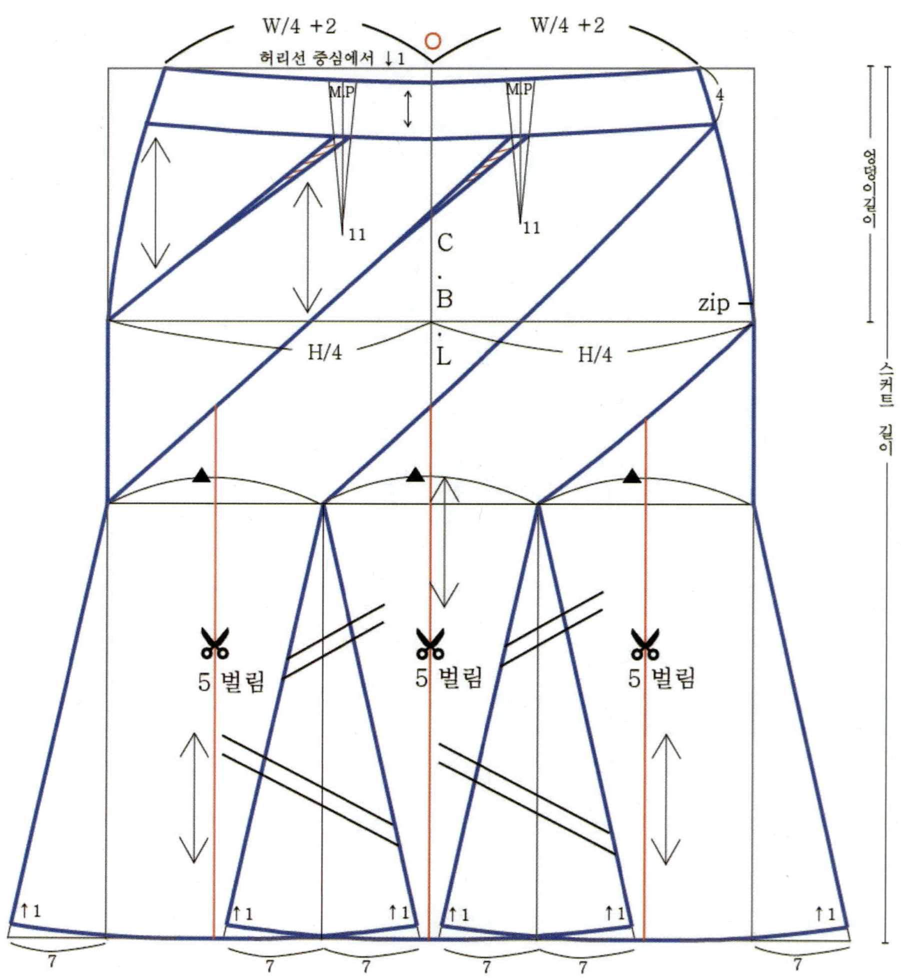

(2) 10쪽 사선 고어드 스커트 뒤판 제도

뒤판은 앞판과 동일한 방법으로 그린 뒤, 점 O에서 아래로 1cm 내려 허리선과 요크 선을 수정해준다. 뒤판은 사선의 방향이 뒤판 도식화의 반대 방향이다.

2 패턴의 배치와 시접

(1) 겉감

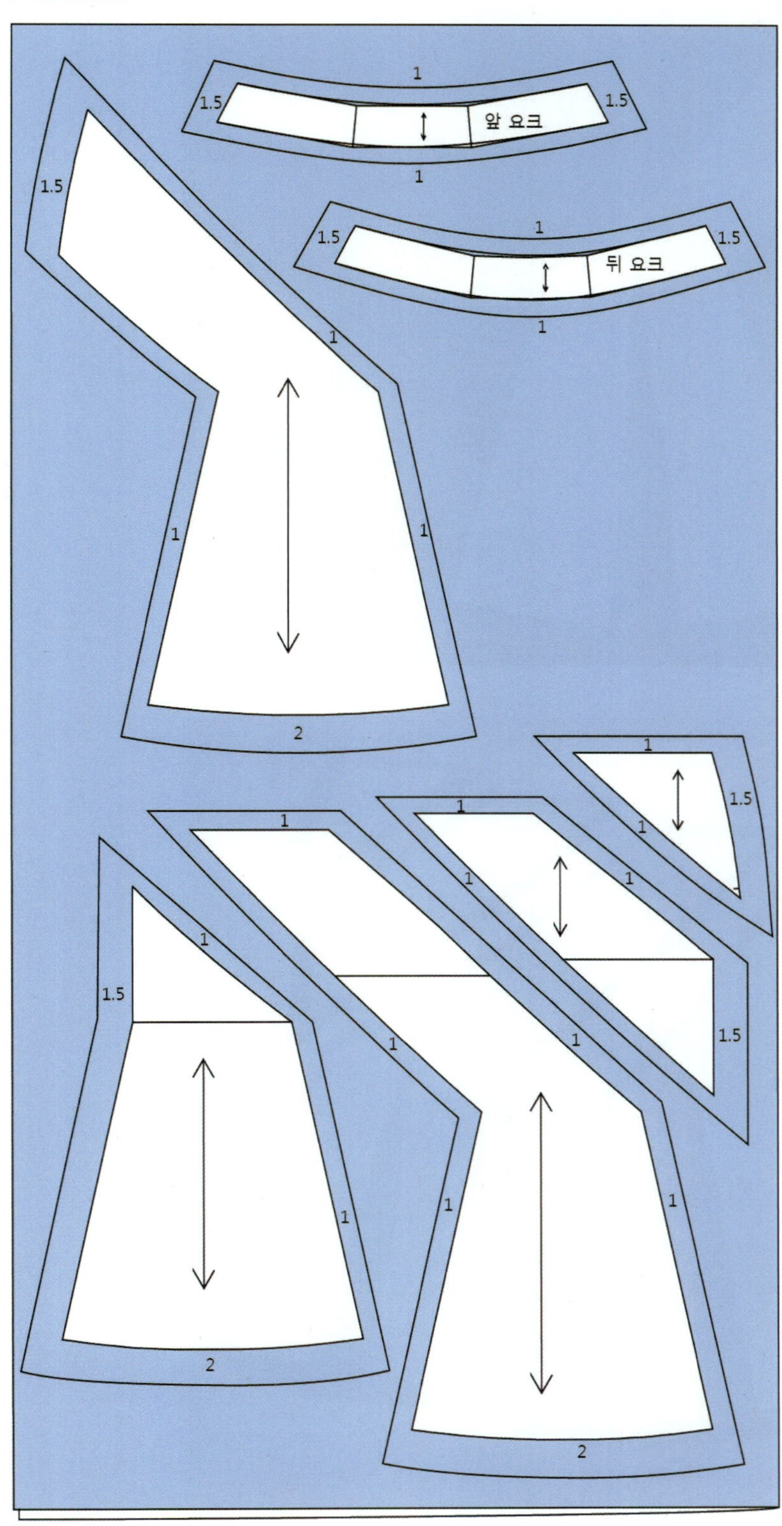

※ 스커트 겉감 재단 참고

패턴의 밑단 중심을 절개하여 벌림으로써 스커트의 플레어분을 더 주어 재단한다.

(2) 안감

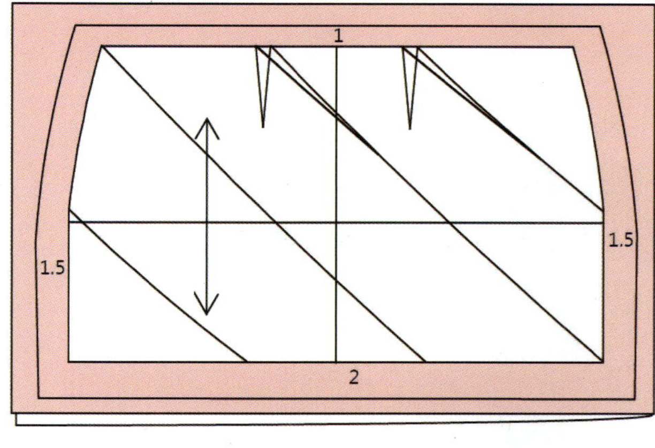

(3) 심지와 식서테이프 부착

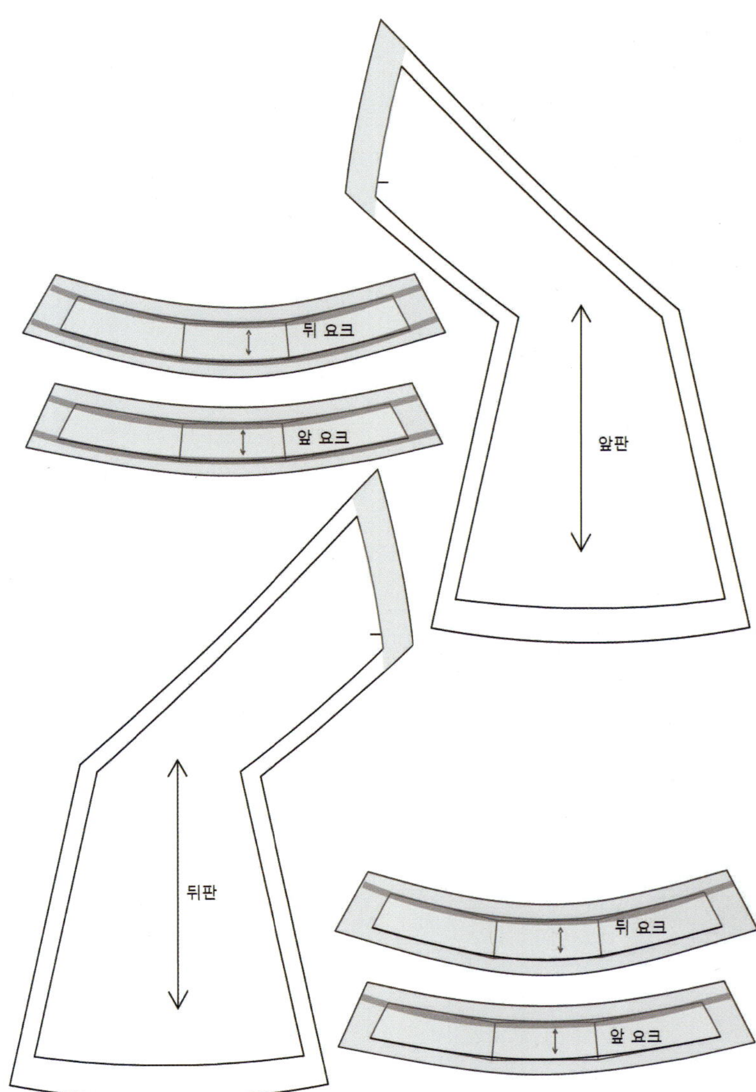

(1) 앞판, 뒤판 절개선 이어붙이기

❶ 앞, 뒤판의 스커트의 절개 부분을 순서대로 박아 연결한다.

ㄱ자로 꺾인 부분은 시접에 가위집을 넣어 박는다.

❷ 사선 절개의 시접을 위로 꺾어 장식스티치한다.

❸ 뒤판의 허리선에서 중심을 1cm 내려온 선을 긋고 선을 따라 잘라 허리선 중심을 내린다. (뒤판은 도
식화의 사선 방향을 보고 구분한다.)

(2) 스커트와 허리벨트 연결하기

앞, 뒤 스커트와 앞, 뒤 허리 벨트를 연결하고 시접을 위로 꺾어서 장식스티치한다.

(3) 앞판과 뒤판 연결

❶ 왼쪽 옆선을 완성선을 따라 박고 가름솔한다.

❷ 지퍼 위치에 콘솔지퍼를 단다.

❸ 반대쪽 옆선을 박는다.

(4) 스커트 밑단 처리

❶ 밑단을 1cm씩 두 번 접어 박는다.

(5) 안감 제작

❶ 앞판 안감과 앞판 허리 안단을 연결한다.
❷ 뒤판 안감과 뒤판 허리 안단을 연결한다.
❸ 지퍼 부분을 남겨두고 옆선을 박는다.

(6) 겉감과 안감 합봉

❶ 겉감의 지퍼 부분에 안감의 겉을 마주대고 지퍼 부분을 박는다. (안감 합봉 시에는 지퍼에 바짝 박지 않는다.)
❷ 겉감과 안감을 겉끼리 겹쳐 허리선을 박아주고 허리시접을 안단 쪽으로 넘겨 누름상침한다.
❸ 시접을 정리하고 뒤집어 허리선에 장식스티치를 넣어준다.
❹ 지시사항에 맞춰 안감이 겉감 스커트의 사선이 끝나는 부분까지 오도록 접어 박는다.

(7) 손바느질과 마무리

❶ 안감과 겉감 시접의 옆선에 실고리를 만들어 고정한다.
❷ 훅앤아이(걸고리)를 단다.

하이웨이스트 스커트

작업지시서

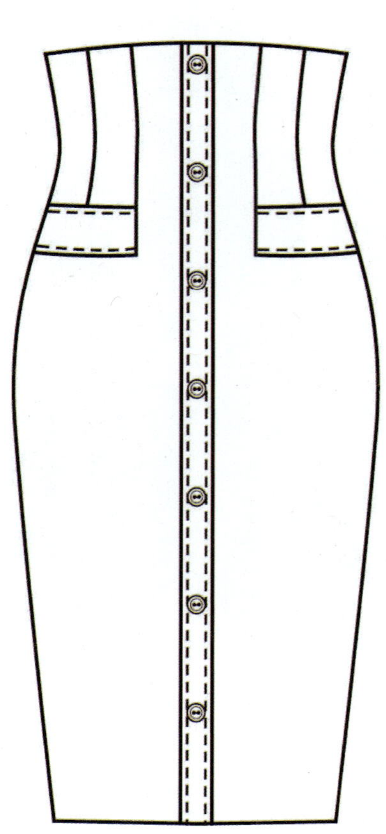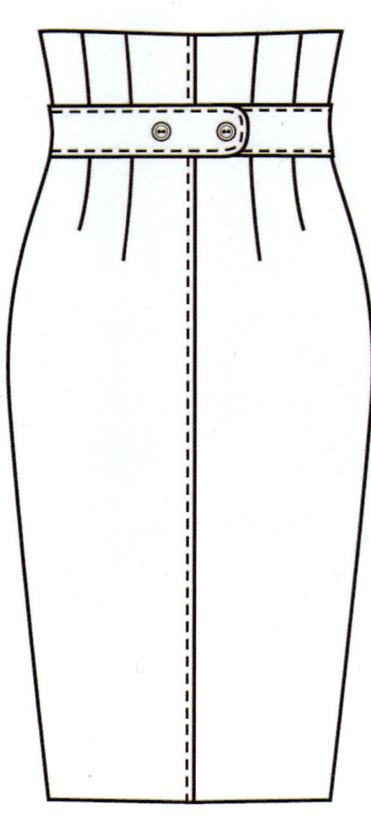

봉제 시 유의사항 (5개 이상)	원 부자재 소요량			

봉제 시 유의사항 (5개 이상)

1. 하이웨이스트는 허리선 위로 7cm로 제작한다.
2. 단춧구멍은 세로 버튼홀 스티치로 제작한다.
3. 웰트포켓 너비 3cm로 만들고 사용할 수 있는 주머니로 만든다.
4. 뒤판 허리 옆선에 장식벨트의 두께는 4cm로 제작한다.
5. 안감은 스커트 전체에 넣는다.
6. 스커트 겉감의 밑단은 바이어스 공그르기하고 안감은 겉감과 분리해 접어 박는다.
7. 장식스티치는 0.5cm 간격으로 한다.

원 부자재 소요량

원 부자재	규격	소요량	단위
원단	150cm	1.5	마
안감	110cm	1	마
심지	110cm	0.8	마
봉사	40s/2합	1	콘
콘솔지퍼	25cm	1	개
걸고리		1	쌍
단추	25cm	9	개
식서테이프	10mm	3	마

※ 작업지시서는 각 회차 시험의 지시사항에 맞게 작성하세요.

시험시간	5시간 30분 정도
요구사항	지급된 재료로 디자인과 같이 하이웨이스트 스커트를 제작하시오. 가. 제시된 디자인과 동일한 작품을 적용 치수에 맞게 제도, 재단하여 의복을 제작하시오. 　(지급받은 원단의 겉면과 안면 (표면과 이면)은 수험자가 판단하여 작업하시오.) 나. 제시된 디자인과 동일한 패턴 2부를 제도하여 1부는 재단에 사용하고, 다른 1부는 제작한 작품과 함께 채점 　용으로 제출하시오. 　(제출용 패턴제도에는 기초선과 제도에 필요한 부호, 약자를 표시하며 패턴지는 자르지 않고 제출합니다.) 다. 패턴제도와 재단 시 먹지, 룰렛과 칼은 사용하지 마시오. 라. 완성치수는 문제에 제시된 치수로 제작하고 제시되지 않은 치수는 디자인에 맞게 제작하시오. **스커트길이** : 60cm, **허리둘레** : 68cm, **엉덩이둘레** : 92cm, **엉덩이길이** : 18cm
지시사항	허리선 위로 7cm 하이웨이스트로 제작하시오. 스커트 앞판 좌우 중심 덧단 3cm 처리하고, 안단을 넣으시오. 단춧구멍은 세로 버튼홀 스티치로 위에서 2개만 제작하고 단추는 모두 다시오. 주머니는 중심 쪽 다트선에 맞추어 웰트포켓 너비 3cm를 제작하고 사용할 수 있게 하시오. 뒤판 허리 옆선에 장식벨트를 끼워 다시오. (벨트 너비 4cm) 안감은 스커트 전체에 넣으시오. 스커트 밑단은 겉감과 안단을 분리하고 겉감 밑단에서 2.5cm 올라온 위치에 안감 처리하시오. 장식스티치는 0.5 cm 간격으로 하시오.
도면	

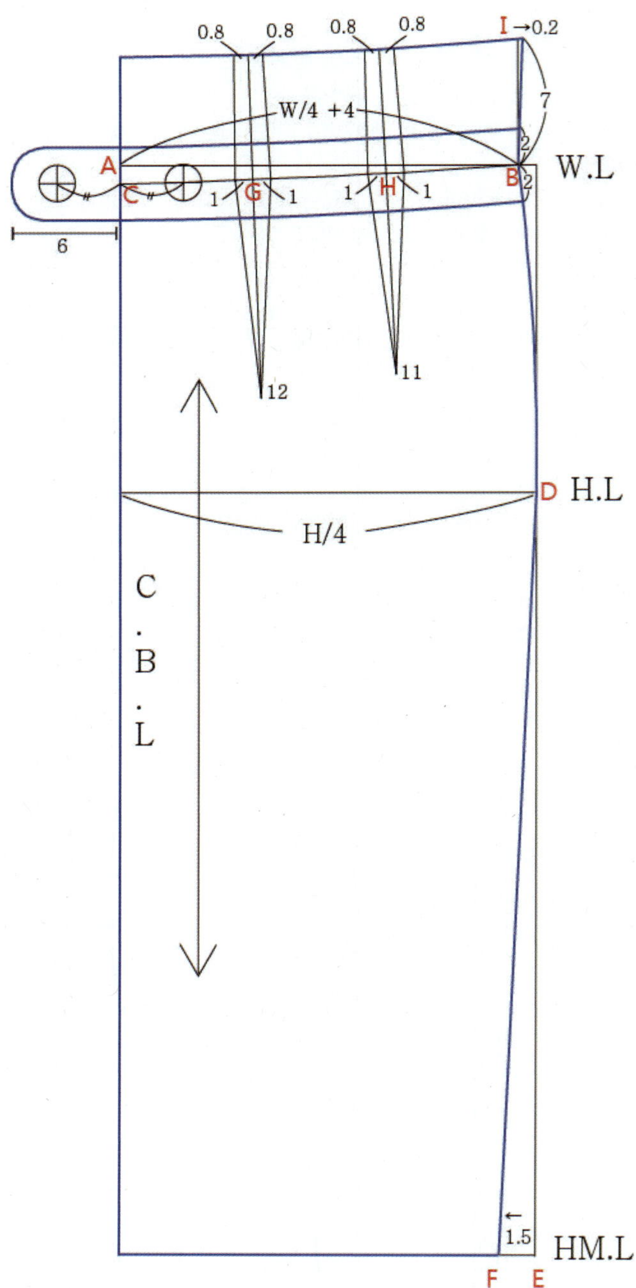

(1) 하이웨이스트 스커트 뒤판 제도

❶ 스커트 원형의 기초선을 그린다.

❷ A에서 W/4+4 만큼 떨어진 점 B를 찍고 B와 D를 연결하여 엉덩이둘레선 까지 옆선을 그린다.

❸ 점 A에서 1cm 수직으로 내린 점 C를 찍는다.

❹ C와 B를 연결한다.

❺ 점 E에서 스커트 중심 쪽으로 1.5cm 이동한 점 F를 찍고 D와 F를 자연스럽게 연결한다.

❻ C-B에서 7cm 위로 하이웨이스트 라인을 그린다.

❼ C-B를 3등분한 점 G, H에서 아래 방향으로 각각 12cm, 11cm의 다트중심선을 그리고 허리선에서 2cm 분량의 다트 2개를 각각 그린다.

❽ 허리 다트중심선을 하이웨이스트의 끝까지 연장한다. 연장한 다트중심선에서 좌우로 0.8cm 떨어진 다트를 그린다.

❾ 점 I에서 옆선 바깥쪽으로 0.2cm 나와 하이웨이스트의 옆선을 수정한다.

❿ 선 C-B를 중심으로 위, 아래에서 2cm씩 평행 이동한 허리 장식벨트를 제도한다. 벨트의 끝은 뒤 중심선에서 6cm 튀어 나간 길이로 하고, 끝을 둥글려준다.

⓫ 장식단추의 위치를 표시하고 패턴 부호와 약자를 넣는다.

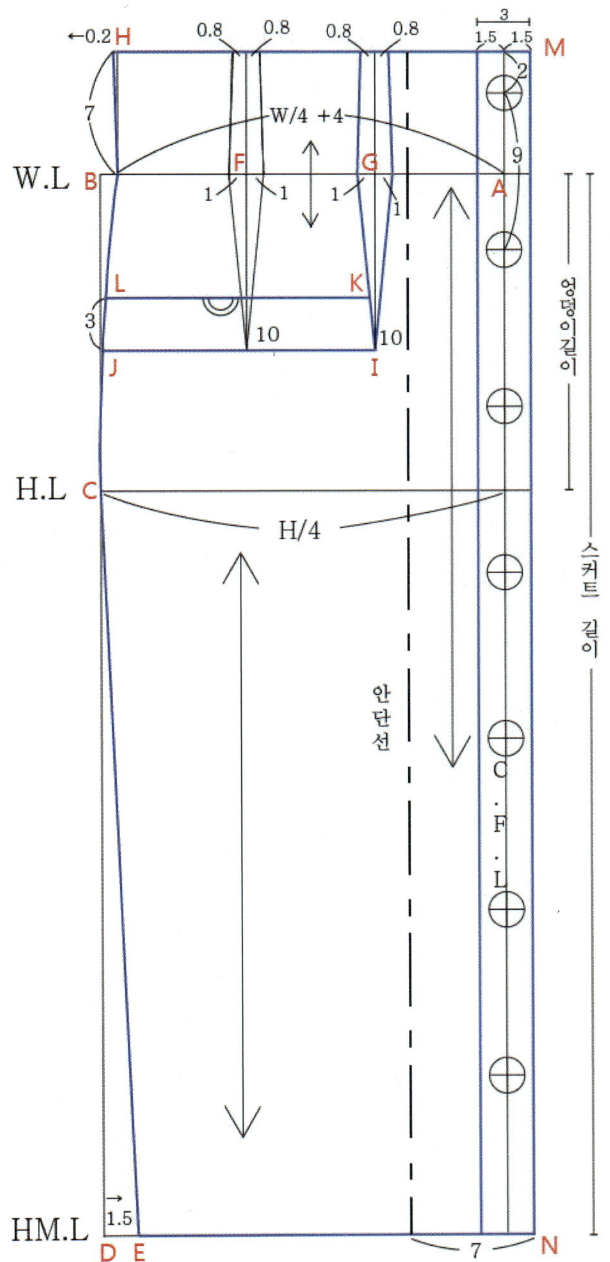

(2) 하이웨이스트 스커트 앞판 제도

❶ 스커트 원형의 기초선을 그린다.

❷ A에서 W/4+4 만큼 떨어진 점 B를 찍고 B와 C를 연결하여 엉덩이둘레선까지 옆선을 그린다.

❸ 점 D에서 스커트 중심 쪽으로 1.5cm 이동한 점 E를 찍고 C와 E를 자연스럽게 연결한다.

❹ A-B에서 7cm 위로 하이웨이스트 라인을 그린다.

❺ A-B 를 3등분한 점 F, G에서 아래 방향으로 각각 10cm의 다트중심선을 그리고 허리선에서 2cm 분량의 다트 2개를 각각 그린다.

❻ 허리 다트중심선을 하이웨이스트의 끝까지 연장한다. 연장한 다트중심선에서 좌우로 0.8cm 떨어진 다트를 그린다.

❼ 점 H에서 옆선 바깥쪽으로 0.2cm 나와 하이웨이스트의 옆선을 수정한다.

❽ 앞 중심선에서 좌우로 1.5cm 떨어진 선을 그려 덧단 3cm를 제도한다.
(예를 들어 지시사항에 덧단 4cm로 출제된 경우라면 앞 중심선에서 좌우로 2cm 떨어진 선을 그리면 된다.)

❾ 점 I에서 J까지 선을 그려준다. 선 I-J에서 3cm 평행한 선 K-L을 그려 웰트 포켓을 제도한다.

❿ 선 M-N에서 7cm 안쪽으로 평행한 선을 그려 안단을 표시한다.

⓫ 도식화의 비율과 단추 개수에 맞게 단추 위치를 표시하고 부호와 약자를 넣는다.

2 패턴의 배치와 시접

(1) 겉감

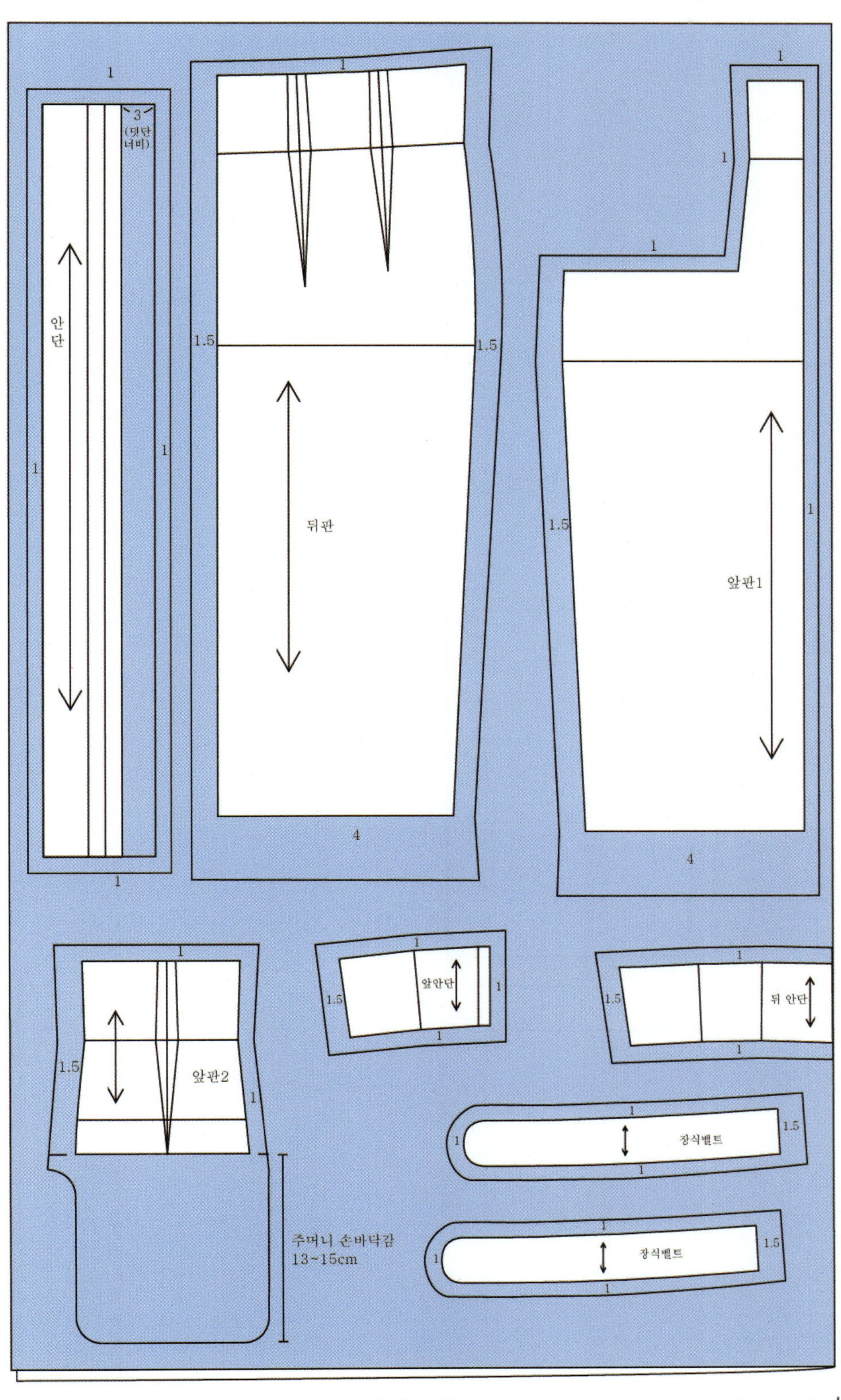

(2) 안감

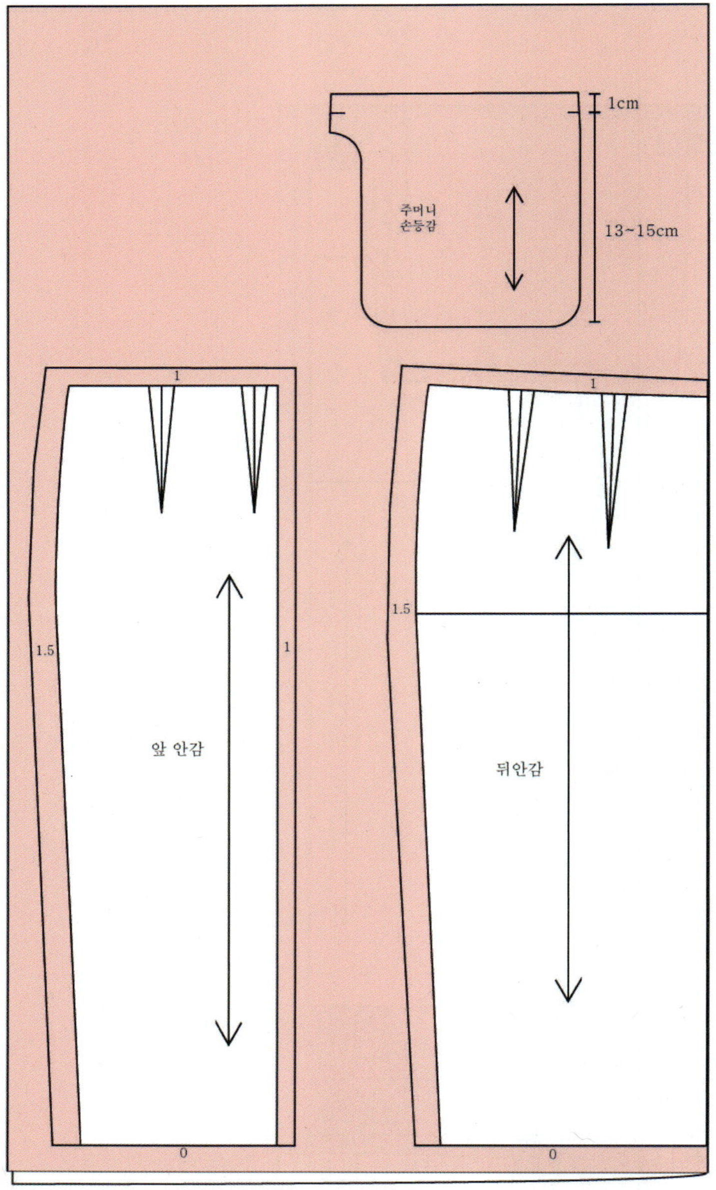

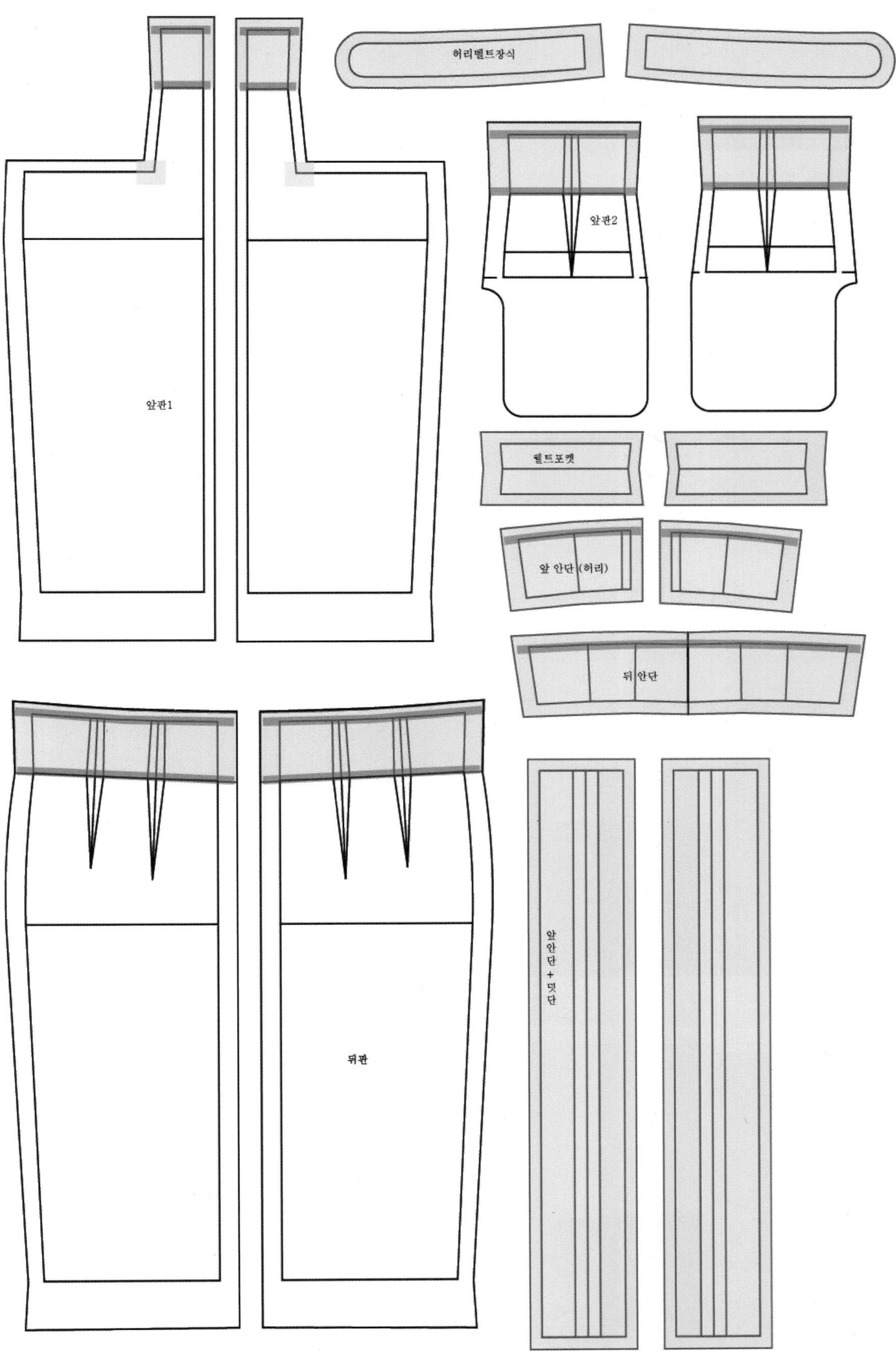
허리벨트장식
앞판2
앞판1
웰트포켓
앞 안단 (허리)
뒤 안단
뒤판
앞안단＋멋단

3 **봉제**

(1) 앞판 웰트 포켓 제작

❶ 주머니 감의 다트를 박는다.

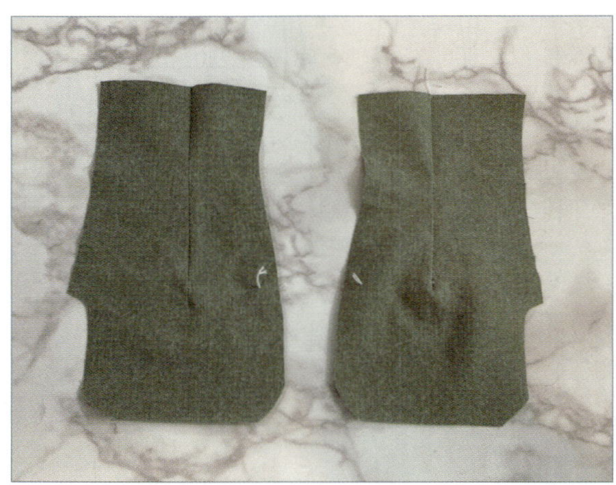

❷ 웰트감을 반 접어 장식스티치를 하고 주머니 위치에 그림과 같이 올려놓고 임시로 고정하여 박는다.

❸ 웰트감 위에 주머니 안감을 올려놓고 완성선을 따라 박는다.

❹ 앞판의 주머니위치의 모서리에 가윗밥을 내고 웰트감을 위로 접어 올린다.

❺ 웰트포켓의 장식스티치를 한다.

❻ 웰트를 다트에 끼우고 주머니 감의 위치를 맞추어 안쪽에서 박는다. 빨간색 점선으로 표시한 부분을
박아준다.

❼ 스커트를 위로 젖혀놓고 주머니 안감과 주머니 감을 합쳐서 박아준다.

❽ 웰트 주머니가 스커트감에 고정될 수 있도록 임시로 박아준다.

❶ 뒤 중심을 박고 시접을 왼쪽으로 넘겨 장식스티치한다.
❷ 뒤 다트를 박고 시접을 중심 쪽으로 꺾어 다린다.

❸ 비조 장식감(벨트감) 을 두 장 겹쳐 완성선을 따라 박아서 뒤집고 장식스티치한다.

❹ 비조(벨트) 장식을 뒤판의 옆선에 위치시켜 놓고 임시로 고정 박음질한다.

(3) 앞, 뒤판 옆선을 봉제한다.

(4) 앞 안단과 스커트 연결

❶ 앞 안단을 완성선에서 접어 다림질한다.

❷ 앞판과 안단을 연결하고 앞단에 장식박음을 한다.

❶ 앞 허리 안단과 앞 안감을 연결하고 뒤 안단과 뒤 안감을 연결한다. (다트는 박지 않고 주름으로 접어서 고정한다.)
❷ 앞, 뒤 안감의 옆선을 연결한다.

❶ 안감을 겉감의 안단의 끝에 맞추어 박는다. 이때 안감 밑단위로 5cm까지만 박는다.

❷ 앞 덧단의 선에 맞추어 접어 고정하여 허리선을 박고 허리 안단 쪽으로 누름 상침한다.

(7) 밑단 정리하기

❶ 안단 밑단의 완성선을 박고 뒤집어 밑단 완성선에 맞춰 다림질한다.

❷ 앞 덧단에 장식스티치한다.

❸ 밑단을 바이어스로 감싼 후 공그르기하고 안감 밑단을 접어 박는다.

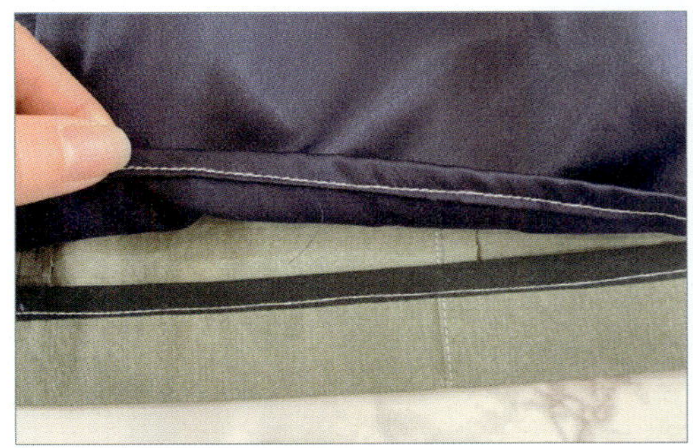

(8) 손바느질 및 마무리

❶ 버튼홀 스티치로 단춧 구멍을 만들고 단추를 모두 단다.

❷ 겉감과 안감을 실고리로 연결한다.

완성

Part 3

팬츠

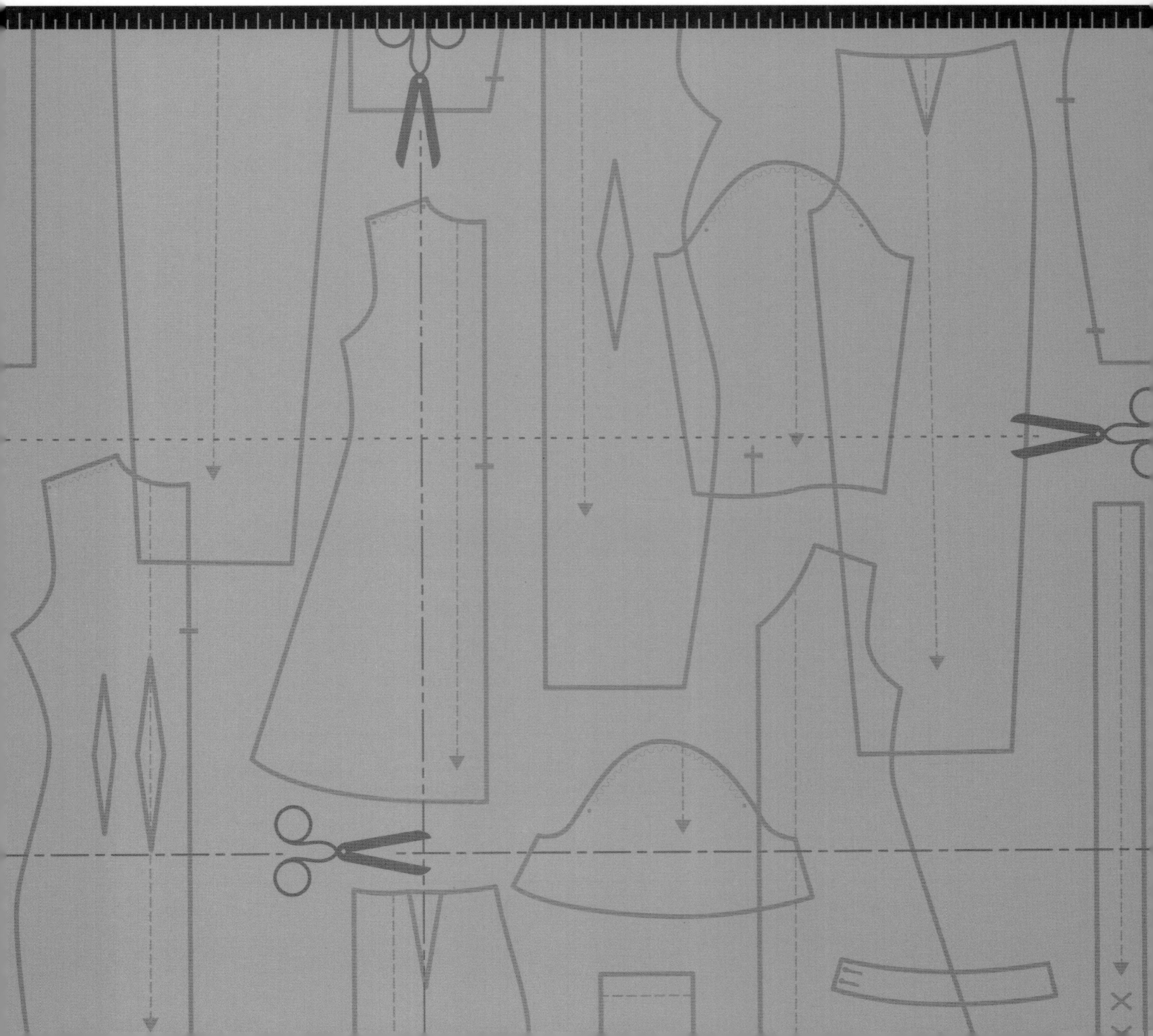

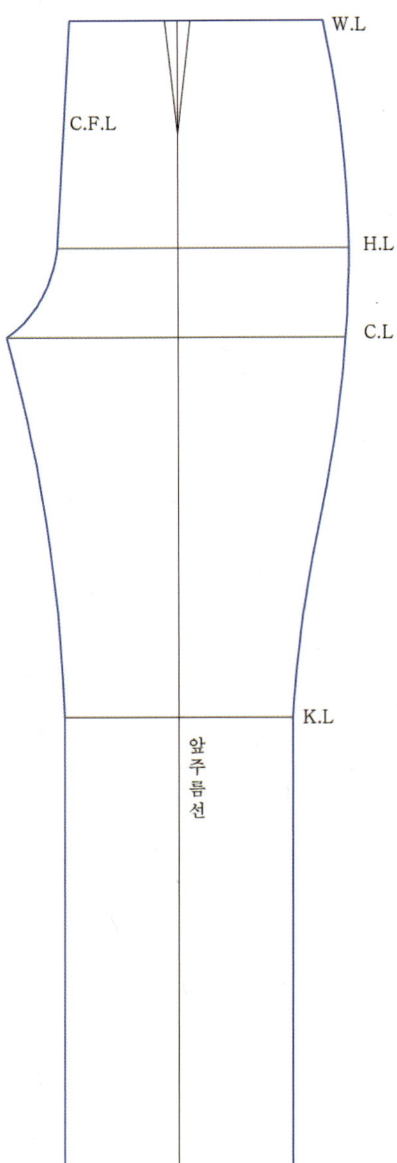

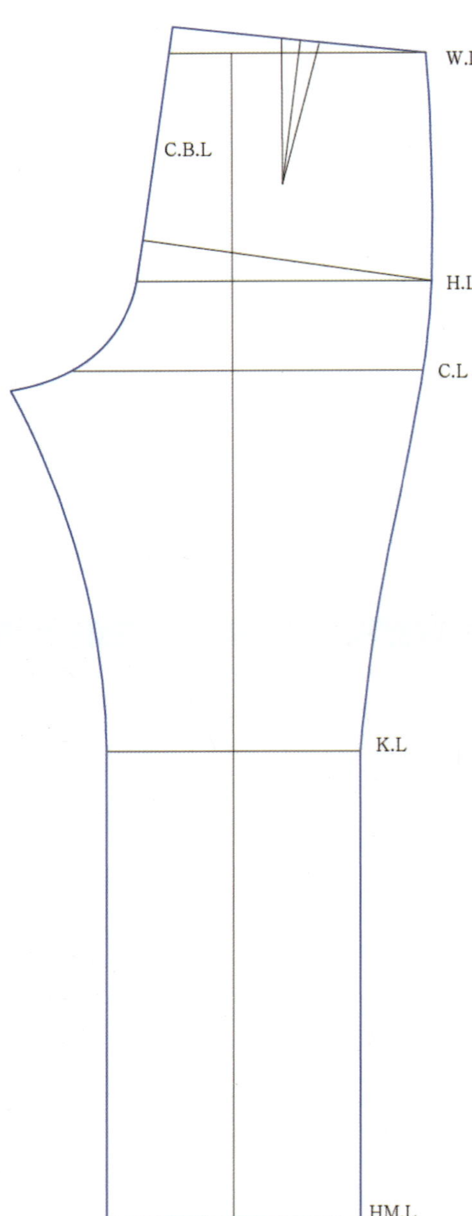

명칭	약자	영문표기
허리둘레선	W.L	Waist Line
엉덩이둘레선	H.L	Hip Line
밑위선	C.L	Crotch Line
무릎선	K.L	Knee Line
밑단선	HM.L	Hem Line
앞 중심선	C.F.L	Center Front Line
뒤 중심선	C.B.L	Center Back Line

팬츠 원형 제도

※ 본 교재에 제시된 원형 제도 방법은 착의 여유 분량이 포함되지 않았으며, 다트 길이와 분량은 표준체형에 맞는 치수를 제시하였습니다. 제시된 다트의 길이, 분량 등은 절대적인 치수가 아니며 제작할 옷의 디자인이나 치수에 따라 달라질 수 있습니다.

1 (공통) 팬츠 기초선 그리기

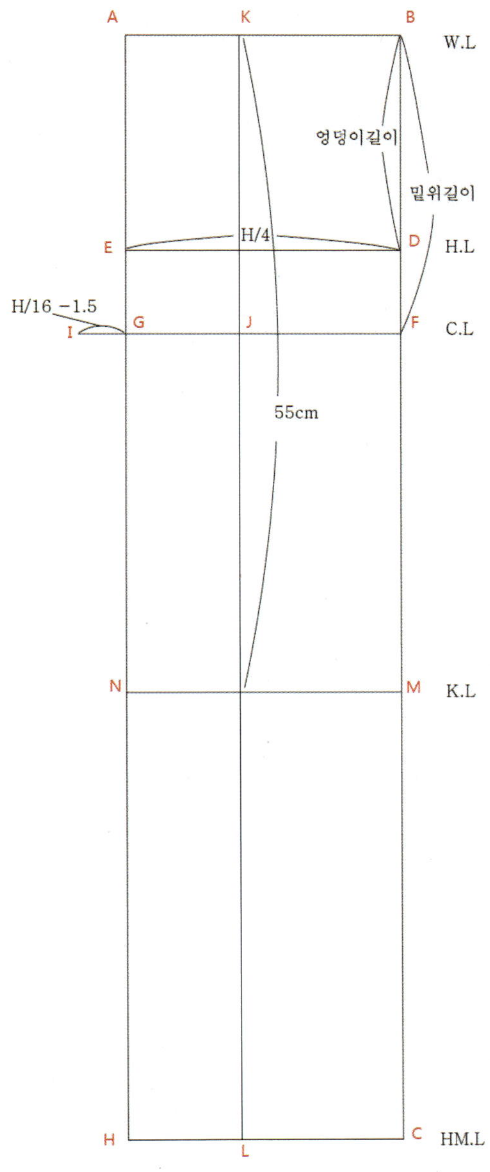

❶ 직각선 그리기: 점 A, B, C를 연결하여 임의의 직각선을 긋는다. 가로선의 길이는 H/4이며, 세로선의 길이는 팬츠 길이로 한다.

❷ 엉덩이선 제도(D−E) : 선 A−B에서 엉덩이 길이만큼 내려온 수평선을 그린다.

❸ 밑위선 제도 (F–G) : 선 A–B에서 밑위 길이만큼 떨어진 수평선을 그린다.

❹ 밑단선 제도 (C–H) : 점 C를 지나는 가로선을 긋는다. 이때 긋는 선은 선 A–B와 수평하다.

❺ 선 A–H를 그린다.

❻ 샅 낸단분 : H/16–1.5 만큼 G 점에서 바깥쪽으로 이동한 선 I–G를 긋는다.

❼ 앞 주름선 : I–F의 길이를 이등분한 점 J를 통과하는 직선을 긋는다. (선 K–L)

❽ 무릎선 제도 (M–N) : 허리선 (A–B)에서 55cm 아래로 떨어진 선 M–N을 그려 무릎 선을 설정한다.

❾ 뒤판의 기초선도 동일한 방법으로 제도한다.

<table><tr><td>**2**</td><td>**팬츠 원형 앞판 제도**</td></tr></table>

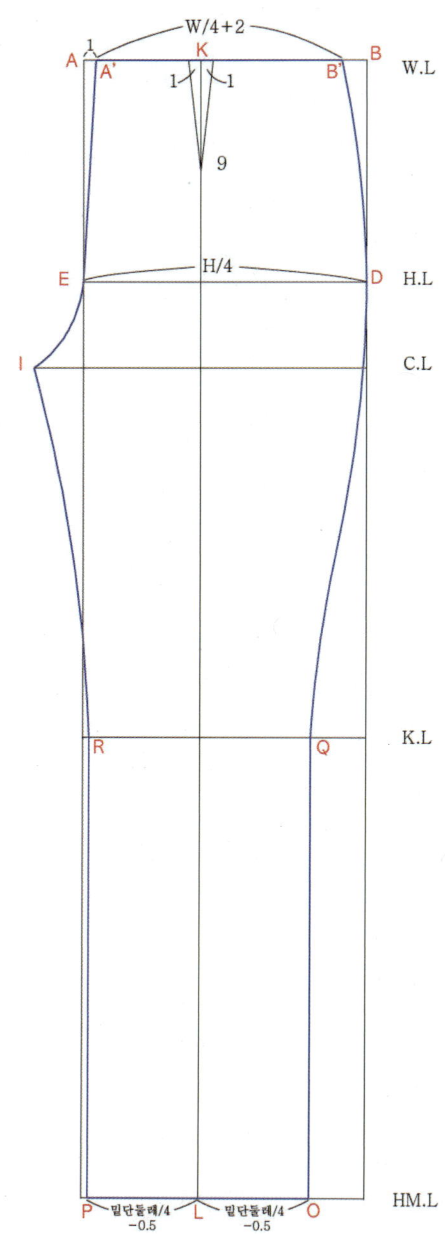

(1) 허리선

❶ A점에서 1cm 안으로 들어간 점 A′를 설정한다.

❷ A′에서 w/4+2 만큼 떨어진 점 B′를 찾는다.

❸ B′와 D 점을 자연스러운 곡선으로 연결한다.

(2) 앞 중심선과 밑 위선

❹ A′와 E 점을 연결한다.

❺ E와 I를 자연스러운 곡으로 연결한다.

(3) 옆선

❻ L에서 밑단둘레/4 −0.5 만큼 좌, 우로 나간 점 P와 O를 설정한다.

❼ P와 O에서 무릎선까지 수직으로 연장한다.

❽ I−R을 곡선으로 연결한다.

❾ Q−D를 곡선으로 연결한다. 이때 B′−D 선과 자연스럽게 이어지도록 그려준다.

(4) 허리다트

❿ 앞 주름선 상에 다트길이 9cm, 다트분량 2cm인 다트를 제도한다.

3 팬츠 원형 뒤판 제도

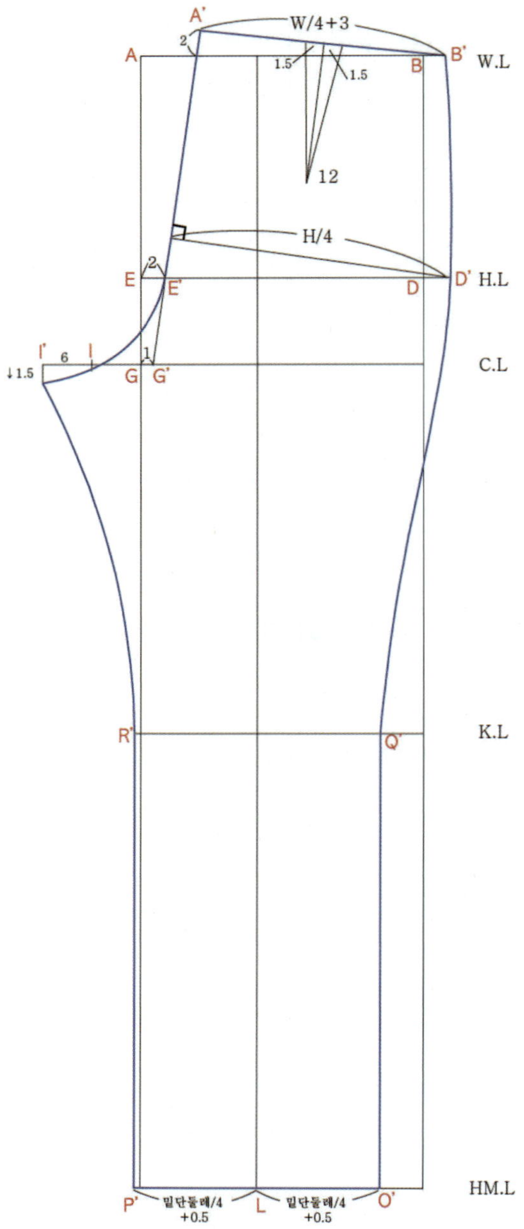

(1) 뒤 중심선과 밑위선

❶ G에서 1cm 안으로 이동한 G′점과 E에서 2cm 안으로 연결한 E′점을 연결한다.

❷ 선 G′− E′의 연장선을 허리선까지 연장하고 허리선에서 2cm 위로 연결하여 선 G′−E′−A′를 완성한다.

❸ I에서 밖으로 6cm 이동한 점 I′를 표시한다.

❹ I′에서 수직으로 1.5cm 내린 지점과 E′를 자연스럽게 연결하여 곡선을 그린다.

(2) 뒤 밑 아래선

❺ L에서 밑단둘레/4 +0.5 만큼 좌, 우로 나간 점 P′와 O′를 설정한다.

❻ P′와 O′에서 무릎선까지 수직으로 연장한다.

❼ I′에서 1.5cm 수직으로 내린 점과 R′을 곡선으로 연결한다.

(3) 허리선

❽ 허리선을 연장하여 긋고 A′에서 직선으로 W/4+3 만큼 떨어진 점을 허리선의 연장선에서 찾아 연결한다. (A′−B′)

(4) 엉덩이선

❾ 기초선에 그려져 있던 엉덩이선을 연장하여 긋고, A′−E′ 선에 직각이면서 H/4 만큼 떨어진 점을 엉덩이선의 연장선상에서 찾는다. (D′)

(5) 옆선

❿ B′와 D′를 곡선으로 그려준다.

⓫ D′와 Q′를 곡선으로 연결한다. 이때 B′−D′ 선과 자연스럽게 이어지도록 선을 그린다.

(6) 다트

⓬ A′−B′의 2등분점에서 길이 12cm, 다트량 3cm의 다트를 그려준다.

일자형 팬츠

작업지시서

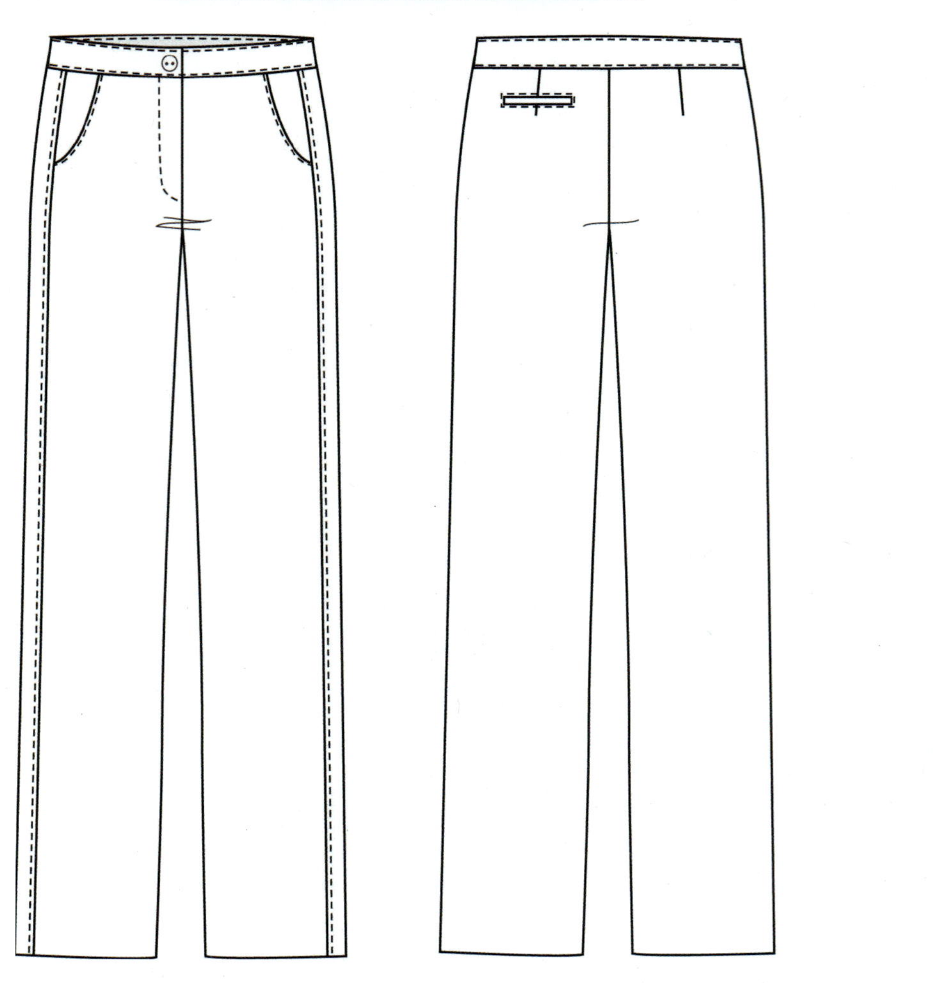

봉제 시 유의사항 (5개 이상)	원 부자재 소요량			

원 부자재	규격	소요량	단위
원단	150cm	1.5	마
안감	110cm	0.5	마
심지	110cm	0.5	마
봉사	40s/2합	1	콘
양면지퍼	25cm	1	개
단추	25cm	1	개
식서테이프	10mm	2	마

봉제 시 유의사항 (5개 이상):

팬츠 앞판 옆 부분에 3cm 두께의 절개라인을 넣는다.
밑단 시접은 끝 박음 처리 후 새발뜨기한다.
벨트 너비는 4cm로 제작한다.
단춧구멍은 버튼홀 스티치로 제작한다.
팬츠 앞판 포켓은 사선포켓으로 사용할 수 있게 제작한다.
주머니감은 통솔 처리한다.
웰트 포켓은 장식으로 제작한다.

※ 작업지시서는 각 회차 시험의 지시사항에 맞게 작성하세요.

시험시간	5시간 30분 정도
요구사항	지급된 재료로 디자인과 같이 일자형 팬츠를 제작하시오. 가. 제시된 디자인과 동일한 작품을 적용치수에 맞게 제도, 재단하여 의복을 제작하시오. (지급받은 원단의 겉면과 안면 (표면과 이면)은 수험자가 판단하여 작업하시오.) 나. 제시된 디자인과 동일한 패턴 2부를 제도하여 1부는 재단에 사용하고, 다른 1부는 제작한 작품과 함께 채점용으로 제출하시오. (제출용 패턴제도에는 기초선과 제도에 필요한 부호, 약자를 표시하며 패턴지는 자르지 않고 제출합니다.) 다. 패턴제도와 재단 시 먹지, 룰렛과 칼은 사용하지 마시오. 라. 완성치수는 문제에 제시된 치수로 제작하고 제시되지 않은 치수는 디자인에 맞게 제작하시오 **허리둘레** : 68cm, **밑위길이** : 25cm, **엉덩이둘레** : 92cm, **팬츠밑단둘레** : 36cm, **팬츠길이** : 92cm
지시사항	팬츠 앞판 옆 부분 라인 3cm 넣으시오. 밑단 시접은 끝 박음 처리 후 새발뜨기하시오. 벨트 너비는 4cm로 하시오. 단춧구멍은 버튼홀 스티치 하시오. (구멍 길이 2.5cm) 팬츠 앞판 포켓은 사선포켓으로 사용할 수 있게 제작하시오. 주머니감은 통솔 처리하시오. 장식 박음은 0.5cm 간격으로 하시오. 웰트 포켓은 장식으로 제작하시오.
도면	

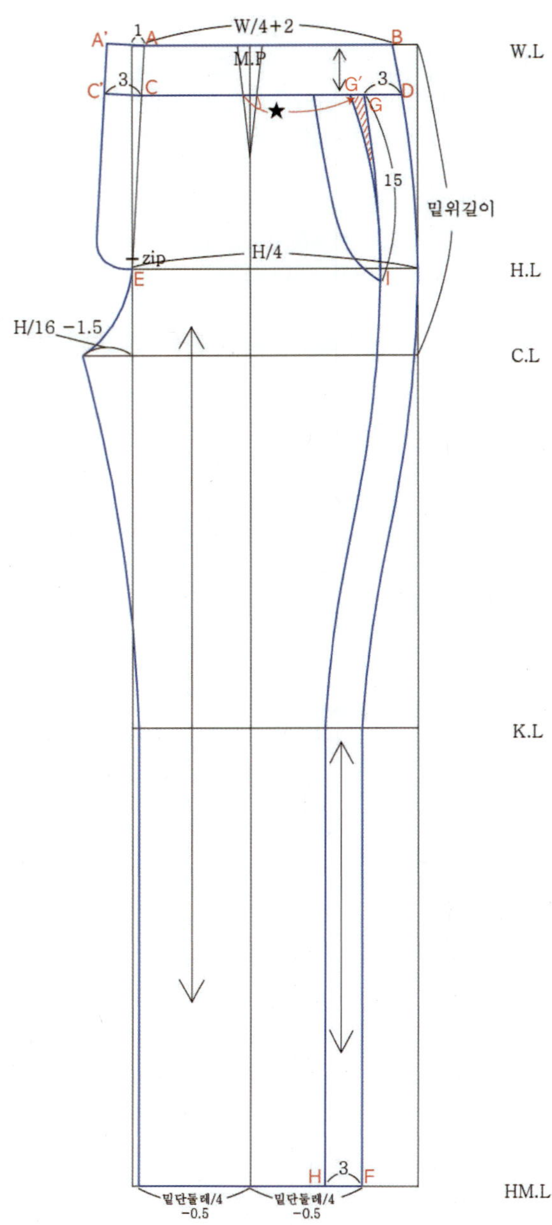

(1) 일자형 팬츠 앞판 제도

❶ 팬츠 원형의 앞판을 제도한다.

❷ A−B에서 4cm(지시사항의 벨트너비) 아래로 벨트선을 그려준다. (C−D)

❸ A−E (앞 중심선)에서 3cm 바깥으로 단을 내어 벨트 겹침 분량과 지퍼 단을 제도한다. (A′−C′−E) 지퍼단의 모서리 끝은 둥글린다.

❹ D−F에서 3cm 안쪽으로 평행이동한 곡선 G−H를 그린다. (앞 옆선 절개 3cm)

❺ 앞판의 허리 다트 분량을 옆선으로 이동하여 없애준다. 다트분량 (★) 만큼을 옆선에서 깎아내고 엉덩이선까지 자연스럽게 연결한다. (G′−I)

❻ 도식화의 비율에 맞게 주머니 입구를 제도한다.

❼ 다트는 M.P 표시하고 패턴부호와 약자를 적는다.

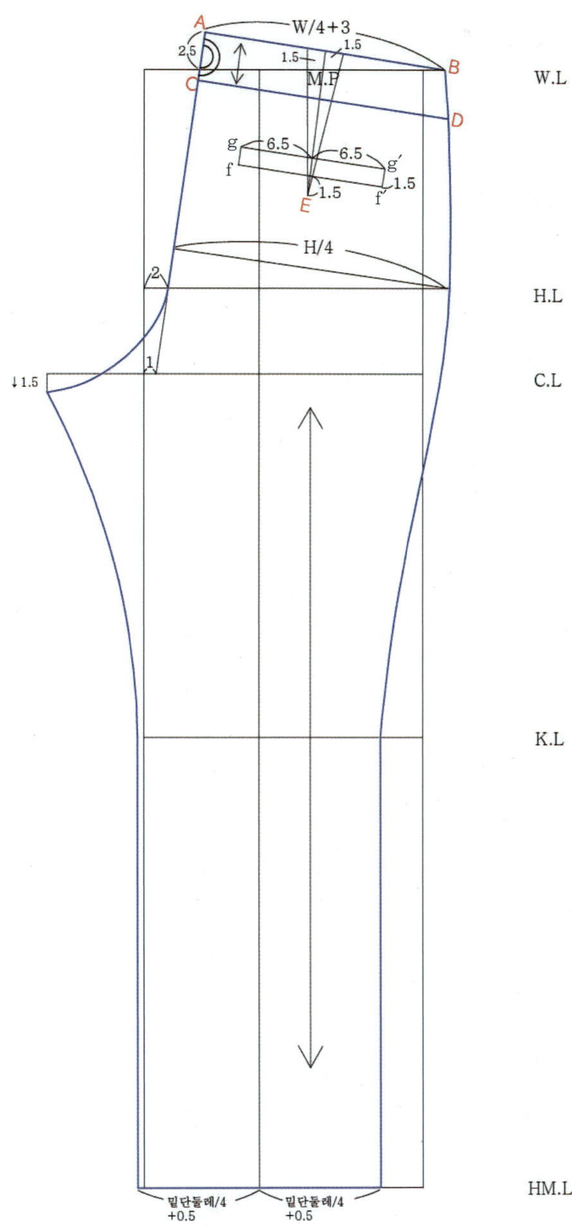

(2) 일자형 팬츠 뒤판 제도

❶ 팬츠 원형의 뒤판을 제도한다.

❷ A-B에서 4cm(지시사항의 벨트너비) 아래로 벨트선을 그려준다. (C-D)

❸ 웰트 포켓 제도 : 다트 끝점 (E)에서 1.5cm 위로 올라온 높이에 다트 중심선으로부터 좌, 우 6.5cm 너비의 직선을 그린다. (f-f′) f-f′에서 위로 1.5cm 평행이동한 선(g-g′)을 긋고 각 선의 끝을 연결하여 직사각형의 웰트 포켓을 그려준다.

❹ 허리벨트의 다트는 M.P 표시하고 패턴부호와 약자를 적는다.

2 패턴의 배치와 시접

(1) 겉감

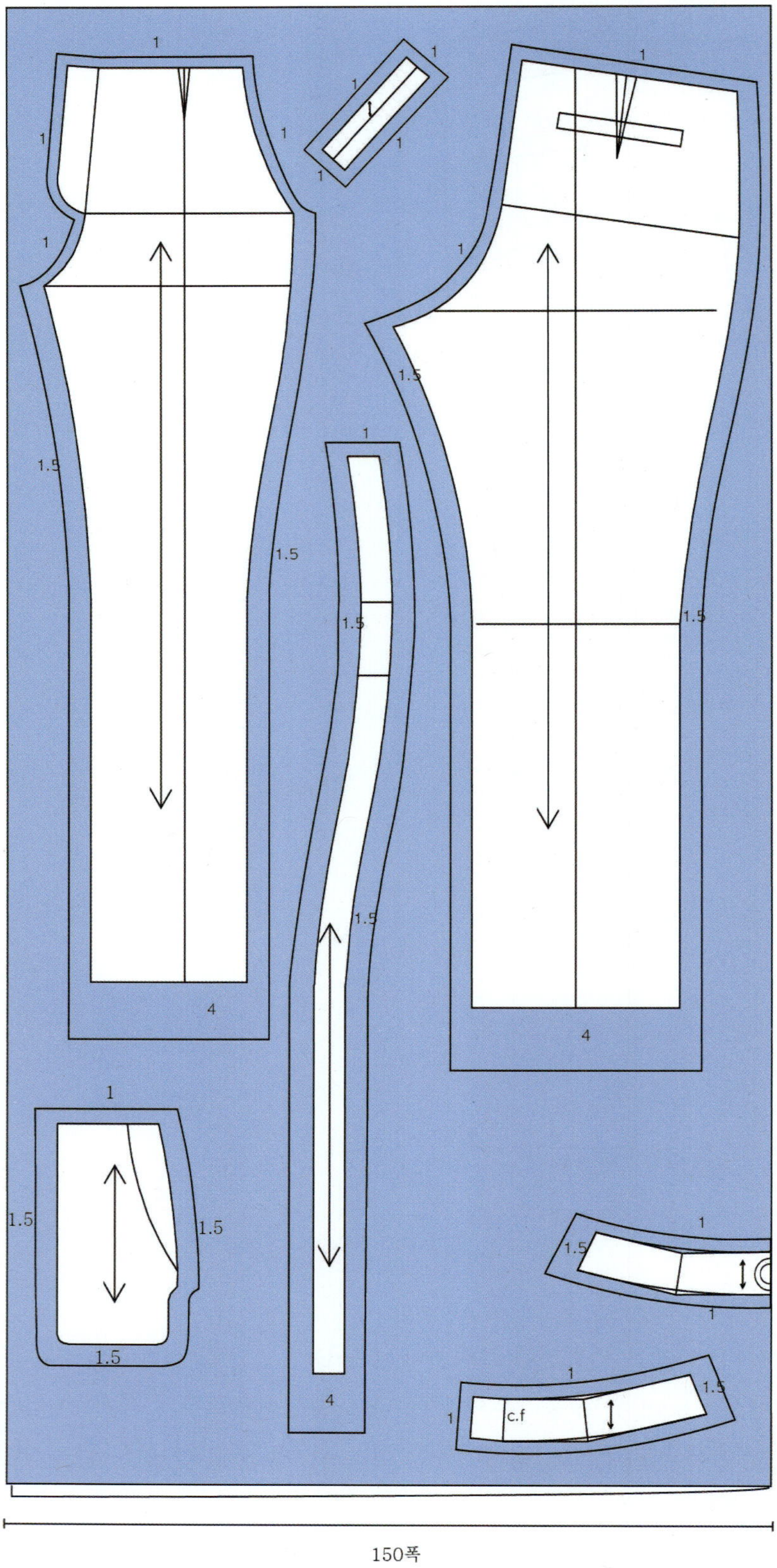

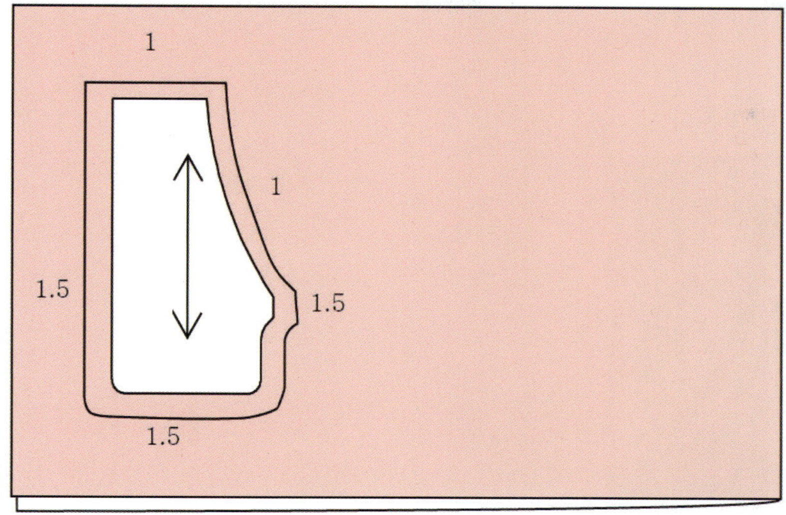

(3) 심지와 식서테이프 부착

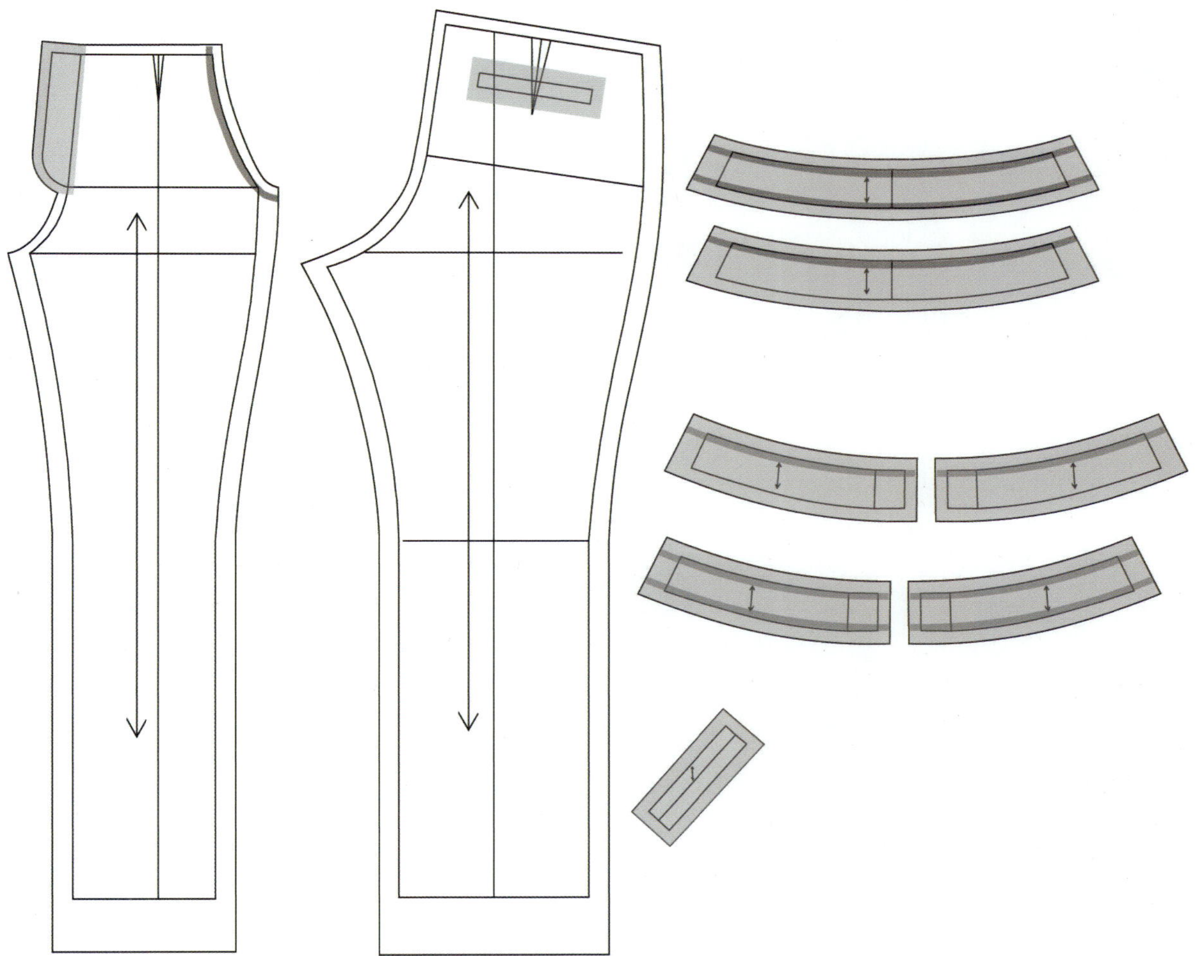

(1) 앞판 지퍼 봉제

❶ 지퍼 자리를 남기고 앞판의 밑위를 박는다.

❷ 바지의 오른쪽이 위로 올라오도록 앞 중심을 다려준다.

❸ 바지의 왼쪽에 지퍼를 단다. 완성선에서 0.2~0.3cm 정도 밖으로 떨어진 위치에 지퍼를 바짝 달아준다.

❹ 바지의 오른쪽을 완성선에 맞춰 잘 여며서 시침한다. (시침은 지퍼 봉제가 완전히 끝날 때까지 빼지 않는다.)

❺ 안쪽에서 지퍼와 오른쪽 시접을 박아 연결한다. 지퍼 이빨에 바짝 박아준다.

❻ 바지의 오른쪽 지퍼 위치에 장식스티치하고 시침한 것을 제거한다.

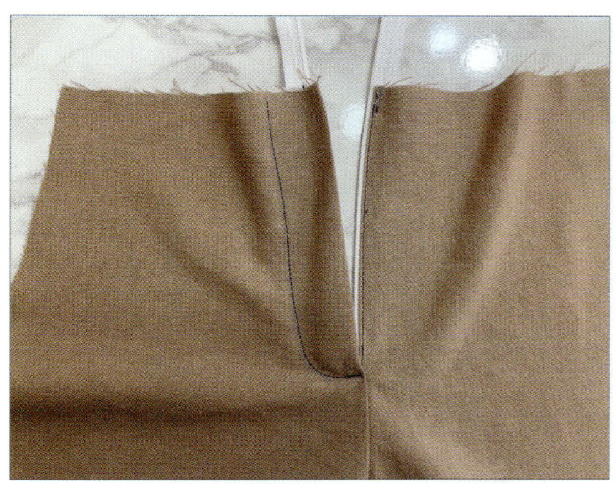

(2) 앞판 주머니 만들기

❶ 앞판 겉면의 주머니 위치에 주머니 안감 (손등감)의 겉을 놓고 주머니 입구 완성선을 따라 박는다.

❷ 주머니 안감을 시접 쪽으로 넘겨 시접과 함께 2mm 정도 간격으로 상침한다. (누름상침)

❸ 주머니 안감을 안쪽으로 넘겨 주머니 입구를 정돈한 후에 주머니 입구에 장식스티치한다.

❹ 주머니안감(손등감)의 안쪽 면과 주머니 마중감(손바닥감)의 안쪽 면끼리 맞추어 놓고 주머니 옆선과 허리선을 제외한 가장자리를 0.5cm 간격으로 박는다.

❺ 주머니를 뒤집어서 바지 주머니 입구와 주머니 마중감이 잘 맞도록 자리 잡은 뒤 주머니감끼리 박아
주머니 시접을 통솔로 마무리한다.

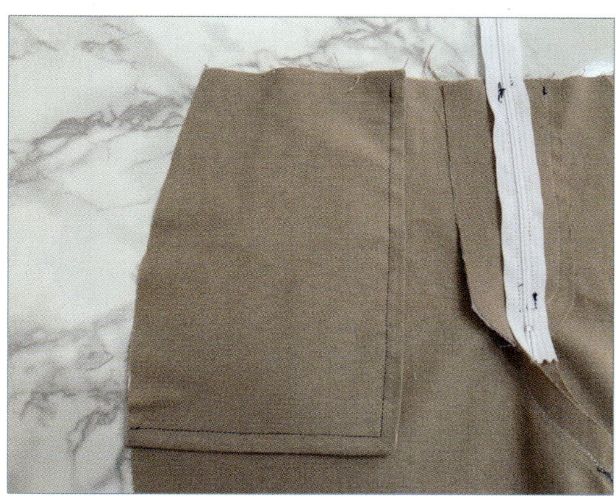

❻ 바지 옆과 허리 쪽을 임시로 박아 주머니감을 바지에 고정해 놓는다.

(3) 앞판 절개 박기

❶ 바지 앞판의 중심 부분과 사이드 절개 부분을 겉끼리 맞대어 놓고 완성선을 따라 박는다.

❷ 사이드감의 시접을 0.5cm 만 남겨놓고 자른다.

❸ 자르지 않은 시접으로 잘라낸 시접을 감싸 쌈솔 처리한다.

❹ 시접을 옆선 쪽으로 넘겨놓고 장식 스티치 한다.

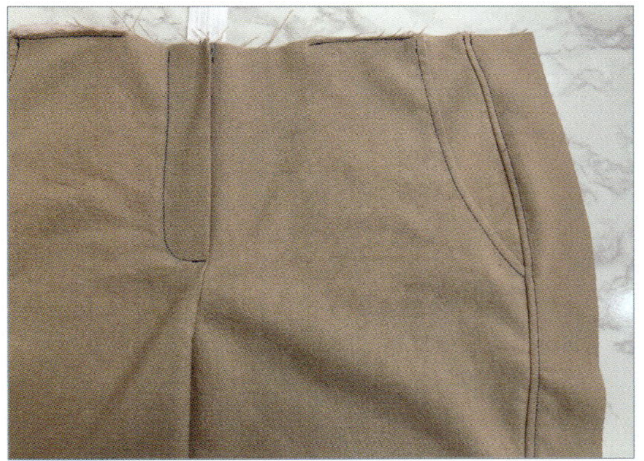

(4) 바지 뒤판 제작

❶ 뒤판의 다트를 박는다.

❷ 뒤판 포켓 자리에 지시사항에 따라 웰트 포켓을 제작한다. (하단의 웰트 포켓 만들기 상세 방법 참조)

❸ 뒤판의 겉끼리 마주 닿게 놓고 뒤 중심의 완성선을 박는다.

❹ 시접을 끝접어 박아 가름솔한다.

⟨웰트포켓 장식으로 만들기⟩

❶ 웰트감을 반 접어 다림질한다.

❷ 웰트주머니 위치에 맞춰 웰트감과 주머니 마중감을 놓고 11자로 박는다. 박음질의 시작과 끝 위치가
주머니의 완성 사이즈와 정확히 일치해야 한다.

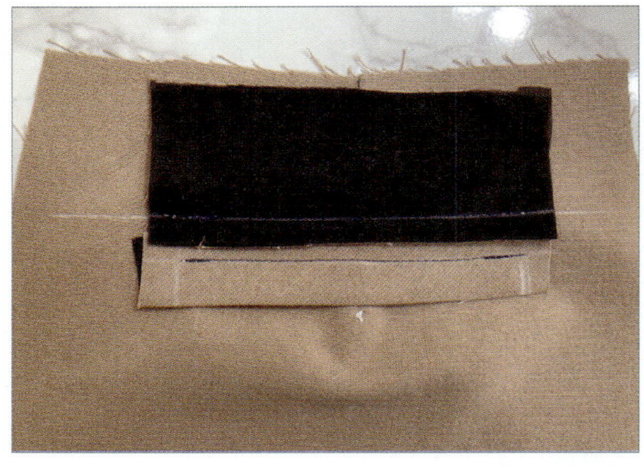

❸ 주머니감과 마중감의 시접을 젖혀놓고 주머니 위치를 ⟩-⟨ 모양으로 자른다.

❹ 주머니감과 마중감을 자른 곳으로 집어넣어 웰트주머니 모양을 잡는다.

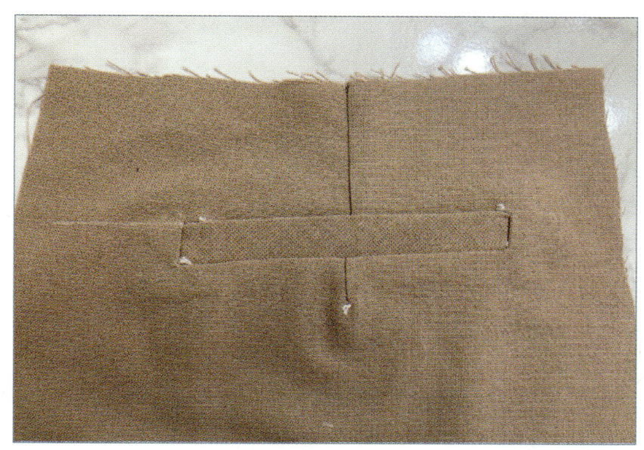

❺ 바지 몸판을 뒤로 젖혀 삼각형 부분을 웰트감과 함께 박아 고정한다.

❻ 웰트포켓 테두리를 상침하여 고정한다.

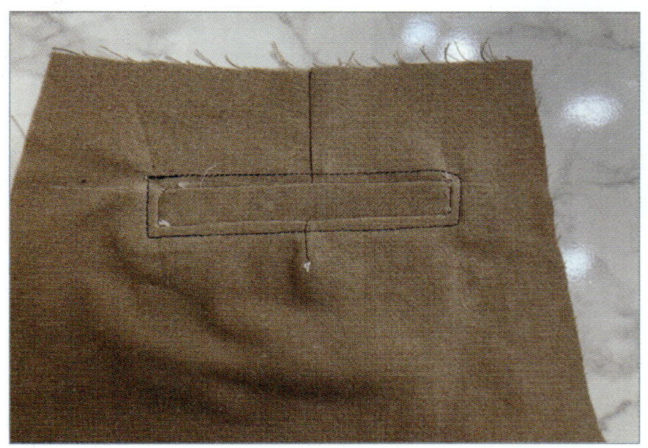

〈웰트포켓 사용할 수 있게 만들기〉

❶ 겉감 안쪽의 웰트포켓 위치에 주머니 안감을 시침한다.

❷ 웰트감을 반 접어 다린다.

❸ 겉감의 웰트주머니 위치에 웰트감을 올려놓고 웰트포켓 완성선에 맞춰 박는다. 웰트감과 주머니 안감이 함께 박히게 된다.

(안쪽에서 주머니 안감이 같이 박힌 모습)

❹ 주머니 마중감을 웰트포켓 입구 위쪽에 맞춰 완성선을 따라 박는다.

❺ 주머니감과 마중감의 시접을 젖혀놓고 주머니 위치를 〉-〈 모양으로 자른다.

❻ 주머니감과 마중감을 자른 곳으로 집어넣어 웰트주머니 모양을 잡는다.

❼ 몸판을 뒤로 젖혀 삼각형 부분을 주머니감과 함께 박아 고정한다.

❽ 주머니 안감과 주머니 마중감의 끝을 겹쳐놓고 합봉하여 주머니 바닥을 막는다.

❾ 주머니 안감의 옆선을 합봉한다.

❿ 웰트 테두리에 장식 스티치 한다. 장식스티치를 할때 주머니 안감을 함께 박지 않도록 한다.

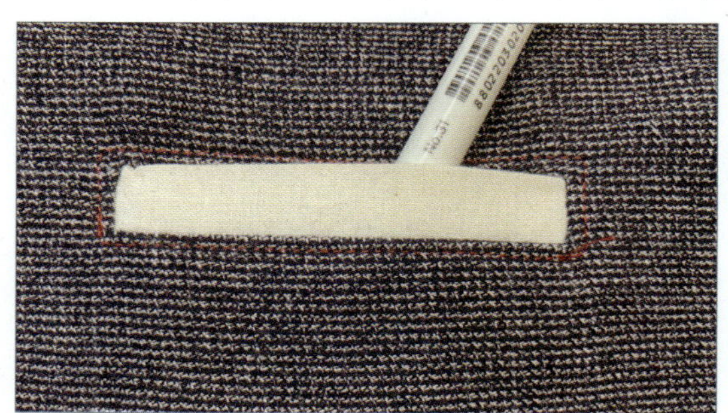

(5) 앞판과 뒤판의 연결

❶ 앞판과 뒤판의 옆선을 연결하고 시접은 끝 접어 박아 가름솔한다.

❷ 앞판과 뒤판의 안쪽 가랑이선을 연결하고 시접은 끝 접어 박아 가름솔한다.

(6) 벨트 제작

❶ 요크벨트의 앞판과 뒤판을 박아 연결한다.

❷ 벨트의 겉감을 몸판과 연결한다.

❸ 벨트 안단의 아래쪽 시접을 1cm 접어 다린 뒤, 벨트 안단을 벨트 겉감의 겉면 위에 올려놓고 허리
선 완성선을 따라 박는다.

❹ 바지 오른쪽은 앞 중심선에 맞춰 벨트 세로선을 박아준다.

❺ 바지의 왼쪽은 벨트 시접을 1cm 만 남기고 박아 단추 단을 마련해 준다.

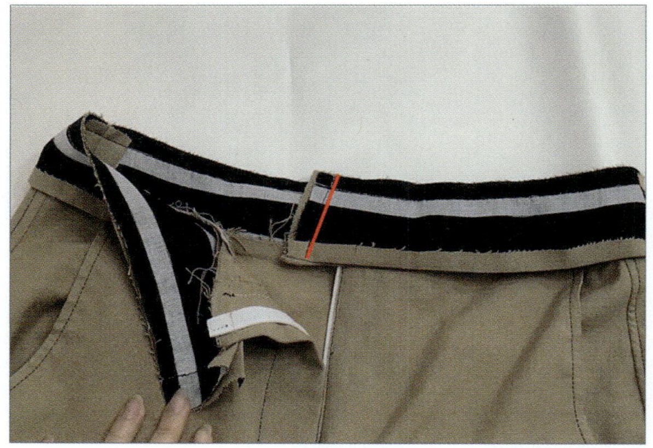

❻ 벨트 허리 시접을 안단 쪽으로 꺾어 안단에서 누름상침한다.
❼ 허리벨트 시접을 정리하고 뒤집어 다림질한다.

❽ 바지의 겉에서 벨트에 장식스티치한다.

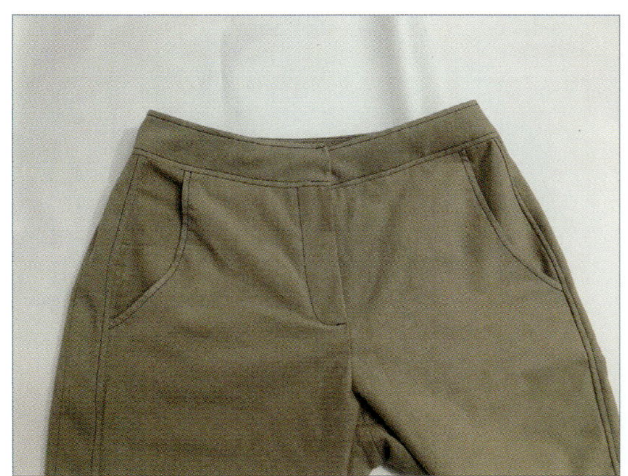

(7) 밑단 정리

❶ 밑단의 시접을 완성선에 맞춰 접고 다림질한다.
❷ 시접을 끝박음하고 새발뜨기로 고정한다.

(8) 손바느질 및 마무리

❶ 실표뜨기를 뽑고 다리미로 형태를 잡아준다.
❷ 단춧구멍 위치에 버튼홀 스티치 한다.
❸ 바지의 지퍼를 잠그고 단추 위치에 단추를 단다.

완성

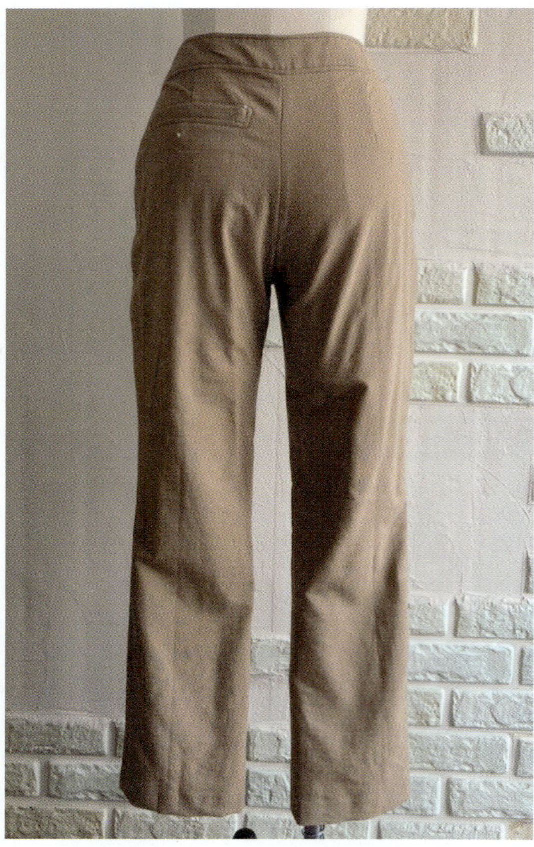

배기팬츠

작업지시서

봉제 시 유의사항 (5개 이상)	원 부자재 소요량			

봉제 시 유의사항 (5개 이상)	원 부자재	규격	소요량	단위
1. 단추구멍은 버튼홀 스티치 제작한다.	원단	150cm	1.5	마
2. 포켓은 옆선을 살려서 사용할 수 있게 만든다.	안감	110cm	0.5	마
3. 팬츠 앞주머니 선에 외주름을 넣고 주름의 방향은 옆선을 향하도록 한다.	심지	110cm	0.5	마
4. 요크 너비는 6cm로 제작한다.	봉사	40s/2합	1	콘
5. 주머니감은 통솔로 제작한다.	양면지퍼	25cm	1	개
6. 옆선 트임은 밑단에서 위로 5cm 위치까지 맞트임 한다.	단추	25cm	1	개
7. 밑단 시접은 끝접어 박고 공그르기 한다.	식서테이프	10mm	2	마
8. 스티치 간격은 0.5cm로 한다.				

※ 작업지시서는 각 회차 시험의 지시사항에 맞게 작성하세요.

시험시간	5시간 30분 정도
요구사항	지급된 재료로 디자인과 같이 배기팬츠를 제작하시오. 가. 제시된 디자인과 동일한 작품을 적용치수에 맞게 제도, 재단하여 의복을 제작하시오. 　(지급받은 원단의 겉면과 안면 (표면과 이면)은 수험자가 판단하여 작업하시오.) 나. 제시된 디자인과 동일한 패턴 2부를 제도하여 1부는 재단에 사용하고, 다른 1부는 제작한 작품과 함께 채점 　용으로 제출하시오. 　(제출용 패턴제도에는 기초선과 제도에 필요한 부호, 약자를 표시하며 패턴지는 자르지 않고 제출합니다.) 다. 패턴제도와 재단 시 먹지, 룰렛과 칼은 사용하지 마시오. 라. 완성치수는 문제에 제시된 치수로 제작하고 제시되지 않은 치수는 디자인에 맞게 제작하시오 **허리둘레** : 68cm, **밑위길이** : 24cm, **엉덩이둘레** : 92cm, **팬츠밑단둘레** : 34cm, **팬츠길이** : 80cm
지시사항	단춧구멍은 버튼홀 스티치로 위에서 하나만 만들고 단추는 모두 다시오. 포켓은 옆선을 살려서 사용할 수 있게 처리하시오. 팬츠 앞주머니 선에 외주름을 넣으시오. 요크 너비는 6cm로 하시오. 옆선 시접은 끝접어 박아 가름솔 처리하고 주머니감은 통솔처리 하시오. 옆선 트임은 밑단에서 위로 5cm 위치까지 맞트임하시오. 밑단 시접은 끝 접어박고 공그르기하시오. 스티치 간격은 0.5cm로 하시오.
도면	

(1) 배기팬츠 앞판 제도

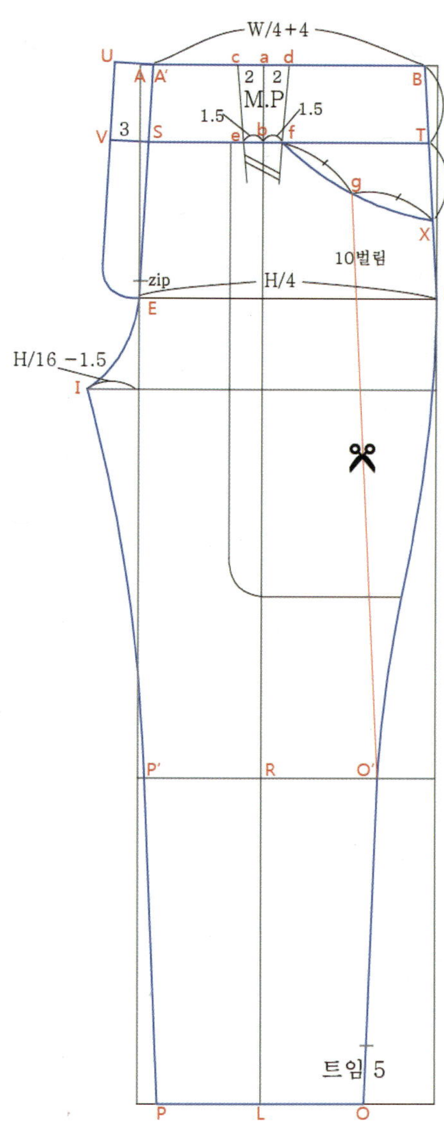

❶ 팬츠 원형의 기초선을 그린다.
❷ A 점에서 1cm 안으로 들어간 점 A′를 설정한다.
❸ A′에서 w/4+4 만큼 떨어진 점 B를 찾는다.
❹ B와 D 점을 자연스러운 곡선으로 연결한다.

〈앞 중심선과 밑 위선〉
❺ A′와 E 점을 연결한다.
❻ E와 I를 자연스러운 곡으로 연결한다.

〈옆선〉
❼ L에서 밑단둘레/4 −0.5 만큼 좌, 우로 나간 점 P와 O를 설정하고 P-O를 연결한다.
❽ R′에서 P-L의 길이+1cm만큼 좌, 우로 나간 점 P′와 O′를 설정한다.
❾ P와 P′를 연결하고 O와 O′를 연결한다.
❿ I과 P′를 곡선으로 연결한다.
⓫ D와 O′를 곡선으로 연결한다. 이때 B-D 선과 자연스럽게 이어지도록 그려준다.

〈허리벨트와 지퍼단〉
⓬ A′-B 선 아래로 6cm 떨어진 요크선을 (지시사항의 요크너비) 그린다. (S-T)
⓭ A′-E (앞중심선)에서 에서 3cm 바깥으로 내어 벨트 겹침 분량과 지퍼단을 제도한다. (U-V-E)
⓮ S에서 V까지 요크선을 연장한다.
⓯ 지퍼단의 모서리 끝은 둥글린다.

〈주름〉
⓰ a점에서 좌우로 2cm씩 떨어진 점 c와 d를 설정한다.
⓱ b점에서 좌우로 1.5cm씩 떨어진 점 e와 f를 설정한다.
⓲ c와 e, d와 f를 연결하고 요크 아래로 3cm 정도 더 내려오게 연장선을 그린다.
⓳ 선 c-e와 선 d-f 사이에 M.P 표시를 한다.
⓴ e와 f에서 연장한 선 사이에 외주름 표시를 그려 넣는다.

〈주머니와 트임〉
㉑ T에서 6cm 아래로 내린 점 X를 찍고 f와 X를 곡선으로 연결하여 주머니 입구를 그린다.
㉒ f-X의 길이를 이등분한 점 g를 찍고, g와 O′를 연결하여 절개선을 그린다.(절개선 절개하여 10cm 벌림)
㉓ 옆선에 밑단으로부터 5cm 트임 표시를 한다.
㉔ 패턴 부호와 약자를 적어 넣는다.

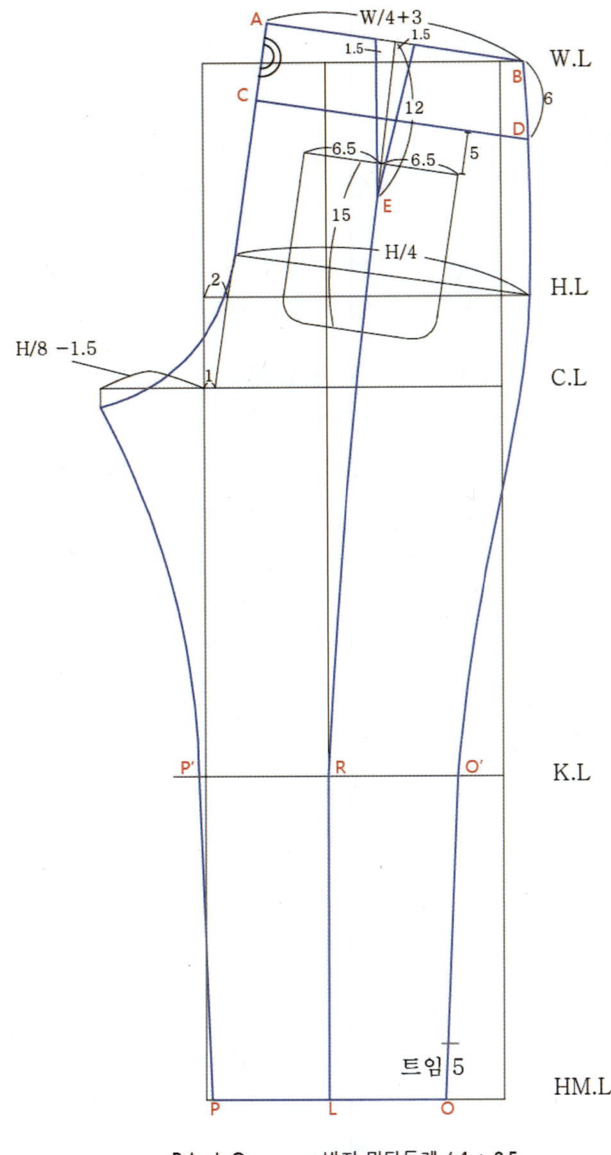

P-L , L-O   = 바지 밑단둘레 / 4 + 0.5
P'-R , R-O'   = 바지 밑단둘레 / 4 + 0.5 +1

(2) 배기팬츠 뒤판 제도

❶ 팬츠 원형의 뒤판을 제도한다.

(바지 옆선과 밑아래선 그릴 때 P'−R = R−O' = 바지밑단둘레/4 + 0.5+1)

❷ A−B에서 6cm(지시사항의 요크너비) 아래로 벨트선을 그려준다. (C−D)

❸ 바지 뒤판 절개선 : 다트 끝점 E에서 R까지 자연스러운 곡선으로 연결하고 R에서 L까지 직선으로 연결한다.

❹ 이웃포켓 그리기: 요크선에서 5cm 아래로 내려온 지점에 너비 13cm, 길이 15cm인 직사각형을 그리고 포켓의 바닥 쪽 모서리를 둥글린다. (그림참조)

❺ 옆선에 밑단으로부터 5cm 트임 표시를 한다.

❻ 패턴 부호와 약자를 적어 넣는다.

(1) 겉감

1
1
10 벌림
1
1
1
1.5
1.5
1.5
1
1.5
4
1.5
1
C.F
1.5
1
1
4
4
1
C.F
1.5
1
1.5
1
1
1.5
1.5
1
1
1
4
1
1
150폭

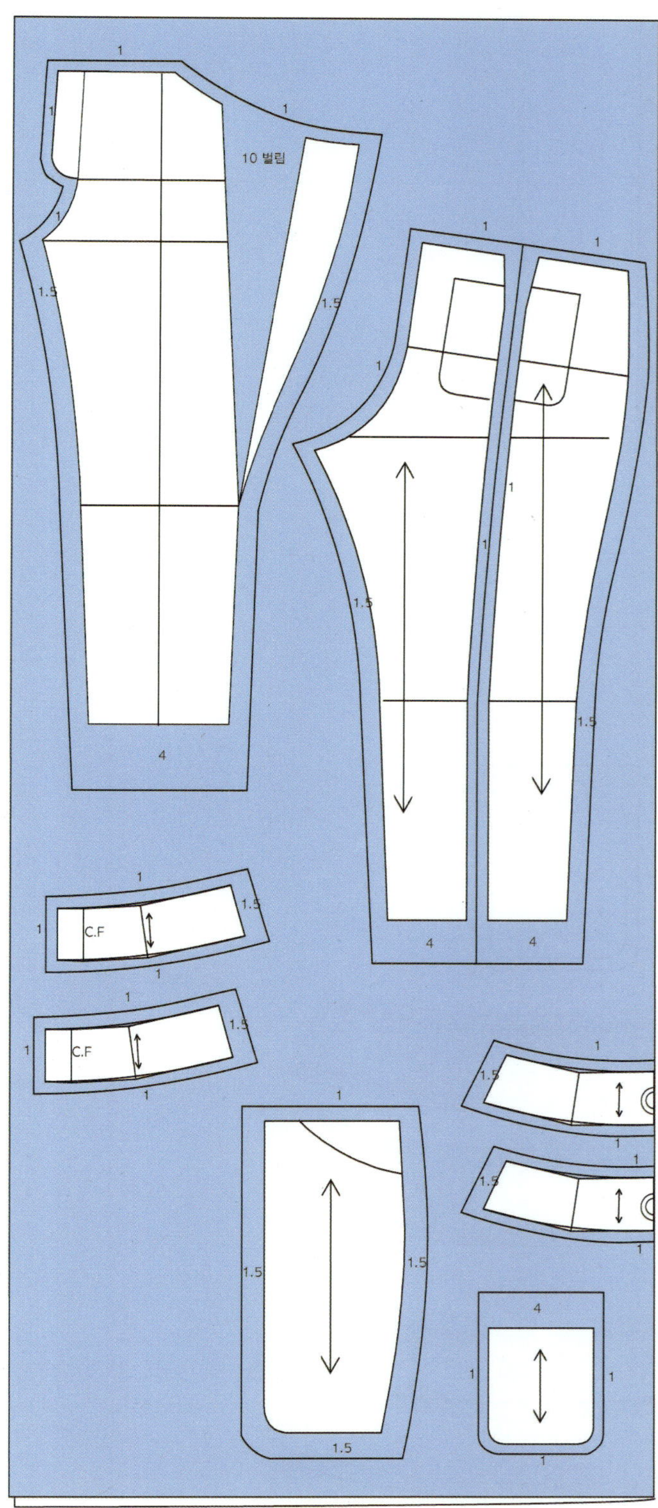

(2) 안감

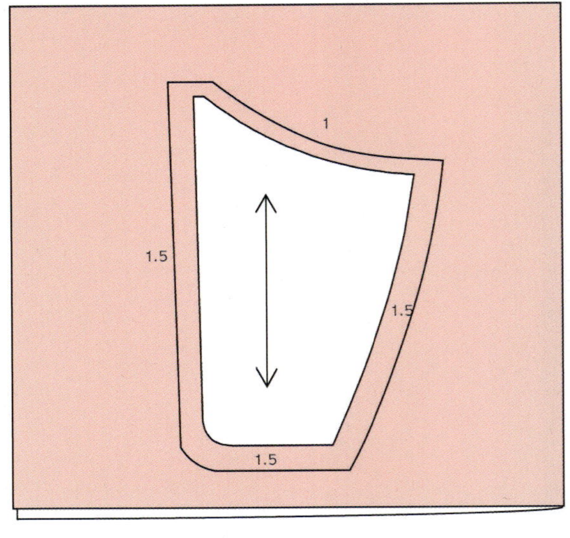

1
1.5
1.5
1.5
110폭

(3) 심지와 식서테이프 부착

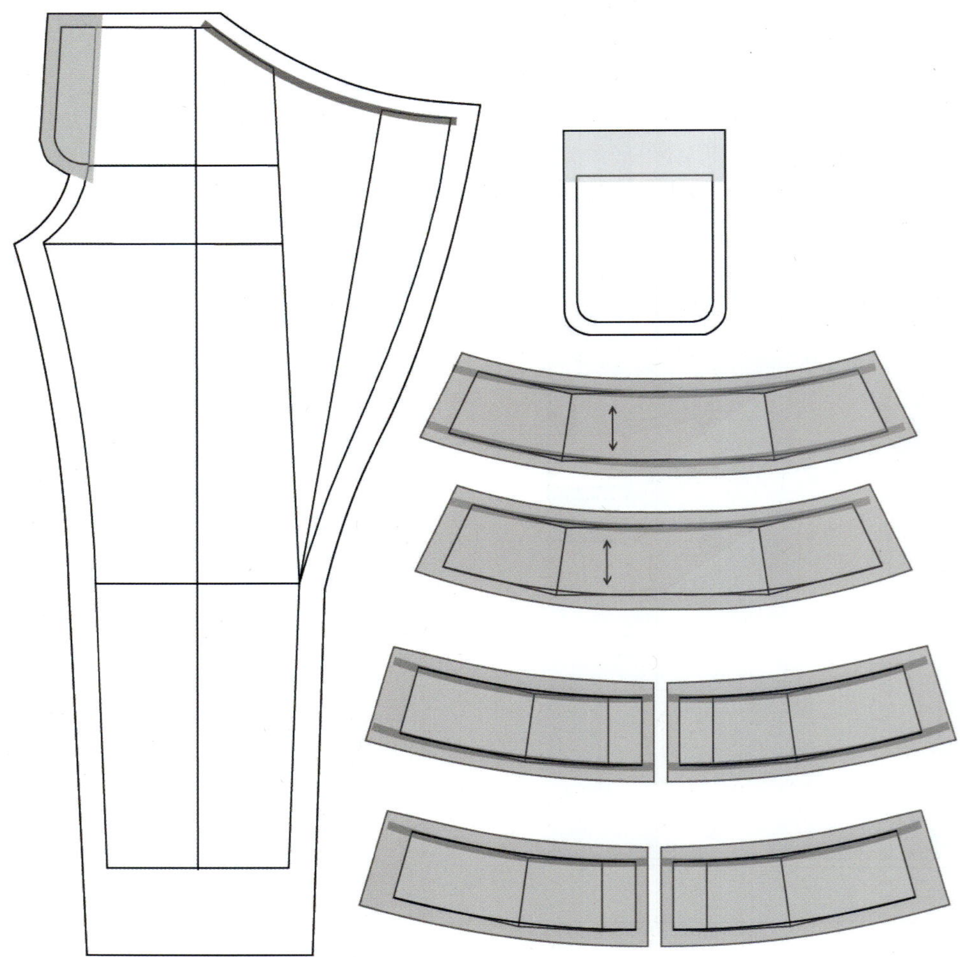

(1) 앞판 지퍼 봉제

❶ 지퍼 자리를 남기고 앞판의 밑위를 박는다.

❷ 바지의 오른쪽이 위로 올라오도록 앞중심을 다려준다.

❸ 바지의 왼쪽에 지퍼를 단다. 완성선에서 0.2~0.3 cm 정도 바깥쪽에 지퍼를 바짝 달아준다.

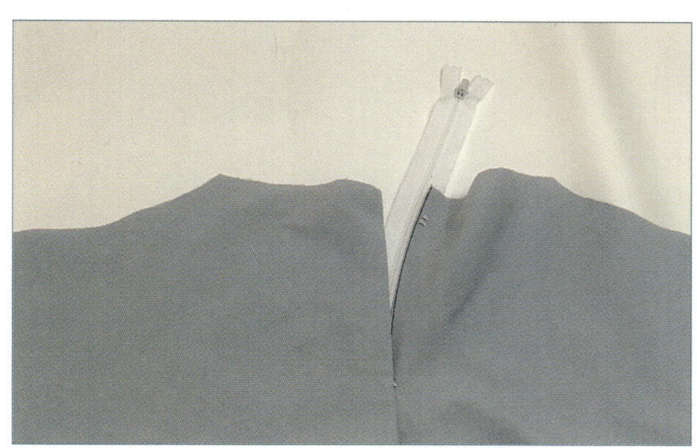

❹ 바지의 오른쪽을 완성선에 맞춰 잘 여며서 시침한다.

❺ 안쪽에서 지퍼와 오른쪽 시접을 박아 연결한다. 지퍼 이빨에 바짝 박아준다.

❻ 바지의 오른쪽 지퍼 위치에 장식스티치한다.

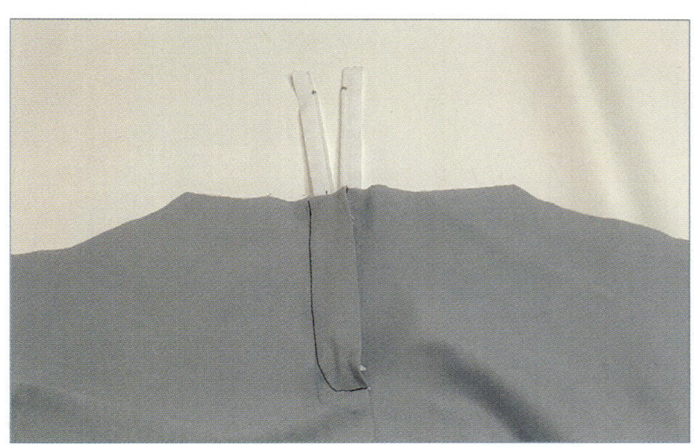

(2) 앞판 주머니 만들기

❶ 앞판 겉면의 주머니 위치에 주머니 안감(손등감)의 겉을 놓고 주머니 입구 완성선을 따라 박는다.

❷ 주머니 안감을 시접 쪽으로 넘겨 시접과 함께 2mm 정도 간격으로 상침한다. (누름상침)

❸ 주머니 안감을 안쪽으로 넘겨 주머니 입구를 정돈한 후에 주머니 입구에 장식스티치한다.

❹ 주머니입구의 옆쪽에 외주름을 잡아 임시 고정한다. 주름의 방향은 옆선 쪽을 향하게 한다.

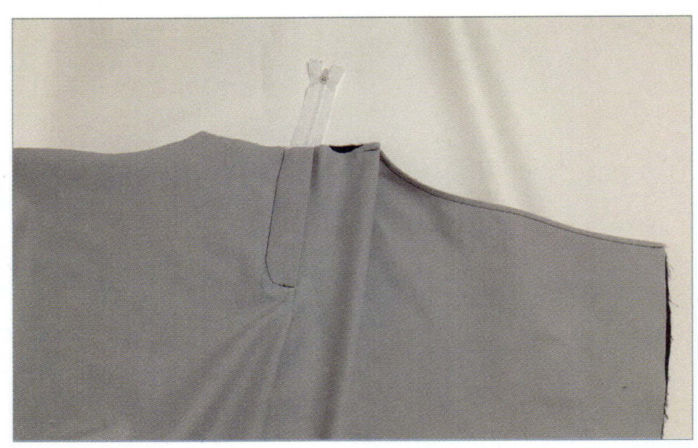

❺ 주머니안감(손등감)의 안쪽 면과 주머니 마중감(손바닥감)의 안쪽 면끼리 맞추어 놓고 주머니 안쪽과 주머니 바닥을 따라 0.5cm 간격으로 시접을 박는다.

❻ 주머니를 뒤집어서 바지 주머니 입구와 주머니 마중감이 잘 맞도록 자리 잡은 뒤 주머니감의 안쪽선과 바닥선을 시접 1cm로 박아 주머니 시접을 통솔로 마무리한다.

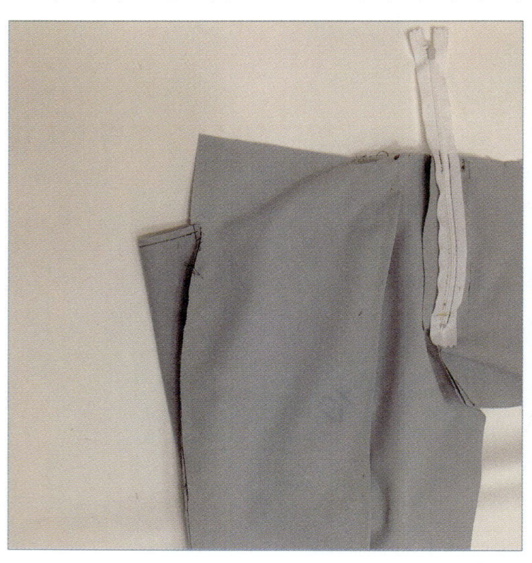

❼ 바지 옆과 허리 쪽을 임시로 박아 주머니감을 바지에 고정해 놓는다.

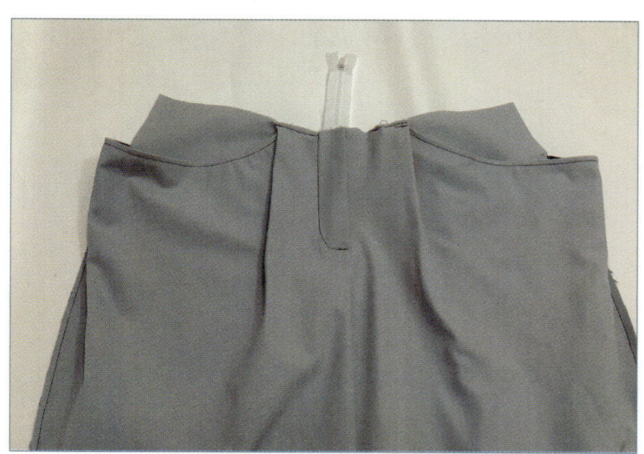

(3) 바지 뒤판 제작

〈바지 절개선 연결하기〉

❶ 바지 뒤판의 중심부와 사이드 부분을 연결하여 박아준다.

❷ 연결 부분 시접을 바지 옆선 방향으로 넘기고 장식스티치한다.

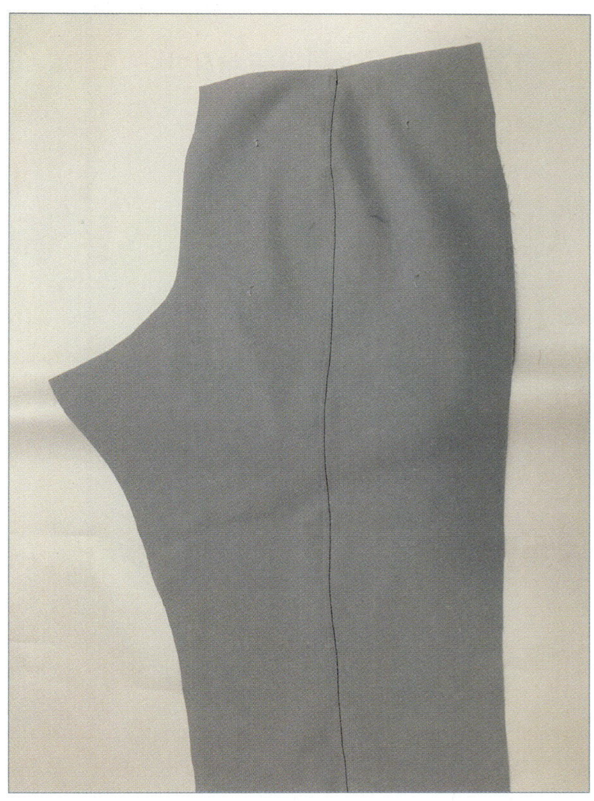

〈아웃포켓 봉제〉

❸ 두꺼운 종이에 아웃포켓의 모양대로 형지를 만들어둔다.

❹ 주머니 입구 쪽 시접을 완성선에 맞춰 안으로 다려 놓고 겉에서 스티치 한다.

❺ 아웃포켓의 둥근 모서리 쪽 시접을 큰 땀으로 박아준다.

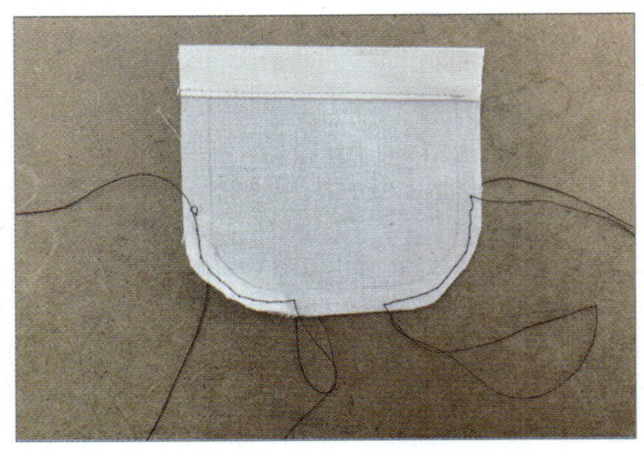

❻ 형지를 주머니감 위에 올려놓고 밑실을 잡아당겨 오그려서 모양을 잡아 다림질한다.

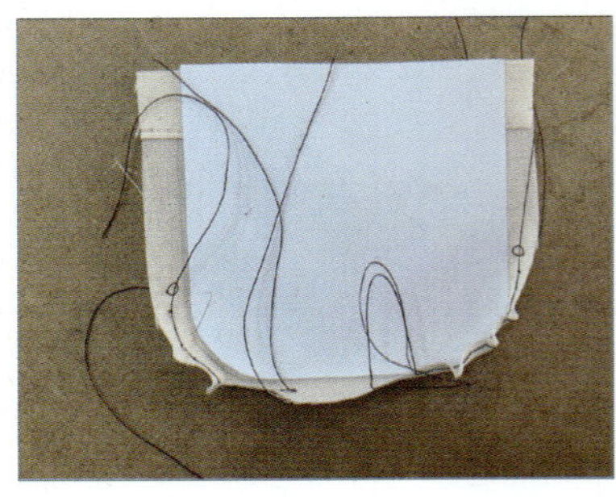
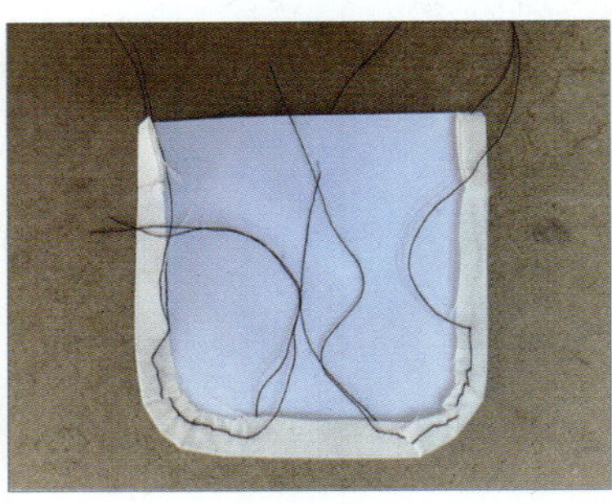
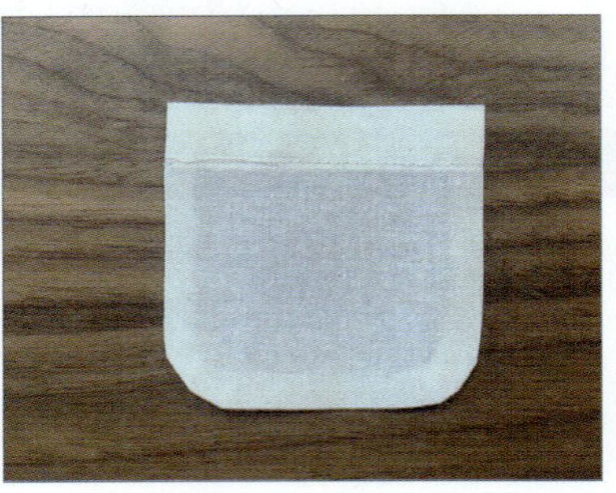

❼ 바지 뒤판의 주머니 위치에 놓고 주머니 옆면과 바닥을 상침 하여 주머니를 부착한다.

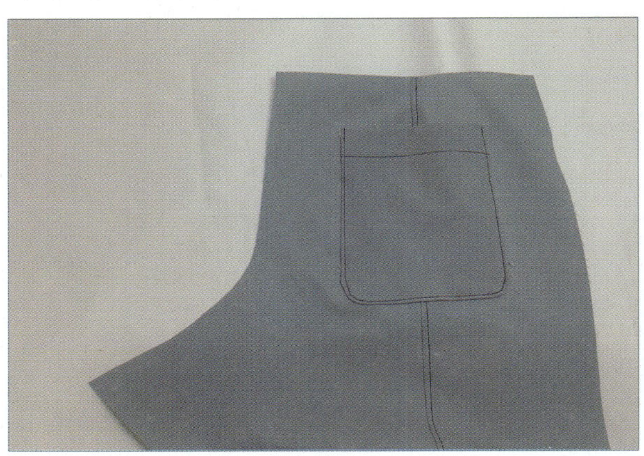

❽ 뒤판의 겉 끼리 마주 닿게 놓고 뒤 중심의 완성선을 박는다.

❾ 시접을 끝 접어박아 가름솔 한다.

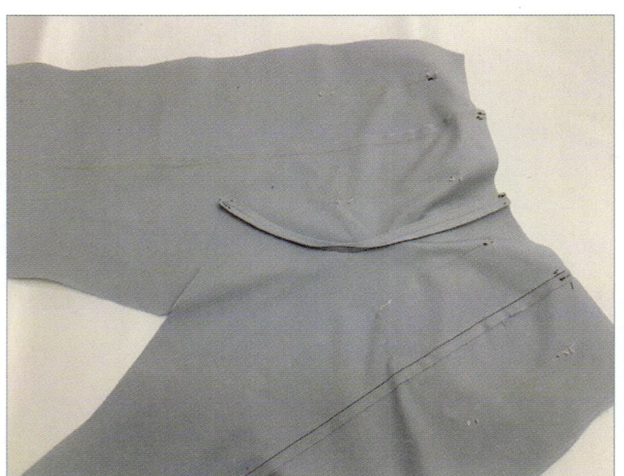

(5) 앞판과 뒤판의 연결

❶ 앞판과 뒤판의 옆선을 연결하고 시접은 끝 접어박아 가름솔한다.

❷ 앞판과 뒤판의 안쪽 가랑이선을 연결하고 시접은 끝 접어박아 가름솔한다.

(6) 벨트 제작

❶ 요크벨트의 앞판과 뒤판을 박아 연결한다.

❷ 벨트의 겉감을 몸판과 연결한다.

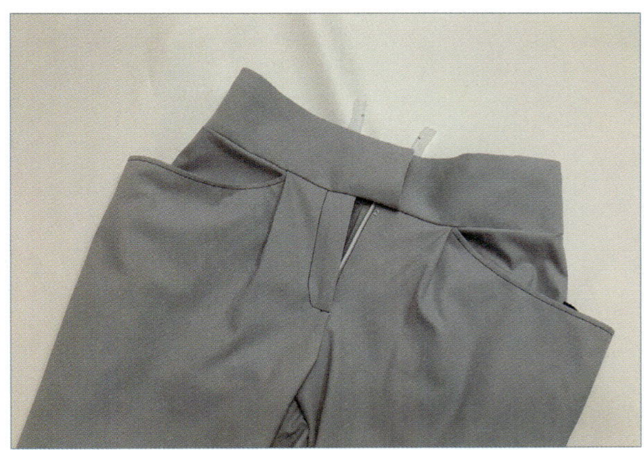

❸ 벨트 안단의 아래쪽 시접을 1cm 접어 다린 뒤, 벨트 안단을 벨트 겉감의 겉면 위에 올려놓고 허리선 완성선을 따라 박는다.

❹ 바지 오른쪽은 앞 중심선에 맞춰 벨트 세로선을 박아준다.

❺ 바지의 왼쪽은 벨트 시접을 1cm만 남기고 박아 단추 단을 마련해 준다.

❻ 벨트 허리 시접을 안단 쪽으로 꺾어 안단에서 누름상침한다.

❼ 벨트 시접을 정리하고 뒤집어서 다림질한다.

❽ 바지의 겉에서 벨트에 장식스티치한다.

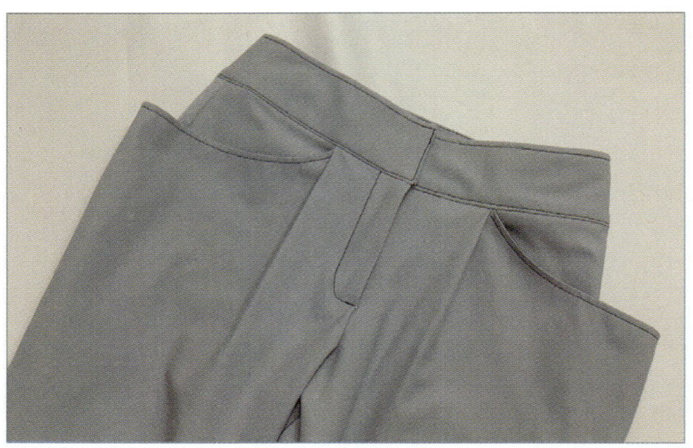

(7) 밑단 정리

❶ 밑단의 시접을 완성선에 맞춰 안쪽으로 접고 다림질한다.

❷ 시접을 끝박음한다.

❸ 밑단 시접을 완성선에서 바깥쪽으로 접은 뒤, 트임선을 박고 뒤집어 트임을 만들어준다.

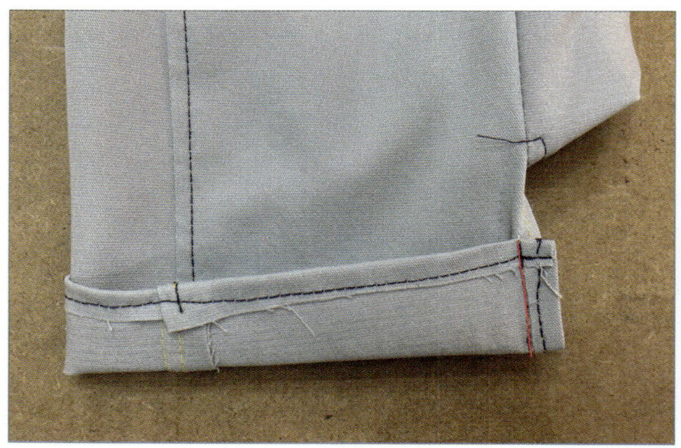

❹ 바지 밑단과 트임 부분에 장식스티치하고 밑단을 공그르기로 고정한다.

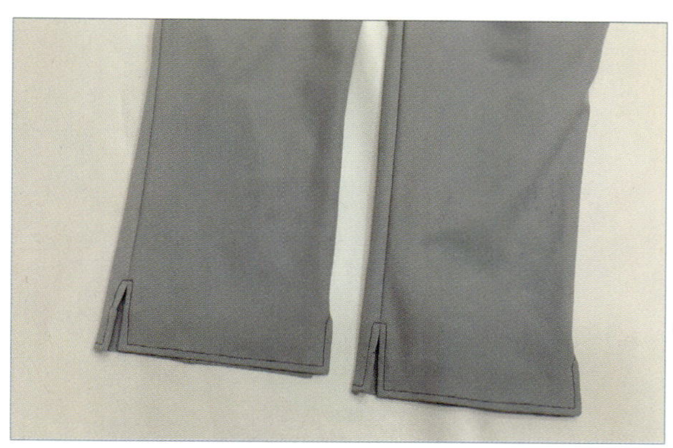

(8) 손바느질 및 마무리

❶ 실표뜨기를 뽑고 다리미로 형태를 잡아준다.

❷ 단춧구멍 위치에 버튼홀 스티치 한다.

❸ 바지의 지퍼를 잠그고 단추 위치에 단추를 단다.

완성

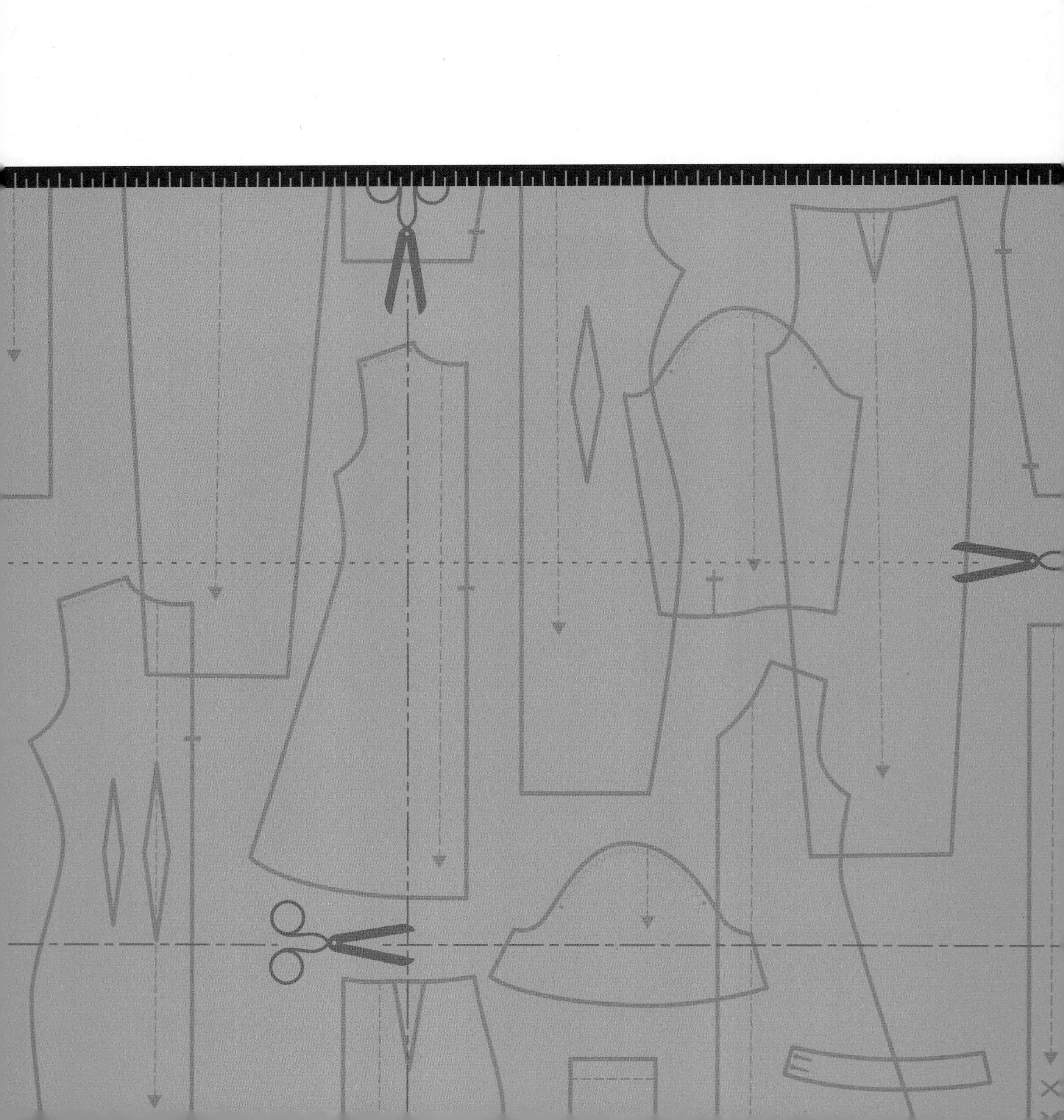

Part 4

재킷

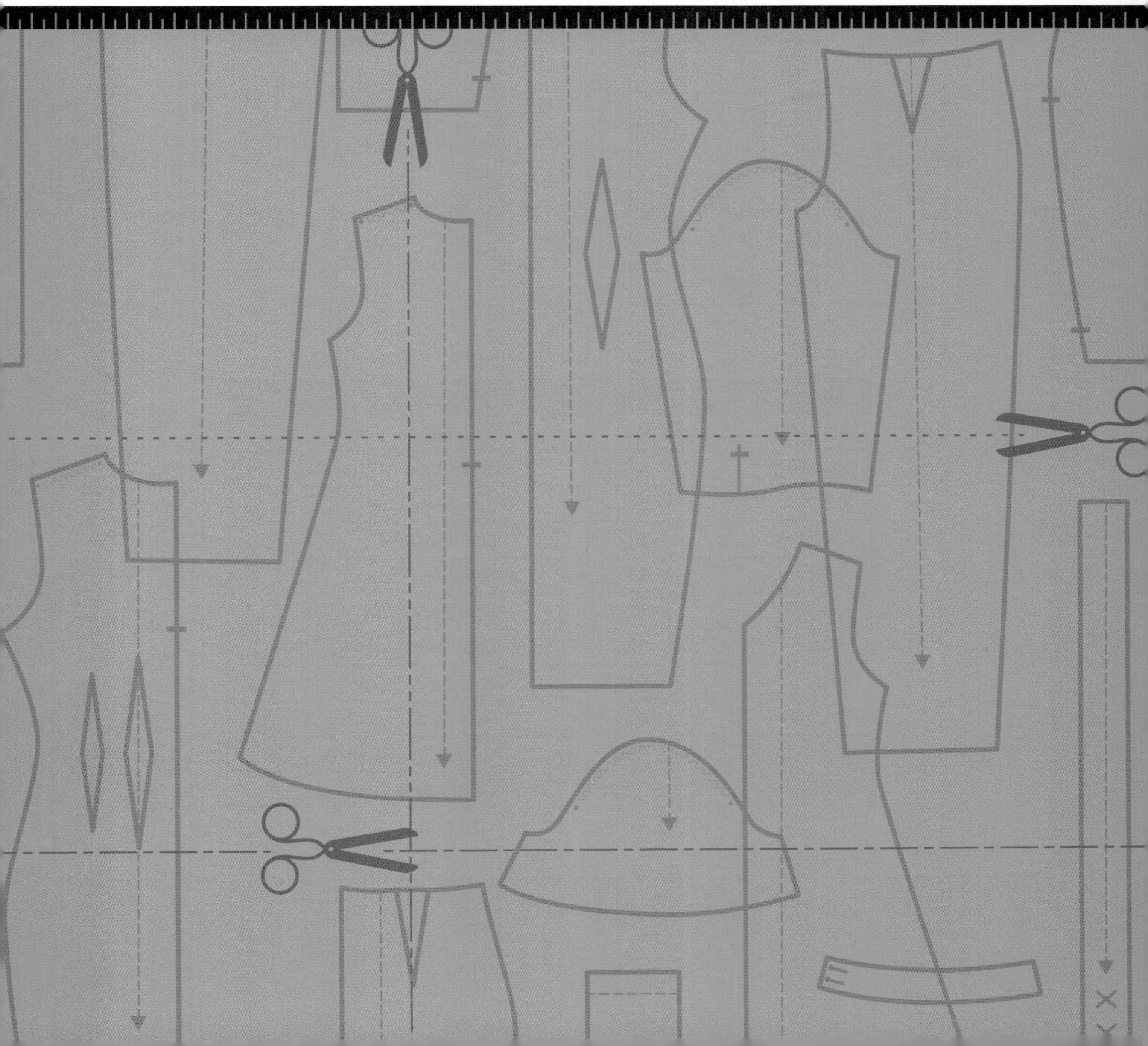

상의

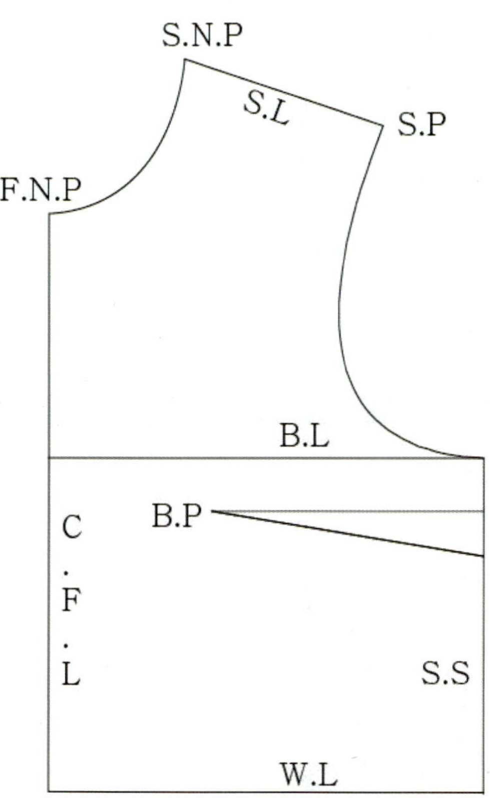

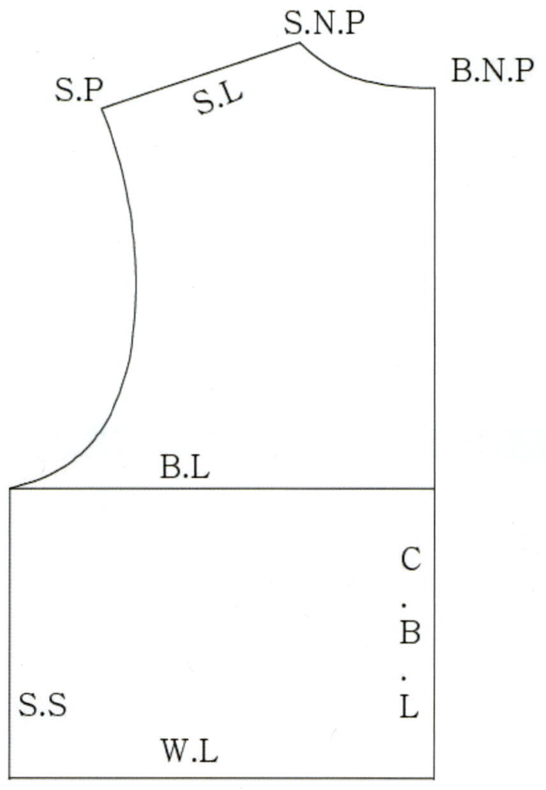

명칭	약자	영문표기
가슴둘레선	B.L	Bust Line
허리둘레선	W.L	Waist Line
옆선	S.S	Side Seam Line
어깨선	S.L	Shoulder Line
어깨점	S.P	Shoulder Point
옆목점	S.N.P	Side Neck Point
앞목점	F.N.P	Front Neck Point
뒷목점	B.N.P	Back Neck Point
젖꼭지점	B.P	Bust Point
앞 중심선	C.F.L	Center Front Line
뒤 중심선	C.B.L	Center Back Line

상의 원형 제도

※ 본 교재에 제시된 원형 제도 방법은 착의 여유 분량이 포함되지 않았으며, 다트 길이와 분량은 표준체형에 맞
는 치수를 제시하였습니다. 제시된 다트의 길이, 분량 등은 절대적인 치수가 아니며 제작할 옷의 디자인이나
치수에 따라 달라질 수 있습니다.

1 (공통) 길 원형 기초선 제도

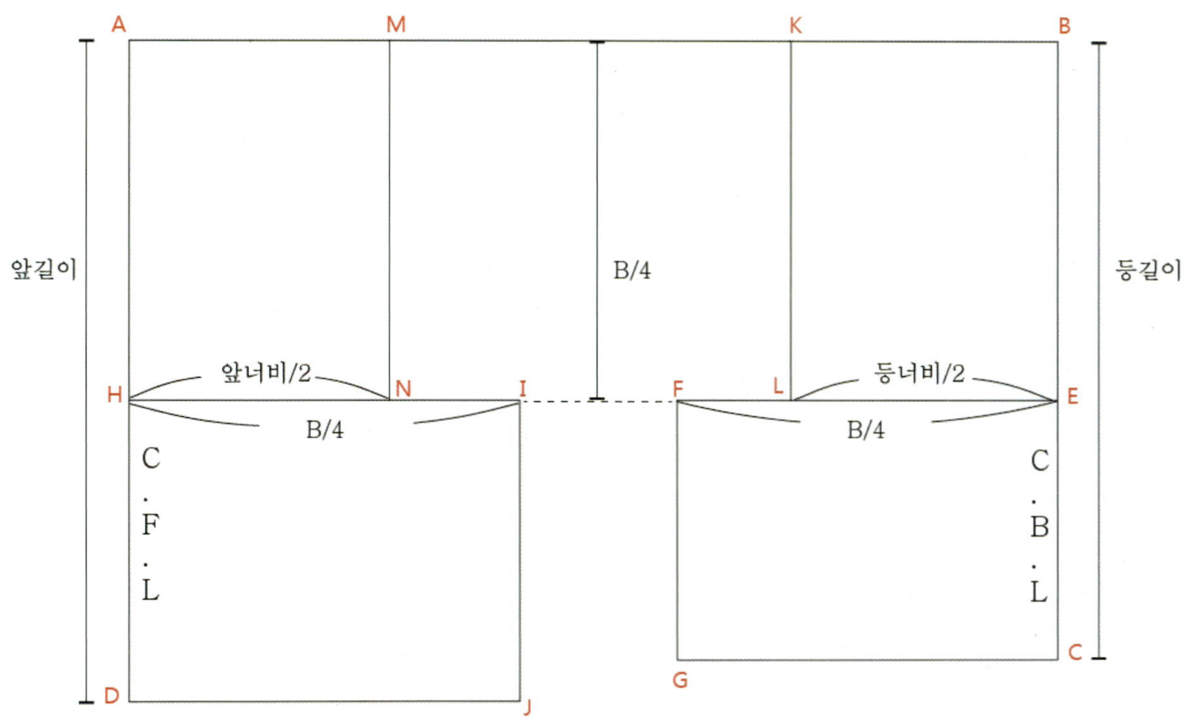

❶ A–B : 가로기준선 제도

❷ B–C : 등길이, A–D : 앞길이

❸ E–F : B에서 B/4 만큼 아래로 이동한 점 E와 E에서 옆으로 B/4 만큼 떨어진 점 F를 연결한다.

❹ H–I : A에서 B/4 만큼 아래로 이동한 점 H와 H에서 옆으로 B/4 만큼 떨어진 점 I를 연결한다.

❺ C–G, F–G : F에서 수직선을 긋고, C에서 수평선을 긋고 각 선의 교차지점 G까지 연결하여 사각형
을 완성한다.

❻ K–L : B에서 등너비/2 만큼 옆으로 이동한 점 K에서 선 F–E와 만나는 선을 내려긋는다.

❼ M–N : A에서 앞너비/2 만큼 옆으로 이동한 점 M에서 선 H–I과 만나는 선을 내려긋는다.

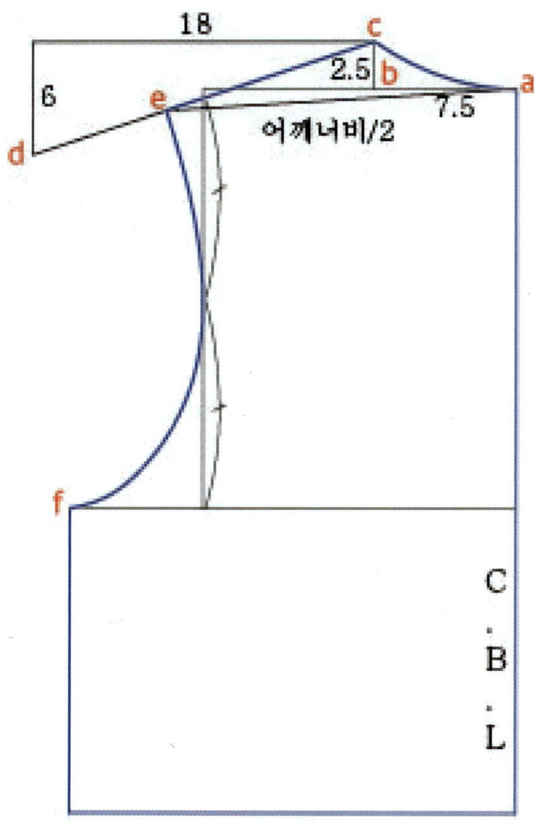

길 원형의 기초선 위에 제도한다.

❶ b–c : a에서 7.5cm 떨어진 b 점을 찍고, 위로 2.5cm 올린 점 c와 연결한다.

❷ c–a 점을 연결하는 부드러운 곡선으로 뒷목 둘레선을 그린다.

❸ c–d(어깨 기울기) : c에서 옆으로 18cm 떨어진 위치에서 다시 아래로 6cm 이동하여 점 d를 설정하고 c–d를 연결한다.

❹ e(어깨점) : a에서 c–d 선에 접하는 길이가 어깨너비/2인 점을 찾는다.

❺ e–f를 s모드자를 이용하여 곡선을 그린다. e 점에서는 어깨선과 직각에 가깝게 제도하고 f와 가까워지면서 거의 직선에 가까운 완만한 곡선을 그린다.

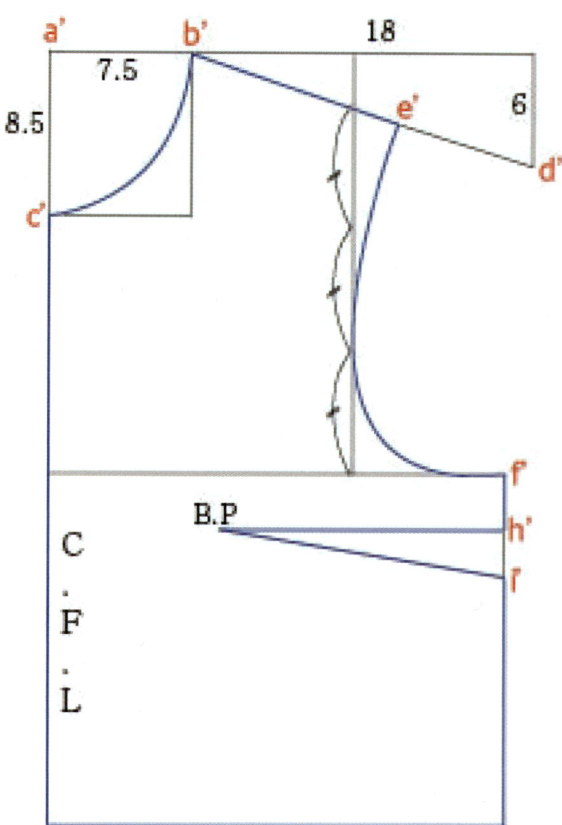

길 원형의 기초선 위에 제도한다.

❶ b′ : a′에서 옆으로 7.5cm 떨어진 점

❷ c′ : a′에서 아래로 8.5cm 떨어진 점

❸ b′− c′(앞목 둘레선) : b′−c′를 자연스러운 곡선으로 연결한다. 이때 b′에 가까울수록 어깨선과 직각에 가깝게 c′에 가까울수록 앞중심선과 직각에 가깝도록 그린다.

❹ b′−d′(어깨 기울기) : b′에서 옆으로 18cm 떨어진 위치에서 다시 아래로 6cm 이동하여 점 d′를 설정하고 b′−d′를 연결한다.

❺ e′(어깨점) : b′에서 뒤 어깨선 길이 (c−e의 길이)만큼 떨어진 점 e′를 설정한다.

❻ e′−f′를 s모드자를 이용하여 곡선을 그린다. e 점에서는 어깨선과 직각에 가깝게 제도하고 f와 가까워지면서 거의 직선에 가까운 완만한 곡선을 그린다.

❼ B.P점 : 앞중심에서 9cm , 옆목점 (b′)에서 유장만큼 떨어진 점을 찾는다.

❽ B.P 점과 같은 높이에 옆선에 만나는 점 h′를 설정한다.

❾ h′에서 유차(유차 =앞길이 − 등길이) 만큼 아래로 내려온 점 i′를 설정한다.

❿ B.P와 점 h′, i′를 연결하여 가슴다트를 그린다.

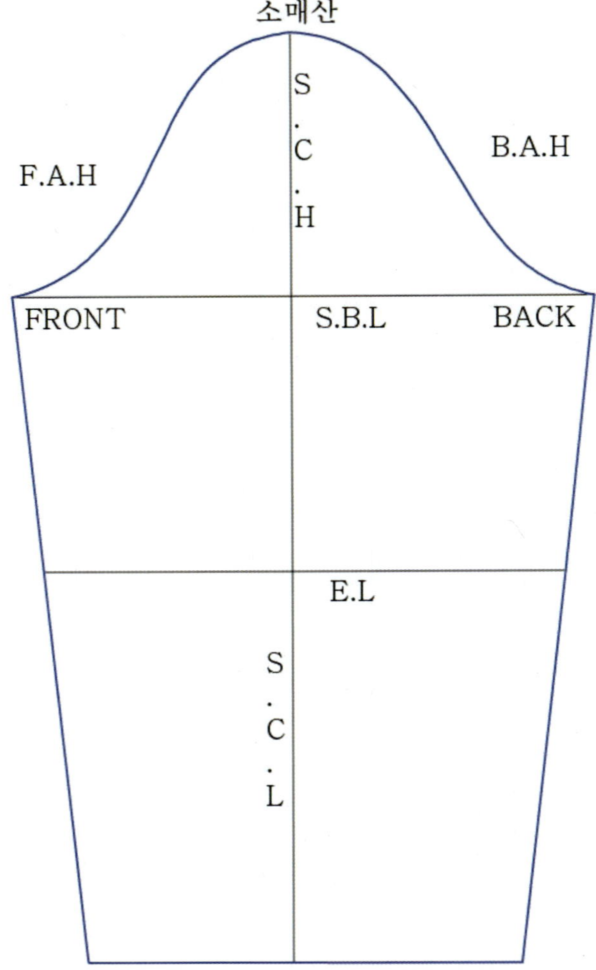

명칭	약자	영문표기
진동둘레	A.H	Arm Hole
앞 진동둘레	F.A.H	Front Arm Hole
뒤 진동둘레	B.A.H	Back Arm Hole
소매산 높이	S.C.H	Sleeve Cap Height
소매폭선	S.B.L	Sleeve Biceps Line
소매 중심선	S.C.L	Sleeve Center Line
팔꿈치 선	E.L	Elbow Line

Chapter 02

소매 원형 제도

1 (공통) 소매 원형의 기초선 그리기

1 (공통) 소매 원형의 기초선 그리기

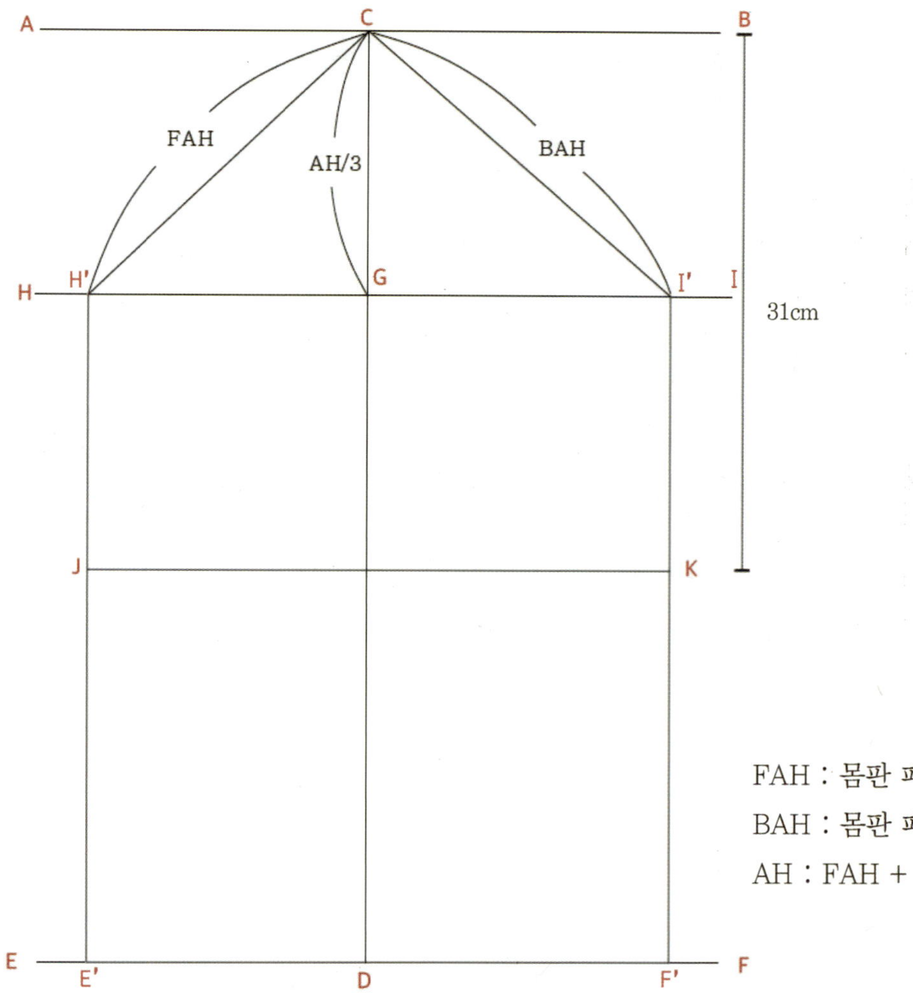

FAH : 몸판 패턴의 앞 진동둘레 길이
BAH : 몸판 패턴의 뒤 진동둘레 길이
AH : FAH + BAH

❶ 임의의 수평선 A-B를 그린다.

❷ A-B와 수직한 선 C-D를 그린다. C-D의 길이는 소매길이

❸ 점 D를 지나면서 선 A-B와 수평을 이루는 선 E-F를 그린다. (밑단선)

❹ C-D 선 위의 G 점을 설정한다. C-G의 길이: 소매산 높이 = (FAH+BAH)/3

❺ 점 G를 통과하며 선 A-B와 수평한 선 H-I를 그린다. (진동선)

❻ 선 A-B에서 아래로 31cm 평행한 선 J-K를 그린다. (팔꿈치선)

❼ C에서 H-I선까지 길이가 FAH와 같은 점 H′를 설정하고 C-H′ 선을 긋는다.

❽ C에서 H-I선까지 길이가 BAH와 같은 점 I′를 설정하고 C-I′ 선을 긋는다.

스탠드 칼라 랜턴소매 재킷

작업지시서

봉제 시 유의사항 (5개 이상)	원 부자재 소요량			
	원 부자재	규격	소요량	단위
1. 뒤중심은 맞주름 처리하고 맞주름 분량은 10cm로 한다.	원단	150cm	1.5	마
2. 안단은 앞판에만 넣고 안감은 넣지 않는다.	안감	110cm	0.5	마
3. 단춧구멍은 입술 단춧구멍으로 제작한다.	심지	110cm	1	마
4. 주머니는 인심포켓으로 사용할 수 있게 만든다.	봉사	40s/2합	1	콘
5. 소매 진동 시접 처리는 안감으로 바이어스 처리한다.	단추	25cm	1	개
6. 밑단 시접은 안감으로 바이어스 처리하여 공그르기한다.	식서테이프	10mm	3	마

※ 작업지시서는 각 회차 시험의 지시사항에 맞게 작성하세요.

시험시간	6시간 30분 정도

지급된 재료로 디자인과 같이 스탠드 칼라 랜턴소매 재킷을 제작하시오.

요구사항

가. 제시된 디자인과 동일한 작품을 적용치수에 맞게 제도, 재단하여 의복을 제작하시오.
   (지급받은 원단의 겉면과 안면 (표면과 이면)은 수험자가 판단하여 작업하시오.)
나. 제시된 디자인과 동일한 패턴 2부를 제도하여 1부는 재단에 사용하고, 다른 1부는 제작한 작품과 함께 채점
   용으로 제출하시오.
   (제출용 패턴제도에는 기초선과 제도에 필요한 부호, 약자를 표시하며 패턴지는 자르지 않고 제출합니다.)
다. 패턴제도와 재단 시 먹지, 룰렛과 칼은 사용하지 마시오.
라. 완성치수는 문제에 제시된 치수로 제작하고 제시되지 않은 치수는 디자인에 맞게 제작하시오.

가슴둘레 : 94cm, **허리둘레** : 68cm, **엉덩이둘레** : 94cm, **앞너비** : 33cm, **앞길이** : 40.5cm, **유장** : 25cm,
등너비 : 35cm, **등길이** : 38cm, **상의길이** : 62cm, **어깨너비** : 37cm, **소매길이** : 47cm, **소매밑단둘레** : 26cm

지시사항

뒤중심은 맞주름 처리하고 맞주름 분량은 10cm로 하시오.
안단은 앞판에만 넣고 안감은 넣지 마시오.
단춧구멍은 입술단춧구멍으로 (길이 2.5cm) 위에서 하나만 만들고 단추는 모두 다시오.
주머니는 인심포켓으로 사용할 수 있게 하고 주머니감 형태로 디자인과 같이 장식스티치하시오.
주머니 입구 길이는 12cm로 하시오.
랜턴소매 절개선은 15cm로 하고 소매 밑단 1cm 너비로 바이어스 처리하시오.
소매 옆 솔기는 시접을 접어박아 가름솔 하시오.
소매 진동 시접 처리는 안감으로 바이어스 처리하시오.
몸판 밑단 시접은 바이어스 처리하여 공그르기하시오.

도면

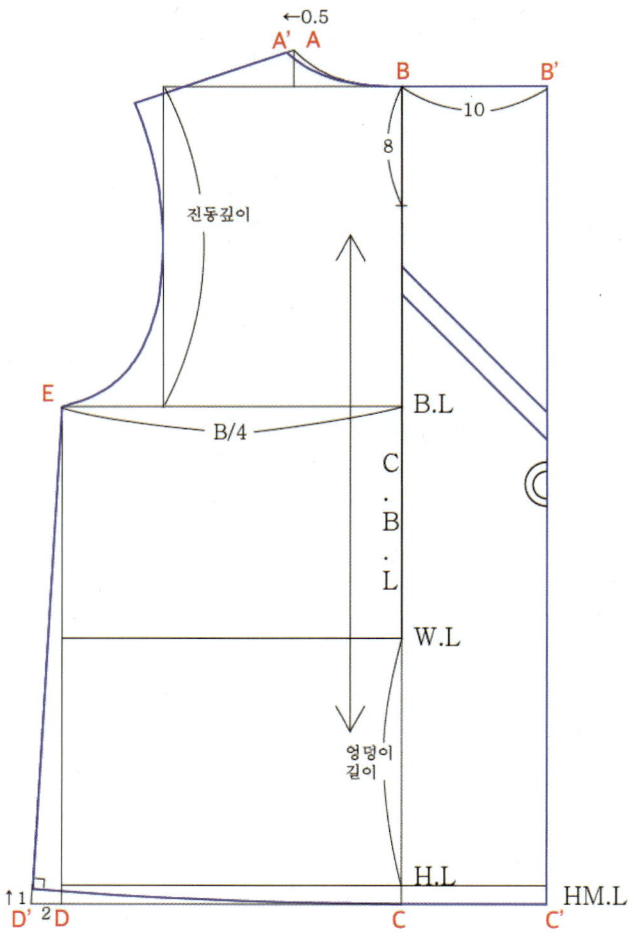

(1) 뒤판 제도

❶ 상의 원형 뒤판을 제도한다.

❷ 허리선에서 엉덩이 길이만큼 아래로 평행이동한 선을 그려서 엉덩이선을 설정한다.

❸ 상의 길이만큼 뒤 중심선을 연장하고 밑단선을 그린다.(D−C)

❹ D 점에서 2cm 밖으로 나가 점 D′를 설정하고 E −D′ 선을 이어준다.

❺ B에서 10cm 밖으로 선을 긋고 (B−B′), C에서 10cm 밖으로 선을 긋고 나서 (C−C′) B′−C′를 연결하여 맞주름 분량을 제도한다.

❻ 목 옆점 A에서 어깨선을 따라 0.5cm 이동한 점 A′를 설정하고 A′와 B 점을 부드러운 곡선으로 연결하여 뒷목둘레선을 수정한다.

❼ D′점에서 옆선을 따라 위로 1cm를 쳐주고 밑단선과 자연스럽게 연결하여 옆선과 밑단선의 모서리 각도가 직각에 가깝도록 수정한다.

❽ 패턴의 부호와 약자를 표시한다.

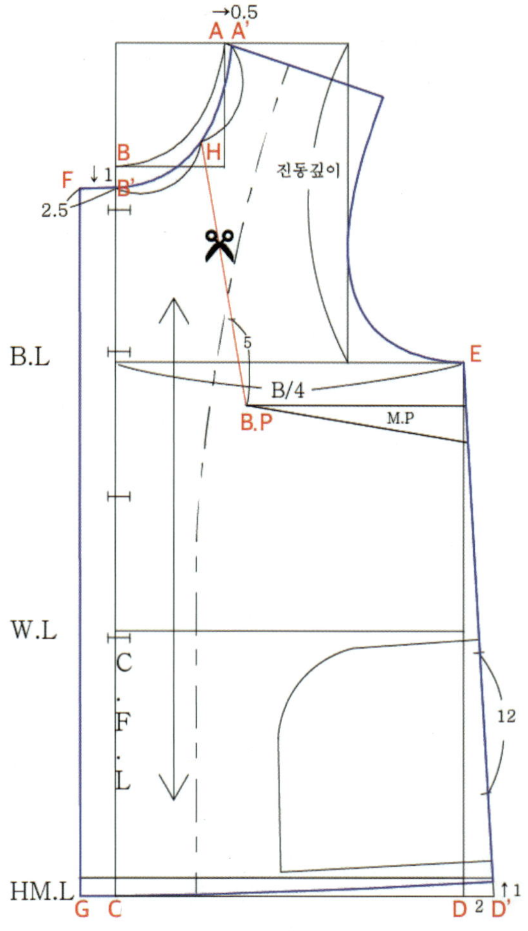

(2) 앞판 제도

❶ 상의 원형 앞판을 제도한다.

❷ 허리선에서 엉덩이 길이만큼 아래로 평행이동한 선을 그려서 엉덩이선을 설정한다.

❸ 상의 길이 +유차(앞길이−등길이)만큼 앞 중심선을 연장하고 밑단선을 그린다.(C−D)

❹ D 점에서 2cm 밖으로 나가 점 D′를 설정하고 E −D′ 선을 이어준다.

❺ 목 옆점 A에서 어깨선을 따라 0.5cm 이동한 점 A′를 설정하고 B점에서 1cm 아래로 이동한 B점을
설정한다.

❻ A′와 B′ 점을 부드러운 곡선으로 연결하여 앞목둘레선을 수정한다.

❼ 앞목둘레선 (A′−B′)의 길이를 이등분한 점 H와 B.P를 연결하여 절개선을 그려준다.

❽ B′에서 2.5cm 밖으로 선을 긋고 (B′−F), C에서 2.5cm 밖으로 선을 긋고 나서 (C−G) F−G를 연결
하여 앞 낸단분을 제도한다.

❾ D′점에서 옆선을 따라 1cm를 쳐주고 밑단선과 자연스럽게 연결하여 옆선과 밑단선의 모서리 각도가
직각에 가깝도록 수정한다.

❿ 도식화의 비율에 맞춰 주머니를 제도한다. (지시사항에 주머니 사이즈가 제시될 경우에는 문제에 제
시된 사이즈대로 주머니를 제도함)

⓫ 가슴다트에 M.P 표시하고 단춧구멍, 안단표시 및 패턴부호와 약자를 표시한다.

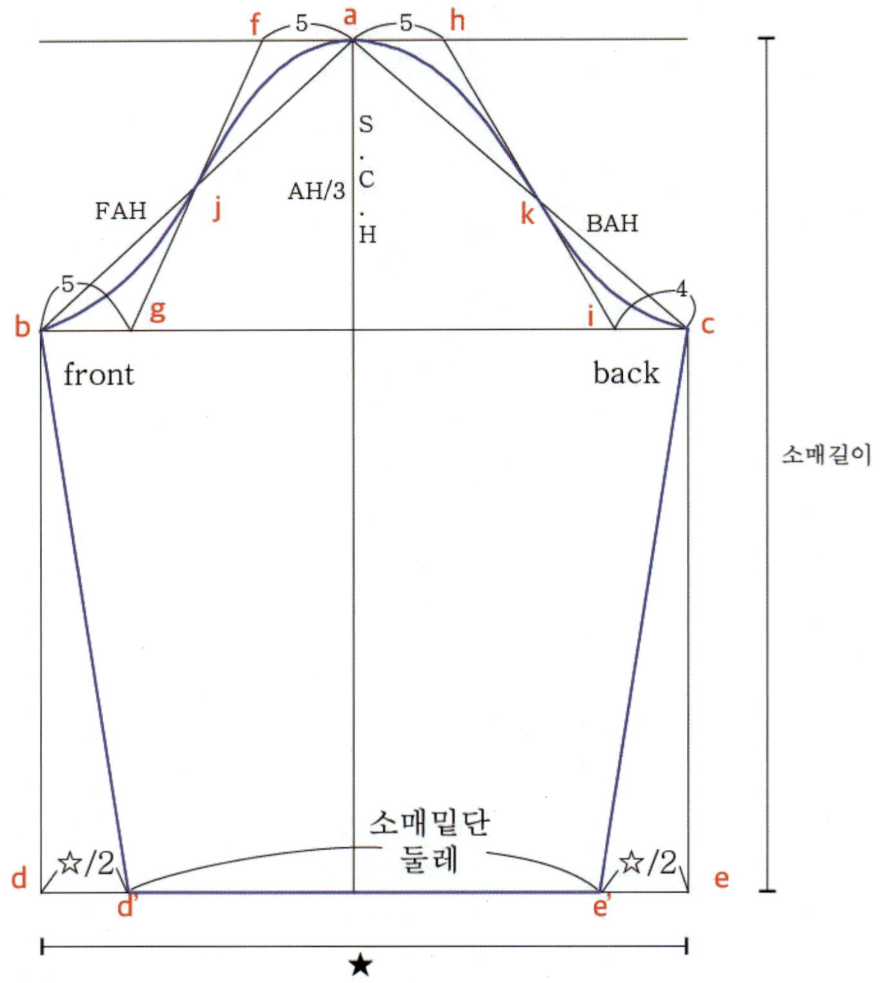

(3) 기본 소매제도

❶ 소매 원형의 기초선을 그린다.

❷ 선 f–g, 선 h–i를 그린다.

❸ a–j와 j–b가 부드럽게 연결될 수 있도록 곡선을 그린다.

❹ h–k와 k–c가 부드럽게 연결될 수 있도록 곡선을 그린다.

❺ 선 d–e의 길이 = ★, ★–소매밑단둘레 = ☆

❻ d, e 점에서 각각 ☆/2 만큼 안으로 들어온 지점 d′, e′를 표시하고 b–d′, c–e′ 선을 연결한다.

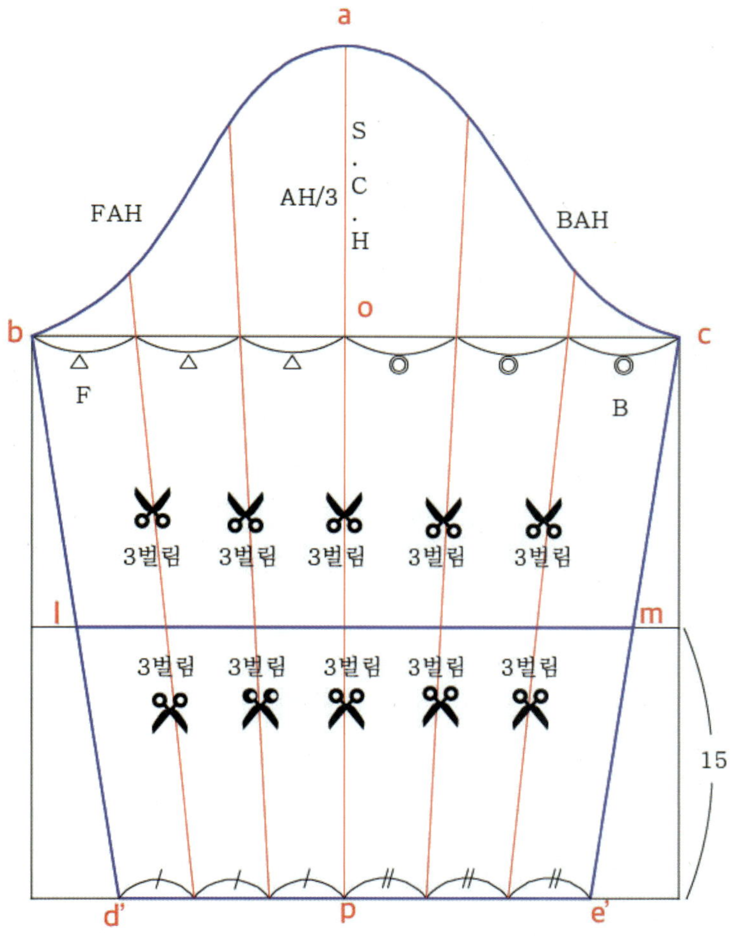

(4) 랜턴소매의 변형

❶ 밑단선에서 15cm 위로 l-m 선을 긋는다.

❷ b-o의 삼등분 점을 표시하고, d'-p의 삼등분점을 표시한다. 각각 대응하는 점끼리 연결하여 절개선을 그려주고 절개선은 앞진동둘레선까지 연장해준다.

❸ o-c의 삼등분 점을 표시하고, p-e'의 3등분 점을 표시한다. 각각 대응하는 점끼리 연결하여 절개선을 그려주고 절개선은 뒤진동둘레선 까지 연장해준다.

❹ 절개선에 가위표시를 한다.

❺ 패턴 부호와 약자를 적는다.

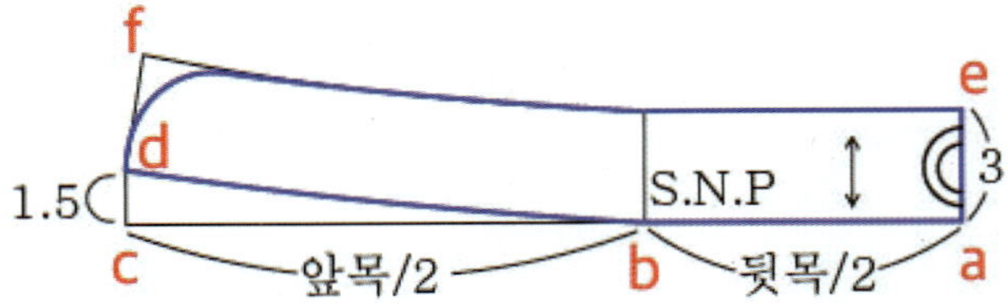

(5) 칼라 제도

❶ a–b : 뒷목/2 길이의 선을 그린다.

❷ b–c : 앞목/2 길이의 선을 그린다.

❸ b–d : c에서 1.5cm 위로 이동한 점 d와 b를 연결하고 a–b–d에 이르는 선이 부드럽게 이어지도록 약간의 곡을 주어 그린다.

❹ a–e : a에서 칼라 높이(3cm) 만큼 위로 올린 선.

❺ e–f : d–a에서 평행하게 3cm 위로 이동한 선. e–f의 길이는 a–d의 길이에 맞춰준다.

❻ f–d를 연결하고 모서리를 둥글려준다.

❼ 패턴 부호와 약자를 적어 넣는다.

(1) 겉감

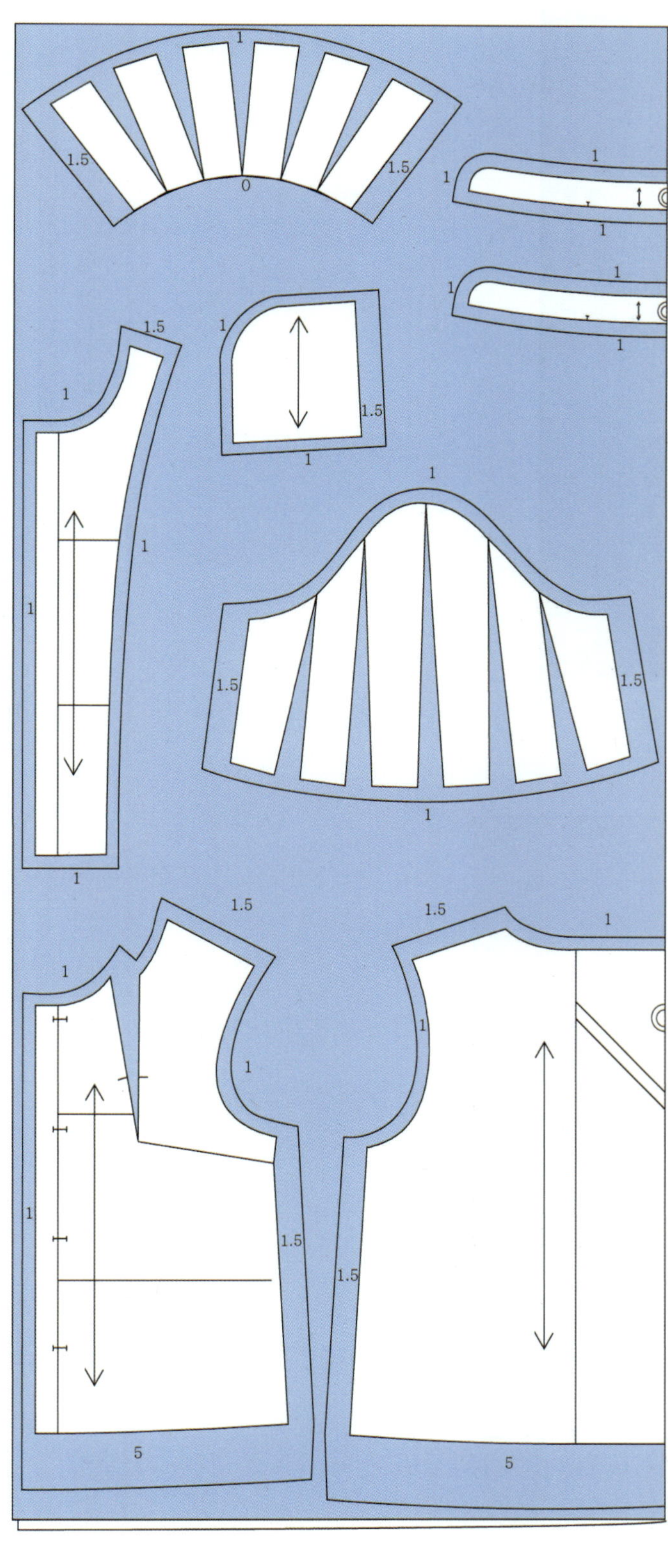

(참고사진) 앞판 겉감의 다트 길이 수정

(2) 안감

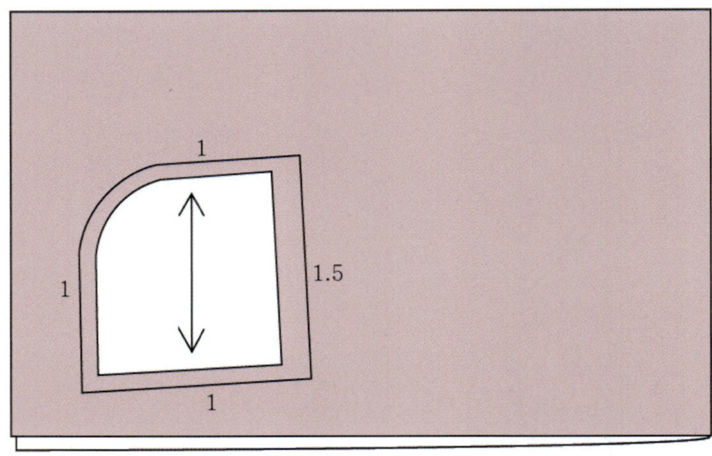

(3) 심지와 테이프의 부착

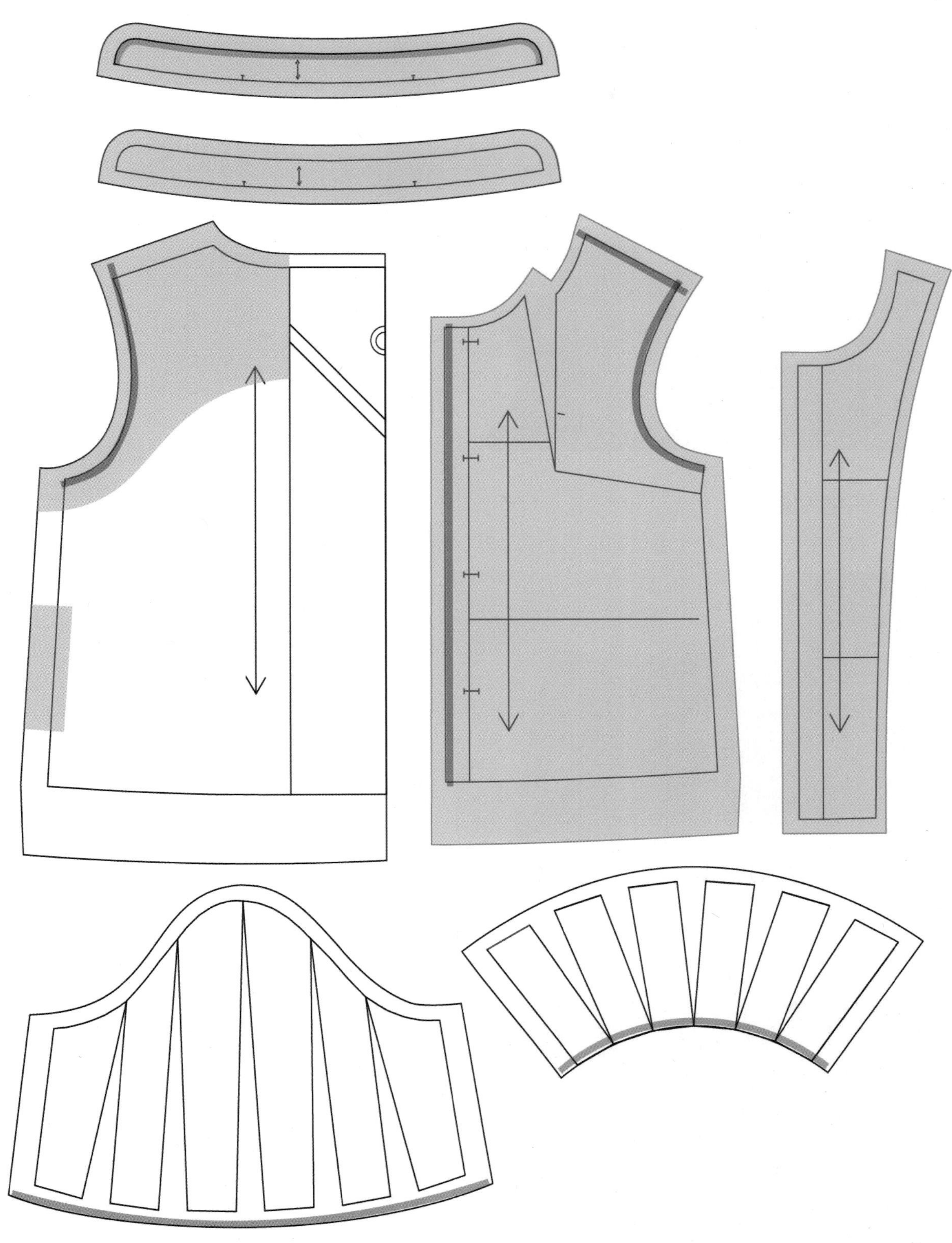

(1) 앞판 제작

❶ 앞목의 다트를 박고 시접을 겨드랑이 방향으로 넘겨 장식스티치한다.

〈입술단춧구멍 만들기〉

❷ 입술감을 단춧구멍 위치에 올려놓고 단춧구멍의 크기만큼 가로로 11자를 박는다.

❸ 박음선 사이에 〉-〈 자로 절개한다.

❹ 입술감을 절개선 안쪽으로 집어넣은 뒤 원단을 접어 입술단춧구멍 모양을 만든다.

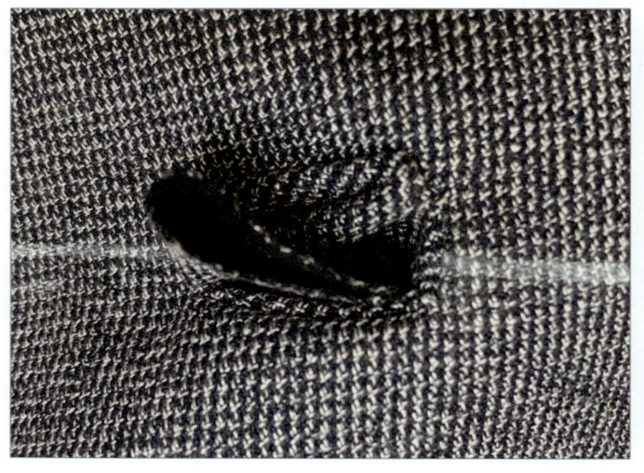 

❺ 겉감을 젖혀 입술 가장자리에 생긴 삼각형 모양을 박아 고정한다.

❻ 입술감 뒷면 시접의 가장자리를 새발뜨기로 고정한다.

(2) 뒤판 제작

❶ 뒤중심에 맞주름을 잡고 장식스티치한다.

(3) 앞판, 뒤판 몸판 연결하고 심포켓 제작

❶ 앞판 겉감 주머니 위치에 주머니 손등감을 올려놓고 옆선 쪽을 박아 고정한다.

❷ 앞판 겉감 주머니 위치에 주머니 손바닥감을 올려놓고 옆선 쪽을 박아 고정한다.

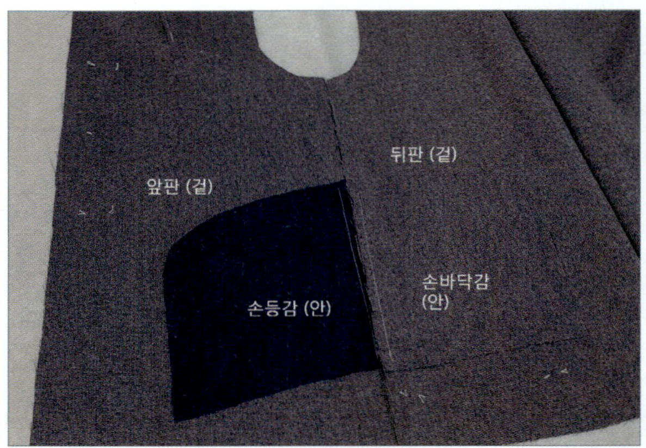

❸ 주머니감을 밖으로 뺀 상태에서 앞판과 뒤판의 옆선을 맞춰 완성선을 박아준다. 주머니 입구가 될 부분은 빼고 박는다.

❹ 주머니 손등감을 앞판 방향으로 넘기고 주머니 입구 부분에 장식스티치한다.

❺ 주머니 손바닥감도 앞판 방향으로 넘긴 뒤 앞판의 겉에서 주머니 모양으로 스티치한다.

❻ 앞판과 뒤판의 어깨를 연결하고 시접을 가름솔 한다.

❶ 소매1과 소매2를 연결하고 시접을 위쪽으로 넘긴 다음 장식스티치한다.

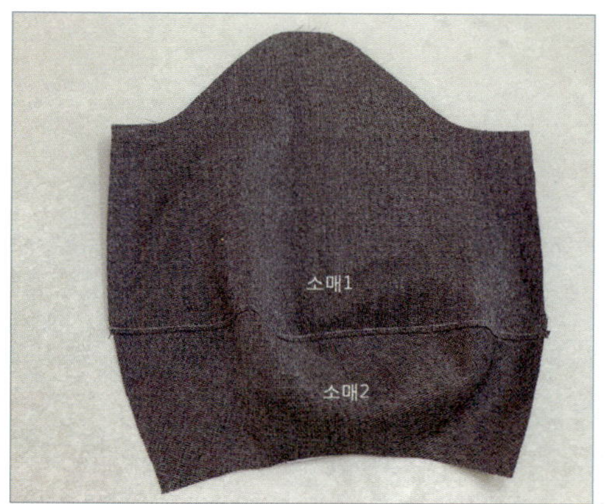

❷ 소매의 옆선을 봉제하고 시접은 끝접어 박아 가름솔 한다.

❸ 소매의 밑단 가장자리를 바이어스로 감싼다.

❶ 소매산의 시접에 0.3cm 간격으로 박음질하고, 실을 길게 빼둔다. (땀 길이 5, 되돌아 박기 하지 않음)

❷ 밑실을 잡아당겨 소매에 이즈를 잡는다.

❸ 몸판의 진동둘레에 소매를 잘 맞춰 완성선을 박음질 한다.

❹ 진동둘레의 시접은 안감으로 바이어스를 만들어 감싼다.

(6) 칼라 제작

❶ 겉칼라의 겉과 안칼라의 겉을 맞닿게 놓고 칼라 외곽선의 완성선을 박는다. (시접은 박지 않음)

❷ 박음질한 부분의 시접을 0.5cm만 남기고 잘라낸 뒤 뒤집어서 다림질한다.

(7) 앞 안단 연결하기

❶ 안단의 사이드 부분은 한번 접어 끝박음한다.

❷ 안단을 앞판 겉감 위에 맞춰놓고 앞단과 밑단의 완성선을 따라 박아준다.

(8) 칼라 달기

❶ 겉칼라는 겉감의 목둘레에 맞추어 봉제한다.

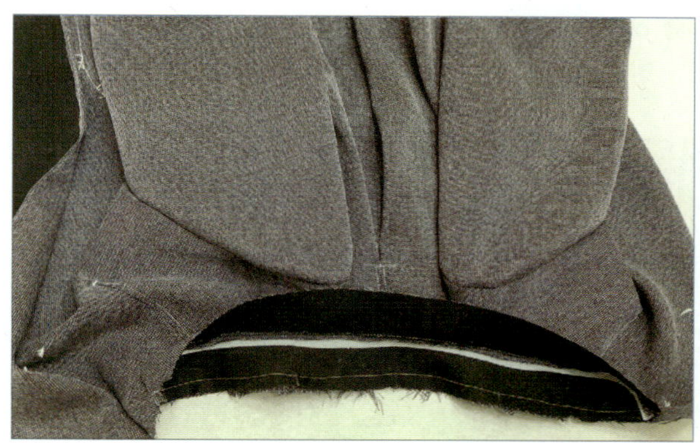

❷ 안칼라는 안단의 목둘레에 맞추어 봉제한다. 이때 안단의 어깨 시접은 안쪽으로 접은 상태에서 안칼라를 달아준다.

❸ 겉감과 안단이 만나는 부분의 목둘레를 봉제한다.

❹ 안단 시접을 잘라 정리하고 뒤집어 다리미로 자리를 잡는다.

❺ 칼라의 시접을 안으로 접어넣어 정리하고 공그르기 한다.

❶ 밑단을 완성선에 맞춰 다림질한 후 밑단 시접은 바이어스 공그르기 처리한다.

❷ 입술단춧구멍이 위치한 부분의 안단을 절개하여 안단 시접을 안으로 살짝 접어 넣고 가장자리를 공그르기한다.

❸ 칼라와 앞단을 따라 도식화의 모양대로 장식스티치 한다.

❹ 단추를 모두 달고 다림질로 형태를 잡아준다.

완성

Chapter 04

하이 네크라인 재킷

작업지시서

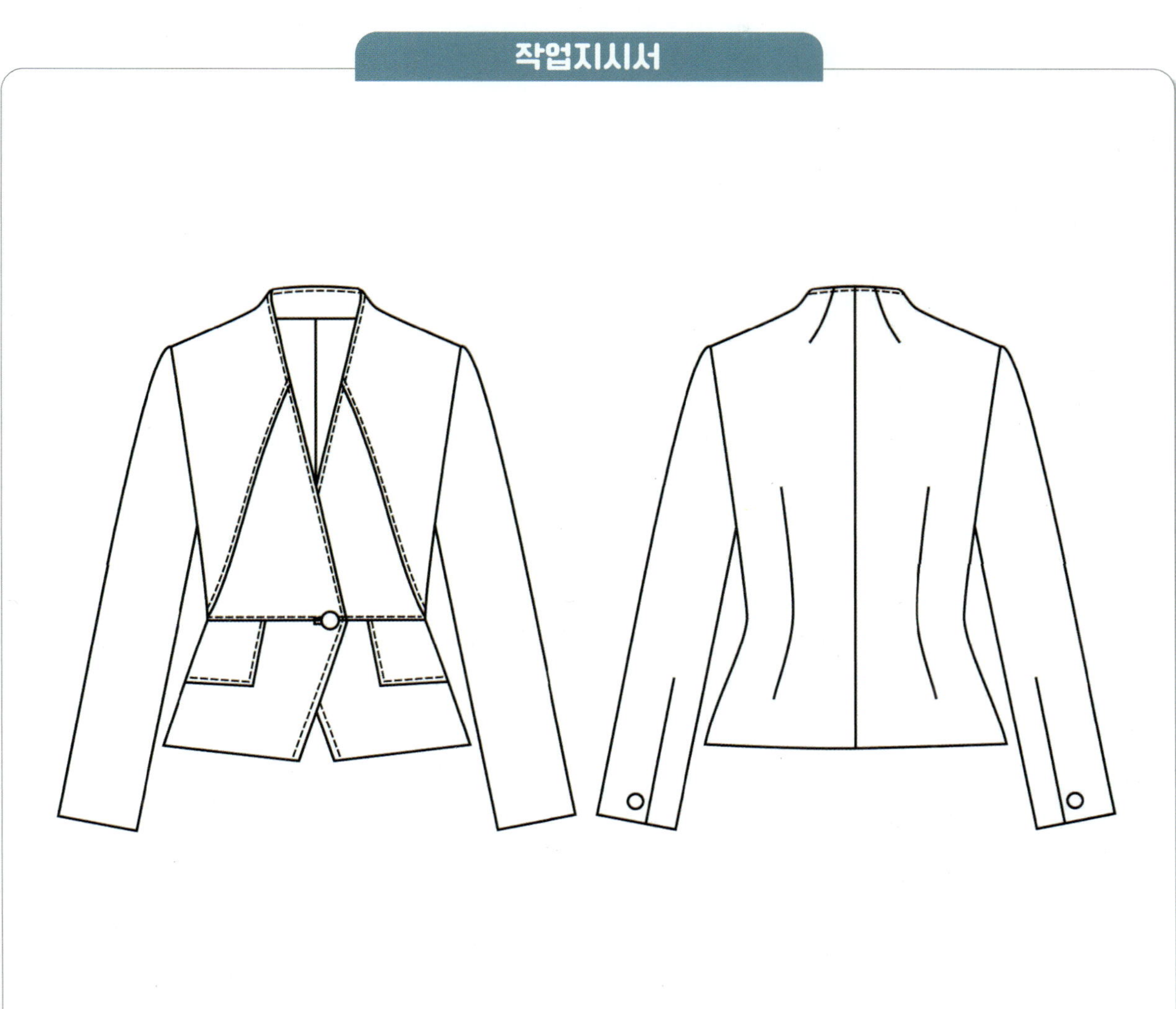

봉제 시 유의사항 (5개 이상)	원 부자재 소요량			

	원 부자재	규격	소요량	단위
1. 앞 안단, 뒤 안단을 모두 제작한다.	원단	150cm	1.7	마
2. 소매와 몸통 모두 안감을 만들고 안감과 겉감은 합봉 한다.	안감	110cm	2	마
3. 스티치는 0.3cm로 넣는다.	심지	110cm	1	마
4. 장식용 포켓은 10*7cm 사이즈로 제작하고 허리선과 옆선에 끼워 박는다.	봉사	40s/2합	1	콘
5. 단춧구멍은 허리선에 트임을 만들어 제작한다.	단추	25cm	1	개
	식서테이프	10mm	3	마

※ 작업지시서는 각 회차 시험의 지시사항에 맞게 작성하세요.

시험시간	6시간 30분 정도
요구사항	지급된 재료로 디자인과 같이 하이 네크라인 재킷을 제작하시오. 가. 제시된 디자인과 동일한 작품을 적용치수에 맞게 제도, 재단하여 의복을 제작하시오. 　(지급받은 원단의 겉면과 안면 (표면과 이면)은 수험자가 판단하여 작업하시오.) 나. 제시된 디자인과 동일한 패턴 2부를 제도하여 1부는 재단에 사용하고, 다른 1부는 제작한 작품과 함께 채점 　용으로 제출하시오. 　(제출용 패턴제도에는 기초선과 제도에 필요한 부호, 약자를 표시하며 패턴지는 자르지 않고 제출합니다.) 다. 패턴제도와 재단 시 먹지, 룰렛과 칼은 사용하지 마시오. 라. 완성치수는 문제에 제시된 치수로 제작하고 제시되지 않은 치수는 디자인에 맞게 제작하시오. **가슴둘레** : 96cm, **허리둘레** : 74cm, **엉덩이둘레** : 96cm, **앞너비** : 32cm, **앞길이** : 40.5cm, **유장** : 25cm, **등너비** : 33cm, **등길이** : 38cm, **상의길이** : 56cm, **어깨너비** : 37cm, **소매길이** : 57cm, **소매밑단둘레** : 24cm
지시사항	앞 안단, 뒤 안단을 모두 제작하고 소매와 몸통 모두 안감을 만들어 합봉하시오. 소매는 한 장 소매에 다트를 주시오. 스티치는 0.3cm로 넣으시오. 장식용 포켓으로 10*7cm 사이즈로 제작하고 허리선과 옆선에 끼워 박으시오. 단춧구멍은 허리선에 트임을 만들어 제작하시오.
도면	

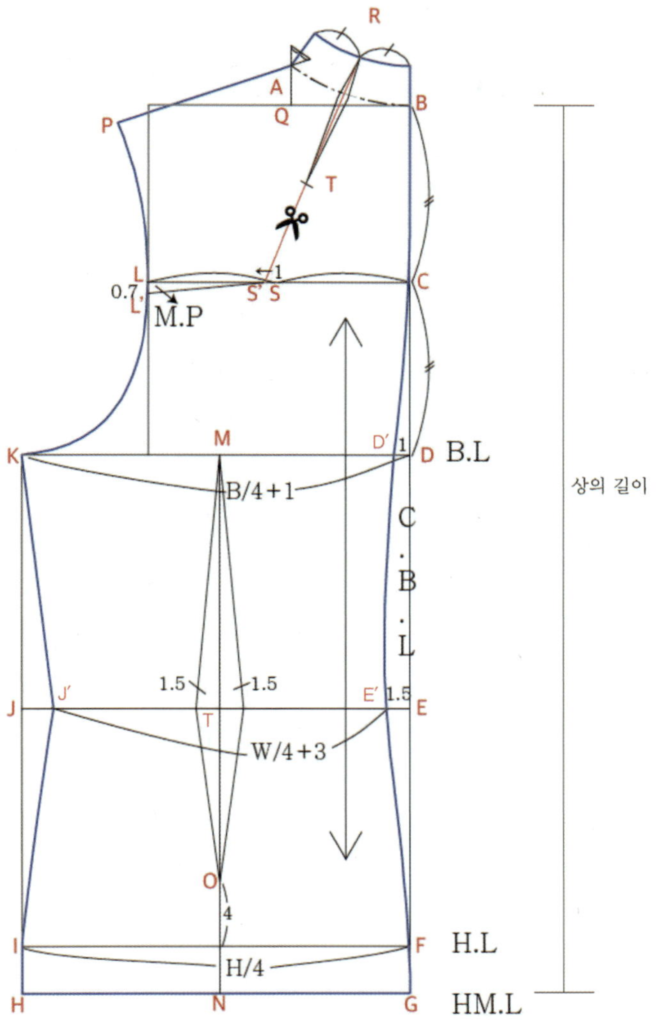

(1) 뒤판제도

❶ 상의 원형 뒤판을 제도한다. 가슴 둘레선의 너비는 B/4+1로 적용한다.

❷ 상의 길이만큼 뒤 중심선을 연장하고 밑단선을 그린다.

❸ 선 F–I : 허리선에서 엉덩이 길이만큼 아래로 평행이동한 선을 그려서 엉덩이선을 설정한다.

   (선 F–I 의 길이는 H/4)

〈뒤 중심 라인 제도〉

❹ E′ : E에서 1.5cm 안쪽으로 이동한 점

❺ D′ : D에서 1cm 안쪽으로 이동한 점

❻ C : B–D의 이등분점

❼ 선 C–D′–E′–F–G를 부드러운 곡선으로 그린다.

❽ J′ : E′에서 W/4+3 떨어진 위치의 J′점을 구한다.

❾ K–J′–I–H를 자연스럽게 연결하여 패턴의 옆선을 정리한다.

〈허리다트 제도〉

❿ T : J′–E′를 이등분한 점

⓫ M–N(다트 중심선) : T에서 위로 선을 그어 가슴둘레선까지 긋고, L에서 아래로 선을 그어 밑단선
까지 연결한다.

⓬ O : M–N 선상에서 엉덩이둘레선 위로 4cm인 지점

⓭ 허리다트 : 다트 양이 3cm 이며 M과 O를 다트 끝점으로 하는 양방향 다트를 그린다.

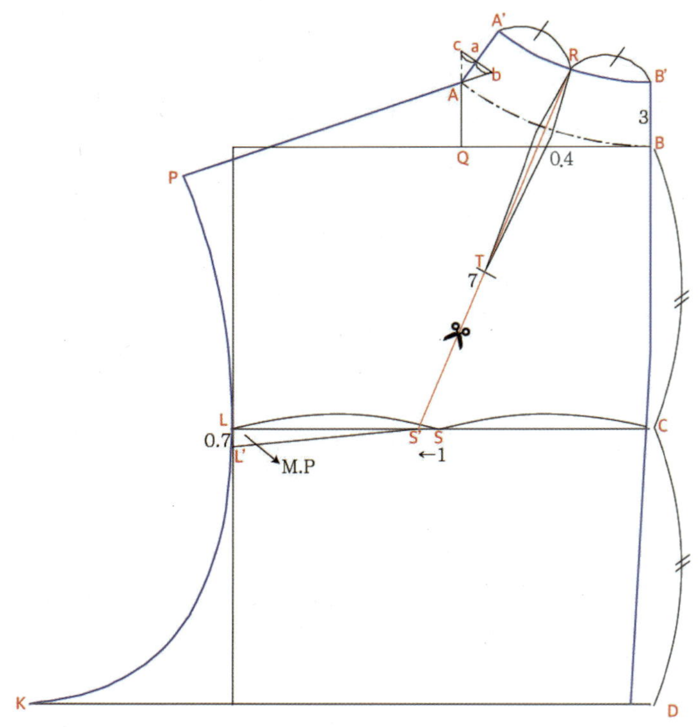

〈하이네크라인 제도〉

⓮ A–b : A–P 선을 목중심 쪽으로 연장한 선

⓯ A–c : A–Q 선을 위쪽으로 연장한 선

⓰ a : c–A–b의 사이각을 반으로 나눈 임의의 점

⓱ A′ : A와 a 점을 지나는 직선상에서 A로부터 위쪽으로 3cm (하이 네크의 길이)거리에 있는 점

⓲ B– B′ : B에서 위로 3cm 올려 선을 긋는다.

⓳ A′–B′ : A′와 B′를 부드럽게 곡선으로 연결한다.

〈목 다트〉

⓴ R : A′–B′ 곡선을 이등분한 점

㉑ C : B-D를 이등분한 점

㉒ L : C에서 바닥과 수평한 선을 그었을 때 진동둘레와 만나는 점

㉓ S : L-C 선을 이등분한 점

㉔ S′ : S에서 겨드랑이 쪽으로 1cm 이동한 점

㉕ R-S′ 선을 긋는다.

㉖ T : S′에서 R-S′ 선을 따라 7cm 위에 위치한 점

㉗ 목다트 : R, T를 각각 다트 끝점으로 하고 다트 크기가 0.4인 양방향 다트를 그린다.

〈암홀다트의 M.P〉

㉙ L′ : L에서 진동둘레선을 따라 0.7 cm 아래에 위치한 점

㉚ 암홀다트 : L -S′ -L′ 점을 연결하는 다트를 그린다. 다트 끝점은 S′이다.

㉛ 암홀다트에 M.P 표시한다.

㉜ T-S′ 선에 절개 표시를 한다.

㉝ 패턴 부호와 약자를 적어 넣는다.

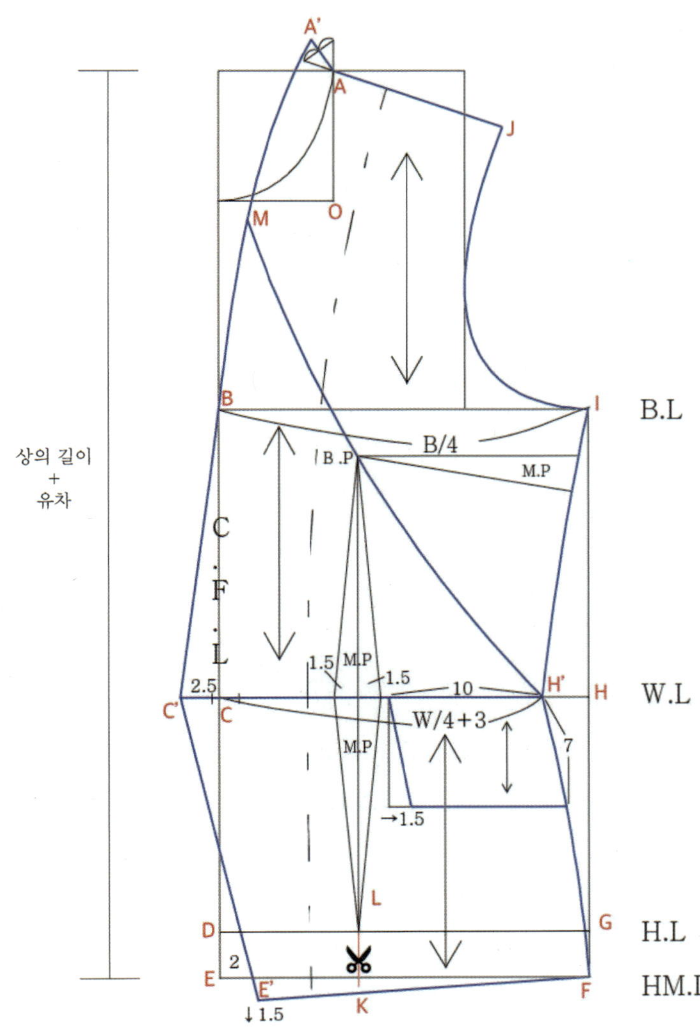

(2) 앞판 제도

❶ 상의 원형 앞판을 제도한다. 가슴 둘레선의 너비는 B/4로 적용한다.

❷ 선 D-G : 허리선에서 엉덩이 길이만큼 아래로 평행이동한 선을 그려서 엉덩이선을 설정한다.

❸ 상의 길이 + 유차에 맞춰 앞판 중심선을 연장하고 밑단선을 그린다.

〈옆선 제도〉

❹ H′ : C에서 W/4+3 떨어진 위치의 H′점을 구한다.

❺ I-H′-F를 자연스럽게 연결하여 패턴의 옆선을 정리한다.

* 하이네크 확대 사진

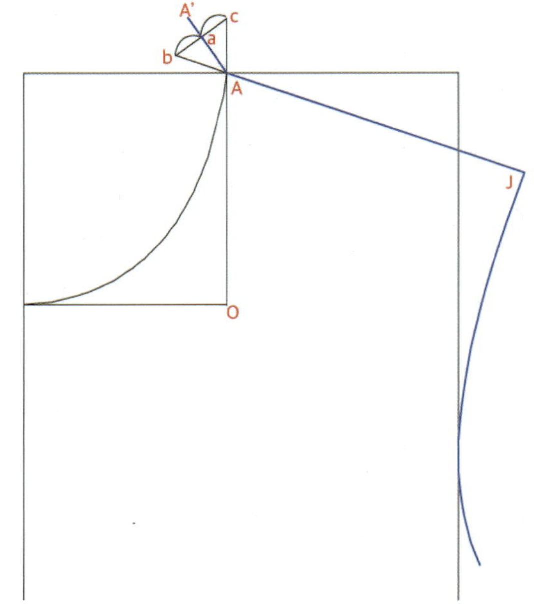

〈하이네크라인 제도〉

❻ A-b : A-J 선을 목중심 쪽으로 연장한 선

❼ A-c : A-O 선을 위쪽으로 연장한 선

❽ a : c-A-b의 사잇각을 반으로 나눈 임의의 점

❾ A′ : A와 a 점을 지나는 직선상에서 A로부터 위쪽으로 3cm (하이네크의 길이) 거리에 있는 점

〈앞단 제도〉

❿ C′ : C에서 2.5cm 밖으로 나온 점.

⓫ A′-B-C′ 점을 잇는 곡선을 부드럽게 그려준다.

⓬ E′ : E에서 안쪽으로 2cm, 아래로 1.5cm 이동한 점.

⓭ C′-E′ 연결한다.

⓮ E′-F를 완만한 곡선으로 연결한다.

⑮ B.P 점에서 밑단까지 수직선을 긋는다.

⑯ B.P - L : 다트중심선

⑰ 허리다트 : 다트 양이 3cm이며 B.P와 L을 다트 끝점으로 하는 양방향 다트를 그린다.

⑱ L-K 선에 절개 표시를 한다.

〈구성선 그리기〉

⑲ M : A′-B의 길이를 이등분한 점

⑳ M-B.P-H'를 완만한 곡선으로 연결한다.

㉑ C′-H를 연결한다.

〈포켓 그리기〉

㉒ 도식화에 맞게 가로 10, 세로 7의 포켓을 그린다.

㉓ 허리다트와 가슴다트를 M.P 표시하고 패턴부호와 약자를 적는다.

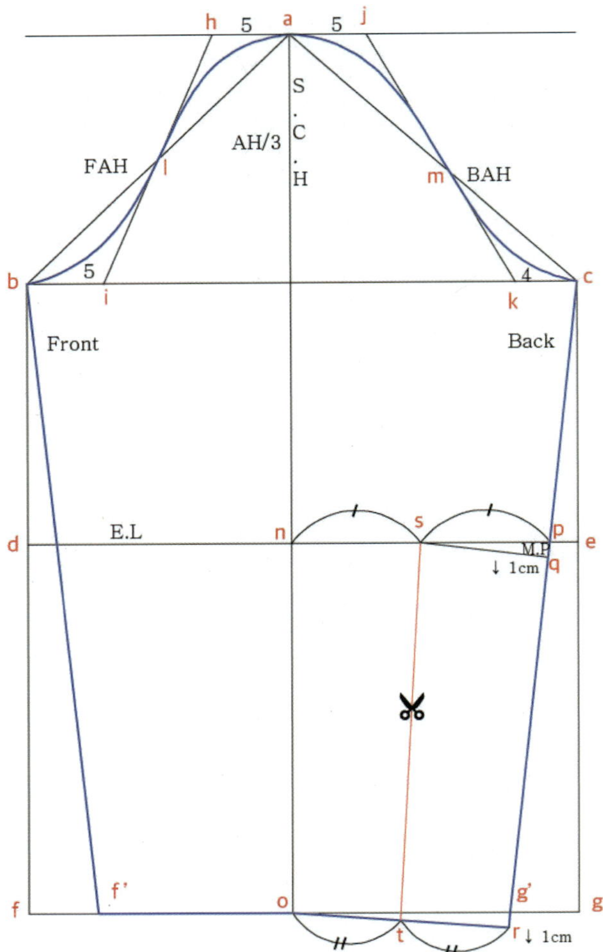

❶ 소매 원형의 기초선을 그린다.

❷ 선 h–i, 선 j–k를 그린다.

❸ a–l과 l–b가 부드럽게 연결될 수 있도록 곡선을 그린다.

❹ 선 a–m m–c가 부드럽게 연결될 수 있도록 곡선을 그린다.

❺ f–g의 길이 = ★, ★–소매밑단둘레 = ☆

❻ f, g 점에서 각각 ☆/2 만큼 안으로 들어온 지점 f′, g′를 표시하고 b–f′, c–g′ 선을 연결한다.

❼ p : 뒤판 소매 옆선과 팔꿈치선의 교차점

❽ s : n–p의 이등분점

❾ q : p에서 옆선을 따라 1cm 아래에 위치한 점.

❿ p–s–q를 연결하여 다트를 그린다.

⓫ r : 뒤판 소매 옆선의 연장선상에 있으며 g′에서 1cm 아래에 위치하는 점

⓬ o–r을 연결하여 새로운 소매밑단을 완성한다.

⓭ t : o–r의 이등분점

⓮ s–t 선을 긋고 그림과 같이 절개표시를 한다.

⓯ 소매다트에 M.P 표시를 하고 패턴부호와 약자를 적는다.

(1) 겉감

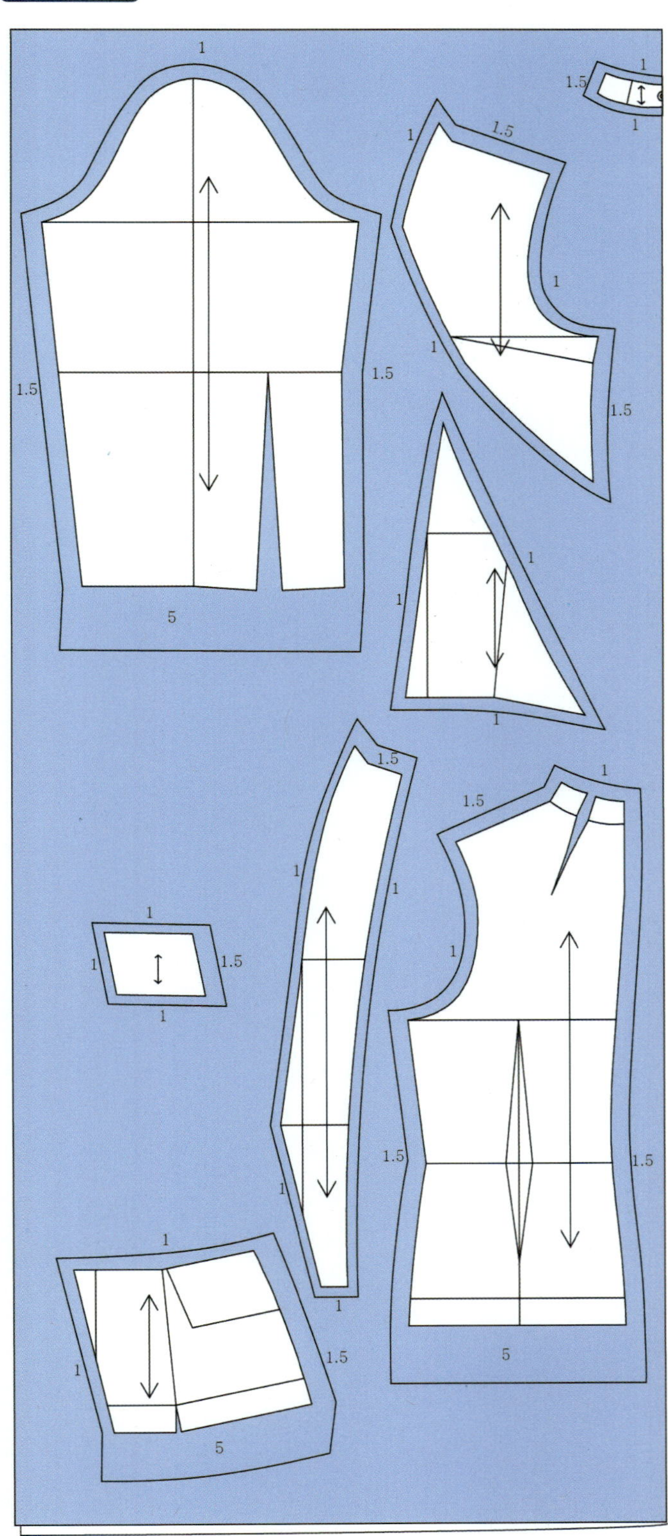

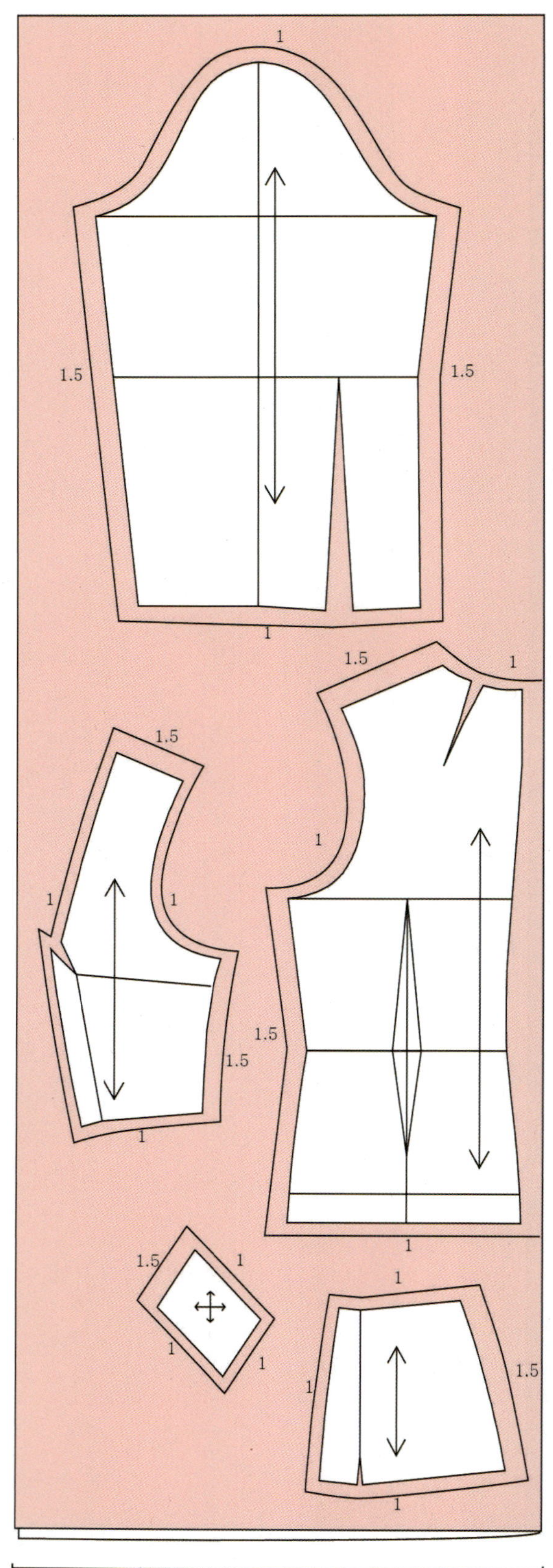
여성복기능사 필기·실기문제 한권으로 합격하기
1
1.5
1.5
1
1.5
1
1.5
1.5
1
1
1
1.5
1.5
1.5
1
1
1
1
1
1.5
1
1
110폭

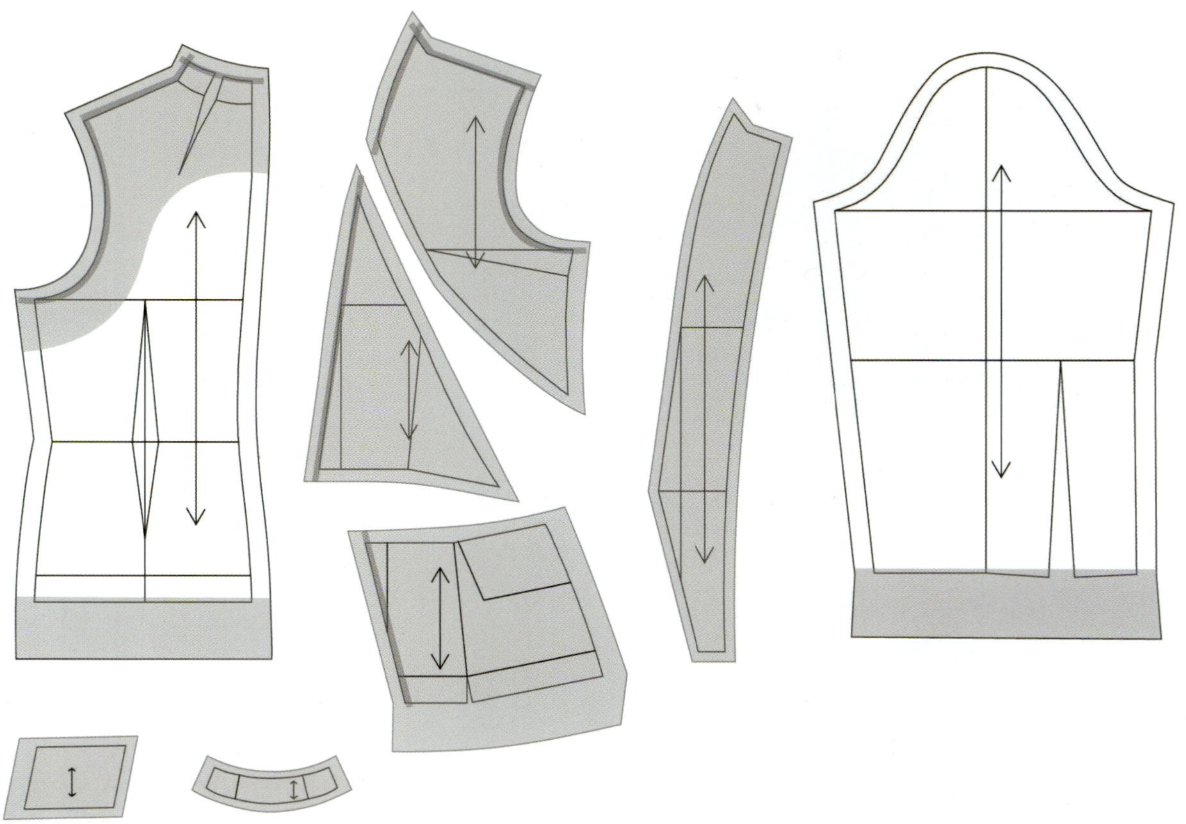

3 봉제

(1) 앞판 제작

① 장식포켓은 겉감의 겉과 안감의 겉을 마주 보게 하고 옆선과 허리에 끼우는 부분을 제외한 나머지를 박음질하여 만든다. 장식포켓에 도식화 모양대로 장식스티치를 한다.

❷ 앞판의 절개를 순서대로 연결한다. 허리선을 연결할 때에는 장식포켓을 끼워 박고 단춧구멍 위치는
제외하고 박음질한다.

❸ 앞판 절개선의 시접은 위로 꺾어 장식스티치한다. 단, 단춧구멍 자리는 시접을 잘라 가름솔 한 상태
에서 스티치한다.

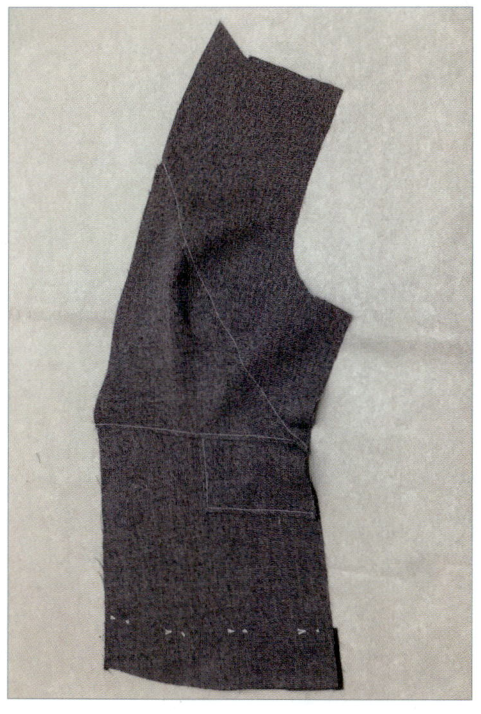

(2) 뒤판 제작

❶ 뒤 중심을 박음질하고 시접은 가름솔한다.
❷ 뒤판의 허리다트와 목 다트를 박은 뒤 시접을 정리한다.

(3) 앞판과 뒤판의 연결

❶ 앞, 뒤판의 어깨선과 옆선을 박고 시접은 가름솔한다.

❶ 소매다트를 박고 시접을 정리한다.

❷ 소매 옆선을 박고 시접을 가름솔한다.

❸ 소매 밑단을 완성선에 맞춰 접어 다림질한다.

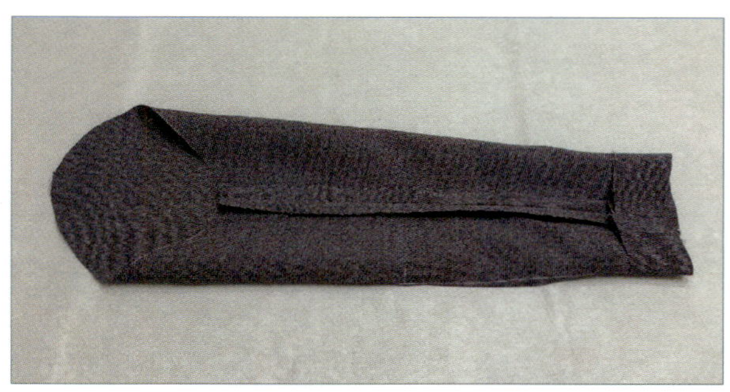

(5) 몸판과 소매의 연결

❶ 소매산의 시접에 0.3cm 간격으로 박음질을 하고 실을 길게 빼둔다. (땀 길이 5, 되돌아 박기 하지 않음)

❷ 밑실을 잡아당겨 소매에 이즈를 잡는다.

❸ 몸판의 진동둘레에 소매를 잘 맞춰 완성선을 박음질한다.

(6) 안감 제작

❶ 앞판 : 안감의 조각난 부분을 순서대로 연결하고 안감과 앞안단을 연결한다.

❷ 뒤판 : 중심선과 다트를 박고 안단을 연결한다.

❸ 소매 : 다트와 옆선을 박고 소매산을 오그려놓는다. (이즈처리)

❹ 앞판과 뒤판의 어깨와 옆선을 박아 연결한다.

❺ 몸판 진동둘레에 소매를 맞춰 박는다.

(7) 겉감과 안감 합봉

❶ 겉감과 안감을 겉끼리 마주 대고 앞 중심선과 안단의 완성선을 박는다.

❷ 겉감과 안감의 어깨부터 소매까지 겹쳐놓은 상태에서 겉감 소매를 안감 소매에 집어넣어 소매단 둘레를 박는다.

❸ 소매의 시접은 새발뜨기로 고정한다.

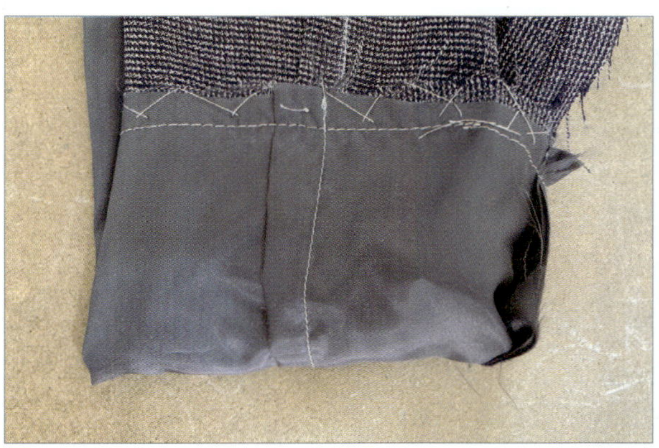

❹ 겉감과 안감의 밑단을 합봉한다. 가운데에 창구멍을 남겨 뒤집을 공간을 마련해준다.

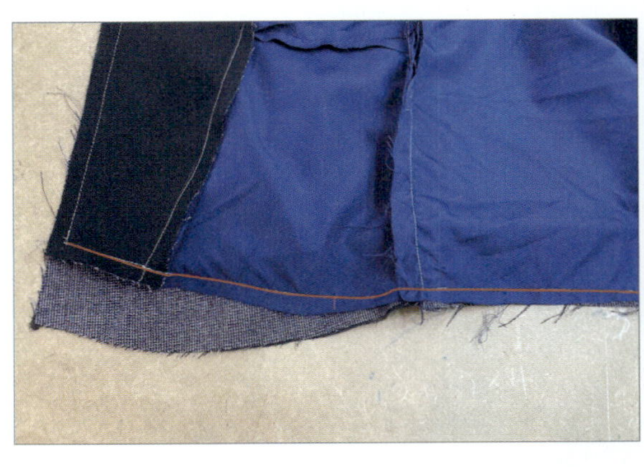 

❺ 재킷 밑단 시접을 새발뜨기로 고정한다. 새발뜨기할 때 창구멍을 막지 않도록 주의한다.

❻ 시접을 정리하고 창구멍으로 뒤집는다.

❼ 앞여밈과 목둘레를 따라 장식스티치한다.

(8) 단추 달기와 끝손질

❶ 허리 절개선을 이용한 단춧구멍 위치에 안단을 조금 잘라 시접을 안으로 접어 주변을 공그르기하여 단춧구멍 처리한다.

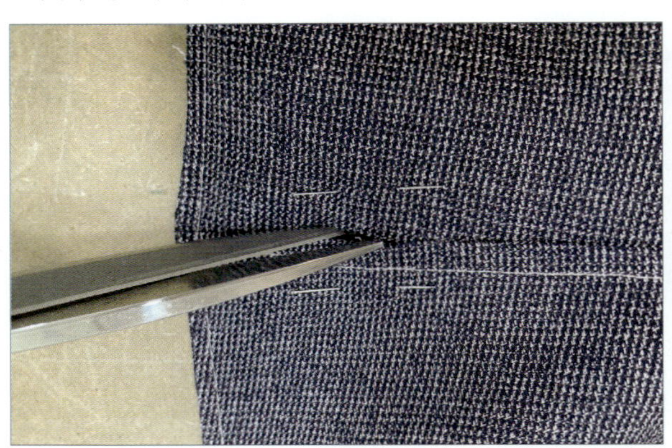

❷ 밑단의 창구멍을 공그르기한다.

❸ 옷태를 살려 다림질한다.

❹ 단추 위치에 단추를 달고 마무리한다.

완성

숄칼라 재킷

봉제 시 유의사항 (5개 이상)	원 부자재 소요량			
	원 부자재	규격	소요량	단위
1. 숄칼라 안단의 중심은 골선으로 제작한다.	원단	150cm	2	마
2. 안단은 앞판에만 넣는다.	안감	110cm	1.5	마
3. 안감은 몸판과 소매에만 제작하고 페플럼 부분엔 안감을 넣지 않는다.	심지	110cm	1	마
4. 밑단 처리는 안감으로 바이어스 하여 공그르기한다.	봉사	40s/2합	1	콘
5. 앞여밈은 걸고리를 달고 21mm 단추를 좌우에 하나씩 장식으로 달아준다.	단추	21cm	2	개
6. 소매에 10mm 장식단추를 달아준다.	단추	15cm	2	개
	식서테이프	10mm	3	마

※ 작업지시서는 각 회차 시험의 지시사항에 맞게 작성하세요.

시험시간	6시간 30분 정도
요구사항	지급된 재료로 디자인과 같이 숄칼라 재킷을 제작하시오. 가. 제시된 디자인과 동일한 작품을 적용치수에 맞게 제도, 재단하여 의복을 제작하시오. 　(지급받은 원단의 겉면과 안면 (표면과 이면)은 수험자가 판단하여 작업하시오.) 나. 제시된 디자인과 동일한 패턴 2부를 제도하여 1부는 재단에 사용하고, 다른 1부는 제작한 작품과 함께 채점 　용으로 제출하시오. 　(제출용 패턴제도에는 기초선과 제도에 필요한 부호, 약자를 표시하며 패턴지는 자르지 않고 제출합니다.) 다. 패턴제도와 재단 시 먹지, 룰렛과 칼은 사용하지 마시오. 라. 완성치수는 문제에 제시된 치수로 제작하고 제시되지 않은 치수는 디자인에 맞게 제작하시오. **가슴둘레** : 94cm, **허리둘레** : 72cm, **엉덩이둘레** : 94cm, **앞너비** : 32cm, **앞길이** : 40.5cm, **유장** : 25cm, **등너비** : 33cm, **등길이** : 38cm, **상의길이** : 58cm, **어깨너비** : 37cm, **소매길이** : 57cm, **소매밑단둘레** : 24cm
지시사항	앞 여밈분 없게 제작하시오. 숄칼라 안단의 중심은 골로 제작하시오. 안단은 앞판에만 넣고 안감은 몸판과 소매에만 제작하시오. (페플럼 부분엔 안감 없이 제작) 밑단 처리는 안감으로 바이어스 하여 공그르기하시오. 앞여밈은 걸고리를 달고 장식단추를 좌우에 다시오.
도면	

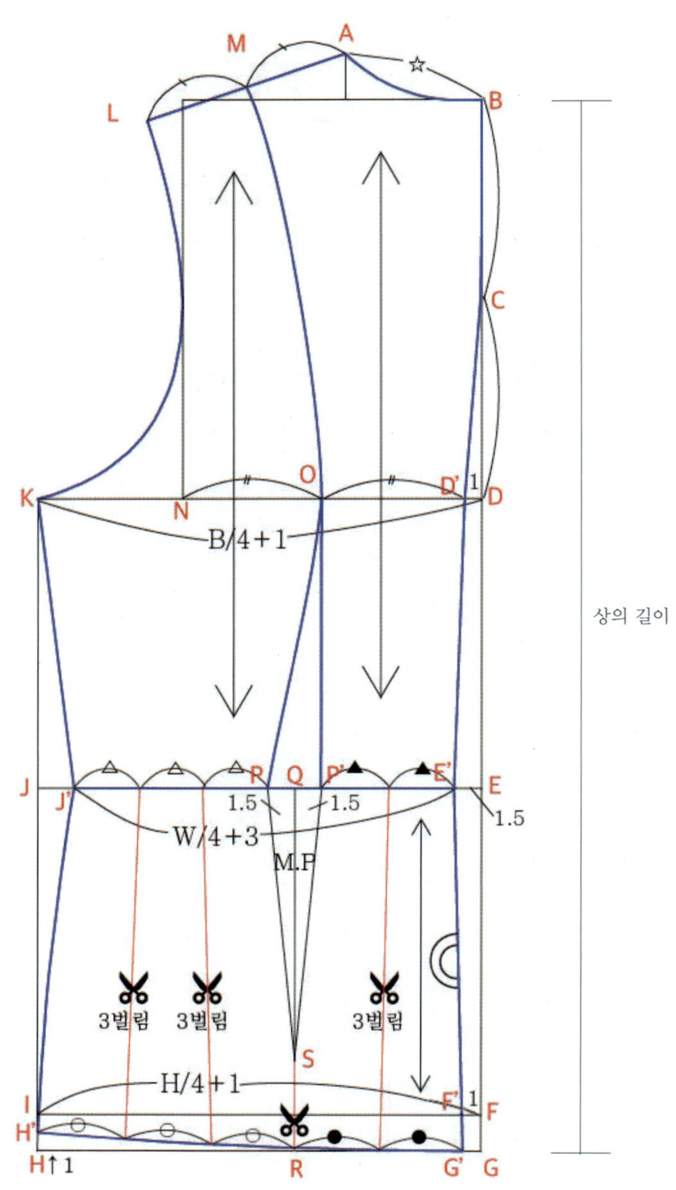

(1) 뒤판 제도

❶ 상의 원형 뒤판을 제도한다. 가슴둘레선의 너비는 B/4+1로 적용한다.

❷ 상의 길이만큼 뒤 중심선을 연장하고 밑단선을 그린다.

❸ 선 F-I : 허리선에서 엉덩이 길이만큼 아래로 평행이동한 선을 그려서 엉덩이선을 설정한다.

　(선 F-I의 길이는 H/4+1)

〈뒤 중심 라인 제도〉

❹ E′ : E에서 1.5cm 안쪽으로 이동한 점

❺ D′ : D에서 1cm 안쪽으로 이동한 점

❻ C : B–D의 이등분점

❼ F′, G′ : F와 G에서 각각 안으로 1cm 들어간 점

❽ 선 C–D′–E′–F′–G′를 부드러운 곡선으로 그린다.

〈옆선 제도〉

❾ J′ : E′에서 W/4+3 떨어진 위치의 J′점을 구한다.

❿ K–J′–I–H를 자연스럽게 연결하여 패턴의 옆선을 정리한다.

〈어깨 프린세스라인, 허리다트 제도〉

⓫ O : N–D′를 이등분한 점

⓬ P : J′–E′를 이등분한 점

⓭ P′ : P에서 뒤중심 쪽으로 3cm 이동한 점.

⓮ Q : P–P′의 이등분점.

⓯ R : Q에서 수직선을 내려그어 밑단선과 만나는 점.

⓰ S : Q–R 선상에서 엉덩이둘레선 위로 3cm인 지점

⓱ M : A–L (어깨선)의 길이를 이등분한 점

⓲ M–O–P와 M–O–P′가 부드럽게 연결될 수 있도록 곡선을 제도한다.

⓳ P–S와 P′–S를 연결하여 S를 다트 끝점으로 하는 허리 다트를 그린다.

〈페플럼 제도〉

⓴ H′ : H에서 옆선을 따라 위로 1cm 올린 점.

㉑ H′를 옆선의 끝이 되게끔 밑단선을 다시 그려준다.

㉒ J′–P의 삼등분점을 찾고, H′–R의 삼등분점을 찾아 서로 대응하는 점끼리 연결한다. (절개선)

㉓ P′–E′의 이등분점을 찾고, R–G의 이등분점을 찾아 이등분점 끼리 연결한다. (절개선)

㉔ 절개선에 가위표시를 한다.

㉕ 다트는 M.P 처리하고 패턴부호와 약자를 적어 넣는다.

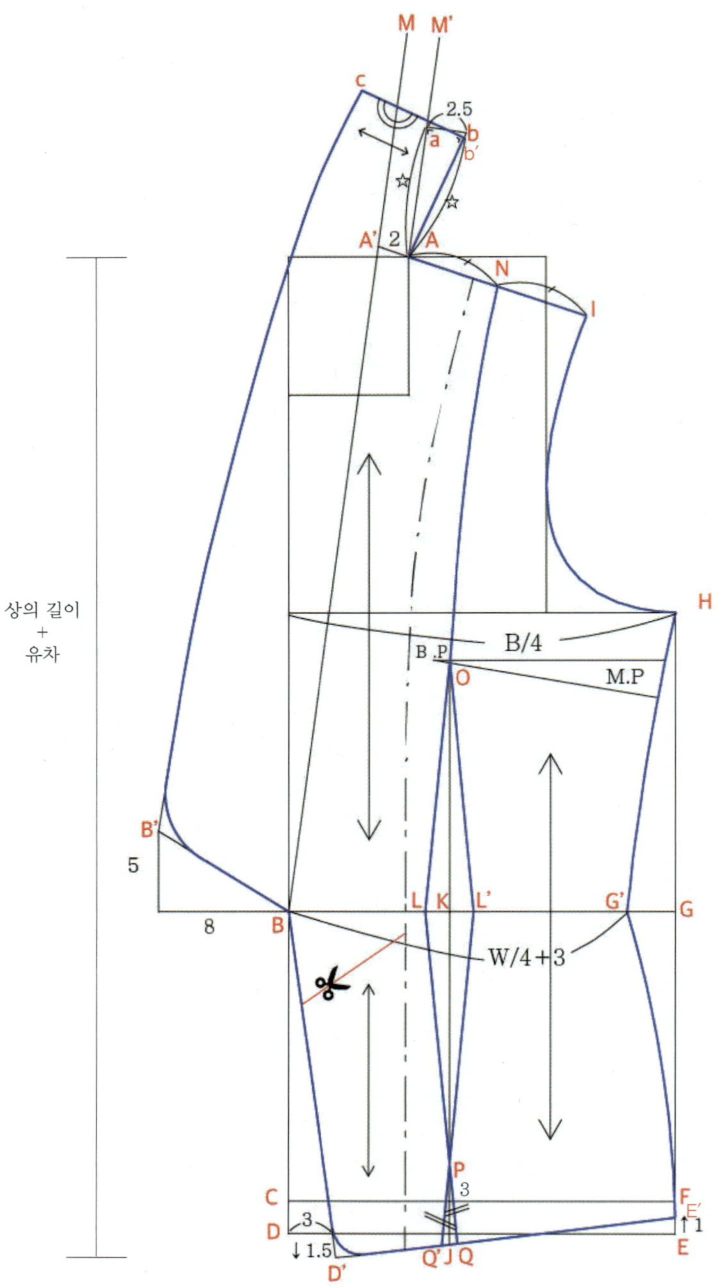

(2) 앞판 제도

❶ 상의 원형 앞판을 제도한다. 가슴둘레선의 너비는 B/4로 적용한다.

❷ 상의 길이 + 유차에 맞춰 앞판 중심선을 연장하고 밑단선을 그린다.

❸ C-F : 허리선에서 엉덩이 길이만큼 아래로 평행이동한 선을 그려서 엉덩이선을 설정한다.

〈옆선 제도〉

❹ G′ : B에서 W/4+3 떨어진 위치의 G′점을 구한다.

❺ H-G′-E를 자연스럽게 연결하여 패턴의 옆선을 정리한다.

❻ A′ : I-A를 연장한 선을 그리고 그린 선을 따라 A 점에서 앞중심 쪽으로 2cm 이동한 점.

❼ B-M : B에서 시작하여 A′점을 지나는 직선을 길게 연장하여 그린다. (칼라 꺾임선의 제도)

❽ A-M′ : 칼라 꺾임선과 평행한 선을 A점에서 그린다.

❾ a : A-M′ 선상에 있으며, A로부터 ☆ (뒷목/2)만큼 떨어진 위치의 점.

❿ b : a-A와 수직이며 a에서 어깨쪽으로 2.5cm 떨어진 점.

⓫ b′ : A-b 선상에 있으면서 A로부터 ☆ (뒷목/2)만큼 떨어진 위치의 점.

⓬ b′-c : A-b′와 수직하며 길이 7cm인 선을 그린다.

⓭ B′ : B에서 앞중심의 바깥 방향으로 8cm, 위로 5cm 떨어진 점.

⓮ B-B′의 연결

⓯ c-B′를 부드러운 곡선으로 연결하며, c점 부근에서는 c-B′와 c-b와의 각도가 직각에 가깝도록 그려준다.

⓰ B′의 모서리를 둥글린다.

〈앞, 밑단선 수정〉

⓱ D′ : D에서 안쪽으로 3cm 이동 후 다시 1.5cm 아래로 이동한 점.

⓲ E′ : E에서 옆선을 따라 위쪽으로 1cm 이동한 점.

⓳ D′와 E′를 완만한 곡선으로 연결한다.

⓴ D′의 모서리를 둥글려준다.

〈어깨 프린세스라인과 허리다트 제도〉

㉑ N : A-I의 이등분점.

㉒ O : B.P에서 옆선 쪽으로 1cm 이동한 점.

㉓ O-J : O에서 밑단까지 내려오는 수직선.

㉔ K : O-J와 B-G (허리선) 의 교차점.

㉕ L, L′ : K에서 좌우로 각각 1.5cm만큼 떨어진 점. (다트 분량 3cm이기 때문)

㉖ P : O-J 선상에 있으면서 엉덩이둘레선(C-F) 위쪽으로 3cm 지점에 위치한 점.

㉗ N-O-L과 N-O-L′가 부드럽게 연결될 수 있도록 곡선을 제도한다.

㉘ L-P와 L′-P를 연결하여 P를 다트 끝점으로 하는 허리 다트를 그린다.

㉙ P-Q : L-P를 밑단까지 연장하는 선.

㉚ P-Q′ : L′-P를 밑단까지 연장하는 선.

㉛ Q′-P- Q 사이에 교차표시를 한다.

㉜ 안단을 제도한다.

㉝ 다트는 M.P 처리하고 패턴부호와 약자를 그려 넣는다.

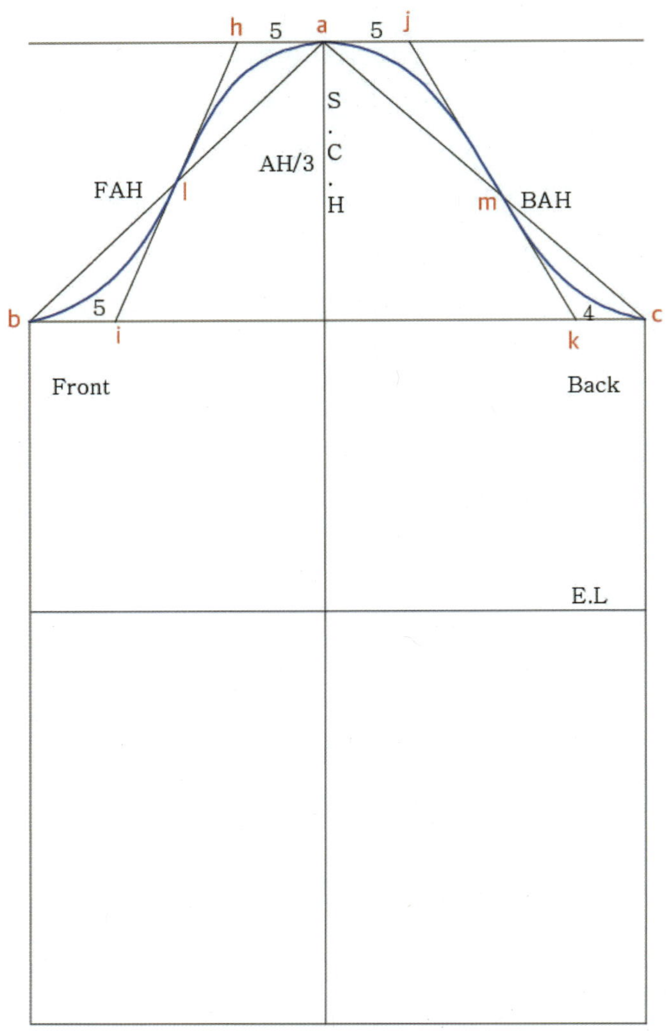

(3) 소매 제도

❶ 소매 원형의 기초선을 그린다.

❷ 선 h-i, 선 j-k를 그린다.

❸ a-l과 l-b가 부드럽게 연결될 수 있도록 곡선을 그린다.

❹ a-m m-c가 부드럽게 연결될 수 있도록 곡선을 그린다.

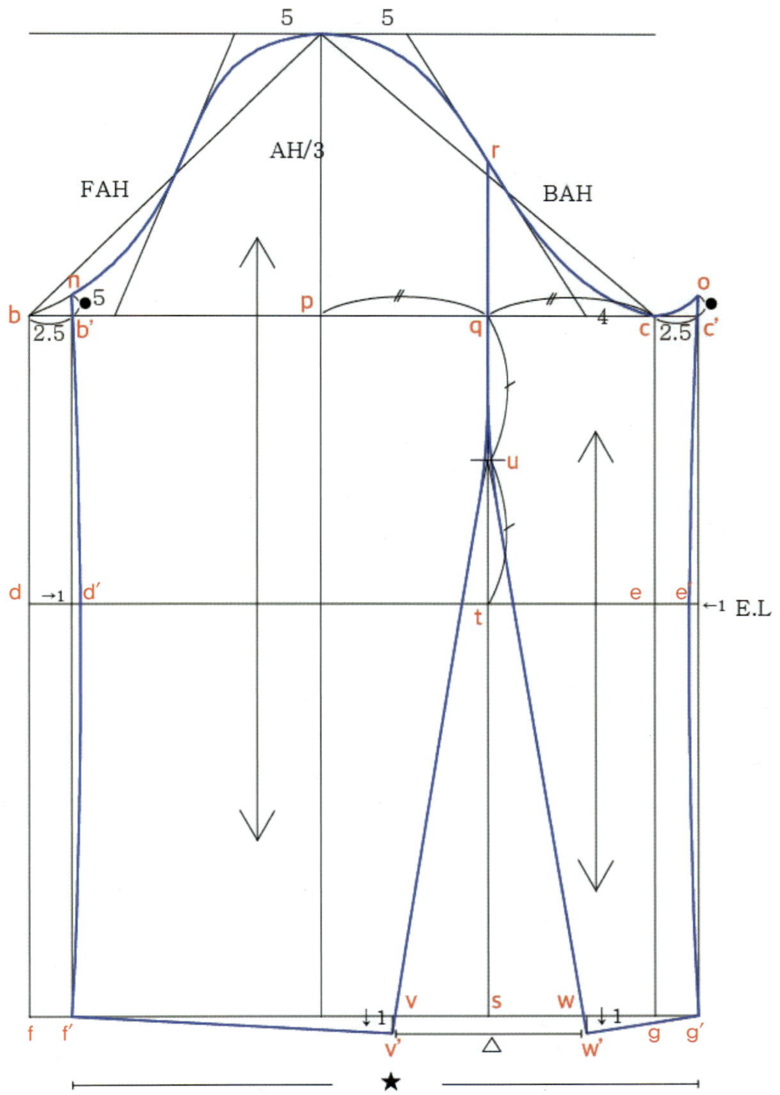

〈두장소매의 제도〉

❺ b′-f′ : b-f를 2.5cm 안으로 수평이동한 선.

❻ c′-g′ : c-g를 2.5cm 바깥으로 수평이동한 선.

❼ n : b′에서 위로 수직선을 그어 진동둘레선과 만나는 점.

❽ o : n-b′의 길이만큼 c′에서 위로 올린 점.

❾ c-o 곡선을 자연스럽게 그린다.

❿ q : p-c의 이등분점.

⓫ r : q에서 위로 수직선을 그어 진동둘레선과 만나는 점.

⓬ t : q에서 아래로 수직선을 그어 팔꿈치선(d-e)과 만나는 점.

⓭ s : q에서 아래로 수직선을 그어 밑단선(f-g)과 만나는 점.

⓮ f′-g′의 길이 = ★, ★-소매밑단둘레 = △

⓯ v, w : s 점에서 각각 △/2 만큼 좌우로 나간 점.

⑯ v′, w′ : v, w에서 아래로 1cm 아래로 내린 점.

⑰ u : q−t를 이등분한 점.

⑱ v′와 u를 연결한다.

⑲ w′와 u를 연결한다.

⑳ u 지점의 각진 곳을 부드럽게 굴려준다.

㉑ d′에서 1cm 안으로 들어간 지점과 n, f′를 자연스럽게 연결한다.

㉒ e′에서 1cm 안으로 들어간 지점과 o, g′를 자연스럽게 연결한다.

㉓ 패턴부호와 약자를 그려 넣는다.

2　패턴의 배치와 시접

(1) 겉감

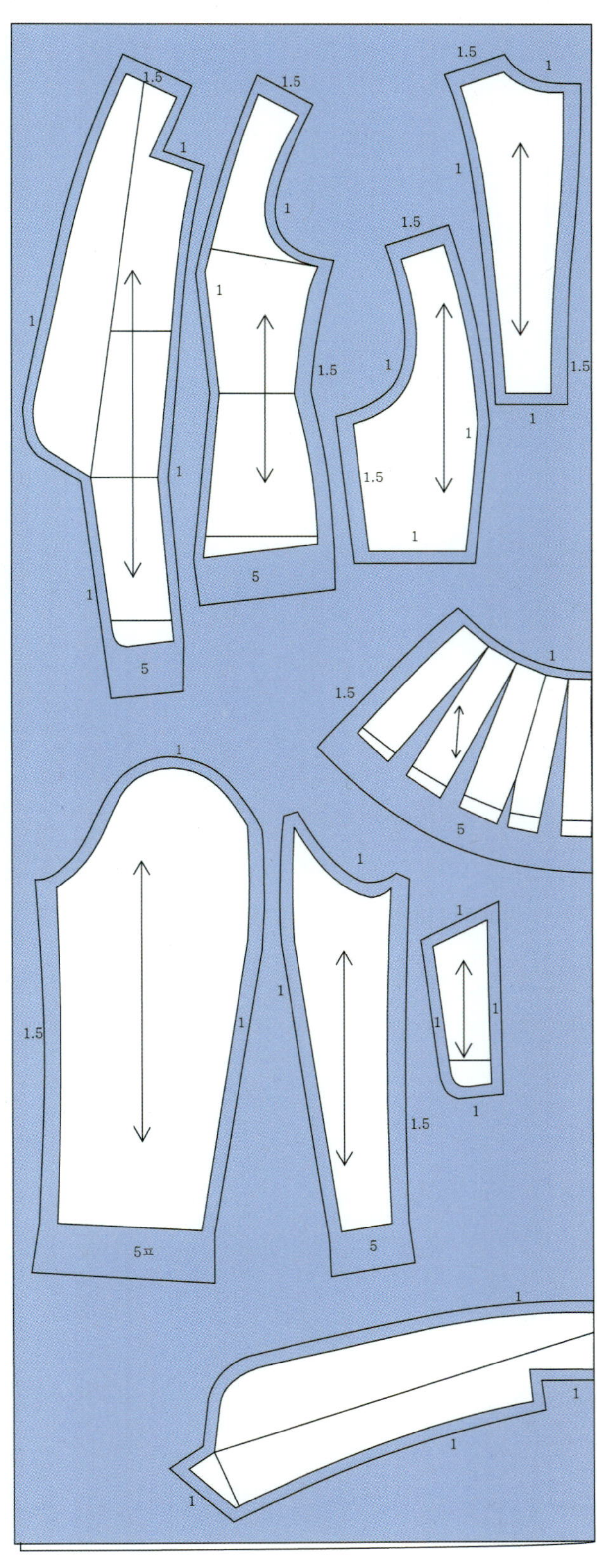

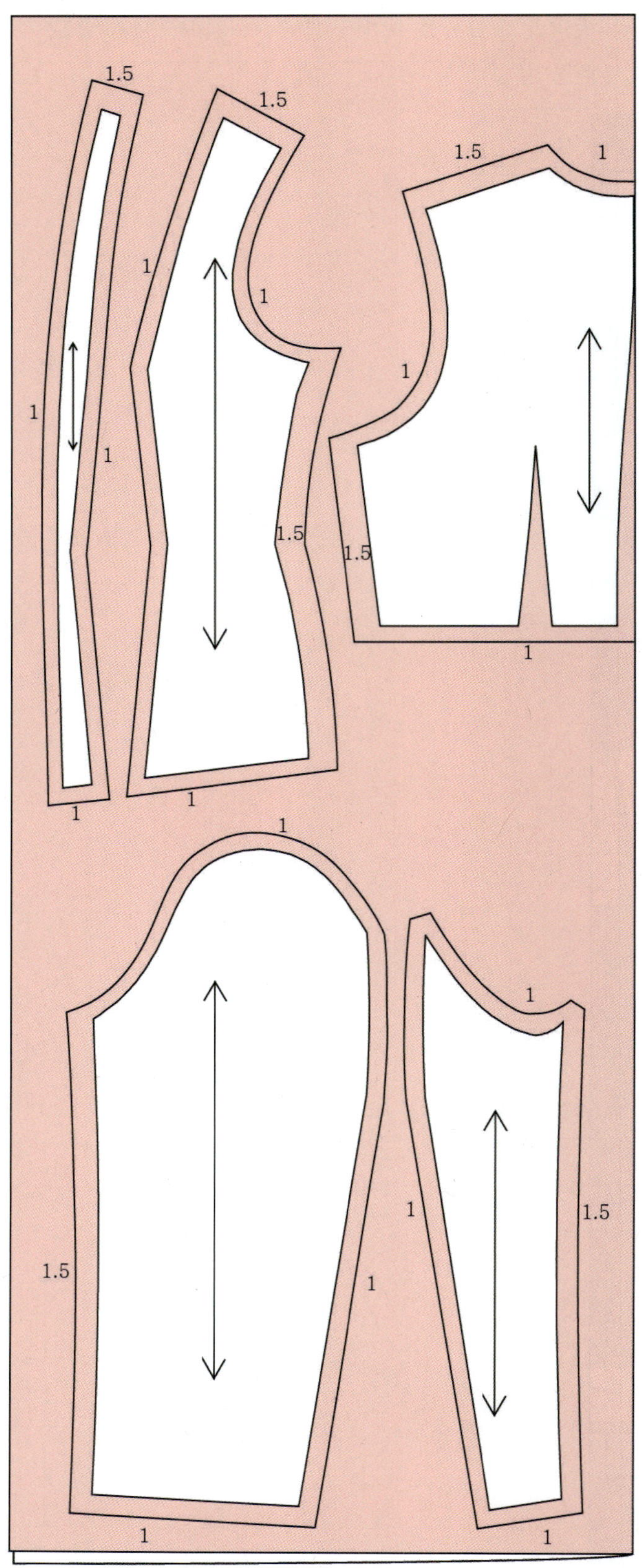
110폭

(3) 심지 부착과 테이핑

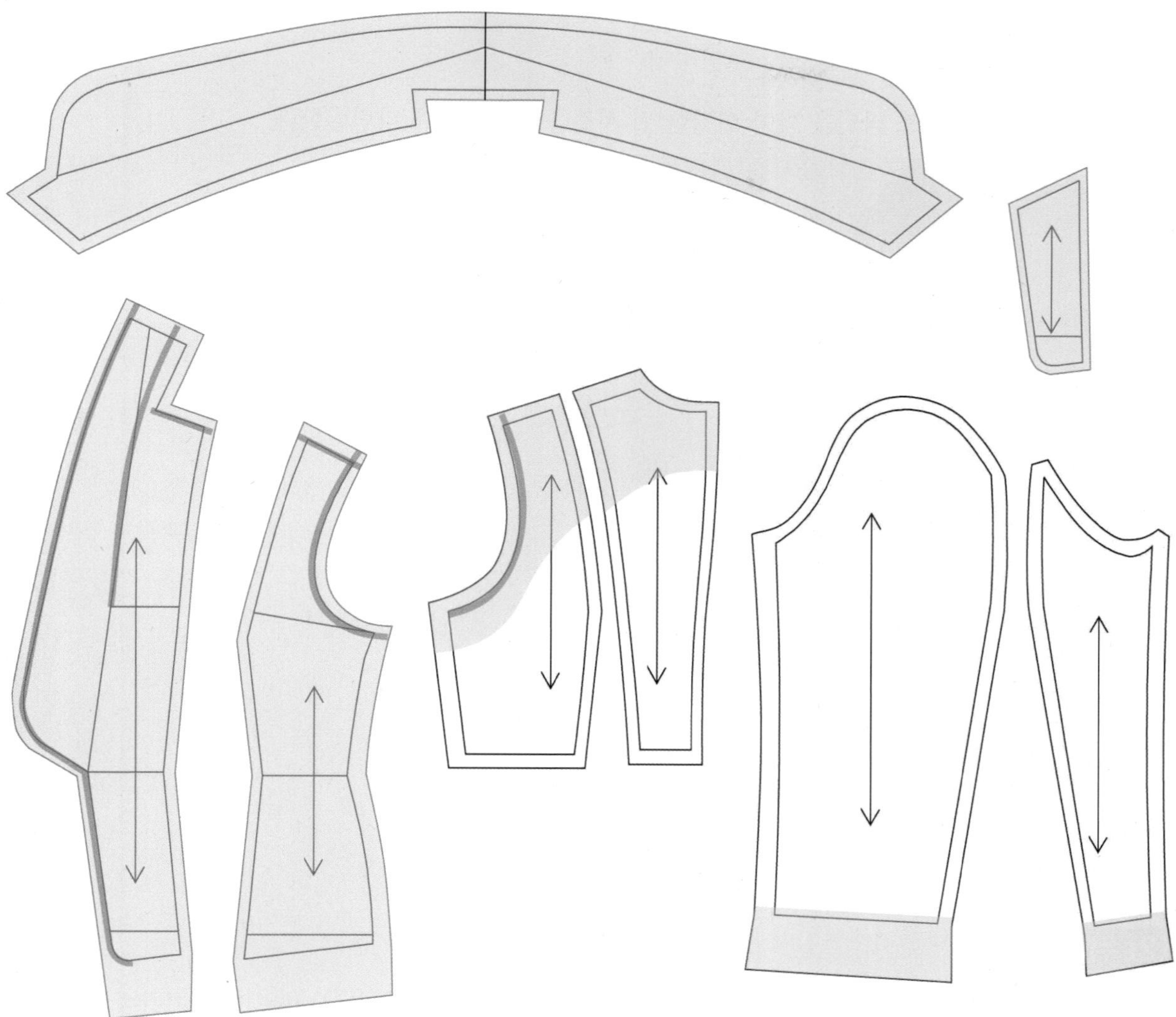

3　봉제

(1) 앞판 제작

❶ 앞판의 숄더 프린세스 라인을 박아 연결한 뒤 시접을 가름솔하여 다림질한다.

(2) 뒤판 제작

❶ (뒤판 위쪽 제작) 뒤 중심을 연결하고 숄더 프린세스라인을 연결한다. 시접을 모두 가름솔하여 다림질한다.

❷ 연결된 뒤판 윗부분에 페플럼을 연결하여 박는다. 시접을 위로 넘겨 다림질한다.

(3) 앞판과 뒤판의 연결

❶ 앞판과 뒤판의 어깨선과 옆선을 박고 시접을 가름솔하여 다림질한다.

❷ 칼라 중심을 박고 시접을 갈라 다림질한다.

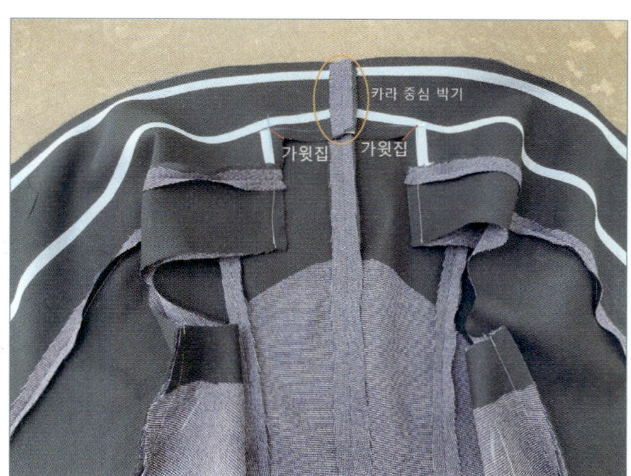

❸ 칼라와 뒷목선을 박아 연결한다. 이때 칼라에 ㄱ자로 꺾인 시접 부분에 가위집을 내어 박는다.

(4) 소매 제작

❶ 소매 뒷선을 봉제하여 큰소매와 작은 소매를 연결한다. 시접을 갈라 다림질한다.

❷ 소매의 옆선을 박고 시접을 갈라서 다림질한다.

❸ 소매 밑단을 완성선에 맞춰 접어 다림질한다.

(5) 몸판과 소매의 연결

❶ 소매산의 시접에 0.3cm 간격으로 박음질하고, 실을 길게 빼둔다. (땀길이 5, 되돌아 박기하지 않음)

❷ 밑실을 잡아당겨 소매에 이즈를 잡는다.

❸ 몸판의 진동둘레에 소매를 잘 맞춰 완성선을 박음질한다.

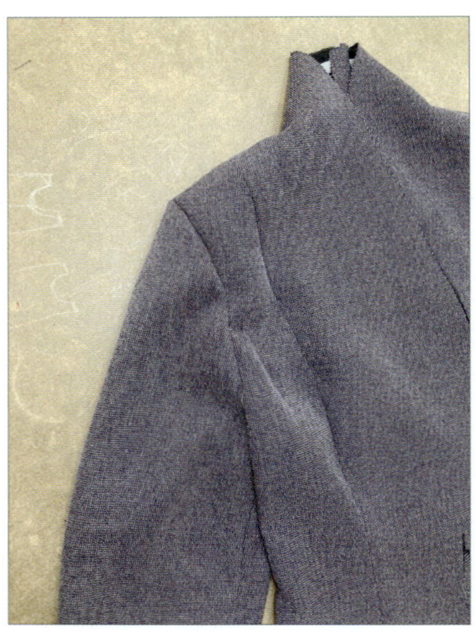

(6) 안감 제작

❶ 안단: 앞 안단의 아래쪽 절개선을 박아 연결한다.

❷ 앞판: 안감의 절개(프린세스라인) 부분을 연결하고 안감과 안단을 연결한다.

❸ 안감과 안단을 연결할 때 밑에서 5cm 정도는 박지 않는다.

❹ 뒤판: 중심선과 다트를 박는다. 뒤 안감 밑단 시접 끝을 안으로 접어 박는다.

❺ 소매: 소매 뒷선과 옆선을 박고 소매산을 오그려놓는다. (이즈 처리)

❻ 앞판과 뒤판의 어깨와 옆선을 박아 연결한다.

❼ 앞 안단의 칼라와 뒷목을 연결한다.

❽ 몸판 진동둘레에 소매를 맞춰 박는다.

(7) 겉감과 안감 합봉

❶ 겉감과 안감을 겉끼리 마주 대고 앞 중심선과 안단의 완성선을 박는다.

❷ 겉감과 안감의 어깨부터 소매까지 겹쳐놓은 상태에서 겉감 소매를 안감 소매에 집어넣어 소매단 둘레를 박는다.

❸ 소매의 시접은 새발뜨기로 고정한다.

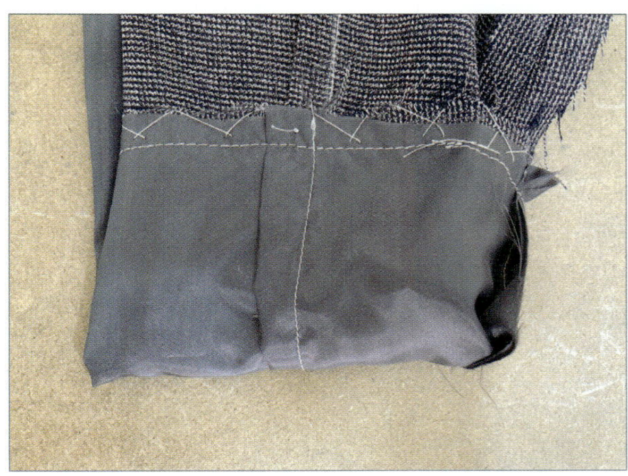

❹ 페플럼의 시접 끝부분에 5번땀으로 박아 밑실을 잡아당겨 시접을 오그린다.

❺ 재킷의 밑단 완성선에 맞춰 전체적으로 다림질한다.

❻ 재킷 밑단은 바이어스 처리 후 공그르기한다.

❼ 시접을 정리하고 뒤집어 재킷 모양을 잡으며 다림질한다.

❽ 앞 안감의 밑단시접을 겉감에서 2cm 위로 올라온 지점에 맞춰 말아박기한다.

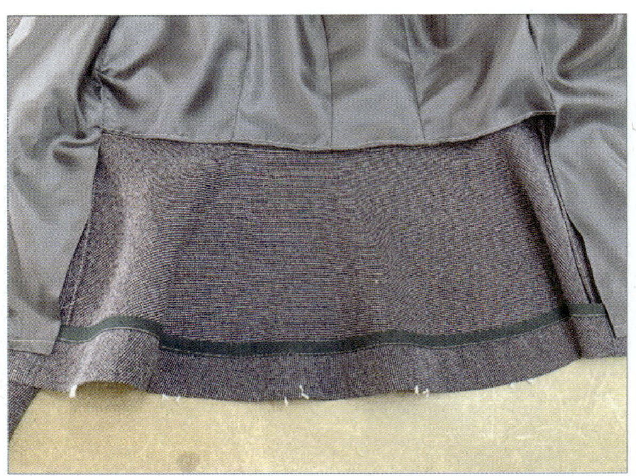

(8) 단추 달기와 끝손질

❶ 옆선에 실고리를 하여 겉감과 안감을 고정한다.

❷ 몸판과 소매에 단추를 단다.

❸ 앞 중심에 걸고리를 단다.

완성

피크드칼라 재킷

작업지시서

봉제 시 유의사항 (5개 이상)	원 부자재 소요량			

봉제 시 유의사항 (5개 이상)

1. 안단은 앞판에만 처리하고 안감은 몸판에만 넣는다.
2. 단춧구멍은 입술단춧구멍으로 제작한다.
3. 주머니는 플랩포켓을 장식으로 단다.
4. 소매는 두장 소매로 트임 없이 제작하시오.
5. 소매 옆선 시접은 끝접어 박아 가름솔 하시오.
6. 소매단은 안감으로 바이어스 처리 후 공그르기한다.
7. 소매 암홀 겉감 시접은 안감으로 바이어스 처리하고, 안감의
   암홀시접은 끝을 말아 박음 처리해준다.
8. 겉감 밑단은 바이어스 처리 후 공그르기한다.

원 부자재 소요량

원 부자재	규격	소요량	단위
원단	150cm	1.7	마
안감	110cm	1.5	마
심지	110cm	1	마
봉사	40s/2합	1	콘
단추	21cm	1	개
단추	15cm	2	개
식서테이프	10mm	3	마

※ 작업지시서는 각 회차 시험의 지시사항에 맞게 작성하세요.

시험시간	6시간 30분 정도
요구사항	지급된 재료로 디자인과 같이 피크드칼라 재킷을 제작하시오. 가. 제시된 디자인과 동일한 작품을 적용치수에 맞게 제도, 재단하여 의복을 제작하시오. 　　(지급받은 원단의 겉면과 안면 (표면과 이면)은 수험자가 판단하여 작업하시오.) 나. 제시된 디자인과 동일한 패턴 2부를 제도하여 1부는 재단에 사용하고, 다른 1부는 제작한 작품과 함께 채점 　　용으로 제출하시오. 　　(제출용 패턴제도에는 기초선과 제도에 필요한 부호, 약자를 표시하며 패턴지는 자르지 않고 제출합니다.) 다. 패턴제도와 재단 시 먹지, 룰렛과 칼은 사용하지 마시오. 라. 완성치수는 문제에 제시된 치수로 제작하고 제시되지 않은 치수는 디자인에 맞게 제작하시오. **가슴둘레** : 96cm, **허리둘레** : 72cm, **엉덩이둘레** : 92cm, **앞너비** : 32cm, **앞길이** : 40.5cm, **유장** : 25cm, **등너비** : 33cm, **등길이** : 38cm, **상의길이** : 58cm, **어깨너비** : 37cm, **소매길이** : 57cm, **소매밑단둘레** : 24cm
지시사항	안단은 앞판에만 처리하고 안감은 몸판에만 하시오. 단춧구멍은 입술단춧구멍 (2.5cm)으로 제작하시오. 주머니는 플랩포켓을 장식으로 다시오. 소매는 두 장 소매로 트임 없이 제작하시오. 소매 옆선 시접은 끝접어 박아 가름솔 하시오. 소매단은 안감으로 바이어스 처리 후 공그르기하시오. 소매 암홀 겉감 시접은 안감으로 바이어스 처리하고, 안감의 암홀시접은 끝을 말아박음 처리하시오. 겉감 밑단은 바이어스 처리 후 공그르기하시오.
도면	

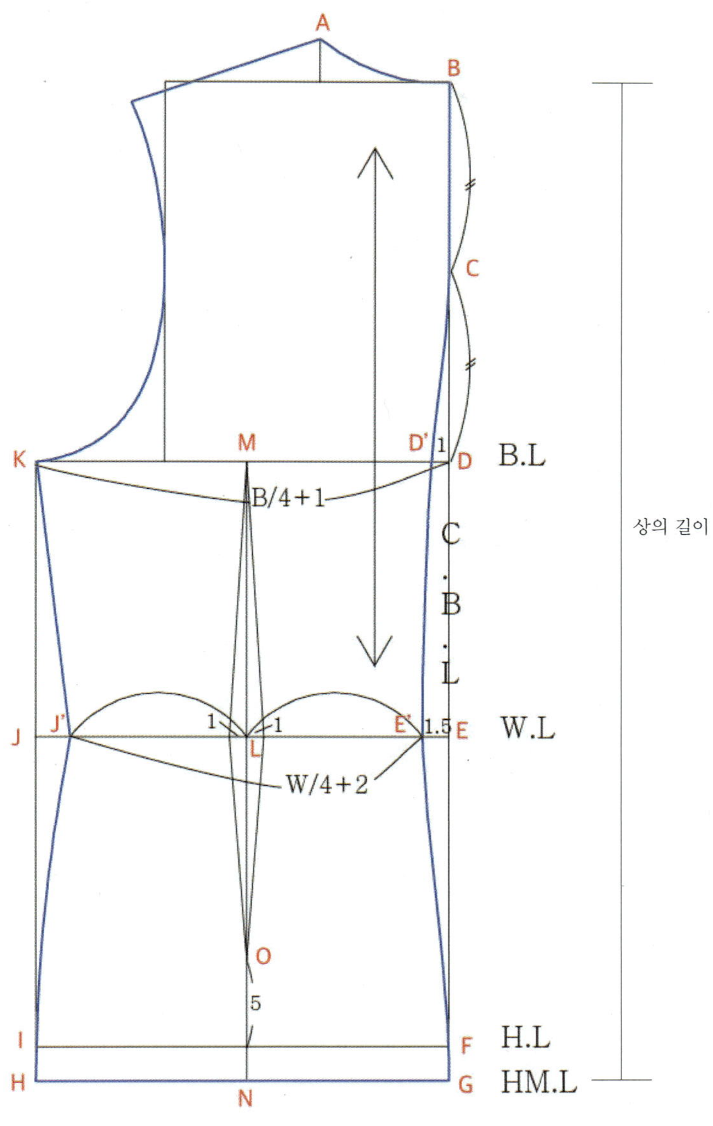

(1) 뒤판 제도

❶ 상의 원형 뒤판을 제도한다. 가슴둘레선의 너비는 B/4+1로 적용한다.

❷ 상의 길이만큼 뒤 중심선을 연장하고 밑단선을 그린다.

❸ 선 F–I : 허리선에서 엉덩이 길이만큼 아래로 평행이동한 선을 그려서 엉덩이선을 설정한다.

〈뒤 중심 라인 제도〉

❹ E′ : E에서 1.5cm 안쪽으로 이동한 점

❺ D′ : D에서 1cm 안쪽으로 이동한 점

❻ C : B–D의 이등분점

❼ 선 C–D′–E′–F–G를 부드러운 곡선으로 그린다.

〈옆선 제도〉

❽ J′ : E′에서 W/4+2 떨어진 위치의 J′점을 구한다.

❾ K–J′–I–H를 자연스럽게 연결하여 패턴의 옆선을 정리한다.

〈허리다트 제도〉

❿ L : J′–E′를 이등분한 점

⓫ M–N(다트 중심선) : L에서 위로 선을 그어 가슴둘레선까지 긋고, L에서 아래로 선을 그어 밑단선까지 연결한다.

⓬ O : L–N 선상에서 엉덩이둘레선 위로 5cm인 지점

⓭ 허리다트 : 다트 양이 2cm이며 M 과 O를 다트 끝점으로 하는 양방향 다트를 그린다.

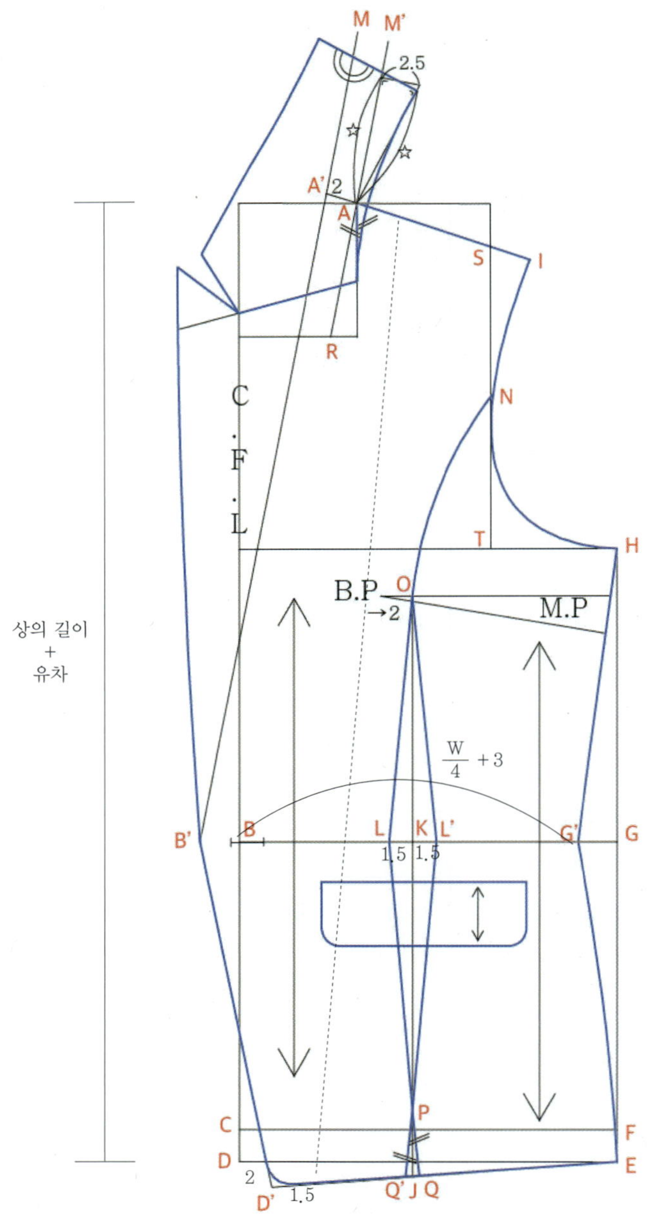

(2) 앞판 제도

❶ 상의 원형 앞판을 제도한다. 가슴둘레선의 너비는 B/4로 적용한다.

❷ 상의 길이 + 유차에 맞춰 앞판 중심선을 연장하고 밑단선을 그린다.

❸ C–F : 허리선에서 엉덩이 길이만큼 아래로 평행이동한 선을 그려서 엉덩이선을 설정한다.

〈옆선 제도〉

❹ G′ : B에서 W/4+3 떨어진 위치의 G′점을 구한다.

❺ H–G′–E를 자연스럽게 연결하여 패턴의 옆선을 정리한다.

〈앞판 패턴 확대도〉

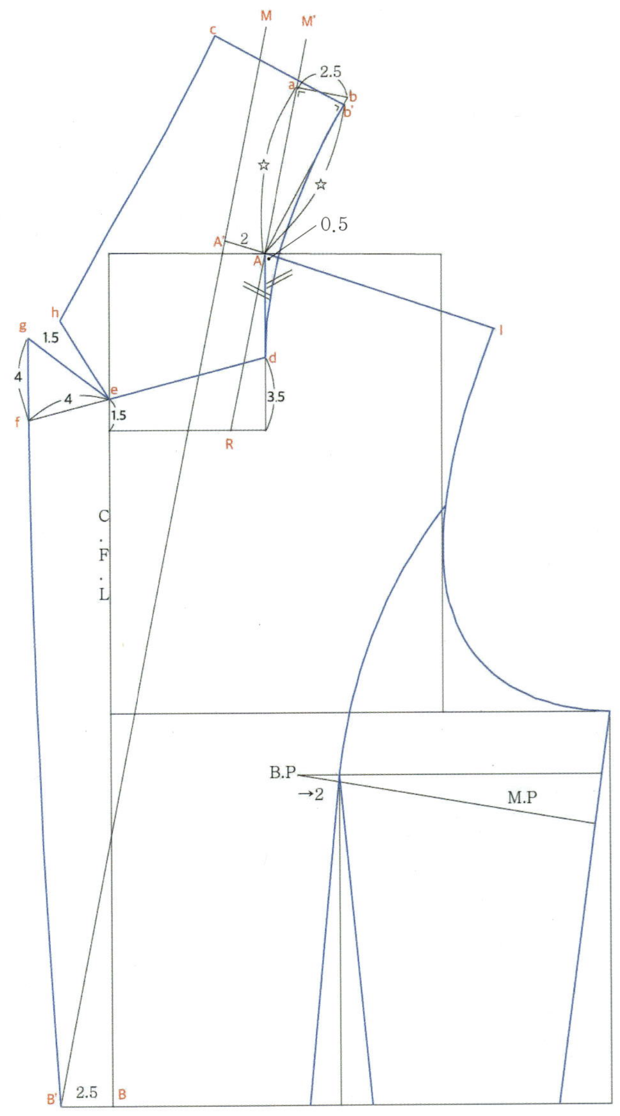

〈테일러드 칼라 제도〉

❻ A′ : I–A를 연장한 선을 그리고 그린 선을 따라 A 점에서 앞중심 쪽으로 2cm 이동한 점.

❼ B′ : B에서 앞중심의 바깥쪽으로 2.5cm 수평이동한 점.

❽ B′-M : B′에서 시작하여 A′점을 지나는 직선을 길게 연장하여 그린다. (칼라 꺾임선의 제도)

❾ R-M′ : 칼라 꺾임선(B′-M)과 평행하면서 A점을 지나는 직선

❿ a : A-M′ 선상에 있으며, A로부터 ☆ (뒷목/2)만큼 떨어진 위치의 점.

⓫ b : 선 A-M'와 수직이며 a에서 어깨쪽으로 2.5cm 떨어진 점.

⓬ b′ : A-b 선상에 있으면서 A로부터 ☆ (뒷목/2)만큼 떨어진 위치의 점.

⓭ b′-c : A-b'와 수직하며 길이 7cm인 선을 그린다.

⓮ d-e 선을 그리고 e에서 4cm 연장하여 f점을 찾는다.

⓯ g : f에서 4cm 위로 이동한 점.

⓰ h : g에서 옆으로 1.5cm 이동한 뒤 다시 위로 1cm 이동한 점.

⓱ c-h를 부드러운 곡선으로 연결한다.

⓲ h-e를 연결한다.

⓳ b-d를 부드러운 곡선으로 연결한다.

⓴ g-B′를 부드러운 곡선으로 연결하여 라펠을 제도한다.

〈앞, 밑단선 수정〉

㉑ D′ : D에서 안쪽으로 2cm 이동 후 다시 1.5cm 아래로 이동한 점.

㉒ D′와 E를 완만한 곡선으로 연결한다.

㉓ D′의 모서리를 둥글려준다.

〈암홀 프린세스라인과 허리다트 제도〉

㉔ N : S-T의 이등분점.

㉕ O : B.P에서 옆선 쪽으로 2cm 이동한 점.

㉖ O-J : O에서 밑단까지 내려오는 수직선.

㉗ K : O-J와 B-G (허리선)의 교차점.

㉘ L, L′ : K에서 좌우로 각각 1.5cm만큼 떨어진 점. (다트 분량 3cm이기 때문)

㉙ P : O-J 선상에 있으면서 엉덩이둘레선(C-F) 위쪽으로 1.5cm 지점에 위치한 점.

㉚ N-O-L과 N-O-L′가 부드럽게 연결될 수 있도록 곡선을 제도한다.

㉛ L-P와 L′-P를 연결하여 P를 다트 끝점으로 하는 허리 다트를 그린다.

㉜ P-Q : L-P를 밑단까지 연장하는 선.

㉝ P-Q′ : L′-P를 밑단까지 연장하는 선.

㉞ Q′-P- Q 사이에 교차표시를 한다.

㉟ 주머니를 제도한다.

㊱ 안단을 제도한다.

㊲ 다트는 M.P 처리하고 패턴부호와 약자를 그려 넣는다.

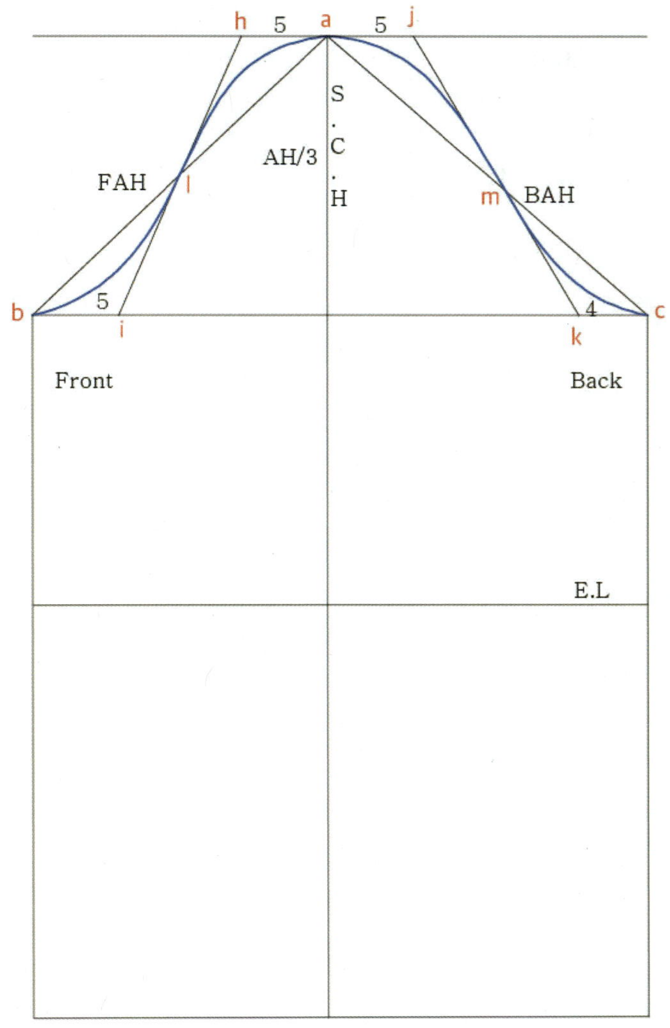

(3) 소매 제도

❶ 소매 원형의 기초선을 그린다.

❷ 선 h–i, 선 j–k를 그린다.

❸ a–l과 l–b가 부드럽게 연결될 수 있도록 곡선을 그린다.

❹ a–m, m–c 가 부드럽게 연결될 수 있도록 곡선을 그린다.

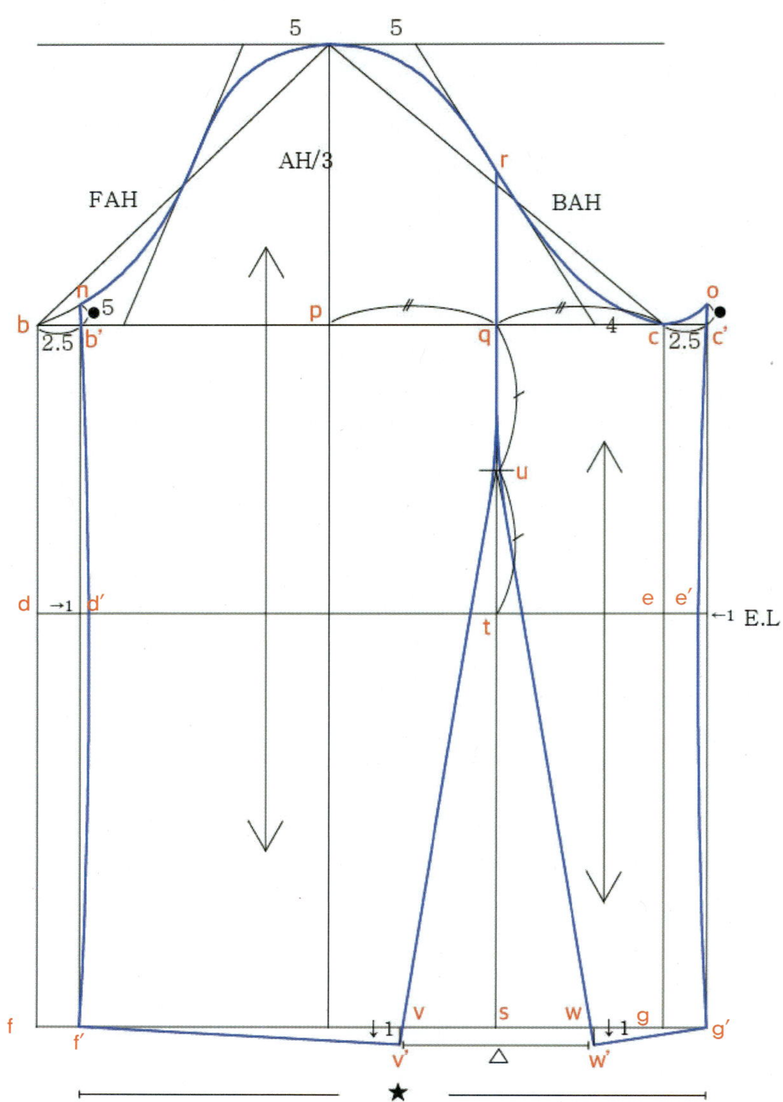

⟨두 장 소매의 제도⟩

❺ b′–f′ : b–f를 2.5 cm 안으로 수평이동한 선.

❻ c′–g′ : c–g를 2.5cm 바깥으로 수평이동한 선.

❼ n : b′에서 위로 수직선을 그어 진동둘레선과 만나는 점.

❽ o : n–b′의 길이만큼 c′에서 위로 올린 점.

❾ c–o 곡선을 자연스럽게 그린다.

❿ q : p–c의 이등분점.

⓫ r : q에서 위로 수직선을 그어 진동둘레선과 만나는 점.

⓬ t : q에서 아래로 수직선을 그어 팔꿈치선(d–e)과 만나는 점.

⓭ s: q에서 아래로 수직선을 그어 밑단선(f–g)과 만나는 점.

⓮ 선 f′–g′의 길이 = ★, ★–소매밑단둘레 = △

⓯ v, w: s 점에서 각각 △/2 만큼 좌우로 나간 점.

⑯ v′, w′ : v, w에서 아래로 1cm 아래로 내린 점.

⑰ u : q-t를 이등분한 점.

⑱ v′와 u를 연결한다.

⑲ w′와 u를 연결한다.

⑳ u 지점의 각진 곳을 부드럽게 굴려준다.

㉑ d′에서 1cm 안으로 들어간 지점과 n, f′를 자연스럽게 연결한다.

㉒ e′에서 1cm 안으로 들어간 지점과 o, g′를 자연스럽게 연결한다.

㉓ 패턴부호와 약자를 그려 넣는다.

(1) 겉감

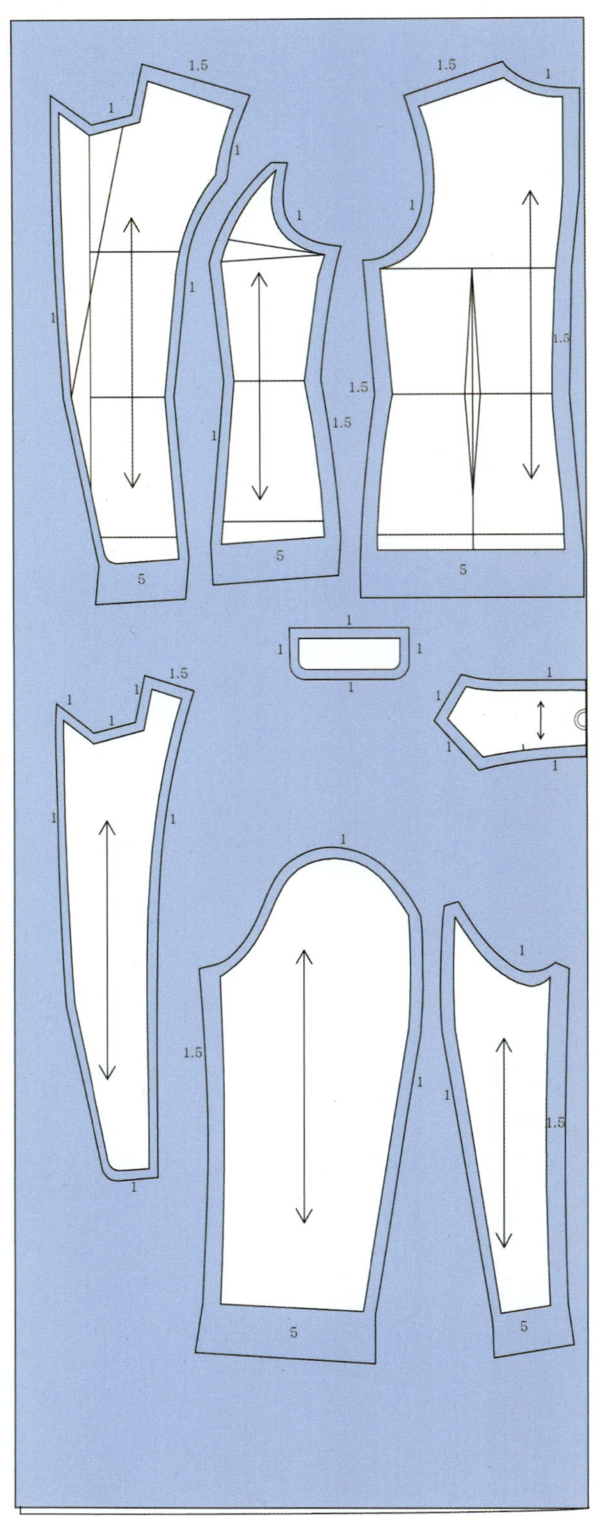

(2) 안감

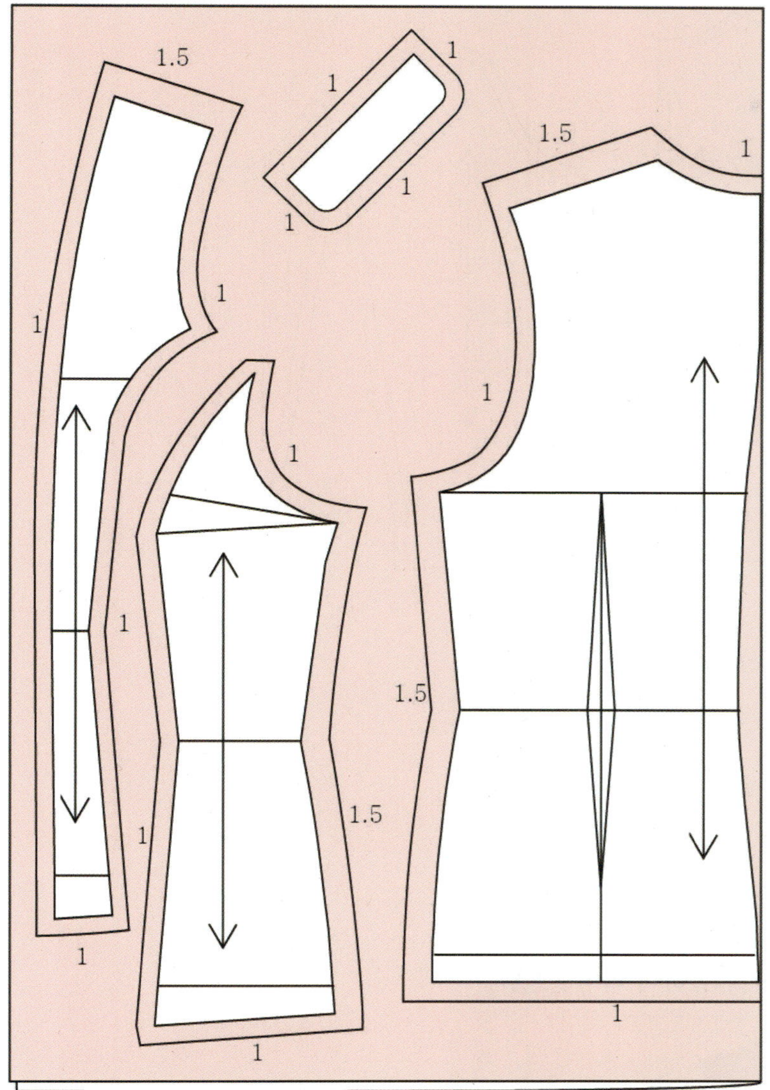

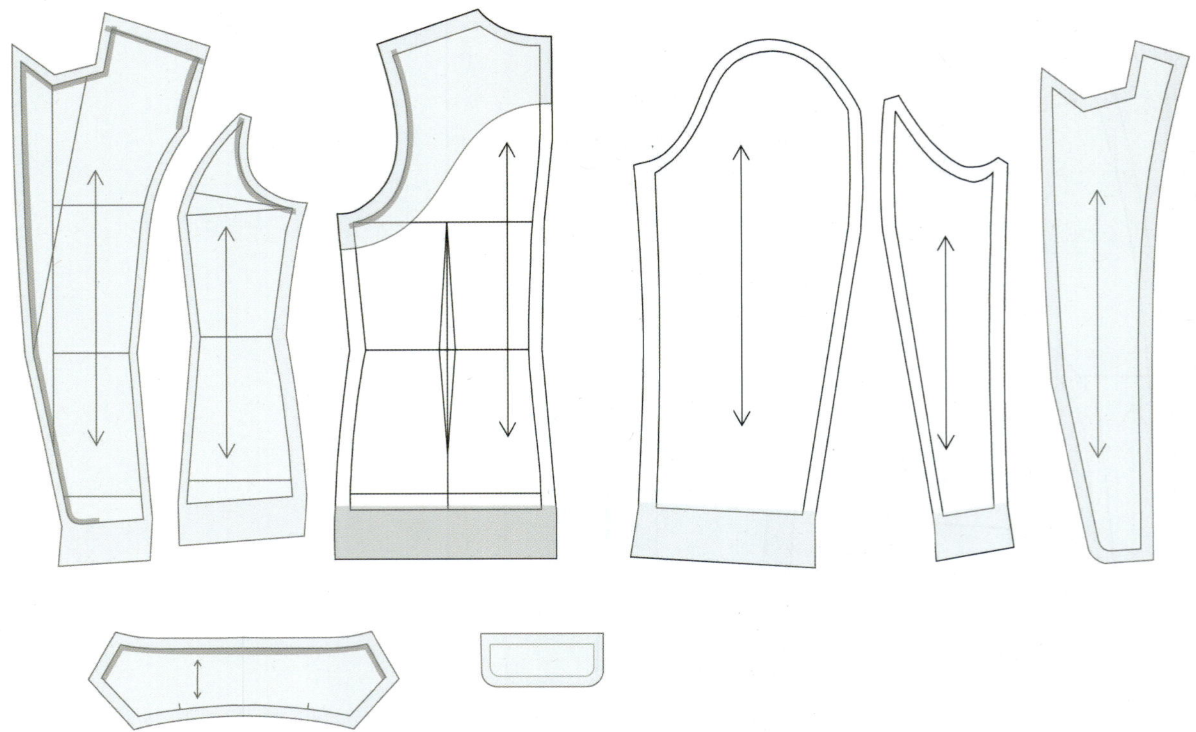

3 봉제

(1) 앞판 제작

❶ 프린세스라인을 연결하고 시접을 가름솔하여 다림질한다.

❷ 주머니 위치에 플랩포켓을 만들어 단다. (장식 플랩포켓 제작법 참고)

❸ 단춧구멍 위치에 입술 단춧구멍을 만든다. (입술 단춧구멍 제작방법 참고)

❶ 플랩감의 겉감과 안감을 겉면끼리 마주 닿게 놓고 옆면과 바닥면의 완성선을 따라 박는다.

❷ 시접정리 후 뒤집어 다림질한다.

❸ 주머니 위치에 플랩을 거꾸로 놓고 주머니 완성선을 따라 박는다.

〈입술 단춧구멍 제작방법〉

❶ 입술감을 단춧구멍 위치에 올려놓고 단춧 구멍의 크기만큼 가로로 11자를 박는다.

❷ 박음선 사이에 〉−〈 자로 절개한다.

❾ 입술감을 절개선 안쪽으로 집어넣은 뒤 원단을 접어 입술단춧구멍 모양을 만든다.

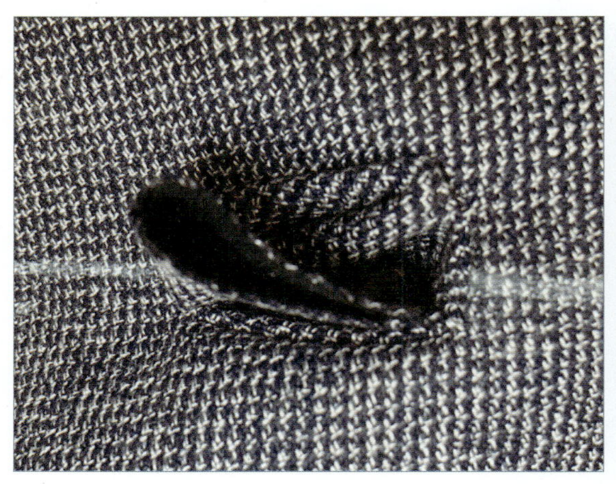

❿ 겉감을 젖혀 입술 가장자리에 생긴 삼각형 모양을 박아 고정한다.

⓫ 입술감 뒷면 시접의 가장자리를 새발뜨기로 고정한다.

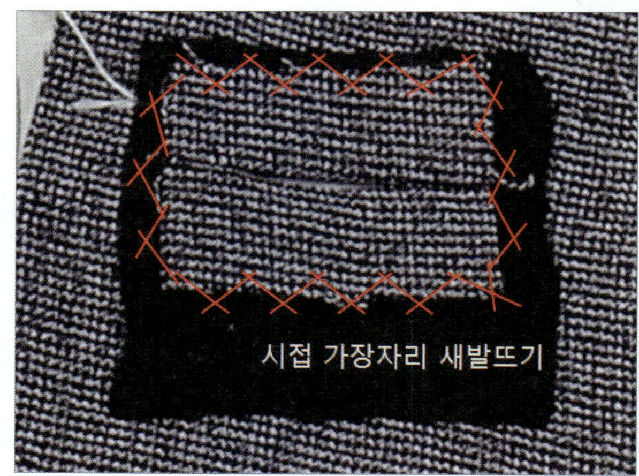

(2) 뒤판 제작

❶ 뒤 중심을 박고 가름솔하여 다림질한다.

❷ 다트를 박고 다트의 시접을 중앙 쪽으로 향하게 하여 다림질한다.

(3) 앞판과 뒤판의 연결

❶ 앞, 뒤판의 어깨선과 옆선을 박고 시접은 가름솔한다.

❷ 밑단을 완성선에 맞추어 꺾어 다림질한다.

(4) 소매 제작

❶ 소매 뒷선을 봉제하여 큰소매와 작은 소매를 연결한다. 시접을 갈라 다림질한다.

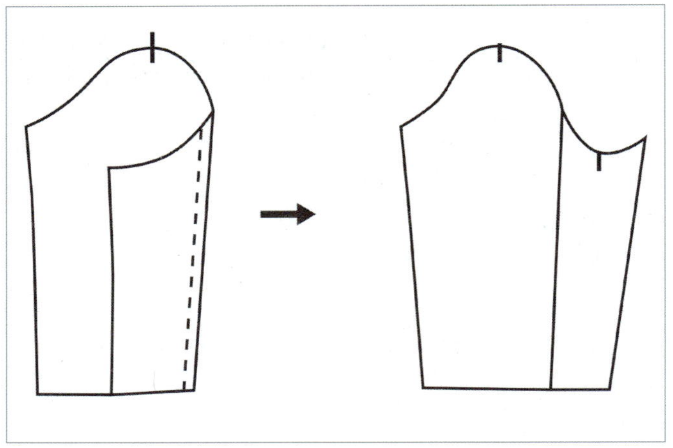

❷ 소매의 옆선을 박고 시접을 끝접어 박아 가름솔 한다.

❸ 소매 밑단을 완성선에 맞춰 접어 다림질한다.

(5) 몸판과 소매의 연결

❶ 소매산의 시접에 0.3cm 간격으로 박음질하고, 실을 길게 빼둔다. (땀 길이 5, 되돌아 박기 하지 않음)

❷ 밑실을 잡아당겨 소매에 이즈를 잡는다.

❸ 몸판의 진동둘레에 소매를 잘 맞춰 완성선을 박음질한다.

❹ 진동둘레의 시접은 안감으로 바이어스를 만들어 바이어스로 시접을 감싸 처리한다.

(6) 안감 제작

❶ 앞판 : 안감의 프린세스라인을 박아 연결하고 앞 안단과 연결한다. 안단 밑에서 5cm 정도는 박지 않는다.

❷ 뒤판 : 뒤 중심선과 다트를 박는다.

❸ 앞판과 뒤판의 어깨를 연결하고 암홀 시접을 말아 박는다.

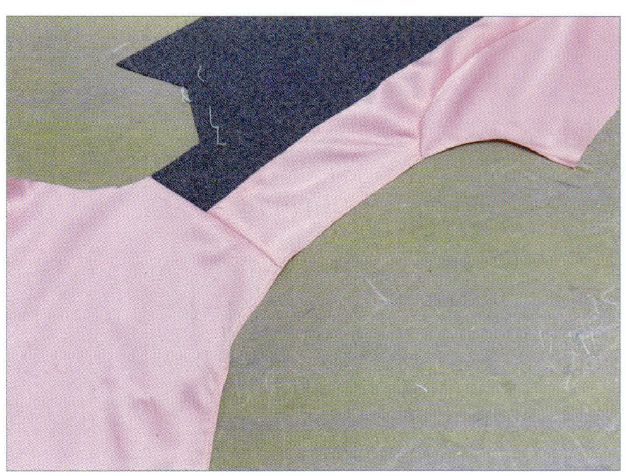

❹ 안감의 옆선을 박는다.

(7) 겉감과 안감 합봉

❶ 겉감과 안단을 겉끼리 겹쳐놓고 앞 중심선과 밑단의 둥근 부분을 박는다.

합봉 시 안단 밑단 확대 모습

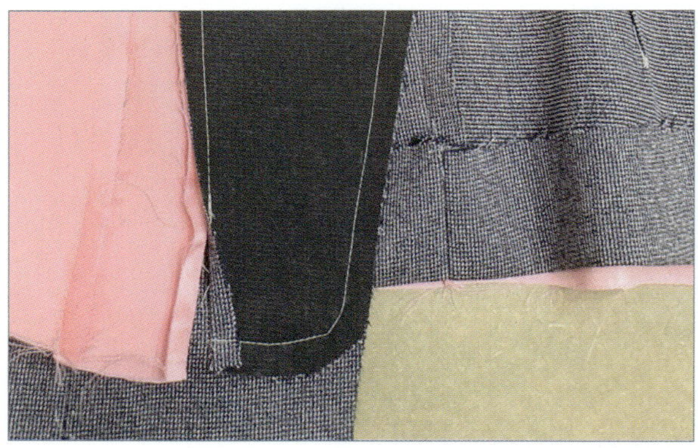

❷ 안단 시접을 0.5cm 간격으로 잘라 정리한다.

❶ 겉칼라와 안칼라의 겉면끼리 마주 놓고 칼라 외곽선의 완성선을 박는다.

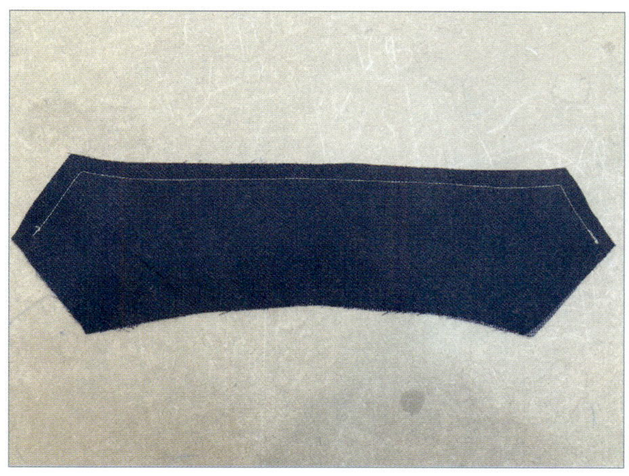

❷ 시접을 잘라 정리하고 뒤집어 다림질한다.

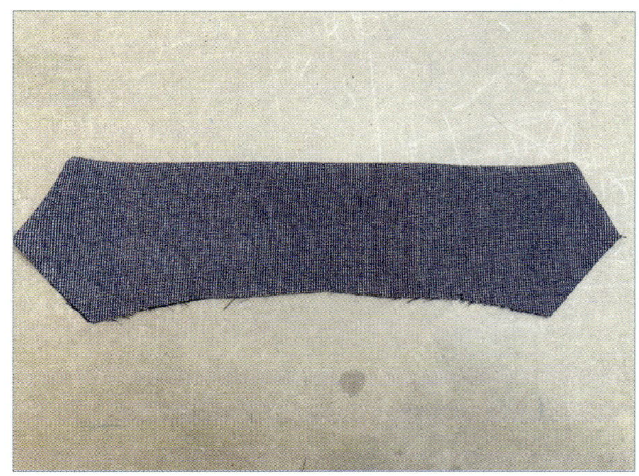

❸ 몸판의 겉감에는 안 칼라를 맞추어 달고, 안감에는 겉 칼라를 맞추어 봉제한다.

❹ 시접을 정리하고 뒤집어 다림질하여 재킷 모양을 잡는다.

❺ 재킷 밑단을 완성선에 맞춰 다림질하고 밑단 시접은 바이어스 처리 후 공그르기한다.

❻ 안감은 겉감의 위로 2.5cm 위치에서 접어 박기한다.

(9) 단추 달기와 끝손질

❶ 입술 단춧구멍 위치에 안단을 절개하여 공그르기한다.

❷ 단추를 단다.

❸ 밑단 옆선의 시접에 실고리를 만들어 겉감과 안감을 고정한다.

❹ 암홀의 겨드랑이와 어깨 부분 시접에 실고리를 만들어 겉감과 안감을 고정한다.

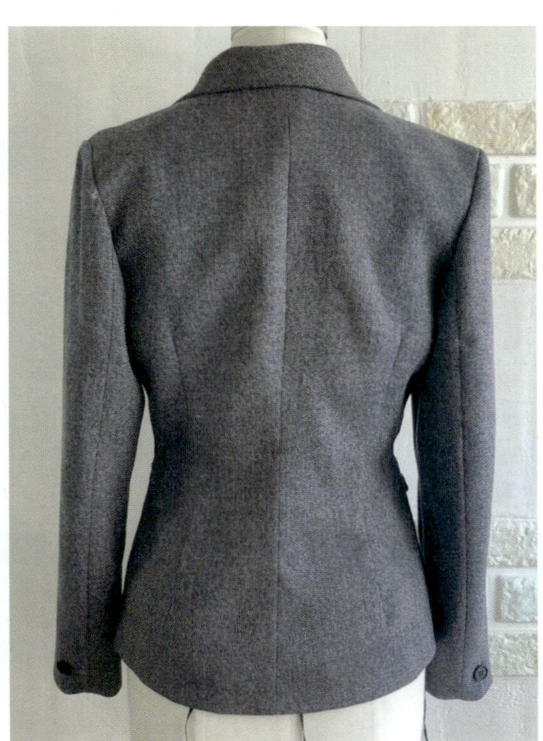

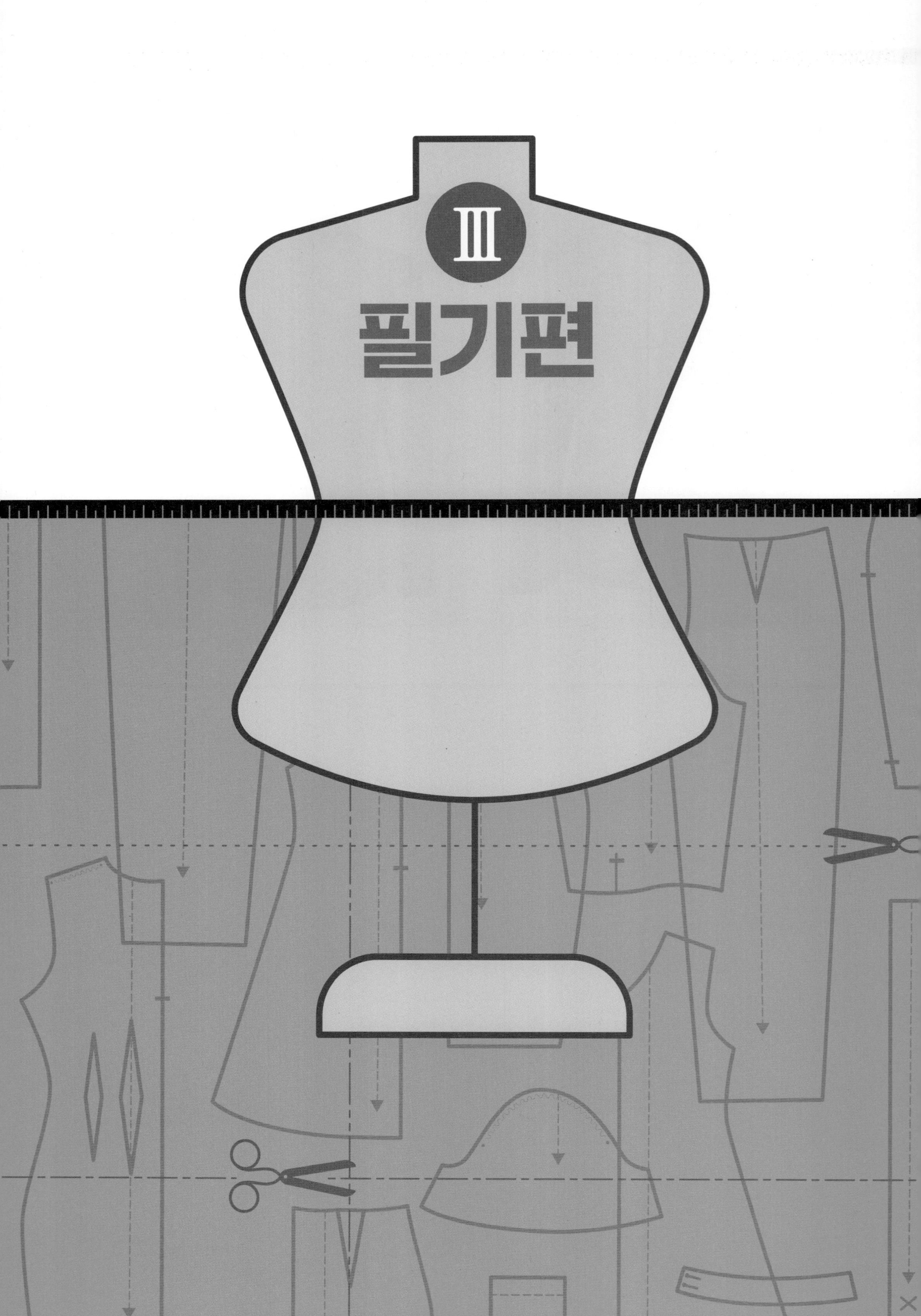

III
필기편

Part 1

필기 요약

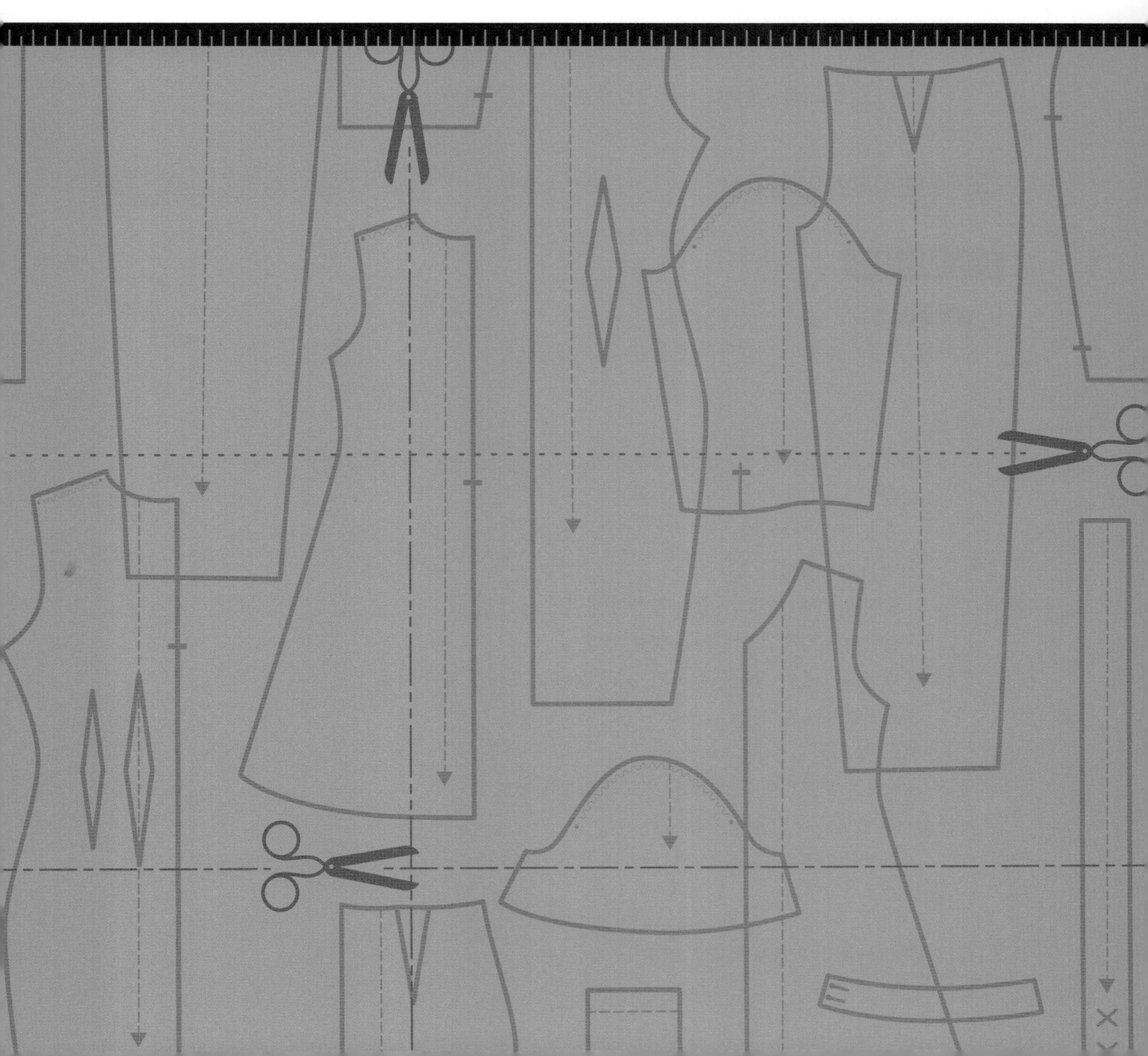

Step 01　섬유의 분류

- 섬유는 옷감의 재료이며 재료의 출처에 따라 천연섬유와 인공섬유로 나누어지며, 섬유의 길이에 따라 스테이플섬유, 필라멘트 섬유로 나뉜다.
  ① 스테이플 섬유: 면이나 양모처럼 길이가 짧은 섬유
  ② 필라멘트 섬유: 견, 인조 섬유처럼 길이가 긴 섬유

- 섬유로 옷감을 만들 때에 제조방법에 따라 섬유로부터 실을 만들어 실을 엮어 옷감으로 만드는 것이 있고, 섬유 상태에서 직접 옷감으로 만드는 것이 있다.
  ① 직물, 편성물: 섬유로부터 실을 만들어 실을 엮어 옷감을 만듦
  ② 부직포, 펠트: 섬유로부터 직접 옷감을 만듦

1　천연섬유와 인조섬유

1-1. 천연섬유

1) 셀룰로스 섬유

　면섬유, 마섬유와 같이 식물에서 얻을 수 있는 섬유

(1) 면

　① 형태 : 현미경으로 본 측면은 꼬임이 있고 단면은 중공을 가지며 강낭콩 형태를 띠고 있음.
　② 성질
　　- 흡습성이 우수하다.
　　- 내구성이 좋다.
　　- 탄성과 리질리언스가 좋지 않아서 구김이 잘 생김
　　- 알칼리에 강하고 산성에는 약한 편임
　　- 내열성이 좋아 다림질 온도가 높고, 높은 온도에서 세탁 가능
　　- 내일광성이 좋다.
　③ 용도 및 가공
　　- 속옷을 비롯하여 거의 모든 용도의 의류에 널리 쓰임.
　　- 수지가공: 구김을 방지함
　　- 머서화 가공 :면을 수산화나트륨 용액에 팽윤시켜 면의 강도, 광택, 염색성 등을 향상시킴

(2) 아마

가장 오래된 역사를 가진 섬유

① 형태

- 여러 개의 단섬유가 집합된 섬유다발을 이룸
- 현미경을 보면 단면은 작은 중공이 있는 다각형이며, 측면에는 마디가 있고 섬유 끝이 뾰족함

② 성질

- 강도가 매우 크고 습윤 시에는 강도가 더욱 증가함.
- 탄성과 리질리언스가 나빠서 구김이 잘 생김
- 내열성이 좋아 다림질 온도가 가장 높음
- 열전도성이 좋고 초기 탄성률이 커서 뻣뻣함
- 흡수와 건조가 빠름
- 여름용 옷감에 적합함
- 내일광성은 면보다 나쁘고 내충성과 내균성은 면보다 좋다.

③ 용도 및 가공

- 행주, 손수건, 식탁보 등에도 적합함.
- 수지가공 : 구김방지
- 폴리에스터와 혼방하여 단점을 개선함

(3) 저마

모시라고도 하며 여름의 한복감으로 주로 사용됨

① 형태

- 현미경으로 본 단면은 타원형이며, 큰 중공을 가지고 있고 섬유의 끝이 둥글다.
- 아마와 비슷한 성질을 가지고 있음

② 용도 및 가공

- 여름 한복감이나 셔츠 등에 사용됨
- 구김이 잘 가서 폴리에스터와 혼방 가공하거나 수지가공 함

(4) 대마

삼베라고도 하며 우리나라에서는 안동삼베가 유명함

① 형태

- 현미경으로 본 단면은 다각형이며, 중공은 아마보다 크고 측면에 마디가 있음

② 성질

- 섬유가 거칠고 탄성과 리질리언스가 나빠서 구김이 잘 생김
- 표백을 하면 크게 손상됨

③ 용도 및 가공

- 표백하지 않은 상태로 끈, 구두나 가방의 재봉실 등에 사용됨

2) 단백질 섬유

동물에서 얻은 섬유로 단백질로 구성된 섬유이다.

(1) 양모

면양의 털에서 만든 섬유로 메리노종에서 나온 양모가 품질이 우수함.

폐모나 헌 모직물에서 양모를 회수하여 재사용하기도 한다.

① 형태
- 현미경으로 보았을 때 단면은 원형에 가까우며 측면은 막대모양임.
- 스케일이라는 표피층이 있음
- 권축이 발달되어 있어 곱슬곱슬한 모양을 나타냄

② 성질
- 초기탄성률이 작아서 유연하다
- 천연섬유 중에서 탄성과 리질리언스가 가장 좋아 구김이 잘 생기지 않음
- 흡습성이 가장 크고 섬유 표면은 물을 튀기는 성질을 가짐
- 알칼리에 약하여 세탁비누 사용 불가
- 스케일 층이 있어 마찰하면 엉켜서 풀리지 않음 (축융성)
- 해충(좀벌레)에 약함

③ 용도 및 관리
- 중성세제로 세탁하거나 드라이클리닝 (축융성이 있으므로 세탁 시 주의한다)
- 알칼리 세제와 직사광선을 피해야함
- 염소계 표백제를 사용하면 누렇게 되면서 섬유가 상하다가 용해됨
- 장기간 보관 시 건조한 곳에 방충제와 함께 보관하여야 함

(2) 헤어섬유

양모 외에 동물의 털에서 얻는 섬유

스케일과 권축이 양모처럼 발달되어 있지 않음

모헤어, 캐시미어, 낙타털, 앙고라토끼털 등이 있음

(3) 견

생사: 누에의 고치로 부터 얻는 섬유

① 형태
- 생사의 단면은 삼각형 모양이며 두개의 피브로인 필라멘트가 세리신에 감겨 있음

② 성질
- 산에는 비교적 잘 견디며 알칼리에는 약함
- 내일광성은 섬유 중에서 가장 약함
- 미생물과 해충에는 안전하다.

③ 정련
- 세리신은 거칠고 광택이 좋지 않음.
- 생사를 약알칼리에 넣고 가열하면 세리신은 용해되며 부드럽고 우아한 광택을 가진 피브로인 이 남음
- 이 과정을 정련이라 하고 정련을 거친 견사를 숙사라고 함.

④ 용도와 관리
- 우아한 광택이 있으며 촉감과 드레이핑이 좋다.
- 값이 비싸고 내구성이 좋지 않아 드라이클리닝 해야 함.

1-2. 인조섬유

인조섬유는 크게 재생섬유와 합성섬유로 구분한다.

1) 재생섬유

섬유의 길이가 짧아서 직접 실을 뽑을 수 없는 섬유 원료로 만듦
㉠ 레이온, 아세테이트, 재생 단백질 섬유

(1) 비스코스 레이온

목재 펄프나 면 린터를 원료로 하여 제조함
① 형태 : 현미경으로 보면 단면은 심한 주름이 있고, 측면은 많은 선이 있음.
② 성질
- 탄성이 좋지 않아 구김이 잘 생김
- 흡습성이 좋음
- 광택이 좋음
- 내산성, 내알칼리성은 셀룰로스 섬유와 비슷하거나 조금 약함
③ 용도 및 가공
- 표면이 매끄럽고 정전기가 잘 생기지 않아 안감으로 적당함
- 물에 젖으면 약해지므로 잦은 세탁은 지양해야 함
- 폴리에스터와 혼방하면 흡습성과 촉감이 향상됨

(2) 구리 암모늄 레이온 (큐프라)

셀룰로스 원료를 수산화구리암모니아 용액에 용해하여 만듦
단면은 원형이다

(3) 폴리노직 레이온

비스코스레이온의 제조방법을 개선하여 레이온의 단점을 보완하였다.
습윤 강도와 내알칼리성이 좋아 면 대용으로 사용됨.

(4) 리오셀

100% 생분해가 가능하며 환경오염물질의 배출이 없는 소재.

흡습성과 내구성이 좋다.

(5) 아세테이트

아세테이트산 셀룰로오스를 아세톤에 용해시켜 건식방사 하여 만든 섬유

① 형태

- 단면: 클로버 잎과 비슷한 모양
- 측면: 비스코스레이온과 같이 주름이 있으나 주름의 수가 적음

② 성질

- 탄성이 우수한 편이며 흡습성은 보통
- 습윤 시 강도가 3~40% 감소

③ 용도와 관리

- 광택이 견과 같이 아름답고 부드럽고 드레이프성이 좋아 드레스, 스카프, 넥타이 등에 많이 사용됨
- 열에 약하므로 다림질 온도에 주의해야함 (안전다리미 온도 130도)
- 표면이 매끄러워 안감에도 사용됨

(6) 트리아세테이트

아세테이트에 비해 내열성이 좋고 열가소성이 좋음

2) 합성섬유

(1) 폴리에스터

① 형태 : 단면은 원형, 측면은 유리막대 형태

② 성질

- 탄성이 우수하고 구김이 거의 생기지 않음
- 내열성이 좋다.
- 흡습성이 매우 낮음
- 산, 알칼리 표백제에 강함
- 내일광성 좋음
- 해충과 곰팡이의 침식을 받지 않음
- 필링이 생기기 쉬움

③ 용도 및 가공

- 의복에서 가장 많이 사용하는 합성섬유
- 구김이 잘 가지 않아 겉옷감으로 많이 사용됨
- 알칼리 감량가공 처리된 폴리에스테르는 물실크라고 부르기도 함
- 스테이플 섬유와 혼방하여 내추성(구김이 잘 가지 않는 성질)과 강도를 향상시킴

(2) 나일론

① 형태
- 단면은 원형, 측면은 유리막대 형태

② 성질
- 신도와 강도가 큼
- 산에 약하고 알칼리에는 황변 함
- 내일광성이 나빠서 직사광선을 쬐면 강도가 약해짐
- 마찰강도가 크고 구김이 덜 생김

③ 용도와 가공
- 스포츠웨어, 란제리, 스타킹, 양말 등
- 세탁과 건조가 쉽고 열가소성이 좋아 열 고정 가공이 가능함

(3) 아크릴

① 성질
- 탄성회복률이 커서 구김이 잘 가지 않음
- 내일광성이 가장 좋은 섬유임
- 내약품성이 좋음

② 용도와 관리
- 양모 대용으로 널리 사용됨
- 가볍고 촉감이 부드러우며 보온성과 탄성이 좋음
- 차양, 텐트, 커튼 등에 사용됨
- 약품에 강하여 모든 세제와 표백제에 안정적임

(4) 스판덱스 (폴리우레탄)

신축성이 좋고 신도가 크다.
산에는 안전하나 뜨거운 알칼리에는 쉽게 손상된다.

(5) 폴리프로필렌

단면이 원형임
가볍고 내약품성이 우수하여 산업용 섬유로 주로 사용됨

(6) 아라미드 섬유

1971년 듀폰상 의해 '케블라' 라는 이름으로 처음 생산됨
자동차, 군수용, 항공기 등에 사용됨

3) 인조섬유의 제조 방법

⑴ 융융방사

원료를 가열하여 녹인 방사 원액을 찬 공기 속에 방사하는 방법.

㉑ 나일론, 폴리에스터, 폴리프로필렌 섬유

(2) 건식방사

원료를 휘발성 유기용매에 용해한 방사원액을 더운 공기 속에 방사하는 방법.

㉑ 아세테이트

(3) 습식방사

원료를 물이나 약품에 녹여 만든 방사원액을 물 또는 수용액 속에 방사하여 응고시켜 방사함

㉑ 레이온, 비닐론, 아크릴 등

1　섬유의 물리적 성질과 화학적 성질

1-1. 섬유의 물리적 성질

1) 강도와 신도
　① 강도: 섬유를 잡아당겨서 끊어질 때까지 소요되는 단위 굵기 당 힘. 강도가 높을수록 내구성이 좋다.
　② 신도: 섬유가 끊어질 때까지 늘어나는 정도

2) 탄성과 리질리언스
　① 탄성: 외부의 힘에 의해 신장되었다가 다시 원래상태로 줄어드는 성질
　② 리질리언스: 섬유를 구부리거나 압축시켰다가 원래 상태로 회복되는 성질
　　탄성과 리질리언스가 좋은 섬유는 구김과 변형이 적음

3) 마찰강도와 굴곡강도
　① 마찰강도: 마찰에 견디는 성질
　② 굴곡강도: 반복되는 굴곡에 견디는 강도
　　마찰강도와 굴곡 강도는 옷의 수명에 중요한 영향을 미침

1-2. 섬유의 화학적 성질

1) 흡습성
　섬유가 인체에서 분비된 수분이나 대기 중의 습기를 흡수하는 성질
　보건위생 상 매우 중요함
　천연섬유는 흡습성이 좋고 합성섬유는 흡습성이 좋지 않음

　※ 흡습성이 큰 섬유의 특징
　　① 피부청결을 유지함
　　② 염색이 잘됨
　　③ 정전기가 잘 생기지 않는다.

2) 내열성
　열에 견디는 성질. 천연섬유는 대체로 내열성이 좋고 인조섬유는 열에 약한 것이 많다.

3) 열가소성
① 열과 힘이 작용하여 섬유에 영구적인 변형이 생기는 성질
② 열가소성은 의복의 형태 안정성과 큰 관련이 있음.
③ 열가소성이 우수한 섬유: 폴리에스터, 나일론

4) 열전도성
① 열을 전달하는 성질이며, 열전도성이 큰 섬유는 시원함 (아마)
② 열전도성이 낮은 섬유는 보온성이 큼 (양모)

5) 내연성
① 불에 잘 타지 않는 성질
② 커튼, 실내장식 등에 사용됨
- 불연섬유: 석면, 유리섬유 (불에 전혀 타지 않음)
- 내연섬유: 모드아크릴, 사란 (불꽃 속에서는 타지만 불 밖에서는 저절로 꺼짐)

6) 대전성
① 섬유가 마찰하면서 정전기가 생기는 성질
② 천연섬유는 흡습성이 크고 대전성이 작으나 합성섬유는 흡습성이 작고 대전성이 크다.
③ 대전성이 큰 섬유는 먼지를 흡착하여 오염되기 쉽다.

7) 내약품성
피복재료는 세탁, 염색, 가공 등의 과정에서 여러 가지 화학약품이나 세제에 노출되는 경우가 많으므로 산, 알칼리, 표백제, 유기용매 등에 대한 충분한 내성을 갖추어야 함
- 셀룰로스 섬유: 산에는 약하나 알칼리에 강함
- 단백질 섬유: 산에는 강하고 알칼리, 염소에 약함
- 나일론, 비닐론: 산과 염소에 약함

8) 내일광성
자외선에 의해 손상되지 않고 견디는 성질, 커튼용 소재에서 중요한 요건
- 견, 나일론: 내일광성이 좋지 않음
- 아크릴, 폴리에스터: 내일광성이 좋음

9) 내충성과 내균성
좀벌레나 곰팡이에 견디는 성질
- 단백질 섬유: 좀벌레, 해충의 피해를 받기 쉬움 (내충성 약함)
- 면, 레이온: 곰팡이에 의해 손상되기 쉬움 (내균성 약함)
- 아세테이트, 합성섬유: 내충성, 내균성이 좋음

2-1. 연소시험

① 가장 간단한 시험방법으로 섬유를 태워보는 것
② 합성섬유는 연소시험 법으로 정확히 감별되지 않음

〈섬유의 연소 시험표〉

섬유	불꽃 가까이 갈 때	불꽃 속에 넣었을 때	불꽃 속에서 꺼냈을 때	냄새	재의 상태
면	오그라들지 않는다	잘 탄다.	계속 잘 탄다	종이 타는 냄새	회색의 부서지는 재
모	오그라든다	지글거리며 탄다	서서히 꺼진다	머리카락 타는 냄새	검은색의 부서지는 재
견	오그라든다	지글거리며 탄다	서서히 꺼진다	머리카락 타는 냄새	검은색의 부서지는 재
레이온	오그라들지 않는다	잘 탄다	계속 잘 탄다	종이 타는 냄새	회색의 부서지는 재
아세테이트	오그라든다	녹으면서 탄다	계속 탄다	식초 냄새	검은색의 부서지는 재
나일론	오그라든다	녹으면서 탄다	저절로 꺼진다	독특한 냄새	회색의 딱딱한 재
폴리에스터	오그라든다	녹으면서 탄다	저절로 꺼진다	달콤한 냄새	검은색의 딱딱한 재
아크릴	오그라든다	녹으면서 탄다	계속 탄다	독특한 냄새	검은색의 부서지는 재
유리섬유	오그라들지 않는다	타지 않는다	타지 않는다	냄새가 없다	재가 없다.

2-2. 현미경시험

① 천연섬유는 단면과 측면이 고유한 형태를 가지기 때문에 천연섬유를 감별하는데 가장 효과적인 방법
② 인조섬유는 방사 방법에 따라 단면과 측면의 형태가 다양하므로 감별이 어려움

2-3. 용해시험

① 섬유의 용해도 차이를 이용한 감별법
② 간단하고 정확함

2-4. 비중시험

섬유는 고유의 비중을 가지고 있으므로 비중을 측정하여 섬유를 감별함

1　직물의 종류 및 특징

1-1. 직물 (woven fabrics)

직물이란 경사와 위사가 직각으로 교차하여 만든 옷감
- 경사: 직물의 길이방향으로 배열된 세로방향의실. 강한 실을 사용한다.
- 위사: 직물의 폭 방향으로 걸쳐진 가로방향의 실.

1-2. 편성물 (knitted fabrics)

편성물은 실로 코를 만들어 연결하여 만듦. 메리야스 또는 니트 라고도 부른다.
편성물의 조직에는 크게 위편성물과 경편성물이 있다.
- 위편성물의 종류 :평편, 고무편, 펄편, 턱편
- 경편성물의 종류: 트리코, 라셀, 심플렉스, 밀라니즈 등

1) 평편의 특징
① 편성물의 가장 기본적인 조직, 저지 라고도 함.
② 겉면과 뒷면이 뚜렷하게 구분됨
③ 스웨터, 셔츠, 양말 등에 쓰임

2) 고무편의 특징
① 겉면과 뒷면이 같음
② 가로방향의 신축성이 대단히 큼
③ 목둘레, 소매 끝, 밑단 등에 활용

3) 편성물의 장점
① 신축성이 크고 활동이 자유로움
② 구김이 잘 생기지 않음
③ 함기율이 크고 보온성이 좋고 통기성과 투습성이 좋아 위생적임

4) 편성물의 단점
① 위편성물의 코 하나가 끊어지면 계속 올이 풀리는 현상(전선)이 발생함
② 위편성물은 끝이 돌돌 말리는 현상(컬업)이 생겨 재단과 봉제 시 불편함
③ 마찰에 의한 필링(보풀)이 생기기 쉬움
④ 마찰강도가 약하고 표면의 형태가 변형되기 쉬움

1-3. 부직포

제직, 편성, 축융과정 없이 섬유를 배열하여 섬유사이를 접착제로 결합시켜 만드는 것
원료섬유로는 나일론, 폴리에스테르 폴리프로필렌 등이 사용됨

1) 부직포의 장점
① 함기율이 크고 가벼우며 보온성이 좋음
② 절단 부분의 올이 풀리지 않아 솔기처리를 하지 않아도 됨
③ 탄성과 리질리언스가 좋아 구김이 덜 생기고 형태안정성이 좋음
④ 통기성과 투습성이 좋음

2) 부직포의 단점
① 뻣뻣하고 유연성이 좋지 않음
② 강도가 약하고 마찰에 약해 내구성이 좋지 않음
③ 광택과 촉감이 좋지 않음

3) 부직포의 용도
의복의 심지, 일회용 의복(실험복, 수술복 등), 일회용품 (기저귀, 물티슈, 포장지, 쇼핑백 등), 공업용
(방음재, 보온재, 여과포, 실내장식 등)

1-4. 펠트

양모의 축융성을 이용하여 섬유를 얽어 옷감으로 만듦

1) 펠트의 특성
① 함기율이 크고 보온성이 좋음
② 탄력성과 흡음성이 좋음
③ 방향성이 없고 절단면의 가장자리가 풀리지 않음
④ 인장강도와 마찰강도가 약함
⑤ 표면이 거칠고 뻣뻣하며 드레이프성이 좋지 않음

Step 04 — 직물의 조직

1 직물의 기본 조직

직물의 삼원조직: 평직, 능직, 수자직

1-1. 평직

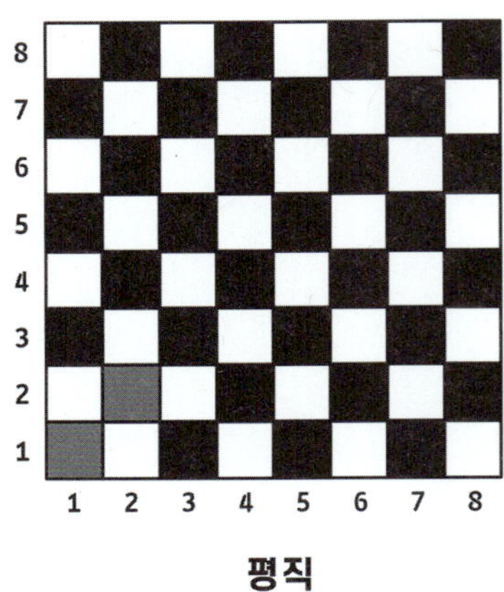

평직

① 경사와 위사가 한 올씩 교차함

② 가장 간단한 조직

③ 조직점이 많아서 강하고 실용적임

④ 실의 자유도가 낮아 구김이 잘 생김

⑤ 겉면과 뒷면이 같아 구분되지 않음

⑥ 평직물에는 광목, 깅엄, 론, 옥양목, 오건디, 보일, 포플린, 홈스펀, 샴브레이 등이 있음

1-2. 능직

능직

① 조직점이 사선 방향으로 나타남
② 실의 자유도가 평직보다 높아 유연하고 구김이 덜생김
③ 밀도가 큰 직물을 얻을 수 있음
④ 능직물에는 개버딘, 데님, 드릴, 서지, 타탄, 트위드 등이 있음

1-3. 수자직 (주자직)

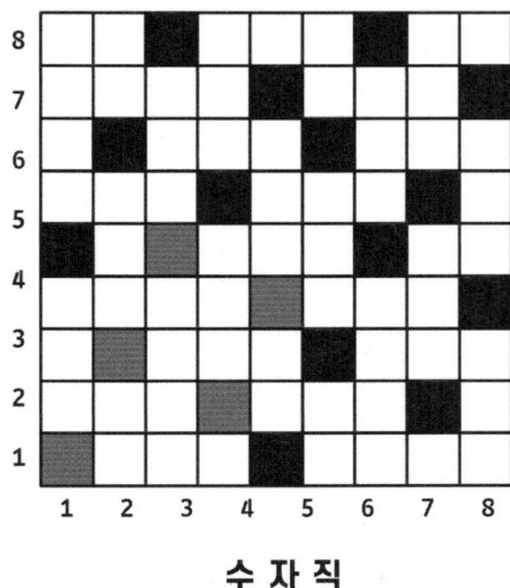

수 자 직

① 조직점이 적어 부드럽고 광택을 가지며 구김이 덜 생김
② 강도가 약하고 마찰에 약하여 실용성이 떨어짐
③ 공단, 도스킨, 목공단 등이 있음

1-4. 변화조직

삼원 조직의 변화조직
① 변화평직: 두둑직(그로그랭, 브로드클로스) , 바스켓직 (옥스포드)
② 변화능직: 파능직(헤링본), 신능직
③ 변칙수자직: 6매, 7매, 8매, 10매 수자직

1-5. 무늬직물

① 도비직 : 간단한 무늬를 나타내며 도비장치를 사용함. 피케, 버즈아이, 와플클로스 등
② 자카드직: 크고 복잡한 무늬나 곡선무늬를 나타내며 자카드 직기로 만듦. 다마스크, 브로케이드,
   양단 등

1-6. 파일직물

짧은섬유 (파일) 을 바탕직물에 수직으로 끼워 넣어 입체를 준 직물
① 경파일직물: 벨벳, 아스트라칸, 플러시, 벨루어
② 위파일직물: 벨베틴, 코듀로이

Step 05 염색

염색이란 염료나 안료를 사용하여 여러 가지 섬유에 내구성이 있는 색이 나타나게 하는 공정이다.

① 염료: 섬유와 친화력이 있고 물이나 약품에 용해되는 색소
② 안료: 물에 녹지 않고 섬유와 친화력이 없는 색소. 풀, 합성수지, 접착제 등의 결합제로 고착하여 섬유 표면에 부착시켜 염색한다.

1 염색의 특성

1-1. 정련

1) 호발(발호)

직물 제직 과정에서 첨가된 풀(호료) 를 제거하는 작업

2) 정련

염색이나 표백을 하기 전에 옷감에 남아있는 불순물을 제거하는 공정
① 면 정련: 알칼리를 첨가하여 고온에서 처리함
② 모 정련: 소모직물은 비이온계면활성제로 처리하며 방모직물은 탄산나트륨이나 유기용제를 사용함
③ 견 정련: 고온의 비누와 탄산나트륨 용액으로 세리신을 제거함

1-2. 표백

섬유에 포함되어 있는 색소를 제거하는 과정

1) 표백제의 종류

(1) 산화표백제
① 색소를 산화작용에 의해 파괴함.
② 염소계 표백제 (하이포아염소산나트륨, 아염소산나트륨) 와 산소계표백제(과산화수소, 과탄산나트륨 등) 이 있다.

(2) 환원표백제
① 섬유를 환원작용에 의해 표백함.
② 양모나 견 등 단백질 섬유 표백에 사용된다.
③ 아황산수소나트륨, 하이포아황산나트륨 등이 있다.

2) 섬유와 표백

① 셀룰로스섬유: 염소계 표백제

② 단백질섬유: 과산화 수소를 널리 사용함

③ 아세테이트, 나일론: 환원계 표백제

혼방직물: 섬유 성분중 표백에 약한 섬유를 기준으로 처리함.

1-3. 염색의 분류

1) 침염과 날염

① 침염: 섬유를 염액에 담구어 염색하는 방법

② 날염: 옷감 위에 무늬를 찍어 나타내는 염색법.

2) 선염과 후염

① 선염: 옷감으로 만들기 전에 섬유나 실의 상태에서 염색하는 것

② 후염: 옷감으로 만든 후에 염색하는 것.

Step 06 　직물의 가공

1　직물의 가공 및 특성

1-1. 일반가공

형태와 치수의 안정, 텍스처와 태의 증진을 위한 일반적인 가공
① 털태우기: 직물 표면의 잔털을 태워 없애는 공정. 날염시에 필요함
② 캘린더링: 직물을 캘린더 롤러를 통과시켜 매끈한 표면을 만드는것
③ 다림질한 효과를 낼 수 있음
④ 영구적인 효과는 아님

1-2. 특수가공

1) 면섬유의 가공
① 방추가공: 구김방지 가공
② 워시앤드웨어(방추가공): 면섬유의 구김방지 가공이며, 세탁 시 구김이 생기지 않아 다림질 없이
　　바로 입을 수 있게 처리함
③ 듀어러블프레스(방추가공): 면과 합성섬유의 혼방제품에 사용되는 구김방지 가공
④ 샌퍼라이징(방축가공): 면직물의 수축을 방지하는 가공
⑤ 리플 가공: 셀룰로스 섬유를 진한 수선화나트륨으로 처리하여 입체적인 효과를 만들어 냄
⑥ 머서화 가공: 면직물을 수산화나트륨 수용액으로 처리하여 광택, 흡수성, 염색성, 강도를 좋게함
⑦ 의마 가공: 마직물과 같은 외관과 촉감을 갖게 하는 가공

2) 양모의 가공
① 축융가공: 양모의 축융성을 이용하여 모직에 수분, 열, 마찰, 압력을 가하여 모직물을 조밀한 구조로 만듦
② 펠트 제직 시에 사용
③ 방축가공: 모직물이 물세탁에 의해 축융 되는 것을 방지하기 위한 가공 (런던슈링크)
④ 스케일 구조를 파괴하거나 수지로 표면을 피복함
⑤ 주름고정 가공(시로셋): 양모섬유의 시스틴 결합을 이용하여 형체를 고정시켜 주름을 잡아주는 가공법

3) 견의 가공
① 증량 가공: 견의 정련과정에서 세리신이 제거되면서 감소된 중량을 보충하기 위한 가공
② 염축 가공: 견이 염에 의해 수축하는 성질을 이용하여 크레이프 효과를 냄
③ 워시앤드웨어 가공: 구김을 방지하는 방추가공
④ 견명 가공: 견의 마찰로 생기는 바삭거리는 독특한 소리(견명) 을 증가시키는 가공
⑤ 타닌 가공: 견의 증량을 시키며 탄성과 세탁 견리도를 증가시킴
⑥ 세리신 정착 가공: 견의 세리신이 제거되지 않도록 하는 가공

1 의복의 성능

1-1. 의복의 감각적 성능

① 의복의 실루엣, 패션성과 관련된 성질
② 섬유의 촉감, 길이와 두께, 광택, 드레이프성, 필링성 등

1-2. 의복의 위생적 성능

① 의복의 쾌적성 및 착용자의 건강과 관련된 성질
② 흡습성, 보온성, 대전성, 통기성, 투습성 등

1-3. 의복의 실용적 성능

① 착용 수명 및 내구성과 관련된 성능
② 인장강도, 마찰강도, 인열강도 등

1-4. 의복의 관리적 성능

내균성, 내충성, 내추성, 오염성, 세척성, 내연성, 염색성, 수축성 등

의복 디자인

Step 01 의복 관리

1 의복의 선택과 관리

1-1. 사용목적과 의복구입

의복은 착용자의 목적과 용도에 따라 선택되어야 하며, 이는 개인의 활동, 환경, 사회적 요구를 충족시키는 데 중요한 역할을 한다.

1) 사용목적

(1) 기능적 목적

① 보호: 외부 환경(추위, 더위, 바람 등)으로부터 신체를 보호.
  예 겨울철 코트, 방수 재킷.
② 위생: 신체를 깨끗하게 유지하고 오염을 방지.
  예 속옷, 위생복.
③ 안전: 작업 환경에서 위험 요소로부터 보호.
  예 작업복, 방염 소재 의류.

(2) 심미적 목적

① 패션과 스타일: 개성을 표현하고 사회적 트렌드에 부합하는 의복 선택.
  예 파티 드레스, 캐주얼 의류.
② 색상과 디자인: 착용자의 이미지와 분위기를 강조.
  예 밝은 색상의 여름 원피스.

(3) 사회적 목적

① 직업적 정체성: 특정 직업이나 역할을 나타내는 의복.
  예 유니폼, 정장.
② 사회적 지위 표현: 계층이나 지위를 나타내는 고급 의류.
  예 명품 브랜드 제품.

(4) 심리적 목적

① 자신감 향상: 적절한 의복 선택으로 긍정적인 자아 이미지 형성.
  예 체형을 보완하는 슬림핏 의류.
② 감정 표현: 색상과 스타일로 감정을 나타냄.
  예 활기찬 느낌의 밝은 색상 옷.

2) 의복 구입 시 고려사항

의복 구입은 단순히 착용 목적뿐만 아니라 다양한 요소를 종합적으로 고려해야 합니다.

(1) 실용성

① 소재와 내구성: 사용 목적에 맞는 소재 선택(예: 흡습성이 좋은 면 소재 속옷).

② 내구성이 높아 세탁과 착용 빈도가 많은 경우에도 오래 사용할 수 있는 제품.

③ 관리 용이성: 세탁 및 다림질이 쉬운지 확인(예: 폴리에스터 혼합 소재).

(2) 경제성

① 가격 대비 품질: 가격에 비해 품질이 우수한 제품 선택.

② 사용 빈도와 비용 대비 효과: 자주 사용하는 옷일수록 투자 가치가 높은 제품 선택.

(3) 디자인과 적합성

① 체형 보완: 자신의 체형에 맞는 실루엣과 디자인 선택(예: A라인 스커트로 하체 보완).

② 색상 조화: 피부 톤과 어울리는 색상 선택(예: 웜톤 피부에는 따뜻한 색상 추천).

(4) 계절 및 환경

① 계절별 적합성: 여름에는 통기성이 좋은 린넨, 겨울에는 보온성이 높은 울 소재 선택.

② 활동 환경: 실내외 활동 여부에 따라 적합한 두께와 소재 고려.

(5) 유행과 개성

① 최신 트렌드 반영: 현재 유행하는 디자인이나 패턴 선택.

② 개인 스타일: 자신의 개성을 드러낼 수 있는 독특한 디자인 고려.

1-2. 세탁방법 및 손질

오염상태를 확인하고 의류제품의 취급표시 방법에 따라 세탁방법을 선정함

1) 애벌빨래

본세탁 전에 물에 담가두는 과정으로 가벼운 오염이 제거되거나 본세탁의 효율을 높여줌

2) 물세탁

① 세탁용수: 연수(단물)가 적합함

② 세탁액 온도는 40도씨가 표준임

③ 세제는 섬유의 종류에 따라 다르게 선택하며 세제 농도는 0.2~0.3% 농도가 적합함

④ 세탁시간이 지나치게 길면 오염이 섬유에 재흡착 하므로 적당한 세탁시간을 지킬 필요가 있음

⑤ 안전하고 값이 싸다는 장점이 있음

⑥ 지용성 오염에 대한 용해력이 떨어짐

⑦ 섬유가 변형되기 쉬움

3) 드라이클리닝

① 견, 모 제품이나 섬세한 의류제품에 적용하는 건식 세탁법

② 퍼클로로에틸렌이나 석유계 용제를 사용한 세탁법

③ 제품의 손상을 줄임

④ 세탁법이 간단하고 건조가 빠름

⑤ 기름때가 아니면 잘 제거되지 않음

⑥ 인화성 세탁제를 사용하므로 위험함

⑦ 값이 비쌈

1-3. 의복 보관 요령

1) 습기의 방지

① 보관 전 통풍이 잘 되는 곳에서 의복을 건조함

② 습기 방지를 위한 의복 보관 커버(종이, 면직물, 부직포 등의 소재) 활용

③ 습기가 많은 곳은 다량의 방습제 사용

2) 해충 예방

① 해충방지제를 사용하여 충해를 방지함

② 파라디클로로벤젠, 나프탈렌, 장뇌 등

3) 미생물의 방지

① 건조한 저온 장소에 수납용기 보관

② 곰팡이 발육에 필요한 습도, 온도, 영양분을 제거함

③ 보관 전에 오염물을 완전히 제거함

1　색채의 3속성

색의 3속성에는 색상, 명도, 채도가 있다.

1-1. 색상 (hue)

색이 가지는 성질. 색을 구분하기 위해 빨강, 파랑, 노랑 등 색의 명칭을 사용한다.
① 색상환: 색상의 위치와 변화를 쉽게 이해할 수 있도록 인접한 색들을 둥글게 배치해 놓은 것
② 유사색: 색상환에서 거리가 가까움
③ 대조색: 색상환에서 거리가 비교적 먼 색
④ 보색: 색상환에서 거리가 가장 먼 정 반대쪽의 색

1-2. 명도 (value)

① 색의 밝음과 어두운 정도를 나타냄.
② 흰색은 명도가 가장 높음. 검정은 명도가 가장 낮음.
③ 명도 단계는 흰색부터 검정색에 이르기 까지 11단계로 되어있다.

1-3. 채도 (chroma)

색의 맑고 탁한 정도
① 순색: 맑은 색 중에서도 가장 채도가 높은 색
② 탁색: 선명하지 못하고 탁한 색

2　색의분류

2-1. 무채색

① 무채색은 흰색, 검정색, 명도의 차이가 있는 여러 단계의 회색.
② 명도로 구분되며 채도와 색상의 속성을 가지지 않음.
　　㉐ 흰색, 밝은 회색, 회색, 어두운 회색, 어두운 회색, 검정

2-2. 유채색

① 무채색을 제외한 색감이 있는 모든 색.
② 색상, 명도, 채도의 3속성을 가지고 있다.

색의혼합

3-1. 원색

원색이란 색을 혼합하여 만들어낼 수 없는 색.
① 색광의 3원색: 빨강(R) , 초록 (G) , 파랑 (B)
② 색료의 3원색: 마젠타(M) , 노랑(Y), 시안(C)

3-2. 색광혼합 (가산혼합)

① 겹치는 빛의 색상이 많을수록 명도가 높아진다.
② 색광의 3원색 (빛의 3원색) 을 섞으면 흰색이 된다.

3-3. 색료혼합 (감산혼합)

① 혼합하는 색의 수가 많을수록 명도가 낮아진다.
② 색료의 3원색을 혼합하면 검정이 된다.

3-4. 중간혼합

중간혼합은 색이 실제로 섞이지 않고, 외부 조건에 의해 혼합된 것처럼 보이는 심리적 혼합 방식. 이는 착시 현상을 이용한 혼합으로, 명도와 채도는 혼합된 색들의 평균값을 유지한다. 중간혼합은 다음과 같은 두 가지 방식으로 나뉜다.

1) 병치혼합

선이나 점이 조밀하게 나란히 배열되어 멀리서 보았을 때 서로 혼합된 것처럼 보이는 방식입니다.
㉠ 모자이크, 점묘화, TV 화면, 인쇄물, 직물 등에서 나타나는 시각적 혼합.

2) 회전혼합

① 두 가지 이상의 색을 회전판 위에 적당한 비율로 배치하고 빠르게 회전시켜 혼합된 것처럼 보이는 방식입니다.
② 영국 물리학자 맥스웰(Maxwell)이 실험한 방식으로, 예를 들어 빨강과 노랑을 회전시키면 주황색으로 보입니다.
③ 중간혼합은 실제 물리적 혼합이 아닌 시각적 · 심리적 효과를 활용한 방법으로, 디자인이나 작품 제작에 창의적으로 활용될 수 있다.

3-5. 보색

① 보색은 서로 반대되는 색. 색상환에서 서로 마주 보고 있는 색은 보색관계를 이룬다.
② 보색을 혼합하면 무채색이 된다.

4 색의표시

4-1. 색체계

1) **오스트발트(Ostbald) 색체계**
   - 백색, 흑색, 순색의 혼합량을 통해 정량적으로 색을 나타낸다.
   - 빨강, 노랑, 녹색, 파랑을 원색으로 주황, 연두, 초록, 자주를 간색으로 하는 8가지 색상을 기본으로 각 색상별로 3단계씩 나누어 총 24개의 색이 오스트발트 색상환을 이룬다.

2) **먼셀(Munsel) 색체계**
   - 빛에 의한 시각적 순서에 따라 색채를 분류함. 빨강, 노랑, 녹색, 파랑, 보라를 원색으로 하고 원색 사이에 간색(주황, 연두, 청록, 남색, 자주)을 두어 10색상을 기본으로 색상환을 만든다.

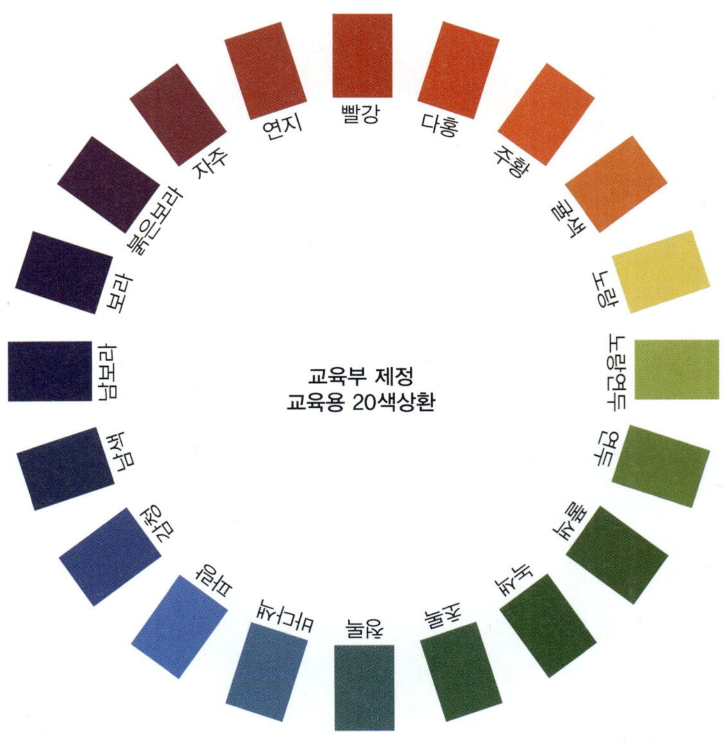

색 표시에 사용되는 용어. 색에 대한 감정과 표현을 잘 표현하고 기억하고 부르기 쉽다.

기본색명, 계통색명, 관용색명 등으로 나눌 수 있다.

① 기본색명: 빨강, 주황, 노랑, 파랑 , 검정, 회색, 흰색 등

② 계통색명: 기본색명 앞에 색상이나 톤을 나타내는 수식어를 붙임.

　　예) 빨간 주황, 초록빛 갈색, 보랏빛 회색, 어두운 파랑, 밝은 분홍, 탁한 노랑 등

③ 관용색명: 동물, 식물, 자연현상 등에서 유래된 이름이 많음.

　　예) 쥐색, 살구색, 하늘색, 팥색 등

5 색의 시지각적 효과

5-1. 색의 시지각 반응

- 색의 시지각적 반응은 색이 인간의 시각을 통해 인식될 때 발생하는 심리적, 생리적 반응을 의미함. 이는 색의 물리적 특성과 배경, 조명, 주변 환경 등 다양한 요인에 의해 영향을 받는다.
- 주요 시지각적 효과에는 명시성, 진출과 후퇴, 팽창과 수축, 무게감, 온도감 등이 있다.

1) 색의 시각적 효과

(1) 색의 명시성

① 색이 얼마만큼 잘 보이는가를 명시성이라고 함.

② 명시성은 색 고유의 특성에 의한 것이 아니라 배경과의 관계에 의해 결정 되는 것이다.

③ 명시도가 높은 색의 예: 검정–노랑 / 주황–파랑 등

④ 두 색의 명도차가 크면 명시도가 높아진다.

2) 색의 감정적인 효과

(1) 온도감

따뜻한 느낌을 주는 색은 난색, 차가운 느낌을 주는 색을 한색, 따뜻하지도 차갑지도 않는 느낌을 주는 색을 중성색이라고 한다. 빨강 계열은 난색, 파랑 계열은 한색, 초록과 보라 계열은 중성색이다.

(2) 무게감 (중량감)

① 명도가 낮은 색은 무겁게 느껴지며 명도가 높은 색은 가볍게 느껴진다. 색채의 중량감은 색상보다는 명도의 차이에 영향을 받는다.

② 무거운 색체를 하의에, 가벼운 색체를 상의에 사용하면 안정된 느낌을 준다.

③ 무거운 색체를 상의에, 가벼운 색체를 하의에 사용하면 스포티한 활동적인 느낌을 준다.

(3) 경연감

① 색이 딱딱하거나 부드럽게 보이는 정도를 의미한다. 경연감은 명도와 채도에 영향 받는다.

② 명도가 높고 채도가 낮으면 부드러운 느낌, 명도가 낮고 채도가 높으면 딱딱한 느낌이 난다.

3) 색채의 공감각

① 맛: 주황은 가장 식욕을 자극하는 색. 한색의 계열은 쓴맛과 관계가 있고 난색 계열은 단맛과 관계하며 회색계열은 맛과는 거리가 멀다.

② 냄새: 생활 주변의 대상과 동일한 색채를 볼 때 그 색에 수반되는 냄새와 감정을 느끼게 된다. 좋은 냄새의 색들은 주로 고명도의 색상들이고, 나쁜 냄새의 색들은 어둡고 흐린 무채색에 가까운 색상들이다.

③ 음: 음에서 색을 강하게 느끼는 현상을 색청(色聽)이라 한다. 저음에는 어두운 색, 고음에는 밝은 색을 느낄 수 있다.

④ 촉감: 고명도인 강한 채도의 색에서 광택감이 느껴지고, 딱딱하고 찬 촉감은 은회색에서 느낄 수 있다. 한색계열의 탁한 색은 싸늘하고 딱딱하게 느껴진다. 진한 회색 톤의 색에서는 거친 느낌이 나며 부드럽고 유연함은 밝은톤의 난색에서 느낄 수 있다.

5-2. 색의 대비

- 색의 대비에는 동시대비와 계시대비로 나누어진다. 동시대비는 다른 색이 배색되어 있는 경우 각각의 색이 동시에 서로에게 영향을 주어 실제의 색과 다르게 느껴지는 현상이며, 동시대비에는 색상대비, 명도대비, 채도대비 등이 있다.
- 계시대비는 어떤 색을 보고 난 후에 다른 색을 보는 경우 먼저 본 색의 영향으로 나중에 보는 색이 달라져 보이는 현상이다.

1) 색상대비

① 색상이 다른 두개의 색을 나란히 놓고 동시에 볼 때, 인접 색의 영향을 받아 원래 색과 다르게 보이는 현상

② 인접색상의 배색은 부드럽고 통일된 느낌을 주며 색상차가 큰 배색은 화려하고 강한 느낌을 준다.

2) 명도대비

명도가 다른 두 가지 색을 나란히 놓고 보았을 때 밝은 색은 더 밝게, 어두운색은 더 어둡게 보임.

3) 채도대비

채도가 높은 색과 채도가 낮은 색을 나란히 놓았을 때 채도가 높은 색은 더 밝게 보이며, 채도가 낮은 색은 더욱 탁하게 보이는 효과

4) 보색대비

색이 정 반대 되는 색상끼리의 배색. 각각의 색이 원래 색상보다 더욱 선명하고 뚜렷하며 채도가 높아 보인다.

5-2. 색의 동화, 잔상

1) 색의 동화

색의 동화는 인접한 색이 서로 영향을 주어 색이 혼합된 것처럼 보이는 현상. 이는 실제 물리적 혼합이 아니라 시각적 혼합으로, 주변 색에 의해 본래 색상이 변화된 것처럼 느껴지는 효과를 말함.

2) 잔상

잔상은 특정 색이나 빛을 일정 시간 동안 응시한 후 시선이 이동했을 때, 자극이 제거된 후에도 시각적으로 상이 남아 있는 현상을 말합니다.

(1) 종류

① 정의 잔상 (Positive Afterimage)

원래 자극의 상이 그대로 남아 있는 경우.

⑩ 어두운 곳에서 횃불을 돌리면 동심원으로 보이는 것. 영화나 TV 영상도 정의 잔상을 이용한 사례.

② 부의 잔상 (Negative Afterimage)

원래 자극과 반대되는 상이 나타나는 경우.

⑩ 빨간색을 응시한 후 하얀 벽을 보면 녹색(빨간색의 보색) 잔상이 나타남.

- 잔상의 지속 시간과 강도는 자극의 밝기, 색도, 지속 시간, 눈의 상태 등에 따라 달라진다.
- 진한 색상을 볼수록 잔상이 더 강하게 남는다.

5-4. 색의 진출과 후퇴

① 진출색은 앞으로 튀어나와 보이는 색이며 후퇴색은 뒤로 물러나 보이는 색이다.

② 진출색: 난색, 명도가 높은 색, 채도가 높은 색

③ 후퇴색: 한색, 명도가 낮은 색, 채도가 낮은 색, 무채색

5-5. 팽창과 수축

① 팽창색: 같은 면적이라도 커 보이는 효과가 있음. 밝고 고채도인 색, 난색계통

② 수축색: 실제보다 작아보이게 하는 효과가 있음. 어두운 색, 저채도인 색, 한색계통

Step 03 디자인

1 디자인의 요소

의복디자인의 요소에는 선, 색채, 재질이 있다.

1-1. 선

시각적 형태를 규정짓는 가장 기본적인 요소
의복에서 선은 형태와 실루엣을 결정하고 디자인의 특성과 분위기를 전달한다.

1) 선의 종류에 따른 느낌

① 직선: 강직함

② 곡선 : 부드러움, 우아함

③ 사선: 운동감, 속도감 , 경쾌한 느낌

④ 수평선: 휴식과 평안함, 정숙함

⑤ 수직선: 위엄 있고 권위적인 느낌

2) 옷에 표현되는 선

옷에 표현되는 선에는 옷의 윤곽선(실루엣) 과 옷 내부의 선이 있다.

① 윤곽선(실루엣) : 옷의 실루엣과 부분적인 형태를 나타내는 테두리 선

② 구성선: 의복을 구성하는데 필요한 기능적인 선 (솔기선, 다트 등)

③ 장식선: 미적인 표현을 위해 사용 되는 선 (디자인선, 트리밍, 디테일 선)

(1) 실루엣 선

의복을 착용한 전체적인 윤곽선을 뜻한다.

① X 자형 실루엣 (아우어 글라스) : 허리를 타이트하게 조여 가늘게 보이게 하며 여성미가 있음. (머메이드, 버슬, 크리놀린 실루엣 등)

② H 자형 실루엣 (스트레이트): 가슴, 허리, 엉덩이 라인이 수직선에 가깝게 흐르는 실루엣. (시스, 튜블러, 엠파이어 실루엣)

③ A 자형 실루엣 (텐트) : 어깨 폭이 좁고 아래로 내려갈수록 점점 넓어지는 형태 (A라인, 트라페즈, 텐트 실루엣)

④ O 자형 실루엣 (배럴): 가슴과 엉덩이를 부풀리고 헴라인은 줄어드는 형태(벌룬, 벌크 실루엣)

(2) 실루엣 안쪽의 선
① 구성선: 평면인 옷감을 입체화 하는 구성 과정에서 필요한 기능적인 선 (솔기선, 다트, 트임, 끝단 등)
② 디테일선
- 옷을 만드는 봉제과정에서 만들어지는 장식적인 요소들을 디테일이라 한다.
- 칼라, 네크라인, 커프스, 포켓, 벨트 등이다.
③ 장식선
의복의 장식적인 부분으로 의복구성에서 반드시 필요한 것은 아니며, 장식적인 목적으로만 쓰인다. 의복을 제작한 후에 부착하는 레이스, 보우, 비드, 프린지, 스팽글, 장식끈 등이다.

1-2. 색채(Color)

색채는 패션 디자인에서 감정을 전달하고, 특정 부위에 시선을 집중시키며, 조화와 대비를 통해 시각적 흥미를 유발하는 요소이다.
① 색은 심리적, 문화적 의미를 가지며 소비자에게 감정적 반응을 일으킴.
② 색상, 명도, 채도를 조합하여 다양한 분위기와 스타일을 창출할 수 있음.

1-3. 재질(Texture)

정의: 재질은 의복 표면의 촉감과 시각적 특성을 나타내며, 의복의 깊이감과 흥미를 더하는 요소이다.
① 재질은 의복의 무게감, 드레이프성(옷감이 흐르는 느낌), 광택 등에 영향을 미침.
② 다양한 재질을 조합하여 시각적으로 다차원적인 효과를 창출할 수 있음.

1) 재질의 종류와 효과:
① 매끄러운 재질(Smooth): 실크, 새틴 등으로 고급스럽고 우아한 느낌을 줌.
② 거친 재질(Rough): 데님, 트위드 등으로 캐주얼하고 자연스러운 분위기를 연출.
③ 부드러운 재질(Soft): 벨벳이나 모헤어로 따뜻하고 편안한 이미지를 제공.
④ 광택 있는 재질(Shiny): 빛을 반사하여 색상을 더욱 밝고 생동감 있게 표현.

2 디자인의 원리

2-1. 비례

비례의 원리에는 전체에 대한 부분의 크기를 의미하는 비율(proportion), 크기 자체를 의미하는 규모(scale) 등의 개념이 포함되어있다.

① 비율(proportion): 패션디자인에서 비율이란 부분과 부분, 또는 부분과 전체의 비례관계가 조화를 이루도록 구성하는 것이다.

② 황금비율: 고대부터 내려오는 가장 이상적인 비율로 이것을 숫자로 표시하면 1:1.618 이며, 이것은 3:5 또는 5:8에 가깝다.

2-2. 균형

축을 중심으로 힘이 어느 쪽으로도 치우치지 않는 상태를 의미함.

대칭균형과 비대칭 균형으로 나눌 수 있다.

① 대칭균형: 디자인 요소를 중심선을 기준으로 대칭하도록 배치하여 균형을 이룸. 안정감과 정적임. 평범하고 지루한 느낌을 줄 수 있다. 유니폼, 제복, 클래식 스타일 의복, 일상복에서 쉽게 찾을 수 있다.

② 비대칭균형: 수학적, 정량적으로 균형이 이루어 지지 않더라도 미적인 균형감이 느껴지는 상태. 비대칭 균형은 변화와 생동감을 느낄 수 있으며 드레스, 예술성이 강한 아방가르드한 디자인의 창의적인 의복에서 많이 찾아볼 수 있다.

2-3. 통일

통일은 디자인 요소들의 각 부분의 상호관계가 질서 있게 어우러지는 아름다움이다. 각 부분의 이질적인 요소들을 일관성 있게 통합하여 전체적으로 보았을 때 안정감 있게 보여 지는 감각적 효과를 말한다.

2-4. 조화

둘 이상의 요소들이 서로 어울려 자연스러움을 이루는 미적 효과이다. 비슷한 요소들이 일관성 있게 어우러지는 유사조화와 서로 다른 요소들이 대립하여 특성이 두드러지게 하는 대비조화가 있다. 또한 의복 전체와 부분의 조화 , 소재와 색의 조화, 형태와 장식의 조화 등 여러 가지 구조적 조화와 더불어 의복과 착용자와의 조화 또한 조화의 원리라고 볼 수 있다.

2-5. 리듬

리듬은 디자인 요소들의 규칙적인 반복이나 점진적인 변화를 통해 시각적으로 나타나는 율동감을 의미한다. 리듬이 전개되는 특성에 따라 반복, 전환, 교차, 점진(그라데이션), 방사 등이 있다.

2-6. 강조

강조는 모든 디자인 요소들이 흥미의 중심점으로 집중하는 원리이다. 의복 내에서 시선을 집중시키는 강조점은 반드시 하나이어야 한다. 패션디자인에 사용되는 요소 (형태, 실루엣, 디테일, 트리밍, 소재, 색채)들 중 어느 하나의 요소를 디자인의 주제로 삼고 나머지 요소들은 강조점의 주제를 보조하는 역할을 하게 하여 주제를 강조하는 것이다.

Step 01   **핏경향분석** 

1 실루엣과 사이즈 경향분석

1-1. 실루엣의 경향분석

1) 실루엣은 의복의 세부적인 디자인을 제외한 외형적 형태감을 의미하며, 길이, 둘레, 균형감, 디테일 요소(칼라, 주머니, 앞여밈 위치, 벨트 고리, 비조 등 장식요소)등의 형태 어우러짐을 이르는 말이다. 실루엣은 그 시대의 문화, 사회적 쟁점, 경제 등의 영향을 받는다.

2) **실루엣 분석 방법**
   ① 시장 조사: 국내외 매장 방문, 온라인 쇼핑몰 활용, 패션 박람회 참가 등을 통해 자료 수집.
   ② 디테일 분석: 부착물의 위치와 크기, 봉제 방식, 심지 및 안감 구성 등 내부 구조 파악.
   ③ 제품 해체: 봉제 기법과 사용된 기기의 분석을 통해 완성 방법 확인.

3) **실루엣 경향 분석 절차**
   ① 자사 브랜드와 경쟁 브랜드의 콘셉트 파악.
   ② 시장 조사 계획 수립(조사 대상 매장 및 일정 결정).
   ③ 제품 조사 후 실루엣의 길이 · 둘레 비율과 외형적 특징 기록.
   ④ 결과 정리 및 보고서 작성(사진 · 스케치 첨부).

1-2. 사이즈 경향 분석

1) **사이즈 조사의 정의와 목적**
   사이즈 조사는 자사 및 경쟁 브랜드 제품의 사이즈를 비교하여 소비자 만족도와 시장 경쟁력을 높이기 위한 과정이다.

2) **사이즈 분석 방법**
   ① 경쟁 브랜드 조사: 매장 방문 및 샘플 구매를 통해 제품 사이즈를 측정하고 비교.
   ② 자사 데이터 검토: 자사 브랜드의 축적된 데이터를 기반으로 사이즈 변화 추이를 분석.
   ③ 계획 수립: 경쟁사와 자사 데이터를 토대로 차기 시즌 제품 사이즈를 체계적으로 계획.

3) **수행 절차**
   ① 조사 대상 브랜드와 아이템 선정.
   ② 매장 방문 또는 온라인 조사를 통해 데이터 수집 및 기록.

③ 측정한 데이터를 표로 정리하여 비교·분석 후 차기 시즌 사이즈 계획 수립.

4) 주요 고려 사항
① 고객 체형 변화와 트렌드 반영.
② 기존 고객 유지 및 신규 고객 유치를 위한 신중한 사이즈 조정.

2 의복 제작 방법 경향 분석

2-1. 봉제기기

1) 새로운 봉제기기의 정의
기존에 없던 새로운 소재나 부자재 개발로 출시된 기기 또는 작업 편의성과 품질 향상을 위해 업그레이드된 자동화·반자동화 기기를 포함.

2) 새로운 봉제기기의 예시
① 새로 출시된 본봉기: 일반 본봉기에서 자동 사절 기능, 모터 직결형, 감속기 내장형으로 발전.
② 소음 감소와 작업 효율성을 높이는 기술 적용.
③ 포켓 웰팅기: 재킷 주머니 제작용 기기로, 반자동에서 자동화로 발전. 작업 속도 및 절삭 기능 개선.
④ 패턴 포머: 재킷 앞판과 안단 연결 작업에 사용되며, 초보자도 쉽게 작업 가능.

2-2. 봉제방법

1) 봉제방법 조사의 목적
① 품질 향상: 제품의 완성도를 높이고 불량률을 줄이기 위해 봉제 방법을 조사.
② 생산 시간 단축: 작업 시간을 줄여 생산성을 높이는 방법 모색.
③ 생산 비용 절감: 경쟁 브랜드보다 낮은 원가로 생산하기 위한 효율적인 봉제 기술 개발.
④ 트렌드 반영: 빠르게 변화하는 패션 트렌드에 맞춰 적시에 제품을 출시.

2) 새로운 의복 봉제 방법
(1) 품질 향상과 비용 절감을 위한 경향 조사
① 재킷 밑단과 소맷부리 심지 작업: 롤 상태에서 필요한 폭으로 잘라 사용해 재단 시간과 원단 소모를 줄임.
② 셔츠 플라켓 봉제: 닫고 재봉기를 활용해 작업 시간을 단축하고 품질을 개선.
③ 스판 소재 바지 허릿단 봉제: 심지를 생략하고 체인 스티치로 봉제해 착용감 향상.

(2) 기존에 존재하지 않았던 새로운 봉제 경향 조사
① 무봉제 기술: 고주파나 접착액을 이용해 바느질 선 없이 합봉.
② 열 접착 방식: 벨크로테이프를 접착액으로 고정.

(3) 디자인 품질 개선 경향 조사
스티치 간격 조정, 새로운 재봉사 활용, 바인딩 작업 개선 등으로 디자인 완성도 향상.

1　디자인 의도 파악

1-1. 샘플작업지시서

샘플작업지시서는 새로운 제품 개발을 위해 샘플 제작 시 사용되는 문서로, 디자이너의 도식화, 참조 이미지, 샘플 원부자재 정보 등이 포함됨.
- 목적: 디자인 의도 전달, 원부자재 정보 제공, 샘플 제작 과정에서의 의사소통 도구 역할.

1) 샘플작업지시서의 구성 요소

(1) 기본 정보
① 회사명, 브랜드명, 시즌
② 복종, 스타일명, 스타일 번호
③ 샘플 고유 번호
④ 담당 디자이너 성명
⑤ 작성일, 납기일
사이즈 스펙

(2) 디자인 정보
① 제품의 앞뒷면 도식화
② 디자인 세부 부분 확대 도면
③ 디테일별 작업 방법 설명
④ 디자이너 코멘트
⑤ 봉제 순서 및 방법

(3) 소재 정보
① 원단 스와치(실물 견본)
② 원단 코드 번호
③ 원단 물성 및 특성
④ 부자재 종류 및 규격
⑤ 컬러웨이 정보

2) 도식화 분석 방법

(1) 전체 비율 확인
① 총장, 어깨너비, 가슴둘레 등 기본 치수
② 실루엣과 핏의 특성
③ 디자인 포인트의 위치

(2) 디테일 분석
① 칼라, 포켓, 소매 등의 세부 형태
② 스티치 라인과 봉제 방법
③ 트림과 부자재 위치

(3) 내부 구성
① 안감 처리 방법
② 심지 부착 위치
③ 시접 처리 방법
특수 봉제 부위

3) 디자인 의도 파악

(1) 실루엣 분석
① H라인, X라인, A라인 등 기본 실루엣
② 피트성과 여유량 정도
③ 길이감과 비율

(2) 스타일 분석
① 정장, 캐주얼, 스포츠 등 용도
② 시즌성과 트렌드 반영도
③ 타겟 고객층 특성

2-1. 원부자재 분석

원부자재 분석은 샘플 제작의 품질과 완성도를 결정하는 중요한 과정이다. 원부자재 분석을 통해 샘플 제작의 품질을 향상시키고, 디자인 의도를 정확하게 구현할 수 있는 기반을 마련할 수 있다.

1) 원단과 디자인의 적합성 분석

(1) 원단의 물성 파악

① 원단의 두께, 밀도, 조직을 확인

② 신축성과 드레이프성 정도 파악

③ 기모 유무와 표면 특성 확인

④ 원단의 수축률 측정

(2) 디자인 적합성 검토

① 디자인 의도와 원단 특성의 연관성 분석

② 실루엣 구현 가능성 확인

③ 디테일 표현의 적합성 검토

④ 봉제 난이도 고려

2) 패턴 제도 시 파악해야 할 원단의 특성

(1) 물성

① 밀도: 원단의 밀도가 낮으면 시접/봉제 부위 보강 필요

고밀도 원단은 잔주름을 잡으면 저밀도 원단보다 주름양이 많아 보이는 경향이 있기 때문에 패턴 제도 시 조직의 밀도에 따라 적절하게 주름양의 배분 필요

② 조직: 솔기 부분의 올 풀림 가능성 확인

③ 두께: 절개선 부위가 겹치면 봉제선의 시접이 두꺼워져 옷의 품질이 저하될 가능성이 있으므로 절개선이 많이 겹치지 않도록 피하도록 디자이너에게 제시하거나 계단식 시접처리를 함.

④ 신도: 신도가 없거나 스트레치성이 높은 원단의 경우 봉제 시 퍼커링 발생가능성이 높음. 퍼커링을 줄이도록 적절한 노루발, 재봉사, 바늘 사용 필요. 곡선봉제를 줄이는 것도 고려.

⑤ 내열성: 다림질 온도 제한 확인.

⑥ 코팅/방풍 가공: 심지 부착 방식 결정. 비접착심지 사용

⑦ 특수 가공: 봉제 시 주의사항 파악

(2) 수축률

샘플작업 전 원단이 수축되는 양을 사전 조사하여 수축량을 감안하여 패턴제도를 하거나 미리 원단을 스팀다리미로 수축시켜놓고 제작.

(3) 탄성

원단이 늘어나는 방향과 스판에 따라 늘어나거나 줄어드는 양을 패턴제도시 참조한다.

3) 부자재 선정

(1) 안감 선정 기준

① 샘플 원단의 두께에 따라 안감의 두께가 결정됨. (봄/여름: 얇은 쉬폰안감, 가을/겨울: 두꺼운 트윌안감 등) 폴리에스터 안감은 시즌에 관계없이 폭넓게 사용함.
② 샘플 원단 재질의 특성에 맞는 안감을 선정함. (예: 겉감 원단이 잘 늘어나는 소재이면 안감도 스트레치성이 좋은 안감을 사용)

(2) 심지 선정 기준

① 겉감 두께/재질을 고려
② 부착 부위에 따라 심지의 종류가 결정되기도 함
③ 특수 가공 여부에 따른 선택 (코팅된 소재나 시레 가공된 소재에는 비접착 부직포 심지를 사용)
④ 형태 안정성 고려
⑤ 심지는 샘플 원단의 재질과 가장 유사한 것으로 선택 하는 것이 일반적

2-2. 봉제방법 계획

봉제 방법 계획은 의류 제품의 품질과 생산성을 결정하는 중요한 과정.

1) 디자인에 적합한 봉제 순서 계획

(1) 재킷의 기본 봉제 순서

① 겉감 앞판과 뒤판의 라인 연결
② 앞판 포켓 제작 및 부착
③ 겉감 몸판과 안단 연결
④ 안감 몸판과 소매 연결
⑤ 칼라 제작 및 부착
⑥ 소매 제작 및 연결
⑦ 어깨패드와 슬리브헤딩 부착
⑧ 단추 부착

(2) 안감 처리에 따른 봉제 계획

① 전체 안감: 일반적인 봉제 순서로 작업 진행
② 부분 안감: 겉감의 솔기가 보이므로 솔기 처리 방법을 신중하게 계획, 안감이 부분에만 들어가므로 보이는 곳에 심지를 접착할 경우 외관상 문제가 생기지 않도록 심지와 접착테이프 부위를 따로 계획한다.

③ 안감이 없는 홑겹 재킷: 안감이 없어서 안쪽이 보이게 되므로 솔기를 최대한 깔끔하게 처리하여
야 한다. 대부분 솔기를 바이어스 처리한다. 안쪽의 외관을 고려하여 보이는 곳에는 심지 접착
을 하지 않는다. 앞판의 안단, 안단 부위보다 적은 앞판 몸판 밑단 쪽에 심지를 접착한다.

④ 접착테이프는 최소화하고 접착하더라도 솔기 쪽에 접착하여 겉에서 잘 보이지 않게 한다.

2) 원부자재에 적합한 봉제 방법

(1) 원단 특성별 봉제 방법

① 파일 직물: 벨벳이나 코듀로이직물. 원단결의 반대방향으로 재단하여 옷을 만드는 경우가 많음.
다림질시 털이 눌리는 것을 방지하도록 니들 보드 사용.

② 기모 직물: 원단의 결을 한 방향으로 재단한다. 패턴 제도시에 원단의 결 방향 표시 필수

③ 체크무늬 원단: 체크무늬를 어떤 방식으로 맞추고 디테일이나 몸판의 무늬 결 방향을 어떻게 사
용할 것인지 표기한다.

④ 스판 직물: 적절한 바늘과 재봉사 선택, 봉제 시 늘어남 고려하여 심지를 선택한다.

(2) 특수 봉제 고려사항

① 두꺼운 원단: 시접 처리 방법 결정

② 신축성 원단: 퍼커링 방지를 위한 봉제 방법 선택

③ 특수 가공 원단: 열처리 온도와 심지 부착 방식 결정

3) 디자인과 원부자재에 적합한 솔기 종류 선택

일정한 간격의 스티치로 직물을 봉합한 상태를 솔기(seam)라고 한다. 솔기에는 옆솔기, 어깨솔기, 허
리솔기 등이 있고, 장식적인 솔기나 디자인에서 생기는 솔기는 절개선과 다트 등이 있다.

※ 솔기 방법 선택 기준

디자인과 디테일, 핏과 디자인 의도, 의류 제품의 사용 용도, 원부자재의 종류, 제품 생산 시 드는
비용, 원부자재의 특성 등을 고려하여 알맞은 솔기 처리방법을 선택한다.

1　샘플 수정

1-1. 사이즈 수정

① 샘플 사이즈 수정은 피팅을 거친 샘플의 각 부위별 치수를 정확히 점검하고 필요한 수정사항을 반영하는 중요한 과정이다.

② 의복의 모든 부위에 대한 사이즈를 점검하여 샘플 사이즈의 변경 여부를 판단한다. 사이즈 변형의 원인으로는 봉제와 완성 다림질 문제, 사이즈 점검 오류, 원단의 수축 및 이완 등이 있다. 이러한 경우, 패턴 수정 또는 외부 조건 조정을 통해 문제를 해결해야 한다.

1) 샘플 봉제 후 부위별 사이즈 변경사항의 특성

(1) 어깨너비

① 주로 수축이 발생하는 부위

② 봉제 문제와 원단 수축이 주요 원인

③ 뒷목선 늘어남이나 어깨 이즈 봉제 처리 불량 시 이완 발생

(2) 가슴둘레

① 일반적으로 패턴 사이즈보다 1-1.5cm 작게 나타남

② 가슴 부위 절개선의 곡선 봉제에 따른 늘어남/줄어듦 현상 발생

③ 시접 봉제의 정확성이 중요

(3) 허리둘레

① 봉제 후 패턴 사이즈보다 1-2cm 늘어나는 경향

② 신축성 원단의 경우 늘어남이 더 커질 수 있음

③ 의도적으로 들여 박아 사이즈 조절 필요

(4) 엉덩이둘레

① 봉제 및 완성 다림질로 인한 직선화로 사이즈 축소 현상 발생

② 패턴과 샘플 비교를 통한 정확한 원인 분석 필요

③ 분석 결과에 따른 패턴 수정 적용

(5) 밑단

① 밑단 시접이 접혀 올라가며 사이즈가 커지는 경향

② 시접 두께로 인한 나팔형태 실루엣 발생

③ 적절한 시접 처리 방법 결정 필요

(6) 총길이

① 대부분 짧아지는 경향

② 봉제 후 재봉사 장력으로 인한 수축 발생

③ 원단의 늘어짐/처짐 특성 고려 필요

(7) 소매/칼라

① 소매통 사이즈의 수축/이완 현상 점검

② 칼라 스티치 있을 경우 둘레 사이즈 변형 주의

③ 패턴 수정 또는 생산 기술 지도를 통한 보완 결정

1-2. 패턴수정

패턴 수정은 샘플 피팅 후 확인된 수정사항을 반영하여 대량 생산에 적합한 메인 패턴을 완성하는 중요한 과정이다.

1) 스펙에 따른 패턴 수정

(1) 기본 사이즈 수정

① 총장, 어깨너비, 가슴둘레 등 기본 치수 반영

② 품평회 결과와 매장 의견을 반영한 확정 스펙 적용

③ 전체적인 사이즈 균형과 비율 고려

(2) 부위별 세부 수정

① 칼라, 포켓, 소매 등 디테일 부위 치수 조정

② 봉제선과 절개선의 위치 및 형태 수정

③ 디자인 요소에 따른 실루엣 구현

2) 생산성을 고려한 패턴 수정

(1) 봉제 효율성 개선

① 대량 생산에 적합한 봉제 방식 반영

② 복잡한 절개선 단순화 검토

③ 봉제 순서와 공정 최적화

(2) 원부자재 특성 반영

① 원단의 수축/이완 특성 고려

② 심지 부착 위치와 방식 결정

③ 안감 구성방식 최적화

3) 품질 향상을 위한 패턴 수정

(1) 봉제 품질 개선
① 시접 처리 방식 결정
② 곡선 부위 봉제 정확도 향상
③ 부자재 부착 위치 정교화

(2) 실루엣 완성도 향상
① 착용 시 외관 개선
② 디자인 의도 구현 정확성 확보
③ 체형별 맞음새 최적화

2 겉감패턴과 부속패턴

2-1. 원형의 제도

원형이란 신체의 동작을 방해하지 않는 정도의 기본 여유분을 넣은, 인체에 밀착되는 기본패턴을 의미한다. 평면 패턴을 제작할 때 기초가 되는 패턴이다.

1) 원형 제도법의 종류 (패턴의 종류)

(1) 단촌식 제도법
① 인체의 각 부위를 세밀하게 측정하여 제도함.
② 체형의 특징에 맞는 원형을 얻을 수 있다.
③ 제도 방법이 복잡하고 신체 계측에 숙련 기술이 필요하다.

(2) 장촌식 제도법
① 기준이 되는 대표 부위만 측정하고 측정하지 않은 부위는 산술식이나 고정 치수를 활용한다.
② 균형 잡힌 원형을 만들 수 있다.
③ 측정이 서툰 초보자에게도 적합한 방법이다.
④ 개개인의 체형에 맞게 만들기 위해서는 보정 과정이 필요하다.

(3) 병용식 제도법
단촌식과 장촌식을 보완한 제도법 으로, 장촌식 제도법에 몇 가지의 측정 치수를 추가한 제도법이다.

2) 길 원형

(1) 필요치수

가슴둘레, 등 길이, 어깨너비, 뒤품, 앞품, 앞길이, 유장, 유폭, 허리둘레

(2) 길 원형의 약자

약자	명칭	영문표기
B.L	가슴둘레선	Bust Line
W.L	허리둘레선	Waist Line
S.S	옆선	Side Seam Line
S.L	어깨선	Shoulder Line
S.P	어깨점	Shoulder Point
S.N.P	옆목점	Side Neck Point
F.N.P	앞목점	Front Neck Point
B.N.P	뒷목점	Back Neck Point
B.P	젖꼭지점	Bust Point
C.F.L	앞 중심선	Center Front Line
C.B.L	뒤 중심선	Center Back Line

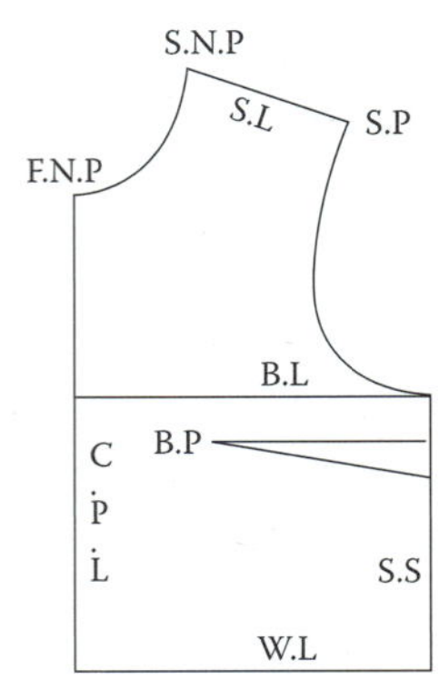
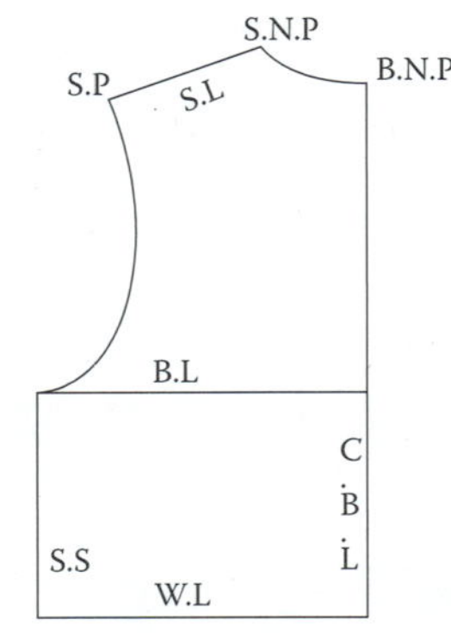

(3) 길원형의 다트

길원형의 앞판 다트는 젖꼭지점을 중심으로 방사형으로 구성되며 어느 방향이든 분산이나 이동이 가능하다.

① 로 언더암 다트/프렌치 다트 (low underarm dart)

② 언더암 다트 (underarm dart)

③ 암홀 다트 (armhole dart)

④ 숄더 포인트 다트 (shoulder point dart)

⑤ 숄더 다트 (shoulder dart)

⑥ 네크라인 다트 (neckline dart)

⑦ 센터 프런트 넥 다트 (center front neck dart)

⑧ 센터 프런트 라인 다트 (center front line dart)

⑨ 센터 프런트 웨이스트 다트 (center front waist dart)

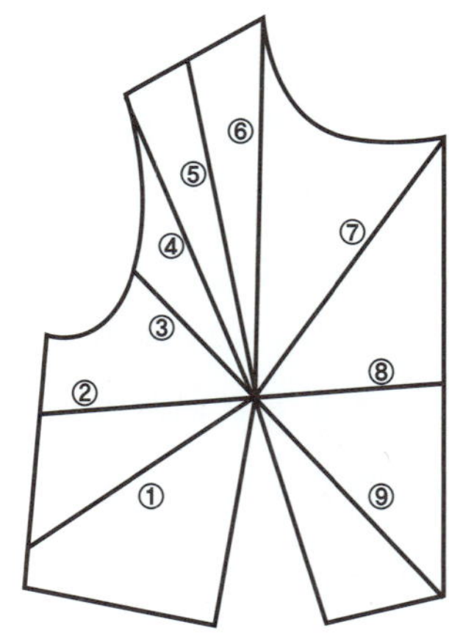

(4) 다트 머니퓰레이션 (dart manipulation)

다트 머니퓰레이션이란 다트의 위치를 이동시켜 새로운 패턴을 만드는 과정이다. 다트는 패턴에서 가장 융통성 있게 변형 할 수 있는 부분이다. 하나의 다트는 작은 여러 개의 다트로 분할하거나 이동할 수 있고 턱, 개더, 플리츠, 절개선 등으로 변형이 가능하다. 또한 작은 다트는 큰 다트 하나로 합칠 수 있다.

3) 소매 원형

(1) 필요치수

앞 진동둘레, 뒤 진동둘레, 소매길이

(2) 소매 원형 약자

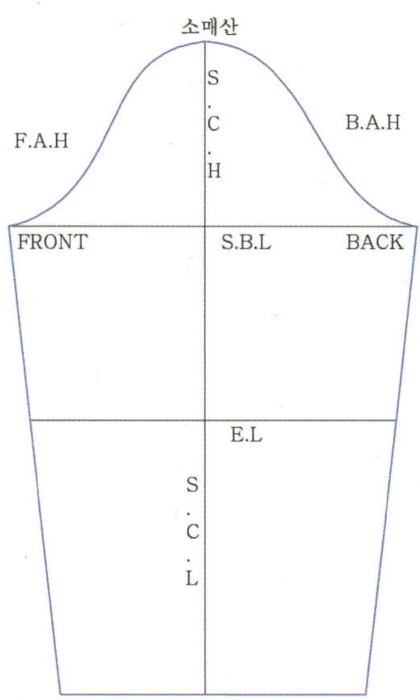

약자	명칭	영문표기
A.H	진동둘레	Arm Hole
F.A.H	앞 진동둘레	Front Arm Hole
B.A.H	뒤 진동둘레	Back Arm Hole
S.C.H	소매산 높이	Sleeve Cap Height
S.B.L	소매폭선	Sleeve Biceps Line
S.C.L	소매 중심선	Sleeve Center Line
E.L	팔꿈치 선	Elbow Line

(3) 소매산의 높이와 소매폭의 관계

소매산 높이가 높을수록 소매폭이 좁아지고 소매산 높이가 낮을수록 소매폭이 넓어진다.
즉, 소매산이 높으면 활동하기 불편하고 소매산이 낮으면 활동성이 좋아진다.

4) 스커트 원형

(1) 필요치수

엉덩이둘레, 허리둘레, 엉덩이길이, 스커트길이

(2) 스커트 원형 약자

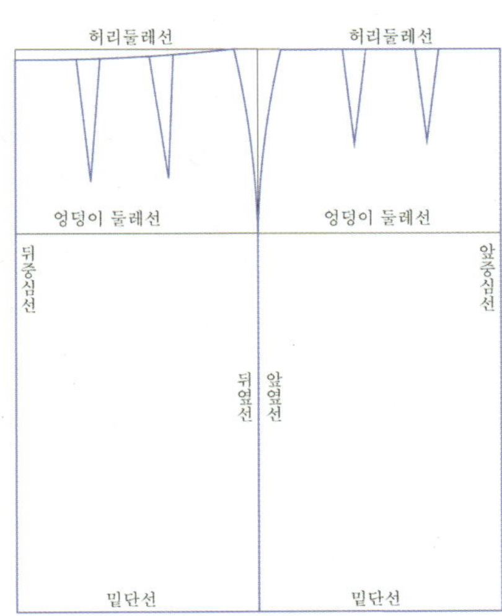

약자	명칭	영문표기
W	허리둘레	Waist circumference
H	엉덩이둘레	Hip circumference
W.L	허리둘레선	Waist Line
H.L	엉덩이둘레선	Hip Line
Hm.L	밑단선	Hem Line
S.S	옆 솔기선(옆선)	Side Seam Line
C.F.L	앞 중심선	Center Front Line
C.B.L	뒤 중심선	Center Back Line

5) 슬랙스 원형

(1) 필요치수

허리둘레, 엉덩이둘레, 엉덩이길이, 밑위길이, 슬랙스길이

(2) 슬랙스 원형 약자

약자	명칭	영문표기
W.L	허리둘레선	Waist Line
H.L	엉덩이둘레선	Hip Line
C.L	밑위선	Crotch Line
K.L	무릎선	Knee Line
HM.L	밑단선	Hem Line
C.F.L	앞 중심선	Center Front Line
C.B.L	뒤 중심선	Center Back Line

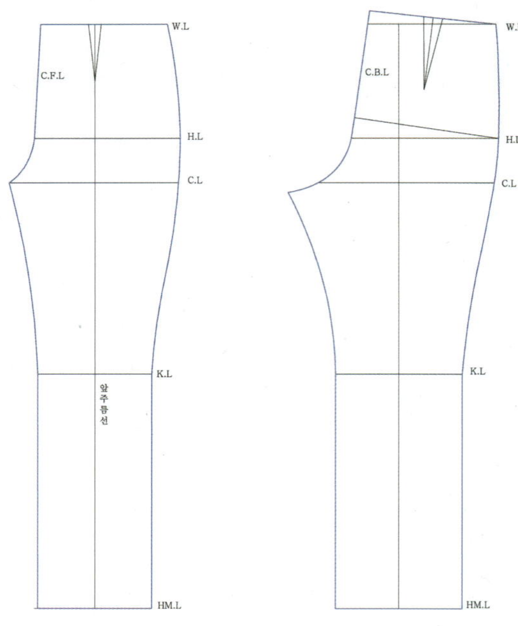

2-2. 겉감패턴

겉감패턴은 메인 생산을 위한 기본이 되는 패턴으로, 품평회 후 확정된 스펙과 디자인 요소를 반영하여 완성하는 중요한 작업입니다.

1) 스펙에 따른 겉감패턴 제작

(1) 확정 스펙 반영

① 품평회 결과와 매장 의견이 반영된 최종 스펙 확인
② 원부자재 변경, 디자인 부분 변경 등 수정사항 검토
③ 전체적인 사이즈 균형과 비율 고려

(2) 패턴 수정 방법

① 샘플작업지시서와 작업지시서상의 스펙 비교 검토
② 둘레 항목(가슴, 허리, 엉덩이)과 길이 항목 분리하여 수정
③ 기존 패턴에 테이핑 방식으로 수정하여 변경 이력 확인 가능

2) 생산성을 고려한 패턴 제작

(1) 봉제 효율성

① 대량 생산에 적합한 봉제 방식 반영

② 복잡한 절개선 단순화 검토

③ 봉제 순서와 공정 최적화

(2) 원단 특성 반영

① 원단의 수축/이완 특성 고려

② 원단 두께에 따른 시접 조절

③ 봉제 시 발생할 수 있는 문제점 예방

3) 품질 향상을 위한 패턴 제작

(1) 봉제 품질 개선

① 시접 처리 방식 결정

② 곡선 부위 봉제 정확도 향상

③ 부자재 부착 위치 정교화

(2) 실루엣 완성도

① 착용 시 외관 개선

② 디자인 의도 구현 정확성 확보

③ 체형별 맞음새 최적화

2-3. 부속패턴

메인패턴의 부속패턴은 대량 생산을 위한 작업 효율성과 품질의 일관성을 고려하여 제작해야 합니다.

① 소량생산: 품질 우선, 디테일한 패턴 구성 가능

② 대량생산: 생산성과 품질의 균형, 패턴 조각 수 최소화

1) 안감패턴

(1) 안감패턴의 특성

① 디자인 의도를 반영하면서 봉제 작업의 편리성과 생산성 고려

② 겉감패턴의 절개선을 최소화하여 봉제 공정 단순화

③ 안감 여유량을 적절히 설정하여 착용감 확보

2) 심지패턴

(1) 심지패턴의 특성
① 샘플과 달리 모든 부위의 심지패턴을 정확히 제작
② 재단 및 봉제 작업의 효율성 고려
③ 원단의 물성과 디자인에 따른 심지 부착 위치 결정

(2) 안감 형태별 심지 부착
① 전체 안감: 앞판 전면 심지, 등판 상단 부분 심지
② 부분 안감: 안단 부위 중심으로 심지 부착
③ 무안감: 안단 폭만큼만 심지 부착

3) 부속패턴

(1) 주머니패턴의 특성
① 작업자의 개인 기교보다는 패턴으로 완성도 구현
② 원단 두께와 스티치 특성 반영한 여유량 설정
③ 부착 위치에 따른 형태 보정

(2) 기타 부속패턴
① 견장, 플랩 등 작은 부속은 원단 수축률 고려
② 봉제 작업성과 품질의 균형 고려
③ 대량생산에 적합한 표준화된 패턴 설계

2-4. 패턴배치

1) 패턴 배치 시 주의사항
① 옷감의 안쪽 면에 패턴을 놓고 표시한다.
② 원단의 겉과 겉이 맞닿게 반으로 접어놓고 패턴을 배치한다.
③ 옷감의 올 방향과 패턴의 식서방향이 일치하도록 패턴을 배치한다.
④ 큰 패턴을 먼저 배치하고 남은 공간에 작은 패턴을 배치한다.

- 일방향(one way)배치: 원단 무늬의 방향성이 있을 때, 기모가 있을 때, 올 방향에 따라 색상이 다를 때는 패턴을 한방향 으로 배치한다.
- 양방향(two way) 배치: 옷감의 무늬나 색상이 위, 아래 방향에 따라 다르지 않을 때 사용한다.
- 비대칭 디자인의 경우 원단을 펴놓고 재단한다.

1 부자재와 재봉사

1-1. 부자재

1) 심지

- 심지는 의복의 실루엣을 유지하고 형태를 안정화하며, 착용 및 세탁 중 변형을 방지하는 중요한 부자재이다.
- 겉감의 특성과 디자인에 맞는 심지를 선정해야 의복의 품질과 완성도를 높일 수 있다.

(1) 심지의종류

ㄱ. 접착심지

- 한쪽 면에 접착제가 처리된 심지로, 열과 압력을 이용해 원단에 부착.
- 작업이 간편하며, 다양한 의류에 널리 사용됨.
- 종류:
  ① 접착 직물 심지: 형태 안정성과 품질 지속성이 우수하며, 고급 의류에 적합.
  ② 접착 니트 심지: 신축성과 드레이프성이 뛰어나 니트 및 스트레치 소재에 사용.
  ③ 접착 부직포 심지: 가볍고 부드러우며 다양한 소재에 적용 가능하지만 내구성이 약하며 필링이 생기는 단점이 있다.
  ④ 접착 복합포 심지: 직물과 부직포의 장점을 결합하여 재킷이나 코트에 적합.

ㄴ. 비접착심지

- 접착제가 없으며, 봉제로 고정.
- 고급 의류에서 형태 보존과 자연스러운 실루엣을 위해 사용.
- 봉제 공정이 까다롭고 비용이 많이 드는 단점
- 종류:
  ① 모심지, 헤어클로스: 재킷 앞판이나 체스트피스에 사용.
  ② 마심지: 여성 정장 재킷의 칼라와 체스트피스에 사용.

ㄷ. 테이프 형태의 심지

  ① 좁은 폭으로 롤 형태로 제작되어 곡선 부위(넥라인, 암홀 등)에 사용하기 적합.
  ② 재킷의 칼라와 라펠 부위, 칼라 꺾임선, 앞섶 등의 늘어남 방지, 강도
  ③ 보강, 형태 안정성 유지 등의 목적으로 사용.

(2) 디자인에 따른 심지 부위 지정

① 전체 안감 처리된 재킷

앞판, 안단, 칼라 등 주요 부위에 접착심지를 사용하여 실루엣을 살림.

② 부분 안감 처리된 재킷

보이는 곳에 심지를 접착할 경우에는 외관상 문제가 생기지 않도록 심지 부착 부위를 지정한다.

③ 안감 없는 재킷

겉에서 보이지 않는 부분만 심지를 접착하며, 시접은 바이어스 싸기로 처리.

(3) 적합한 심지 선정 기준

ㄱ. 겉감 특성에 따른 선정

① 모직물: 수분을 유지하면서 형태를 안정시킬 수 있는 융통성 있는 심지를 선정한다.

② 견직물: 접착 시 열과 압력에 따라 겉감이 변형될 가능성이 있으므로 낮은 열에도 접착이 가능한 심지를 선정한다.

③ 면직물: 물세탁으로 인한 수축될 수 있으므로 치수 변화 방지를 위해 수축률을 고려하여 심지를 선정한다.

④ 마직물: 열에는 강하나 세탁 시 수축하는 성질이 있으므로 이를 고려하여 심지를 선정한다.

⑤ 재생섬유(비스코스레이온,모달, 큐프라) : 세탁시 수축과 팽창이 심하고, 굵은 섬유의 심지는 접착력이 떨어질 수 있다. 겉감의 조직 및 가공에 따라 적합한 심지를 선정한다.

⑥ 반합성섬유 (아세테이트, 트리아세테이트) :열에 민감하고 프레스에 의한 광택현상이 발생 가능, 따라서 저온 접착 심지나 비접착 심지를 선정한다.

⑦ 합성섬유(폴리에스터 등): 높은 온도에서 변형이 일어나기 쉬우므로 충분한 테스트 후 심지 선정

⑧ 아크릴: 저온 저압 접착이 가능한 심지 선정

ㄴ. 심지의 접착 조건

심지의 접착조건은 접착 온도, 압력, 시간 3요소로 정의된다. 각 요소를 적절히 조절하여 접착 강도를 증가시키며 각 요소가 지나치면 오히려 접착력이 떨어진다.

2) 안감

안감은 의복의 안쪽에 사용되어 외관을 아름답게 유지하고 착용감을 향상시키는 중요한 부자재이다.

주요 기능:

① 의복의 형태 유지 및 보온성 제공.

② 땀에 의한 오염 방지와 겉감 보호.

③ 착용 시 마찰을 줄여 입고 벗기 쉽게 함.

④ 안감은 기능적 요소뿐만 아니라 디자인적 요소로도 활용되며, 의류 품질과 디자인에 큰 영향을 미침.

(1) 안감의 종류와 용도

ㄱ. 합성 섬유 안감

① 폴리에스터 안감: 내구성과 내세탁성이 우수하며, 사계절용으로 활용.

② 나일론 안감: 부드럽고 가벼우며, 스포츠웨어나 캐주얼 의류에 적합.

③ 트리코트 안감: 신축성이 뛰어나 니트 및 스트레치 소재 의류에 사용.

ㄴ. 재생 섬유 안감

① 레이온 안감: 부드럽고 고급스러운 촉감을 제공하며, 드라이클리닝이 필요한 모직물 의류에 적합.

② 아세테이트 안감: 부드럽고 아름다운 색상으로 겉감과 조화를 이루며, 여름용 재킷에 적합.

③ 큐프라 안감: 흡습성과 내구성이 우수하며 고급 정장 재킷에 사용.

ㄷ. 천연 섬유 안감

① 면 안감: 보온성과 강도가 뛰어나 캐주얼 재킷이나 주머니 속감으로 사용.

② 견직물 안감: 촉감이 부드럽고 아름다워 고급 여성복 재킷과 코트에 적합.

ㄹ. 혼합 소재 안감

큐프라와 폴리에스터 혼합, 나일론과 레이온 혼합 등으로 기능성과 내구성을 강화하여 다양한
의류에 사용.

(2) 겉감 특성에 따른 안감 선정 기준

ㄱ. 겉감의 소재 특성 고려

① 모직물: 흡습성과 형태 안정성을 고려해 큐프라 또는 레이온 안감을 선택.

② 합성섬유: 정전기 방지와 내구성을 위해 폴리에스터나 나일론 안감을 선택.

③ 얇은 직물: 매끄럽고 부드러운 촉감을 제공하는 레이온이나 아세테이트를 사용.

ㄴ. 계절 및 용도

① 겨울용 재킷: 보온성이 뛰어난 큐프라나 두꺼운 면 혼합 안감을 사용.

② 여름용 재킷: 통기성과 경량성을 고려해 아세테이트나 얇은 폴리에스터를 선택.

ㄷ. 디자인 요소 반영

① 겉감과 색상 조화를 이루는 염색된 안감을 선택하여 외관 품질을 높임.

② 착용 시 마찰이나 이염 방지를 위해 부드럽고 강도가 높은 소재를 사용.

(3) 겉감 특성에 따른 안감 부착 방식

① 전체 안감 처리

겉감을 완전히 덮어 외관을 정돈하며, 주로 겨울용 재킷에서 사용.

② 부분(¾) 안감 처리

봄·가을용 재킷에서 활용되며, 등판과 소매 등 주요 부위만 덮음.

③ 안감 없는 재킷

겉감을 강조하는 디자인에서 사용되며, 심지와 테이프를 활용해 내부를 정돈.

3) 기타 부자재

(1) 어깨패드(Shoulder Pad)
어깨 각도를 조정하고 체형을 보완하여 의복의 실루엣을 형성.

ㄱ. 종류:
① 셋인 슬리브용 패드: 일반적인 어깨 형태에 적합.
② 래글런 슬리브용 패드: 래글런 소매 디자인에 적합.

ㄴ. 구성: 펠트로 싸여 있으며 솜, 헤어클로스 등으로 채워짐.

ㄷ. 어깨패드 부착 전 준비 작업
① 소매산 부위의 시접 다림질 형태를 결정(갈라서 다림 또는 소매 쪽으로 시접 모음).
② 암홀 프레스나 다리미로 진동둘레 시접의 형태를 잡아줌.

ㄹ. 어깨패드 부착 방법
① 손봉제 또는 기계 봉제로 부착 가능.
② 패드의 어깨끝점을 표시하여 정확한 위치에 고정 후 봉제.
③ 스폰지가 삽입된 패드는 기계 봉제를 피하고 손봉제를 권장.

(2) 슬리브헤딩(Sleeve Heading)
소매산의 볼륨을 살리고 형태를 안정화.

ㄱ. 종류:
① 일자형 슬리브헤딩: 소매산의 볼륨을 강조.
② 부메랑형 슬리브헤딩: 소매 형태를 좁아 보이게 함.

ㄴ. 소재: 펠트, 헤어클로스, 제천 등.

ㄷ. 슬리브헤딩 부착
① 소매산의 볼륨감을 줄 필요가 있을 때 사용하며, 디자인 의도에 따라 생략 가능.
② 펠트와 헤어클로스가 결합된 슬리브헤딩은 헤어클로스가 보이도록 올려놓고 박음질.

1-2. 재봉사

1) 재봉사의 역할과 중요성
① 재봉사는 의복의 조각을 연결하여 형태를 완성시키는 중요한 부자재로, 강도, 내구성, 탄력성, 염색 견뢰도 등의 특성을 고려하여 선정해야 한다.
② 적합한 재봉사 선정은 봉제 품질을 높이고 의복의 내구성과 외관을 개선하며, 착용 및 세탁 시 발생할 수 있는 문제를 최소화 한다.

2) 재봉사의 종류와 특성

(1) 방적 폴리에스터 봉사 (P Spun)

① 특징: 강도가 높고 내마모성이 우수하며, 다양한 의류 제품에 광범위하게 사용됨.
② 용도: 겉감 봉제 및 일반 봉합용으로 적합.

(2) 코어스펀사 (Core Spun)

① 특징: 방적 폴리에스터사의 단점을 보완하여 고속 봉제 시 바늘 온도 상승을 줄임.
② 용도: 강도가 높고 신축성이 있어 퍼커링이 발생하기 쉬운 초극세사 의류에 적합.

(3) 견봉사 (Silk Thread)

① 특징: 부드럽고 광택이 있으며 염색성이 우수함.
② 용도: 고급 의류나 초극세사 폴리에스터 직물에 사용.

(4) 면봉사 (Cotton Thread)

① 특징: 신장 회복력이 작아 퍼커링 방지에 유리하며, 머서라이즈 가공으로 강도가 증가됨.
② 용도: 면 소재 캐주얼 재킷에 적합.

(5) 폴리에스터 필라멘트 봉사 (Polyester Filament)

① 특징: 텍스처 가공으로 광택과 피복력을 증가시켜 니트류나 신축성 소재 커버 스티치에 활용.
② 용도: 니트류 및 신축성 소재 봉제.

(6) 나일론 필라멘트 봉사 (Nylon Filament)

① 특징: 인장 강도가 높고 탄성이 풍부하여 스포츠웨어 등에 적합.
② 용도: 체인 스티치 봉사로 사용.

3) 겉감 특성과 봉제 방법에 따른 재봉사 선정

① 겉감의 두께, 조직, 강도 등을 고려하여 재봉사를 선택해야 한다.
② 일반적으로 두꺼운 원단에는 강도가 높은 굵은 재봉사를 사용.
③ 얇은 원단에는 가는 재봉사를 사용하여 바늘땀의 외관을 매끄럽게 유지.
④ 신축성 있는 소재에는 탄력성이 높은 코어스펀사를 적용.

4) 안감 특성에 따른 재봉사 선정과 봉제방법

① 안감은 얇고 매끄러워 퍼커링이 발생하기 쉬우므로 안감봉제시 다음과 같은 조건을 충족해야한다.
② 방적 폴리에스터 60s/3 합사를 주로 사용하지만, 퍼커링 방지를 위해 더 가는 실을 선택.
③ 겉감보다 바늘땀 길이를 길게 하여 봉제.
④ 노루발 압력과 장력을 약하게 조정하여 안감 손상을 방지.
⑤ 오버로크 작업 시 가는 실을 사용하여 외관 품질을 개선.
⑥ 바늘의 굵기, 침판의 높낮이, 바늘 끝의 마모 등을 면밀히 점검

5) 실의 굵기를 표시하는 단위

실의 굵기를 표시하는 방법은 항중식(실의 무게를 기준으로 함)과 항장식(실의 길이를 기준으로 함) 이 있다.

① 텍스 : 항장식 단위.
- 1km길이당 무게(g)으로 나타낸다.
- 실이 가늘수록 번수가 작다.
- 텍스 = $\dfrac{무게(g)}{길이(km)}$

② 데니어 (Td) : 항장식 단위.
- 필라멘트사의 굵기 표시에 사용된다.
- 실 9000m 일 때의 무게(g)로, 1데니어는 9000m 의 실이 1g 인 것을 나타낸다.
- 데니어 = $9 \times \dfrac{무게(g)}{길이(km)}$

③ 면 번수 (Nec : 영국식) : 항중식 단위.
- 1파운드 무게의 실에서 나오는 타래수로 나타냄. (1타래는 840 야드)
  - ㉠ 1파운드 무게의 실이 30타래로 나누어진다면 그 실은 30번수 임.

6) 재봉사에 따른 바늘과 본봉 땀수 지정

(1) 재봉사와 바늘의 관계
① 바늘의 선택 기준: 바늘 굵기와 형태는 재봉사의 굵기, 원단의 두께, 조직 밀도, 봉제 목적에 따라 결정된다.
② 굵은 원단과 느슨한 조직: 굵은 바늘 사용.
③ 얇은 원단과 치밀한 조직: 가는 바늘 사용.
④ 적합한 바늘 사용의 중요성:
⑤ 적절한 바늘을 선택하면 스티치 품질이 향상되고, 원단 손상을 방지하며, 봉제 과정에서의 문제 (땀뛰기, 바늘 부러짐 등)를 줄일 수 있음.

(2) 재봉사에 따른 바늘 번호와 땀수
① 바늘 번호: 일반적으로 9호~16호를 사용하며, 소재와 재봉사의 굵기에 따라 선택.
② 본봉 땀수: 땀수는 3cm당 땀의 개수로 측정되며, 원단과 봉제 목적에 따라 다름.
③ 얇은 원단: 15땀/3cm 이상.
④ 일반 의류: 12~13땀/3cm.
⑤ 두꺼운 원단(데님 등): 8~10땀/3cm.

재봉사 종류	바늘 번호	땀수/3cm	적합 소재
P spun 60/3	11호	15땀/3cm	얇은 블라우스, 원피스
P spun 60/3	14호~16호	12~13땀/3cm	일반 의류
P spun 40/2 60/2	볼포인트 10~14호	15땀/3cm	신축성 소재, 저지류 등 니트웨어
P spun 30/3	16호	8~10cm/3땀	데님 등 두꺼운 소재

(3) 바늘 포인트와 용도

  ① 샤프 포인트 (Sharp Point): 일반 직물 소재 봉제에 적합.

  ② 볼 포인트 (Ball Point): 니트 및 신축성 소재 봉제에 적합.

  ③ 커팅 포인트 (Cutting Point): 가죽 및 비닐 소재 봉제에 적합.

2 부위별 봉제방법

2-1. 솔기의 종류와 특성

솔기(Seam)는 두 조각 이상의 원단을 스티치로 연결하여 의복을 구성하는 부분을 말한다.
솔기는 의복의 내구성과 외관 품질에 직접적인 영향을 미치며, 시접 처리와 함께 의복의 완성도를 결정한다.

1) 솔기의 종류와 특징

(1) 슈퍼임포즈 심 (Superimposed Seam, SS)

  특징: 두 개의 원단 가장자리를 겹쳐 박음질한 형태로 가장 일반적인 솔기 유형.

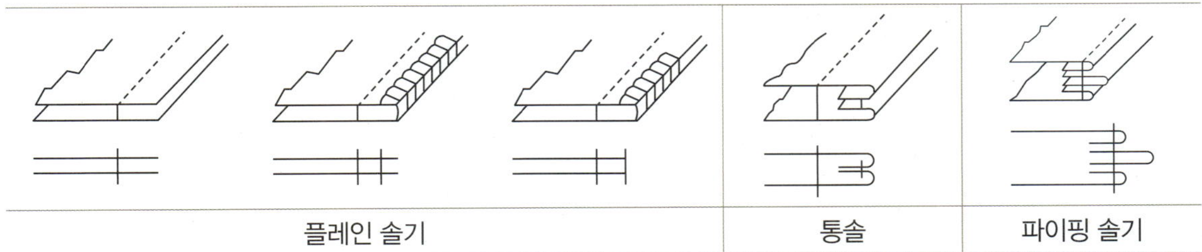

  ① 플레인 솔기(Plain Seam): 가름솔 또는 한쪽으로 시접을 모아 처리. 일반적인 의류 봉제에 사용.

  ② 통솔(French Seam): 얇은 원단에서 미어짐 방지를 위해 사용하며, 고급 블라우스 등에 적합.

  ③ 파이핑 솔기(Piped Seam): 장식성을 위해 코드나 파이핑 천을 넣어 봉제. 재킷 안단과 안감 연결 부위에 주로 사용.

(2) 랩 심 (Lapped Seam, LS):

두 겹의 원단을 반대 방향으로 겹쳐 박음질하여 강도와 내구성이 높음.

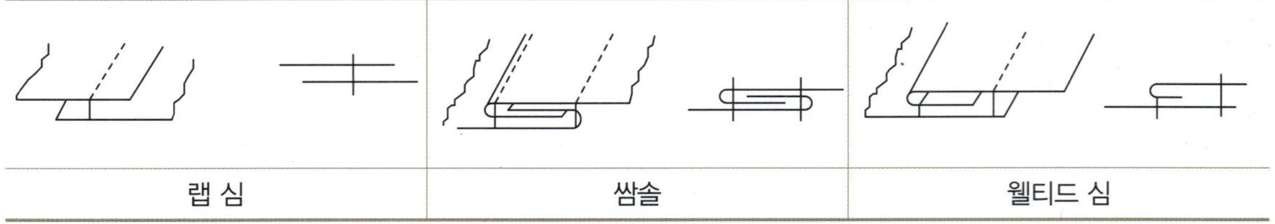

랩 심	쌈솔	웰티드 심

① 쌈솔 (Lap Felled Seam): 데님, 셔츠, 작업복 등 내구성을 요구하는 의류에 적합.

② 웰티드 심 (Welted Seam): 주머니 박음이나 요크 부위에 사용.

(3) 바운드 심 (Bound Seam, BS)

원단 가장자리를 다른 천으로 감싸서 처리하여 올 풀림 방지와 장식 효과를 제공.

바운드 심

용도: 목둘레선, 진동둘레, 밑단 등 가장자리 처리에 사용.

(4) 가장자리 처리 (Edge Finishing)

시접이나 단의 가장자리를 매끈하게 정리하여 올 풀림 방지 및 외관 품질 향상.

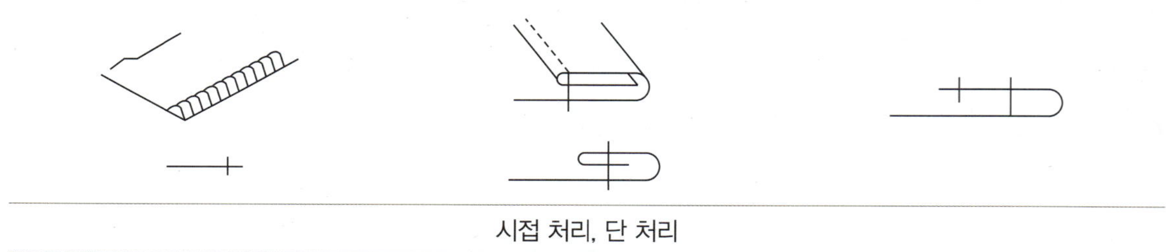

시접 처리, 단 처리

종류 및 용도:

① 오버로크 스티치(Overedge Stitch): 일반 의류의 시접 처리에 사용.

② 밑단 말아박기(Rolled Hem): 얇은 원단의 밑단 처리에 적합.

2) 솔기의 선택 기준

솔기의 선택은 의복의 착용 목적, 디자인, 소재 특성, 취급 방법, 유행 경향 등을 고려해야 한다.

예 강도가 필요한 작업복에는 쌈솔 사용.

얇고 투명한 직물에는 통솔 적용.

고급스러운 외관이 필요한 경우 파이핑 솔기 활용.

2-2. 스티치 종류와 특성

스티치(stitch)는 한 가닥 또는 두 가닥 이상의 실이 연결되어 고리를 형성하며 원단에 박음질된 형태를 말한다.

스티치는 의복의 내구성과 외관 품질에 직접적인 영향을 미친다.

1) 스티치의 종류와 특성

스티치는 국제표준규격(ISO)과 한국공업규격(KS K 0029-1989)에 따라 6등급으로 분류되며, 각 등급은 세 자리 숫자로 표시된다. 첫 번째 숫자는 스티치 등급을, 두 번째와 세 번째 숫자는 유형을 나타낸다.

스티치 등급	스티치 형태	특징 및 용도	스티치 형식 예
100등급	단환봉(single-thread chainstitch)	– 밑실 없이 한 올의 실로 루프를 형성. – 빠르게 박음질 가능하나 쉽게 풀림. – 시침, 단추달기, 밑단 처리에 사용.	단사체인 스티치/ 단환봉(101, 103)
200등급	핸드 스티치(handstitch)	– 수작업 느낌의 장식용 스티치. – 정장 장식 스티치로 사용되어 고급스럽고 균일함.	핸드 스티치(205, 209)
300등급	본봉(lockstitches)	– 가장 보편적으로 사용되는 스티치. – 직선과 곡선 박음 가능. – 의복의 솔기 박음질 및 탑 스티치에 사용.	본봉(301, 304)
400등급	이중환봉(double chainstitch)	– 강도와 신축성이 뛰어나 힘을 많이 받는 부위의 솔기에 적합. – 체인 스티치를 사용하여 생산성이 높음.	이중환봉(401), 다중환봉(402, 406, 407)
500등급	오버로크봉(overedge stitches)	– 원단 가장자리 처리에 사용. – 티셔츠, 언더웨어 등 신축성 있는 소재의 솔기 봉제에 적합.	유사안전봉(니혼오바, 514), 오버로크봉(503, 504)
600등급	편평봉(flat seam stitches)	– 니트 직물이나 티셔츠, 속옷 등의 솔기 처리 및 장식용으로 사용. – 밑단 처리와 목둘레선 봉제에도 활용됨.	편평봉/가위루빠삼봉(602, 605, 607)

2) 스티치 선택 시 고려 사항

① **소재 특성**: 신축성이 있는 소재에는 늘어나는 스티치를, 내구성이 필요한 의복에는 강한 스티치를 선택.

② **사용 목적**: 의복의 용도와 착용 빈도에 따라 적합한 스티치를 선택.

③ **봉제 조건**: 스티치 길이, 바늘 크기, 재봉사 형태 등을 고려하여 최적화.

3) 스티치별 주요 활용 예시

① **100등급 단환봉**: 시침 작업이나 임시 고정 작업.

② **300등급 본봉**: 정장 재킷이나 셔츠의 솔기 봉제.

③ **500등급 오버로크봉**: 원단 가장자리 마감 처리.

④ **600등급 편평봉**: 니트 의류나 스포츠웨어의 솔기 처리.

1　봉제기술

1-1. 재봉기의 종류와 특징

1) 본봉 재봉기 (Lock Stitch Machine)
　① 특징: 한 올의 윗실과 밑실을 사용해 고리를 형성하며, 가장 기본적이고 보편적으로 사용되는 재봉기.
　② 장점: 직선과 곡선 봉제가 가능.
　　　　깔끔하고 견고한 스티치 형성.
　③ 단점: 신축성이 없어 신축성 있는 소재에는 부적합.
　　　　북을 자주 교체해야 하므로 생산 속도가 느림.
　④ 용도: 일반 의류의 솔기 봉제, 탑 스티치, 정장 재킷 등.

2) 환봉 재봉기 (Chain Stitch Machine)
　① 특징: 루퍼사를 사용해 체인 스티치를 형성하며, 신축성과 생산성이 뛰어남.
　② 장점: 신축성이 있어 저지류, 니트류 등 신축성 있는 소재에 적합.
　　　　본봉 재봉기보다 속도가 빨라 생산 효율성이 높음.
　③ 단점: 체인 스티치는 풀릴 가능성이 있음.
　④ 용도: 데님, 스포츠웨어, 티셔츠 등.

3) 오버로크 재봉기 (Overlock Machine)
　① 특징: 원단 가장자리를 감싸면서 박음질하여 올 풀림 방지 및 마감 처리.
　② 장점: 시접 처리와 봉제가 동시에 이루어짐.
　　　　다양한 실 조합으로 강도와 유연성을 조절 가능.
　③ 단점: 단순 시접 처리 외에는 활용도가 제한적.
　④ 용도: 티셔츠, 언더웨어 등 신축성 있는 소재의 시접 처리.

4) 인터로크 재봉기 (Interlock Machine)
　① 특징: 삼봉(cover stitch)을 형성하며, 편평하고 장식적인 스티치를 제공.
　② 장점: 니트류의 솔기 처리와 장식 스티치에 적합.
　　　　솔기가 편평하여 착용감이 우수함.
　③ 단점: 구조가 복잡하여 유지보수가 어렵고 비용이 높음.
　④ 용도: 니트 직물, 티셔츠 밑단 및 목둘레선 봉제.

5) 단추달이 재봉기 (Button Sewing Machine)

① 특징: 단추를 빠르고 견고하게 부착할 수 있도록 설계된 특수 재봉기.

② 장점: 정확하고 균일한 단추 부착 가능.

다양한 단추 크기와 형태에 대응 가능.

③ 용도: 셔츠, 정장 재킷 등의 단추 부착.

6) 단춧구멍 재봉기 (Buttonhole Machine)

① 특징: 단춧구멍을 자동으로 제작하며, 바택 처리가 가능함.

② 장점: 큐큐 단춧구멍과 일자 단춧구멍 제작 가능.

빠르고 정교한 작업 가능.

③ 용도: 셔츠와 정장 재킷의 단춧구멍 제작.

7) 특수 재봉기

① 패턴 포머 (Pattern Former)

복잡한 패턴이나 장식 스티치를 자동으로 봉제.

주머니 제작이나 고급 장식 작업에 사용됨.

② 웰팅기 (Welting Machine)

주머니 입술 제작에 사용되며, 정확성과 생산성을 높임.

〈재봉기의 종류와 용도〉

재봉기의 종류	용도
본봉재봉기(lock stitch)	직선박기
오버로크 재봉기 (over edge stitch)	옷감 가장자리 올 풀림 방지하기 위해 감쳐주는 기능. 칼이 장착되어 원단 가장자리를 잘라 정리해줌.
인터로크 재봉기 (interlock/ safety stitch)	감침봉 안쪽에 이중환봉을 동시에 박을 수 있음. 본봉 작업이 필요 없으므로 생산성이 향상됨.
2본침 오버로크 재봉기(over edge stitch)	본봉과 오버록을 동시에 함.
삼봉 재봉기 (top and bottom covering stitch)	편평봉 재봉기라고도 함. 신축성이 있는 편직물의 목둘레, 암홀, 어깨, 밑단처리에 사용함.
단뜨기 재봉기(스쿠이)	정장류의 상하의 밑단, 단뜨기에 사용함
체인재봉기 (chain stitch)	체인으로 직물을 봉제함. 신축성이 있는 직물의 봉제에 사용
지그재그 재봉기 (지도리)	장식용이나 시접처리용으로 지그재그 스티치를 함
단춧구멍 재봉기 (나나인치/ QQ)	나나인치: 직선단춧구멍. 셔츠, 블라우스 단춧구멍 만들때 사용함 QQ: 재킷, 점퍼, 코트 등 단춧구멍을 만들 때 사용함.
단추 달이 재봉기(button sewing machine)	단추를 다는 재봉기
끝맺음 재봉기(bar tack machine)	주머니입구, 벨트고리 등과 같은 위치에 강도를 높이기 위한 재봉기.
오드람프 재봉기	무시접봉제로 시접이 오드림프 안으로 들어감. 수영복, 싸이클복, 내의류 등에 사용함.

1-2. 재봉기의 고장과 수리

1) 옷감이 나가지 않는 경우
① 톱니가 아래로 내려가 있는지 확인한다.
② 땀수 조절 다이얼이 0 을 가리키는지 확인한다.

2) 바늘이 부러지는 경우
① 바늘이 굽었거나 바늘 끝이 닳았는지 확인한다.
② 바늘 끼우는 방법이 바른지 확인한다.
③ 바늘이 옷감에 꽂혀있는 상태에서 바늘을 무리하게 당기지 않았는지 확인한다.

3) 윗실이 끊어지는 경우
① 실을 바르게 끼웠는지 확인한다.
② 실이 어딘가에 걸리지 않았는지 확인한다.
③ 윗실 조절기의 장력이 너무 강하지는 않은지 확인한다.
④ 재봉틀을 반대방향으로 운전했는지 확인한다.
⑤ 반달집에 흠집이 생겼는지 살펴본다.
⑥ 바늘과 북의 타이밍에 결함이 있는지 살펴본다.

4) 밑실이 끊어지는 경우
① 북집의 밑실조절 나사가 너무 세게 조여지지 않았는지 확인한다.
② 북의 결함
③ 바늘판의 결함

5) 바늘땀이 건너뛰는 경우
① 바늘이 굽었거나 바늘 끝이 닳았는지 확인하고 바늘을 교체한다.
② 바늘을 끼우는 방법이 바른지 확인한다.
③ 실 찌꺼기가 침판 밑에 많이 쌓여있는지 확인하고 먼지나 불순물을 제거한다.
④ 옷감, 재봉사, 바늘의 관계가 맞지 않은지 확인하고 옷감에 맞는 바늘과 실의 굵기를 선택한다.
⑤ 실 끼우는 방법이 올바른지 확인한다.

6) 옷감에 주름이 생기는 경우 (심 퍼커링)
(1) 재봉틀의 기구적 요인
① 옷감에 비해 바늘이 두꺼운 경우
② 바늘땀이 지나치게 촘촘한 경우 (땀수가 많은 경우)
③ 소재의 두께에 비해 톱니가 위로 많이 올라온 경우

④ 얇은 소재에 노루발 압력이 크게 가해진 경우 (두꺼운 소재: 노루발 압력 크게, 얇은 소재: 노루발 압력 작게)

⑤ 재봉기를 고속으로 작동하여 회전수가 많은 경우

(2) 소재 요인

① 옷감의 밀도가 높은 경우 퍼커링이 발생하기 쉽다.

② 옷감과 실의 소재, 수축률이 맞지 않는 경우 퍼커링이 발생한다.

(3) 봉제 기술요인

① 실의 장력을 크게 하여 봉제하는 경우 퍼커링이 발생한다. 실의 장력은 가능한 범위에서 느슨하게 해주는것이 좋다.

② 솔기의 구성 방법에 따라 퍼커링 발생 정도가 다르다.

1-3. 옷감과 바늘, 실의 관계

1) 옷감과 실의 관계

실의 재질은 옷감의 성질에 따라 옷감과 비슷한 재질의 바느질실을 사용하는 것이 좋다. 바느질에 있어서 실의 굵기는 외관상, 기능상 옷감에 크게 영향을 미치므로 옷감에 맞는 실의 굵기를 선택한다.

2) 재봉바늘

① 호수가 클수록 바늘의 굵기가 굵다.

② 공업용(DB), 가정용(HA), 특수용(DC) 로 구분하여 사용한다.

③ 원단의 두께에 따라 적절한 굵기의 바늘을 사용하는 것이 중요하다.

④ 얇은 바늘은 옷감의 손상이 적지만 두꺼운 직물을 봉제할 경우 바늘이 파손되기 쉬우며 얇은 직물에 굵은 바늘을 사용할 경우 원단의 손상과 심 퍼커링의 원인이 된다.

- 9호: 얇은 원단
- 11호: 보통 옷감
- 14호: 두꺼운 옷감

1-4. 봉제기술

1) 원단별 봉제 시 주의 사항

(1) 천연섬유

ㄱ. 면 (Cotton)

① 특성: 흡습성이 좋고 가공 방법에 따라 다양한 질감을 가짐.

② 주의 사항: 일반적으로 봉제가 쉽지만, 일부 가공된 면 소재는 봉제 난이도가 높아질 수 있음.

③ 재봉사와 바늘 선택 시 원단 두께에 맞는 것을 사용.

④ 다림질 시 고온에서 작업하되, 광택 발생에 주의.

ㄴ. 마 (Linen)

　① 특성: 빳빳하며 밀도가 낮아 미어짐이 발생하기 쉬움.

　② 주의 사항: 장력을 많이 받는 부위에는 튼튼한 마감 처리 필요.

　③ 봉제 시 올 풀림 방지를 위해 오버로크 처리 필수.

ㄷ. 실크 (Silk)

　① 특성: 강도가 약하고 민감한 원단으로 고급스러운 광택을 가짐.

　② 주의 사항: 바늘 자국이 쉽게 남으므로 얇고 부드러운 바늘 사용.

　③ 봉제 시 원단의 올 빠짐과 오염 방지에 특히 주의.

(2) 화학 섬유

ㄱ. 폴리에스터 (Polyester)

　① 특성: 내구성이 강하고 관리가 용이하지만 열에 민감.

　② 주의 사항: 재봉사로 폴리에스터사를 사용하여 신축성과 내구성을 맞춤.

　③ 다림질 시 저온에서 작업하며, 광택 발생 방지.

　④ 미끄러운 표면 처리를 위해 안정적인 봉제 도구(예: 워킹 풋)를 활용.

ㄴ. 나일론 (Nylon)

　① 특성: 강도가 높고 유연하며, 열에 민감함.

　② 주의 사항: 바늘은 Microtex 또는 Universal 바늘(70/10~80/12)을 사용.

　③ 봉제 전 장력과 스티치 길이를 조정하여 원단 손상을 방지.

(3) 혼합 섬유 및 특수 소재

ㄱ. 교직물 (Blended Fabrics)

　① 특성: 두 가지 이상의 섬유를 혼합하여 다양한 성질을 가짐.

　② 주의 사항: 레이온 혼합 소재는 늘어날 가능성이 있으므로 봉제 전 안정화 작업 필요.

　③ 다림질 시 낮은 온도를 유지하며, 늘어남 방지를 위해 테이프 부착 가능.

ㄴ. 폴리우레탄 포함 소재 (Spandex Blends)

　① 특성: 높은 신축성과 탄성을 지님.

　② 주의 사항: 신축성에 맞는 코어스펀사와 스트레치 바늘 사용.

　③ 다림질 시 낮은 온도에서 작업하며, 줄어들지 않도록 주의.

ㄷ. 파일 원단 (Velvet, Cashmere 등)

　① 특성: 파일 방향에 따라 봉제가 어려울 수 있음.

　② 주의 사항: 노루발 압력을 조절하고 파일 방향을 고려하여 봉제.

　③ 다림질 시 스팀 사용을 최소화하여 파일 손상 방지.

(4) 패턴 및 프린트 원단

ㄱ. 체크무늬 원단

① 체크 패턴이 정확히 맞도록 재단과 봉제 단계에서 세심한 주의 필요.

② 이즈 처리를 통해 패턴 불일치를 최소화.

ㄴ. 프린트 원단

① 얇은 소재가 많아 올 튐 현상이 발생할 수 있음.

② 적절한 바늘과 침판을 사용하여 원단 손상을 방지.

2) 재킷 봉제 시 각 부위별 봉제주의 사항

(1) 몸판 만들기

ㄱ. 앞판 만들기

① 앞단 봉제 시 길이가 짧아지지 않도록 주의.

② 스티치 작업 후 길이 단축 방지 필요.

③ 식서테이프 접착 시 앞단 길이 변화 가능성 고려.

ㄴ. 뒤판 만들기

① 뒤중심 봉제 시 길이 단축 방지.

② 뒷목 늘어남 방지를 위해 테이프 부착 필요.

(2) 소매 달기

ㄱ. 노치 맞춤

① 몸판과 소매의 노치를 정확히 맞춰 봉제.

② 노치가 맞지 않으면 소매가 비정상적으로 달릴 수 있음.

ㄴ. 소매 달림 방향

① 오른쪽 소매: 앞에서 뒤로 봉제.

② 왼쪽 소매: 뒤에서 앞으로 봉제.

③ 방향 오류 시 앞소매 또는 뒤소매 형태로 잘못 봉제될 수 있음.

ㄷ. 이즈 처리

① 소매산에서 이즈가 한쪽으로 몰리지 않도록 주의.

② 봉제 방향에 따라 이즈가 앞쪽 또는 뒤쪽으로 치우칠 수 있음.

(3) 칼라 달기

① 노치 맞춤

목옆점과 뒷목점의 노치를 정확히 맞춰야 칼라 대칭 유지.

② 뒷목선 늘어남 방지

테이프 부착으로 늘어남 방지.

③ 시접 정리

칼라와 라펠 봉제선의 시접을 일정하게 정리하여 깔끔한 마무리 필요.

(4) 트임 봉제

① 뒤트임 봉제 시 위쪽 단 늘어남 방지.

② 트임 벌어짐 현상을 예방하기 위해 정확한 작업 필요.

(5) 안감 봉제

① 안단과 안감 연결

가슴 부위 이즈량을 적절히 유지하여 겉 몸판의 뒤집힘 방지.

② 안감 둘레 여유량 확인

안감 여유량 부족 시 외관 형태 왜곡 및 착용 불편 발생 가능.

(6) 주머니 봉제

① 주머니 위치는 좌우 대칭을 유지해야 하며, 지시된 위치에 정확히 배치.

② 웰팅기로 작업 시 입술주머니 경사 차이가 발생하지 않도록 주의.

3) 봉제시 각 부위별 사이즈 변형 방지

① 어깨 사이즈

뒷목선과 어깨에 접착테이프를 부착하여 늘어남 방지.

② 가슴 사이즈

봉제 후 줄어드는 경우를 고려해 작업 진행.

③ 허리 사이즈

허리 다트에 의해 장력이 형성되므로 사이즈 변화 반영 필요.

④ 밑단 사이즈

밑단 심지를 사용하여 늘어남 방지 및 실루엣 안정화.

⑤ 길이 변형

재킷 길이: 샘플 진행과 원자재 수축 검사로 적정 길이 유지.

소매 길이: 수축 및 당김 방지를 위해 적절한 재봉사 선택 필요.

4) 중간 다림질

부위별 봉제 작업을 한 다음 시접을 갈라 다림질 또는 봉제선을 정리하는 다림질 작업. 중간 다림질 작업은 제품의 완성도를 높이기 위해 꼭 필요한 작업임.

5) 심지 접착 시 주의 사항

① 겉감의 표리 구분을 확인

② 겉감 재단물이 휘어지지 않도록 접착

③ 겉감과 심지 사이에 이물질이 들어가지 않도록 한다.

④ 접착 조건의 요소(온도, 압력, 시간)를 확인한다.

⑤ 심지 접착 전에 접착 불량이 발생할 가능성이 있는지 확인한다.

(심지 접착 시 발생되는 불량의 예: 삼출 · 역삼출 현상, 버블 현상, 모아레 현상 등)

1) 마무리 다림질

(1) 원단별 다림질 온도 설정

① 천연 섬유: 180~200℃.

② 합성 섬유(나일론, 폴리에스터 등): 120℃ 이하.

③ 레이온: 140~150℃.

(2) 부위별 다림질 방법

① 암홀: 안감 봉제선이 몸판 쪽으로 보이도록 다림질하여 모양 유지.

② 소매: 소매통이 눌리지 않도록 타원형으로 다림질하며, 안감 여유를 확보.

③ 어깨 · 뒷목선: 곡선을 살려 늘어나지 않도록 자리 잡음.

④ 뒤판 · 앞판: 허리선을 기준으로 상하로 나누어 다림질하며 꿀렁임 방지.

⑤ 밑단: 안감 길이 여유를 두고 자리 잡음.

⑥ 칼라: 꺾임선 대칭 유지, 뒷목선이 보이지 않도록 다림질.

2) 제사

제사는 봉제작업 후 실을 정리하는 작업.

(1) 도구 및 기기 사용

① 쪽가위: 작은 부위 정밀 작업에 적합하나 원단 손상 주의.

② 제사처리기: 대량 생산 시 효율적이지만 잔사 발생 가능성 있음.

③ 실밥 흡입기: 스포츠 · 캐주얼 의복에 적합하나 민감한 소재는 사용 주의.

(2) 부위별 주의 사항

① 다트 끝: 봉제선 연장 실밥은 풀리지 않도록 남겨 둠.

② 바택 뒷면: 잔사 제거 철저히 진행.

③ 합복 전 처리: 겉감과 안감을 합치기 전에 실밥 제거 필수.

④ 하의 처리: 바지통을 뒤집어 실밥 제거, 기모 원단은 특히 주의.

3) 포장

(1) 포장 목적:

오염, 구김, 파손 방지 및 이동 용이성 제공.

(2) 포장 종류:

① 행거 폴리백 포장

- 옷걸이에 의복을 걸고 폴리백으로 덮음.

- 먼지와 분실 방지를 위해 하단 밀봉 가능.

② 폴딩 폴리백 포장
- 접어서 포장하며 통기 구멍으로 습기 방지.
- 제습제 또는 습기 방지용 종이를 추가 가능.
③ 부직포 커버 포장
- 고급 제품 보호(정장, 가죽, 퍼 제품).
- 공기 투과성이 좋아 곰팡이와 해충 방지 효과 있음.

(3) 박스포장 방식
① 솔리드 포장
동일 사이즈와 컬러 제품을 한 박스에 포장.
② 어소트먼트 포장
컬러별 · 사이즈별로 혼합하여 바이어 요청에 맞게 포장.

1-6. 자체검사

자체 검사는 생산 공장에서 바이어의 작업 지시서 및 완제품 검사 매뉴얼에 따라 제품의 품질을 점검하는 과정.

1) 자체검사의 목적
① 바이어가 요구하는 품질 기준에 부합하는 제품 생산.
② 불량품을 사전에 발견하여 수정 및 보완.
③ 신뢰도 높은 제품을 제공하여 바이어와의 신뢰 관계 구축.
④ 반복적인 품질 문제를 예방하여 생산 효율성 증대.
⑤ 최종 완제품 검사를 통과하기 위한 사전 점검 단계로 필수적.

2) 자체 검사 항목

(1) 외관 검사
① 앞판 검사: 주머니 봉제 상태, 위치, 크기, 좌우 대칭 여부 확인.
② 뒤판 검사: 뒤중심 길이의 변화 여부 확인.
③ 소매 검사: 소매 달림 위치와 대칭 확인.
④ 칼라 검사: 칼라의 좌우 대칭성과 자리 잡음 상태 확인.
⑤ 안감 검사: 안감 봉제선 올 끊어짐 여부 확인.
⑥ 라벨 봉제 검사: 라벨 종류, 봉제 방법, 위치 확인.
⑦ 부속 검사: 부속물의 달림 상태와 대칭 여부 확인.
⑧ 제사 처리 검사: 실밥 제거 상태 점검.

(2) 완성 다림질 검사

① 다림질로 인한 광택, 주름, 형태 변형 여부 점검.

② 봉제선과 절개선의 다림질 상태 확인.

3) 자체 검사 수행 방법

(1) 준비 단계

① 메인작업지시서 분석 및 자체 검사 항목 파악.

② 체크리스트 작성 및 준비물 준비(샘플, 작업지시서, 필기도구 등).

(2) 검사 수행 단계

각 항목별로 샘플을 점검하며 불량 여부를 체크리스트에 기록.

(3) 주요 점검 항목

① 무늬와 원단 결 방향 일치 여부.

② 겉감과 안감 사이즈 비율 적합성(안감 여유량 확인).

③ 스티치 땀수 및 간격 일관성.

④ 소매 달림 위치와 암홀 형태 적합성.

⑤ 단춧구멍과 단추 달림 상태 견고성.

(4) 결과 기록 및 피드백

① 불량 요인 기록(수정 가능 여부 포함).

② 수정 후 재검사 진행.

패션상품, QC 샘플검사

1 QC 샘플

1-1. QC 샘플 치수검사

QC 샘플 치수는 메인작업지시서를 기반으로 제품의 부위별 치수를 측정하여 품질을 검증하는 역할을 한다.

1) QC 샘플 치수 확인 목적

① 메인작업지시서에 명시된 치수와 QC 샘플의 치수가 허용 범위 내에 있는지 확인.
② 제품의 실루엣과 착용감을 점검하여 디자인 의도에 부합하는지 평가.
③ 생산 과정에서 발생할 수 있는 불량을 사전에 발견하고 수정.

2) QC 샘플 치수 확인 항목

항목	측정 기준 및 내용
가슴둘레	겨드랑점에서 수평으로 잰 길이를 2배하여 측정.
허리둘레	허리 가장 가는 부위를 기준으로 수평으로 잰 길이를 2배하여 측정.
엉덩이둘레	뒷목점에서 58cm 내려온 지점을 기준으로 수평으로 잰 길이를 2배하여 측정.
밑단둘레	밑단 양 끝 사이를 수평으로 잰 뒤 2배한 값.
어깨너비	어깨끝점에서 뒷목점을 지나 반대쪽 어깨끝점까지 측정.
총길이	뒷목점에서 뒤중심선을 따라 밑단까지 직선으로 잰 길이.
소매길이	어깨끝점에서 소맷단까지 측정.
소매통둘레	겨드랑점에서 소매 중심선에 직각 방향으로 잰 길이를 2배하여 측정.
소맷부리둘레	소맷부리 밑단 양 끝 사이를 측정한 뒤 2배한 값.

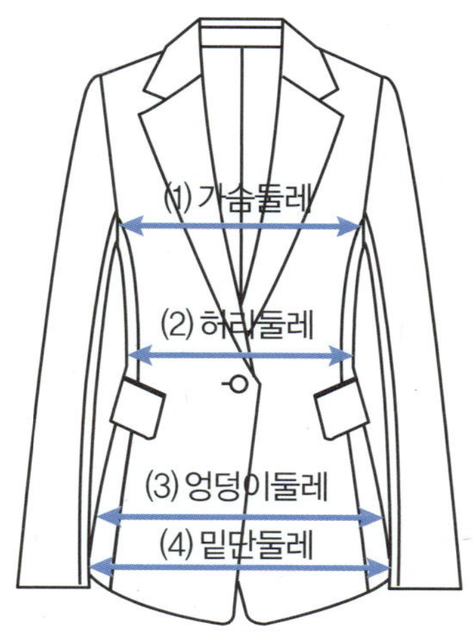

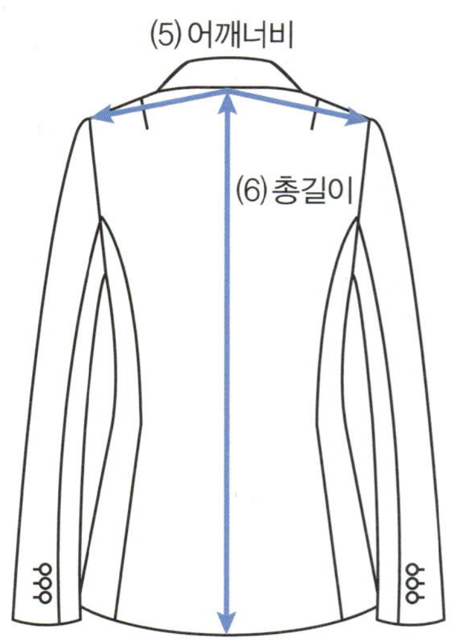

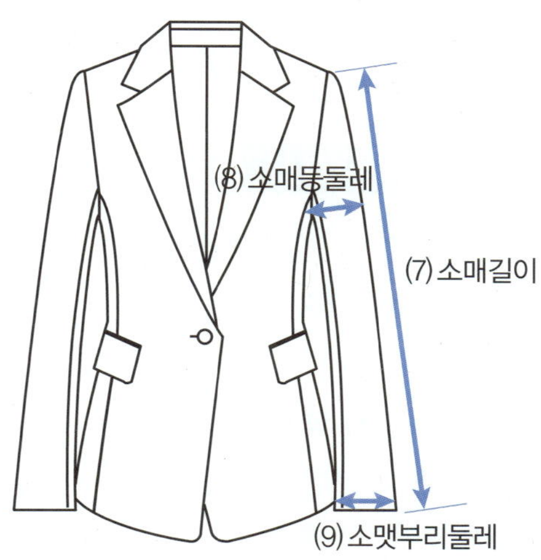

3) QC 샘플치수 확인 절차

(1) 준비 단계

① 메인작업지시서와 제품 치수 측정 매뉴얼 숙지.

② 작업대에 재킷을 펼쳐 주름이나 접힘을 제거.

(2) 측정 단계

① 줄자와 작업지시서를 사용해 각 부위별로 정확히 치수를 측정.

② 측정 단위는 cm를 사용하며, 소수점 첫째 자리까지 기록.

(3) 기록 및 비교

① 측정 결과를 작업지시서와 비교하여 허용 오차 범위 내에 있는지 확인.

② 허용 오차를 초과한 경우 원인을 분석하고 수정 지시서를 작성.

4) 허용오차의 범위

QC 샘플의 허용 오차는 브랜드와 제품 유형에 따라 다르며, 일반적으로는 다음과 같다.

항목	허용 오차 (±)
가슴둘레	±1.0cm
허리둘레	±1.0cm
엉덩이둘레	±1.0cm
어깨너비	±0.5cm
총길이	±1.0cm
소매길이	±0.5cm

허용 오차를 벗어난 경우, 디자인 팀 및 생산 팀과 협의하여 문제 원인을 분석하고 수정 방안을 마련한다.

1-2. QC 샘플 착장검사

QC 샘플 착장 검사는 QC 샘플을 인대(마네킹) 또는 피팅 모델에게 착용시켜 실루엣과 여유량, 활동성 등을 확인하는 과정이다.

1) QC 샘플 착장 검사 목적

① 디자인 의도에 부합하는 실루엣과 여유량 확인.
② 착용 시 편안함과 활동성을 점검하여 품질 검증.
③ 제품의 외관과 기능적 적합성을 평가.

2) QC 샘플 착장 검사 시 확인 항목

(1) 실루엣과 여유량 확인

① 전체적인 조화와 비례.
② 가슴, 허리, 엉덩이 부위의 여유량 적합성.
③ 칼라, 라펠, 고지선의 좌우 대칭성 및 놓임 상태.
④ 어깨와 소매산의 형태와 군주름 여부.
⑤ 소매통과 소맷부리의 형태와 여유량.

(2) 활동성 확인

① 팔을 옆으로 올리기, 위로 뻗기, 앞으로 뻗기 등의 동작에서 편안함 평가.
② 허리를 굽히거나 좌우로 트는 동작에서의 활동성 점검.
③ 재킷을 입고 벗는 과정에서의 편안함 확인.

3) QC 샘플 착장 검사 절차

(1) 인대 준비 및 치수 측정
① 인대나 피팅 모델의 치수를 측정하여 기록.
② QC 샘플이 적합한 사이즈인지 확인.

(2) 샘플 착용 및 정돈
① 재킷을 인대에 입히고 주름이나 접힘을 제거.
② 앞중심 단추를 채워 좌우 대칭 상태를 정돈.

(3) 실루엣 평가
① 앞면, 뒷면, 옆면에서 실루엣과 비례를 확인.
② 칼라와 라펠의 대칭성과 놓임 상태 점검.

(4) 활동성 평가
① 팔 움직임(옆으로 올리기, 위로 뻗기)과 허리 굽힘 동작 수행.
② 동작 중 발생하는 당김이나 불편함 기록.

(5) 평가 기록
① 실루엣과 여유량 체크리스트 및 활동성 체크리스트 작성.
② 불편 사항 및 개선점 기록.

4) QC 샘플 착장 검사 시 주의 사항
① 피팅 모델이 옷을 입고 벗기 편안한 환경을 마련.
② 시침핀 등 날카로운 도구가 모델에게 위험하지 않도록 주의.
③ 인대 또는 피팅 모델의 치수가 QC 샘플과 일치하는지 확인.

1-3. QC 샘플 봉제 상태 검사

QC 샘플 봉제 상태검사는 메인작업지시서에 따라 제품이 정확히 제작되었는지 점검하는 과정이다.

1) QC샘플봉제 검사의 목적
① 봉제 품질을 확인하여 불량을 사전에 발견하고 수정.
② 제품의 내구성과 외관 품질을 검증.
③ 최종 생산 전 문제점을 해결하여 완성도 높은 제품 제공.

2) QC 샘플 봉제 상태 확인 항목

(1) 재봉사와 땀수 상태
평가 항목
- ① 봉탈: 봉제선이 휘거나 균일하지 않은 경우.
- ② 봉사절: 재봉사가 장력 불량으로 절단된 경우.
- ③ 퍼커링: 땀수나 장력 조절 불량으로 물결 모양 발생.
- ④ 땀 뜀: 스티치가 건너뛰는 현상.
- ⑤ 끝맺음 불량: 봉사의 마무리가 풀리는 경우.
- ⑥ 바늘 자국: 바늘로 인해 원단에 손상이 생긴 경우.

평가 기준
- ① 본봉, 장식 스티치: 13땀/3cm 이상.
- ② 오버로크: 8땀/3cm 이상.

(2) 부위별 봉제 상태
평가 항목 및 내용
- ① 칼라와 라펠: 형태와 좌우 대칭, 뒤집힘, 틀어짐 여부.
- ② 어깨: 패드 달림 상태, 솔기선 형태 및 박음질 상태.
- ③ 단춧구멍 및 단추달이: 위치, 크기, 땀 뜀, 끝맺음 상태.
- ④ 주머니: 위치와 크기, 입술 꼬임, 벌어짐, 당김 여부.
- ⑤ 소매: 소매 좌우 길이 차이, 소매 달림 상태, 이즈량 적정성.
- ⑥ 안감 및 밑단: 여유량 적정성, 퍼커링 여부, 밑단 굴곡 여부.

(3) 다림질 및 프레스 상태
- ① 과도한 다림질로 인한 표면 불량(변색, 탄 자국 등).
- ② 다림질 부족으로 인한 완성도 저하.

(4) 정리 상태
실밥 제거 여부, 오염 여부, 안감 정리 상태.

(5) 라벨 부착 상태
라벨 누락 여부, 부착 위치 정확성, 표기 사항(섬유 혼용률 등) 확인.

4) QC 샘플 봉제 상태 확인 절차

(1) 준비 단계
- ① 메인작업지시서와 QC 샘플 준비.
- ② 검사 도구(줄자, 시침핀 등) 준비.

(2) 검사 단계

① 재킷을 작업대에 올려 평면 검사 진행.

② 각 부위별로 봉제 상태 점검:

③ 칼라와 라펠 → 어깨 → 단춧구멍 → 주머니 → 소매 → 뒤판 → 안감 → 밑단 순서로 진행.
   각 부위의 좌우 대칭성과 마무리 상태를 꼼꼼히 확인.

(3) 결과 기록 및 조치

① 체크리스트에 평가 결과를 기록(불량/미흡/양호).

② 불량 사항은 수정지시서를 작성하여 생산팀과 공유.

5) QC 샘플 봉제 상태 개선 방안

(1) 재봉사와 땀수 문제 해결

① 적합한 재봉사와 바늘 사용.

② 재봉기의 장력 조절 및 상하송재봉기 사용.

(2) 부위별 문제 해결

① 칼라와 라펠 뒤집힘 방지를 위해 여유량 조정 및 정확한 시접 처리.

② 주머니 입술 꼬임 방지를 위해 자동화 기기 활용.

(3) 다림질 및 프레스 문제 해결

적합한 온도와 스팀 조건 설정 후 작업.

2 QC 샘플 수정 지시서

QC 샘플 수정 지시서는 메인작업지시서와 QC 샘플의 치수, 봉제 상태, 부자재 부착 상태 등을 비교하여 불일치 사항을 확인하고, 이를 해결하기 위한 지시내용을 기록한 것이다.

2-1. QC 샘플 수정

1) QC 샘플 수정의 목적

① 본 생산 전에 문제를 사전에 발견하고 수정하여 최종 제품의 품질을 보장.

② 생산 공정에서 발생할 수 있는 불량을 최소화하여 효율성을 높임.

③ 디자인 의도와 일치하는 제품을 제작하기 위해 세부적인 개선 사항을 반영.

2) QC 샘플 수정 항목

(1) 제품 치수

① 메인작업지시서와 QC 샘플의 치수 불일치 확인.

② 원단 수축으로 인한 치수 변화 점검.

③ 주요 부위(가슴둘레, 허리둘레, 어깨너비, 소매길이 등)의 치수 조정.

(2) 착장 상태 (Fitting)

① 실루엣과 여유량 확인.

② 착용 시 불편함이나 활동성 부족 여부 점검.

(3) 디자인

① 디자인 의도와 다른 무늬 배치, 배색 불량 등 확인.

② 디자이너의 요청 사항 반영.

(4) 부속 및 부자재

① 단추, 지퍼, 심지, 안감 등 부자재 사용 여부 확인.

② 부속품 크기, 형태, 위치, 부착 방법 점검.

(5) 봉제 상태

① 재봉사와 땀수 상태 확인(봉탈, 퍼커링, 땀 뜀 등).

② 부위별 봉제 상태(칼라, 라펠, 소매 등) 점검.

③ 완성 다림질 및 프레스 상태 평가.

3) QC 샘플 수정 절차

(1) 문제점 발견

① 메인작업지시서와 QC 샘플을 비교하여 불일치 항목을 파악.

② 치수 측정표와 체크리스트를 활용하여 문제점을 기록.

(2) 문제 원인 분석

① 치수 불일치: 패턴 제작 오류, 원단 수축, 봉제 장력 문제 등.

② 봉제 상태: 재봉사 선택 오류, 땀수 조절 실패 등.

③ 부자재 문제: 규격 미준수, 부착 위치 오류 등.

(3) 해결 방안 제시

① 발생 원인에 따라 적합한 해결책을 제시(예: 패턴 수정, 봉제 장력 조절).

② 생산 구성원과 협의를 통해 최적의 방안을 도출.

(4) 수정지시서 작성

① 수정 사항을 명확히 기록하고 불필요한 내용은 제외.

② 도식화나 상세 설명을 추가하여 이해도를 높임.

1　그레이딩편차와 사이즈별 패턴

1-1. 그레이딩 편차

그레이딩 편차는 기본 사이즈 패턴을 기준으로 다른 사이즈를 제작하기 위해 각 부위별로 설정된 치수의 차이를 말한다. 그레이딩 편차는 패턴을 확대하거나 축소하여 다양한 사이즈를 만드는 데 사용된다.

1) 그레이딩을 하는 목적

① 다양한 체형과 사이즈의 소비자 요구를 충족.

② 대량생산 시 효율적인 패턴 제작.

③ 디자인 의도와 실루엣을 유지하면서 정확한 사이즈별 패턴 제작.

2) 패턴 부위별 그레이딩 편차

의복의 맞음새(피트성)에 영향을 주는 주요 부위의 치수 변화.

(1) 재킷

앞품과 뒤품, 목너비와 앞목깊이, 진동깊이와 등길이, 소매산높이, 팔꿈치길이 등

(2) 스커트

중심선과 다트 사이 너비, 엉덩이길이, 트임길이 등

(3) 팬츠

중심선과 다트 사이 너비, 앞샅폭과 뒤샅폭, 엉덩이길이, 밑위길이, 무릎선길이 등

- 세부적 디테일 부위

  정확한 패턴 의도 및 디자인 의도를 파악하고 세부적 디테일 부위의 그레이딩 편차를 결정한다.
  (예 와펜 위치, 아트웍 위치, 단작길이, 트임길이 등에 대해 그레이딩 편차를 정함)

- 특수 디자인에 따른 조정

  디자인에 따라 특정 부위의 그레이딩 편차를 기존 값보다 크게 또는 작게 적용하는 경우도 있다.

3) 주요 부위별 그레이딩 편차 예시

부위	편차(cm)	설명
가슴둘레 (Bust)	±4	겨드랑이점에서 수평으로 측정한 둘레.
허리둘레 (Waist)	±4	뒷목 중심에서 38cm 내려온 지점에서 측정한 둘레. 허리 가장 가는 부위를 기준으로 측정한 둘레
엉덩이둘레 (Hip)	±4	뒷목 중심에서 58cm 내려온 지점에서 측정한 둘레.
어깨너비 (Shoulder Width)	±0.8	좌 · 우 어깨점 간의 거리.
소매길이 (Sleeve Length)	±0.5	어깨끝점부터 소매 끝단까지의 길이.
암홀길이 (Armhole Depth)	±0.5	진동 깊이를 수직으로 측정한 길이.

4) 도구별 그레이딩 방법

(1) 수작업 그레이딩
① 소규모 생산에 적합하며, 종이에 직접 그레이딩 작업 수행.
② 주로 포인트 방식을 사용하여 각 점을 연결해 새로운 사이즈 생성.

(2) 패턴 CAD를 이용한 그레이딩
① 대량생산에 적합하며, 빠르고 정확하게 작업 가능.
② 데이터 관리가 용이하며, 여러 사이즈의 편차를 쉽게 확인 및 수정 가능.

1-2. 사이즈별 패턴

1) 사이즈별 패턴의 제작과정

(1) 기본 패턴 준비:
① 메인작업지시서와 기본 패턴을 준비.
② 기본 패턴은 정확한 치수와 디자인 의도를 반영해야 함.

(2) 그레이딩 수행
ㄱ. 그레이딩 방법
① 절개 방식(Split Grading)
패턴의 필요한 부위를 수직 · 수평으로 잘라 벌리거나 줄이는 방식.
간단하지만 복잡한 디자인에는 부적합.
② 포인트 방식(Point Grading)
패턴의 주요 포인트(코너 점, 노치 등)를 기준으로 XY 좌표값을 이동하여 새로운 사이즈 생성.
정밀한 작업에 적합하며, 복잡한 디자인에 유리.

ㄴ. 사이즈별 편차 설정

메인작업지시서에 명시된 치수 편차를 기반으로 각 부위별 그레이딩 편차 설정.

㉄ 가슴둘레, 허리둘레, 엉덩이둘레 등에서 일정 간격(예: 4cm)으로 차이를 둠.

ㄷ. 패턴 수정 및 검토

① 그레이딩 후 각 사이즈의 패턴을 검토하여 실루엣과 비례가 유지되었는지 확인.

② 봉제 시 필요한 여유량(이세량)과 정확성을 점검.

2) 사이즈별 패턴 제작 시 주의사항

(1) 체형 비율 고려

신체 비율에 맞는 치수 변화를 적용하여 착용감을 유지.

(2) 디자인 및 실루엣 유지

각 사이즈에서도 동일한 디자인 의도와 실루엣을 유지하도록 조정.

(3) 봉제 사양 반영

봉제 과정에서 발생할 수 있는 변형을 고려하여 편차 설정.

2 패턴입력

패턴 입력은 수작업으로 제작된 종이 패턴을 디지털화하여 컴퓨터로 입력하는 과정. 패턴 CAD 시스템을 통해 수행되며, 대량생산을 위한 그레이딩(Grading) 및 마킹 작업의 기반이 된다.

※ 패턴입력의 목적

① 패턴 데이터를 디지털화하여 효율적인 수정 및 관리 가능.

② 대량생산 시 정확한 치수와 형태를 유지.

③ 복종별 특성을 반영한 체계적인 패턴 제작.

2-1. 복종별 패턴

1) 복종별 패턴 입력 시 주요 고려 사항

(1) 복종별 특성

재킷, 스커트, 팬츠 등 복종에 따라 패턴의 구성 요소와 입력 방식이 다름.

㉄ 재킷은 소매, 칼라, 안단 등 세부 부위가 많아 복잡한 구조를 가짐.

(2) 패턴 구성 요소

① 외곽선: 패턴의 바깥 둘레를 이루는 선으로 닫혀 있어야 함.

② 내부선: 다트, 주름, 스티치 표시 등 세부 디테일을 표현하는 선.

③ 기초선: 가슴둘레선, 허리둘레선 등 치수 측정과 수정에 필요한 기준선.

(3) 노치 위치 지정

① 봉제 시 맞춤 표시로 사용하는 노치는 봉제선에 직각으로 배치.

② 재킷 소매산과 암홀에는 앞뒤 구분을 위해 노치를 추가로 삽입.

2) 복종별 패턴 주요 입력 항목

복종	주요 입력 항목
재킷	앞판, 뒤판, 소매, 칼라, 안단 등 세부 부위별 외곽선 및 내부선
스커트	앞판, 뒤판, 허리벨트, 다트 위치 및 트임 시작점
팬츠	앞판, 뒷판, 밑위길이, 허리둘레 및 엉덩이둘레

1 원부자재 소요량

1-1. 원가계산

원가 계산

원가 계산은 의류 제작 과정에서 발생하는 모든 비용을 분석하고 산출하여 제품의 총 생산비를 계산하는 과정이다. 원가 계산은 제품 가격 책정과 수익성 분석에 필수적이다.

1) 원가 계산의 목적

① 정확한 원가 산출을 통해 합리적인 판매 가격 설정.

② 생산 공정의 효율성을 높이고 비용 절감을 위한 기초 자료 제공.

③ 수익성을 분석하여 경영 전략 수립에 활용.

2) 원가 구성 요소

(1) 직접비

- 제품 생산에 직접적으로 투입되는 비용.
- 구성 항목
  ① 원부자재비

  겉감, 안감, 심지, 재봉사, 부속품(단추, 지퍼 등) 등의 비용.

  예 겉감 사용량 × 단가.

  ② 노무비

  봉제, 재단, 다림질 등 작업에 투입된 인건비.

  작업 시간 × 시간당 임금으로 계산.

  ③ 생산 공임비:

  외주 공장에서 발생하는 생산 단가.

(2) 간접비

- 제품 생산에 간접적으로 관련된 비용.
- 구성 항목
  ① 관리비

  공장 유지비(전기료, 수도료 등), 기계 감가상각비.

  ② 운송비

  원부자재 및 완제품의 운송과 관련된 비용.

  ③ 기타 경비

  포장재 비용, QC 검사 비용 등.

3) 원가 계산 방법

① 직접 재료비 산출

겉감, 안감, 심지 등 사용량을 측정하고 단가를 곱하여 계산.

㉐ 겉감 사용량(1.5m) × 단가(10,000원/m) = 15,000원.

② 직접 노무비 산출

작업 공정별 소요 시간을 측정하고 시간당 임금을 곱하여 계산.

㉐ 봉제 작업 시간(0.5시간) × 시간당 임금(20,000원) = 10,000원.

③ 간접비 배분

간접비는 생산된 총 제품 수량으로 나누어 단위당 간접비를 산출.

㉐ 관리비(500,000원) ÷ 총 생산량(500벌) = 벌당 1,000원.

④ 총 원가 계산

직접비와 간접비를 합산하여 제품 한 벌당 총 원가를 산출.

⑤ 판매 가격 설정

총 원가에 목표 마진율을 더하여 판매 가격을 결정.

4) 원가 절감을 위한 전략

① 원단 소요량 최적화

마킹 작업을 통해 원단 낭비를 줄이고 효율성을 높임.

② 공정 개선

작업 공정을 표준화하여 작업 시간을 단축하고 인건비 절감.

③ 부자재 선택 최적화

품질을 유지하면서도 경제적인 대체 부자재를 선택.

1-2. 옷감량 계산

옷감량 계산은 의류 제작에 필요한 원단 소요량을 산출하는 과정으로, 패턴 배치와 마킹 작업을 통해 정확한 원단 사용량을 측정한다.

1) 옷감량 계산의 목적

① 원단 낭비를 최소화하여 생산 비용 절감.
② 정확한 소요량 산출로 생산 계획과 원가 책정을 효율적으로 수행.
③ 디자인과 제품 품질을 유지하면서 최적의 원단 사용을 보장.

2) 옷감량 계산의 주요 요소

(1) 원단 폭

① 원단의 가용 폭(셀비지 제외)을 기준으로 계산.
② 폭이 넓을수록 소요량이 줄어드는 경향이 있음.

(2) 패턴 배치 방식

전체 일방향, 사이즈별 일방향, 무늬 맞춤 등 배치 방식에 따라 소요량이 달라짐.

(3) 디자인 특성

의복의 크기, 형태, 디테일(주름, 플리츠 등)에 따라 소요량이 달라짐.

(4) 원단 특성

기모 방향, 무늬 배열, 신축성 여부 등 원단 특성을 고려하여 계산.

(5) 여유분 및 손실율

재단 및 봉제 과정에서 발생하는 손실을 고려하여 여유분 추가.

3) 복종별 평균 옷감 소요량 예시

복종	원단 폭 110cm (m)	원단 폭 150cm (m)
반팔 셔츠	성인여성: 1.5~2	성인여성: 1~1.5
블라우스	성인여성: 2~3	성인여성: 1~1.5
재킷	성인여성: 2~3	성인여성: 1.5~2.5
긴바지	성인여성: 2~3	성인여성: 1.5~2
롱코트	성인여성: 3~4	성인여성: 1.5~3.5

4) 옷감의 요척 계산 방법

종류	옷감폭	필요량	계산법
블라우스(반소매)	150	100~120	블라우스길이+소매길이+시접(7~10)
	110	110~140	(블라우스길이*2)+시접(7~10)
블라우스 (긴소매)	150	120~130	블라우스길이+소매길이+시접(10~15)
	110	125~180	(블라우스길이*2)+시접(10~15)
슬랙스	150	100~110	바지길이 +시접(8~10)
	110	150~220	{바지길이 + 시접(8~10)}*2
스커트 (타이트)	150	60~70	스커트길이 +시접(6~8)
	110	130~150	(스커트길이*2) +시접(12~16)
스커트 (플리츠)	150	130~150	(스커트길이*2) +시접(12~16)
	110	130~150	(스커트길이*2) +시접(12~16)
스커트 (플레어)	150	100~120	(스커트길이 *1.5) +시접(10~15)
	110	140~160	(스커트길이 *2) +시접(10~15)

종류	옷감폭	필요량	계산법
원피스(반소매)	150	110~170	원피스길이+소매길이 +시접(10~15)
	110	180~230	(원피스길이*1.2) +소매길이 +시접(10~15)
원피스(긴소매)	150	110~170	원피스길이+소매길이 +시접(10~15)
	110	180~230	(원피스길이*1.2) +소매길이 +시접(10~15)
수트(반소매)	150	170~190	재킷길이+스커트길이+소매길이+시접(20~30)
	110	220~270	(재킷길이*2)+스커트길이+소매길이+시접(20~30)
수트(긴소매)	150	200~210	재킷길이+스커트길이+소매길이+시접(20~30)
	110	250~270	(재킷길이*2)+스커트길이+소매길이+시접(20~30)
코트(박스형)	150	200~250	코트길이+소매길이+시접 (20~30)
	110	240~280	(코트길이*2)+칼라길이+시접 (20~30)
코트(플레어형)	150	220~250	(코트길이*2)+시접 (20~30)
	110	300~350	(코트길이*2)+소매길이+시접 (20~40)

5) 옷감량 계산 시 주의 사항

(1) 무늬 맞춤 여부 확인

체크무늬, 스트라이프 등은 무늬를 맞추기 위해 추가 소요량 필요.

(2) 기모 방향 확인

기모가 있는 원단은 결 방향에 따라 배치해야 하므로 소요량 증가 가능.

(3) 원단 손실 방지(마킹 효율화)

① 재단 시 발생하는 자투리 원단을 최소화하도록 배치 최적화.
② CAD 프로그램을 활용해 패턴 배치를 최적화하여 원단 낭비 최소화.

(4) 샘플 작업 후 확인

샘플 작업을 통해 실제 소요량과 예상 소요량 비교 및 조정.

(5) 디자인 특성

주름, 플리츠, 트임 등 디자인 요소에 따라 추가 소요량 반영.

1-3. 원자재 소요량

① 마킹 작업을 통해 각 패턴 조각이 차지하는 면적을 계산하고, 이를 기반으로 원단 소요량을 산출한다.
② 마킹 효율성을 높이기 위해 CAD 프로그램을 활용하여 패턴 배치 최적화.

1-4. 부자재 소요량

1) 부자재 소요량 산출 절차

① 실측 길이 측정

메인작업지시서와 패턴을 기반으로 각 부위별 실측 길이를 측정.

㉖ 앞판 암홀 프린세스 라인(57cm × 2), 뒤중심(70cm × 1) 등.

② 손실률 반영

작업 공정에서 발생할 수 있는 손실을 고려하여 손실률(10~20%)을 추가.

③ 소요량 계산 및 기록

각 항목별로 산출된 소요량을 합산하여 최종 소요량 기록.

2) 주요 부자재별 소요량 산출 예시

부자재 종류	산출 기준 및 방법
재봉사	본봉사: 실측 거리 × 3배 오버로크사: 실측 거리 × 15배
테이프	실측 길이에 손실률(10%) 적용
지퍼	사이즈별로 필요한 지퍼 길이를 측정 및 합산
충전재	패딩 솜, 하스 솜 등 면적에 따라 소요량 산출

Step 09 샘플패턴수정

1 샘플패턴

1-1. 가봉

가봉(假縫)은 의복 제작 과정에서 임시로 봉제한 샘플 의복으로, 디자인과 핏(fit)을 확인하고 수정하기 위해 간단히 제작된 상태를 의미한다.

1) 가봉의 목적

① **디자인 검증**: 의복의 전체적인 디자인 완성도를 점검하고, 필요 시 디테일을 수정.
　　　　　　　　 디자이너의 의도를 정확히 구현하고 소비자 요구에 부합하는 제품 제작.
② **핏 확인**: 착용감을 평가하고, 실루엣과 맞음새를 보완.
③ **생산 준비**: 대량 생산 전 문제점을 발견하고 개선하여 생산 효율성과 품질을 높임.

2) 가봉용 의복 제작 과정

(1) 원부자재 선택

① 겉감
　　• 샘플작업지시서에 제시된 원단 사용.
　　• 유사 원단 선택 시 혼용률, 두께, 감촉, 스트레치성, 드레이프성을 고려.
② 심지
　　• 완성된 의복의 형태를 유지하기 위해 가봉 시에도 심지를 부착.
　　• 실제 사용할 심지가 없을 경우 유사한 품질의 심지를 선택.
③ 테이프
　　• 칼라, 라펠, 뒷목선, 암홀 등 늘어남 방지를 위해 식서테이프 부착.
④ 재봉사
　　• 원단 재사용 여부에 따라 쉽게 뜯을 수 있는 금사 · 은사 또는 일반 재봉사를 사용.

(2) 겉감 봉제

① 시접은 여유를 두어 설정(예: 직선부위 1.5cm, 곡선부위 1cm).
② 칼라는 한 장으로 제작하며 목둘레선에만 시접 부여.
③ 테이프 부착으로 늘어남 방지.

(3) 주요 부위 봉제

① 라펠과 칼라: 간단히 봉제하여 디자인 확인.

② 앞끝선 및 앞중심선: 금사 또는 은사로 스티치 작업.

③ 주머니: 플랩 크기와 위치를 확인할 수 있도록 간단히 봉제.

3) 가봉 착장 및 점검

(1) 착장 대상

① 인대(form fitting) 또는 인체 모델을 사용해 착장 후 점검.

② 인대는 좌우 균형 확인에 유리하며, 인체 모델은 실제 착용감을 평가 가능.

(2) 점검 항목

① 디자인 변경 사항 및 소재 특성 확인.

② 맞음새(fit) 평가
- 앞 · 뒤 · 옆 맞음새 점검(칼라, 라펠, 소매 각도 및 길이 등).
- 필요 여유분(fitting ease) 확인(예: 가슴둘레는 인체 치수 대비 약 10% 여유).

③ 세부 디테일 점검

다트 위치, 주머니 크기와 위치, 소매통 및 진동 깊이 등.

1-2. 샘플 겉감 패턴 수정

가봉 및 샘플 착장 후 확인된 문제점을 기반으로 패턴을 수정하여 최종적으로 디자인 의도와 착용감을 충족시키는 작업이다.

1) 패턴 수정의 목적

① 디자인 의도와 실루엣을 정확히 구현.

② 착용자의 체형과 활동성에 맞는 핏(fit) 제공.

③ 대량 생산 전 문제점을 사전에 해결하여 품질을 확보.

2) 샘플 겉감 패턴 수정의 주요 항목

(1) 핏(Fit) 관련 수정

① 가슴둘레, 허리둘레, 엉덩이둘레 등 주요 부위의 여유량 조정.

② 소매통, 소맷부리, 암홀 등 활동성과 관련된 부위의 수정.

(2) 디자인 관련 수정

① 라펠, 칼라, 주머니 등의 디테일 크기 및 위치 조정.

② 길이 조정(총길이, 소매길이 등) 및 비율 재조정.

(3) 구조적 문제 해결

① 봉제선의 틀어짐, 퍼커링(puckering) 등 봉제 과정에서 발생한 문제를 반영하여 패턴 수정.

② 원단 특성(신축성, 수축률 등)에 따른 보완.

(4) 부속 패턴과의 조화

안감, 심지, 테이프 등 부속 패턴과 겉감 패턴 간의 일치 여부 확인 및 조정.

3) 샘플 패턴 수정 절차

(1) 문제점 분석

가봉 및 착장 후 체크리스트를 통해 문제점을 기록.

⑩ 어깨너비가 좁아 착용 시 당김 발생 → 어깨너비 확장 필요.

(2) 수정 작업

① 치수 조정

특정 부위 치수를 늘리거나 줄임.

② 곡선 조정

암홀, 소매산 등 곡선 부위는 프렌치 커브(French curve)를 사용해 매끄럽게 수정.

③ 디테일 변경

라펠 크기 축소 또는 주머니 위치 변경 등 디자인 요소 수정.

④ 검토 및 테스트

- 수정된 패턴으로 새로운 샘플 제작 후 착장 테스트 진행.
- 문제점이 해결되었는지 확인하고 추가 수정 여부 결정.

⑤ 최종 패턴 확정

모든 문제가 해결되면 최종 패턴을 확정하고 대량 생산 준비.

4) 주요 수정 사례(예시)

수정 항목	문제점	수정 방법
가슴둘레	여유량 부족으로 당김 발생	앞판과 뒤판에 여유량 추가(각각 0.5cm씩).
어깨너비	좁아서 움직임 제한	어깨선을 바깥쪽으로 0.8cm 확장.
소매산 높이	소매산 높이가 낮아 팔 움직임 불편	소매산 높이를 1cm 증가시키고 암홀 곡선 재조정.
주머니 위치	주머니가 비대칭	양쪽 주머니 위치를 중심선 기준으로 동일하게 조정.
라펠 크기	라펠이 너무 커서 디자인 의도와 불일치	라펠 폭을 1cm 축소하고 라펠 곡선을 부드럽게 조정.

5) 패턴 수정 시 주의 사항

① 체계적인 수정 기록

모든 수정 내용을 작업지시서에 기록하여 추후 동일한 문제가 발생하지 않도록 관리.

② 전체적인 균형 유지

특정 부위만 수정할 경우 전체 실루엣이 왜곡될 수 있으므로 인접 부위도 함께 점검.

③ 봉제 과정 반영

봉제 시 발생할 수 있는 변형(퍼커링, 틀어짐 등)을 고려하여 패턴을 보완.

④ 원단 특성 반영

신축성과 수축률 등을 고려하여 여유량(ease)을 적절히 설정.

1-3. 샘플 부속패턴 수정

안단, 안감, 심지, 주머니 속 등 부속 패턴을 수정하여 최종적으로 겉감 패턴과 조화를 이루도록 조정하는 작업이다.

1) 부속패턴 수정의 목적

① 겉감 패턴과 부속 패턴 간의 일치성을 확보.

② 의복의 기능성과 착용감을 개선.

③ 대량 생산 전 문제점을 사전에 해결하여 품질을 높임.

2) 부속 패턴 수정 항목

(1) 안단 패턴 수정

① 안단이 겉감과 정확히 결합되도록 크기와 형태를 조정.

② 앞안단, 뒷목 안단 등의 폭과 곡선을 수정하여 봉제 시 밀림 방지.

(2) 안감 패턴 수정

① 활동성을 고려해 겉감보다 여유량을 추가.

② 밑단 및 소매 밑단에서 당김 방지를 위해 길이를 조정.

(3) 심지 패턴 수정

① 심지 접착 부위를 다시 설정하여 겉감의 형태 안정성을 강화.

② 접착 후 발생할 수 있는 비침, 변형 등을 고려하여 크기와 위치를 조정.

(4) 주머니 속 패턴 수정

① 주머니 속 깊이와 크기를 조정하여 기능성 확보.

② 주머니 입술과 뚜껑 크기 및 위치와의 조화를 점검.

3) 부속 패턴 수정 절차

(1) 문제점 분석

가봉 및 피팅 결과를 바탕으로 부속 패턴의 문제점을 기록.

㈜ 안감이 당겨지는 경우 → 안감 길이 연장 필요.

(2) 수정 작업

① 안단: 앞안단과 뒷목 안단의 곡선 및 너비를 재조정.

② 안감: 겉감 대비 여유량을 추가(예: 밑단에서 1cm 더 길게 설정).

③ 심지: 접착 부위와 결 방향을 재확인 후 수정.

④ 주머니 속: 깊이와 폭을 조정하여 사용 편의성 확보.

⑤ 검토 및 테스트

- 수정된 부속 패턴으로 새로운 샘플 제작 후 다시 착장 테스트 진행.
- 문제점이 해결되었는지 확인하고 추가 수정 여부 결정.

(3) 최종 확정

모든 문제가 해결되면 최종 부속 패턴을 확정하고 메인 작업지시서에 반영.

4) 주요 수정 사례

수정 항목	문제점	수정 방법
안단	뒷목 안단 폭이 좁아 라벨 부착 어려움	뒷목 안단 폭을 9cm로 확장.
안감	밑단에서 당김 발생	밑단에서 안감을 1cm 더 길게 설정.
심지	접착 후 비침 발생	원단과 유사한 색상의 심지를 선택하고 크기를 재조정.
주머니 속	깊이가 얕아 손이 들어가지 않음	주머니 속 깊이를 17cm로 늘리고 폭도 조정.

5) 샘플 부속 패턴 수정 시 주의 사항

① 겉감과의 일치성 유지

겉감 패턴과 정확히 맞물리도록 부속 패턴을 조정.

② 봉제 과정 반영

봉제 시 발생할 수 있는 변형(늘어남, 밀림 등)을 고려하여 여유량 설정.

③ 원단 특성 고려

원단 두께, 신축성, 드레이프성 등을 반영하여 패턴 수정.

1 여성복 사이즈

의류 제작 및 구매 시 사용되는 치수 체계로, 특정 신체 부위의 치수를 기준으로 설정된다.
여성복 사이즈는 인체 치수를 바탕으로 설계되어 소비자의 체형에 맞는 의류를 제공한다.

1) 여성복 사이즈 표기 체계

① KS(Korean Industrial Standards) 치수 규격

한국산업표준(KS)에서는 가슴둘레, 허리둘레, 엉덩이둘레, 키를 기준으로 여성복 사이즈를 표기.

㉸ "160-88A"는 키 160cm, 가슴둘레 88cm를 기준으로 한 사이즈를 의미하며, "A"는 표준 체형을 나타냄.

② 국제 사이즈 표기

S, M, L 등 알파벳으로 표기하거나 숫자로 구분.

㉸ S(가슴둘레 82~89cm), M(가슴둘레 89~98cm), L(가슴둘레 98~107cm).

③ 전통적인 숫자 표기

한국에서 흔히 사용되던 44, 55, 66 등의 숫자 표기는 가슴둘레와 키를 기준으로 설정.

㉸ 55사이즈는 평균 키 155cm와 가슴둘레 85cm를 기준으로 함.

1-1. 인체 치수

의복 제작을 위해 측정된 신체 부위의 크기로, 가슴둘레, 허리둘레, 엉덩이둘레, 키 등이 포함된다.

1) 인체 측정법

(1) 직접 측정 방법 (1차원적 측정 방법, 마틴식 인체 측정법)

인체측정기구 (마틴식 인체측정기) 를 사용하여 인체를 직접 측정하는 방법이다.

① 장점: 여러 국가에서 사용되므로 데이터 호환이 가능하다. 경비가 적게 들고 쉽게 정보를 구할 수 있다.

② 단점: 측정 시간이 길다. 피측정자가 같은 자세를 오랫동안 취하기 어렵다. 측정자의 숙련도에 따라 측정 결과가 달라질 수 있다.

※ 마틴식 인체 측정기: 수직자(신장계), 큰 수평자(간상계) , 작은 수평자(활동계) , 둥근 수평자(촉각계) 로 구성되어 있다.

(2) 간접 측정 방법

인체의 형태적 특징을 사진이나 3차원 인체측정을 통해 2차원이나 3차원 데이터로 재현하고 재현된 결과물에서 수치를 측정한다.

① 간접 측정 방법의 종류: 슬라이딩 게이지 법, 사진 법, 실루엣 법, 석고붕대 법, 무아레 법, 3차원 스캔 법

2) 치수 재기

(1) 피측정자의 기본자세

좌우의 발뒤꿈치를 붙이고 발끝을 30도 정도 벌리고 바로 선 자연스러운 자세이다. 시선은 눈높이로 하고 팔을 자연스럽게 내린다.

(2) 측정항목

① 가슴둘레: 가슴의 젖꼭지점을 지나는 수평 둘레
② 허리둘레: 허리의 가장 가는 부분의 수평 둘레
③ 엉덩이둘레: 엉덩이 돌출점을 지나는 수평 둘레
④ 가슴너비: 복장뼈 가운뎃점 수준의 수평 길이
⑤ 등너비: 좌,우 등너비점 사이의 길이
⑥ 어깨너비: 양쪽 어깨점 사이의 길이
⑦ 앞길이: 목 옆점에서 젖꼭지점을 지나 허리둘레선까지의 수직 길이
⑧ 등길이: 목 뒤점에서 허리둘레선까지의 길이
⑨ 엉덩이길이: 바로 선 자세에서 허리둘레선에서 엉덩이둘레선 까지의 길이
⑩ 밑위길이: 의자에 앉아 허리둘레선부터 의자 바닥까지의 길이
⑪ 팔길이: 어깨 끝점에서 팔꿈치점을 지나 손목점까지 연결하여 잰 길이

3) 주요 인체 치수 측정 항목

(1) 가슴둘레 (Bust)

의복의 상의 핏과 실루엣을 결정하는 중요한 항목.

(2) 허리둘레 (Waist)

하의 및 원피스 핏에 영향을 미침.

(3) 엉덩이둘레 (Hip)

① 엉덩이 가장 넓은 부위를 수평으로 측정.
② 하의와 드레스 착용 시 핏을 결정하는 항목.

(4) 키 (Height)

① 머리 꼭대기부터 발끝까지 직선으로 측정.
② 전체적인 의복 길이와 비율에 영향을 미침.

(5) 어깨너비 (Shoulder Width)

상의 및 재킷 디자인에 중요한 요소.

4) 여성복 사이즈와 인체 치수 예시

사이즈	키(cm)	가슴둘레(cm)	허리둘레(cm)	엉덩이둘레(cm)
44	150	82	58	86
55	155	85	61	89
66	160	88	64	92
77	165	91	67	95

5) 여성복 사이즈 설계 시 고려 사항

① 체형 분류

A형(표준 체형), B형(통통한 체형), C형(마른 체형) 등 체형별 분류 반영.

② 여유량(Ease)

착용감과 활동성을 위해 신체 치수보다 약간 큰 여유량 추가.

③ 소재 특성

신축성 있는 소재는 여유량을 줄이고, 뻣뻣한 소재는 여유량을 늘림.

6) 현대 여성복 사이즈의 변화

① 한국인의 평균 키와 체형 변화에 따라 기존의 전통적 사이즈 표기(44~77)가 점차 KS 규격 또는 국제 표준으로 대체되고 있음.

② 소비자의 다양한 체형과 요구를 반영하기 위해 맞춤형 또는 확장된 사이즈 범위 제공(Small부터 Plus Size까지).

1-2. 완제품사이즈

완제품 사이즈는 의류 제작 후 특정 부위의 최종 치수를 의미하며, 가슴둘레, 허리둘레, 엉덩이둘레, 소매길이 등 의복의 주요 부위 치수를 포함한다.

1) 완제품 사이즈 분류의 목적

① 제품이 착용자의 체형에 적합한지 확인.

② 브랜드와 소비자 간의 표준화된 의사소통 수단 제공.

③ 대량 생산 시 품질과 규격의 일관성 유지.

2) 완제품 사이즈 구성 요소

(1) 기본 치수 항목

① 가슴둘레, 허리둘레, 엉덩이둘레, 소매길이, 총길이 등.

② 복종(재킷, 팬츠, 스커트 등)에 따라 측정 항목이 다름.

(2) 여유분(Ease)

① 피팅 여유분(Fitting Ease): 착용자의 움직임에 필요한 최소 여유량.

② 디자인 여유분(Design Ease): 특정 실루엣과 스타일을 구현하기 위해 추가되는 여유량.

3) 복종별 완제품 사이즈 측정 항목

항목/복종	재킷	셔츠	원피스	팬츠	스커트	티셔츠
가슴둘레	○	○	○			○
허리둘레	○	○	○	○	○	○
엉덩이둘레	○		○	○	○	
소매길이	○	○	○			○
밑단둘레	○	○	○		○	○
어깨너비	○	○	○			○

4) 복종별 완제품 사이즈 측정 방법

(1) 재킷

① 가슴둘레: 단추를 채운 상태에서 겨드랑이 밑점을 기준으로 수평으로 측정.

② 총길이: 목뒤 중심점에서 밑단까지 직선으로 측정.

③ 어깨너비: 양 어깨 끝점을 직선으로 연결하여 측정.

(2) 팬츠

① 허리둘레: 허리선 위치에서 수평으로 측정.

② 엉덩이둘레: 엉덩이 가장 넓은 부위를 기준으로 수평으로 측정.

③ 바지길이: 허리선 상단부터 바짓단 끝까지 직선으로 측정.

(3) 스커트

① 허리둘레: 스커트 허리선 위치에서 수평으로 측정.

② 엉덩이둘레: 엉덩이 가장 넓은 부위를 기준으로 수평으로 측정.

③ 스커트 길이: 옆선에서 허리선 상단부터 밑단까지 직선으로 측정.

5) 완제품 사이즈 설정 시 고려 사항

① 체형과 타깃 연령군

소비자 체형 분석 및 연령대에 따른 치수 설정.

② 디자인 의도와 유행

실루엣과 스타일에 따른 여유량 조절.

③ 소재 특성

신축성 있는 소재는 여유량을 줄이고, 비신축성 소재는 여유량을 늘림.

2-1. 여성복 평면 패턴

평면 패턴은 인체 치수를 기반으로 평면적인 종이에 의복 설계도를 그린 것 이다. 이를 원단에 적용하여 입체적인 의복을 제작한다.

1) 평면 패턴 제작의 특징

(1) 체계적이고 정확함
① 인체 치수를 기반으로 설계되므로 체계적이고 치수가 정확함.
② 기본 원형을 활용하여 다양한 디자인 구현 가능.

(2) 제작 과정의 효율성
① 반복적인 작업에 적합하며 대량 생산에 용이.
② CAD 시스템을 활용하면 수정과 저장이 간편.

(3) 한계점
① 입체적인 곡선 표현이 제한적일 수 있음.
② 착용 후 핏(fit) 확인과 수정이 필요.

2) 평면 패턴 제작 과정

(1) 기본 원형 제작
① 기본 원형은 의복 제작의 기초가 되는 패턴으로, 상의, 스커트, 팬츠 등 아이템별로 구분됨.
② 여유분(ease)을 포함하여 인체 치수에 맞게 설계.

(2) 디자인 반영
기본 원형을 바탕으로 다트 이동, 길이 조정, 폭 조정 등을 통해 디자인 요소를 추가.
㉐ 프린세스 라인, 플레어 스커트, 셔링 등.

(3) 패턴 수정 및 검토
① 봉제선 길이와 곡선의 자연스러움 점검.
② 의도한 치수와 디자인 반영 여부 확인.

(4) 최종 패턴 완성
① 패턴 부호(결선, 노치, 스티치 표시 등)를 추가하여 완성.
② 재단 및 봉제 작업 준비.

3) 주요 평면 패턴 구성 요소

(1) 기초 선
가슴둘레선, 허리둘레선, 엉덩이둘레선 등 주요 기준선을 포함.

(2) 완성 선
최종적으로 봉제될 선으로 굵은 실선으로 표시.

(3) 다트(Dart)

입체감을 위해 사용되며 위치와 크기를 조정 가능.

(4) 부속 패턴

칼라, 소매, 주머니 등 추가 부위의 패턴 포함.

4) 평면패턴 제도 기호

부호	명칭	설명
	기초선	목적의 선을 그리기 위한 선(가는 실선)
	완성선	패턴의 완성 부분을 나타내는 선(굵은 실선)
	안단선	안단 패턴을 표시하기 위한 선
	절개선	패턴상의 절개를 위한 선
	꺾임선	꺾임선 및 접은선 표시
	골선	원단을 접어 접힌 선에 붙여서 재단해야 하는 표시
	식서방향	원단의 결 표시
	바이어스방향	45도 정바이어스 재단을 해야할 때 표시
	직각표시	직각을 나타내는 표시
	다트	다트를 박으면 봉제선이 나타남
	다트 접음 표시	패턴 상에서 먼저 접음으로써 완성하면 봉제선이 나타나지 않음
	늘림	늘릴 위치를 표시(다리미 이용)
	줄임	줄임 위치를 표시 (다리미 이용)
	오그림	이즈(ease) 처리하는 부분의 표시
	선의 교차	패턴이 겹쳐지는 부위를 표시
	외주름	사선으로 주름의 방향을 표시
	맞주름	사선으로 주름의 방향을 표시
	단춧 구멍 표시	단춧 구멍의 크기와 위치를 표시
	등분선	등분을 표시하여 부호를 붙이는 경우도 있음

5) 평면 패턴 제작 시 주의 사항

① 인체 치수 반영

주요 신체 부위(가슴둘레, 허리둘레, 엉덩이둘레 등)의 정확한 치수 반영.

② 소재 특성 고려

신축성과 두께에 따라 여유량(ease)을 조정.

③ 봉제 과정 반영

봉제 시 발생할 수 있는 변형(퍼커링 등)을 고려하여 설계.

3 입체재단 패턴

3-1. 여성복 입체 패턴

입체 패턴은 가봉용 원단(머슬린) 또는 주 원단을 인대(마네킹)에 직접 대어 핀과 가위를 사용하여 의복의 형태를 만들어 패턴을 얻는 방식이다. 평면 패턴과 달리 3차원적인 작업을 통해 실루엣과 디자인을 구현한다. 드레이핑은 고급 여성복, 웨딩드레스, 코스튬 의상 등 독창적이고 복잡한 디자인에서 주로 사용된다. 평면 패턴으로 표현하기 어려운 비대칭 디자인이나 독특한 실루엣 제작에도 활용된다.

1) 입체패턴의 특징

① 복잡한 디자인과 실루엣을 효과적으로 구현.
② 인체나 마네킹에 직접 작업하여 착용 모습을 사전에 확인 가능.
③ 평면 패턴으로 표현하기 어려운 곡선이나 디테일을 정확히 제작.

2) 입체 패턴 제작 과정

(1) 인대 준비

타깃 체형에 맞는 인대(마네킹)를 선택하고, 어깨선, 허리선, 엉덩이선 등 기준선을 스타일 테이프로 표시.

(2) 재료 준비

머슬린, 가위, 핀, 줄자, 방안자, 프렌치 커브자 등 필요한 도구를 준비.

(3) 머슬린 작업 (Piece Work)

① 머슬린의 필요량을 계산하여 조각별로 찢어내고 블로킹(blocking) 작업으로 올 방향을 정리한다.
② 다림질로 머슬린을 평평하게 만든 후 기준선(세로 · 가로)을 그려 준비.

(4) 드레이핑(Draping)

① 머슬린을 인대에 대고 핀으로 고정하며 원하는 디자인을 형성.

② 솔기선, 다트선 등을 스타일 테이프로 표시한 뒤 머슬린에 마킹.

(5) 마킹(Marking)

드레이핑한 머슬린에 선과 점(솔기선, 다트선, 맞춤 표시 등)을 정확히 기록.

(6) 패턴 컨트롤(Truing)

① 머슬린을 떼어내 테이블 위에서 방안자와 커브자를 사용해 선을 정리하고 길이를 맞춤.

② 곡선을 매끄럽게 다듬고 시접 추가.

(7) 완성 및 검토

① 완성된 패턴을 다시 인대에 착용시켜 핏(fit)과 실루엣 확인.

② 필요 시 수정 작업 반복 후 최종 패턴 확정.

3) 입체 패턴 제작 장단점

(1) 장점

① 복잡한 디자인이나 곡선을 자연스럽게 표현 가능.

② 실루엣과 착용감을 바로 확인하여 수정 가능.

③ 창의적인 디자인 구현에 유리.

(2) 단점

① 시간과 비용이 많이 소요됨.

② 경험과 숙련도가 요구됨.

③ 대량생산보다는 맞춤 제작에 적합.

4) 입체 패턴 제작 시 주의 사항

① 인대 선택

타깃 체형에 맞는 인대를 사용해야 정확한 핏 구현 가능.

② 머슬린 사용

올 방향(식서 방향)을 정확히 맞춰야 변형 방지 가능.

③ 디자인 반영

드레이핑 시 디자인 의도를 명확히 반영하며 솔기와 다트 위치를 정리.

④ 패턴 컨트롤

솔기선 길이와 곡선을 매끄럽게 정리하고 봉제 시 어긋남이 없도록 조정.

여성복 생산

Step 01 제직의류 생산의뢰서 분석 

1 생산의뢰서

생산의뢰서란 생산업체에 작업을 의뢰하기 위해 작성하는 문서로, 제품기획 의도 및 디자인의 명확한 전달을 위해 작성된 제품 제작 설명서이다.

1-1. 도식화

도식화는 의복 제작을 위한 설계도와 같은 역할을 하며, 제품의 디자인과 디테일을 평면적으로 사실적으로 표현한 그림이다. 이는 스타일화와 달리 실제 제작을 위해 필요한 비율과 세부 사항을 정확히 나타낸다.

1) 도식화의 기능
① 디자인 의도를 명확히 전달하여 제작 과정에서 혼란을 방지.
② 패턴, 봉제, 부자재 사용 등 제작 전반에 대한 기준 제공.
③ QC 샘플과 비교하여 디자인과 패턴의 일치 여부를 확인.

2) 도식화 구성 요소
(1) 전체 비율
　재킷, 셔츠, 스커트, 팬츠 등 복종별로 전체 실루엣과 비율 표시.
　예 재킷의 총길이, 어깨너비, 소매길이 등.
(2) 세부 디테일
　칼라, 포켓, 단춧구멍, 스티치 위치 및 간격 등 세부 부위 표현.
　예 포켓 크기와 위치, 칼라 형태 및 단추 개수.
(3) 확대 그림
　주머니, 견장, 벨트 등의 확대 그림으로 디테일 강조.
　예 앞여밈 방식(지퍼 또는 단추), 소매 트임 형태.
(4) 스타일 번호와 아이템명
　① 각 제품에 고유 번호를 부여하여 관리.
　② 스타일 번호에는 연도, 계절, 아이템 종류 등이 포함됨.

3) 도식화 분석 절차
(1) 디자인 확인
　① 도식화와 QC 샘플을 비교하여 디자인 라인과 비율이 일치하는지 확인.
　② 핏(fit) 및 전체적인 실루엣 점검.

(2) 색상 확인

① 도식화에 기재된 색상과 QC 샘플의 색상이 일치하는지 확인.

② 배색이 있는 경우 배색 색상도 명확히 구분.

(3) 세부 부분 분석

칼라, 소매, 포켓 등 부위별 디테일이 일치하는지 점검.

㉐ 칼라 크기와 형태가 도식화와 동일한지 확인.

(4) 패턴 비교

도식화와 생산용 패턴(겉감·안감·심지 등)의 구조와 치수가 일치하는지 확인.

4) 도식화 분석 시 주의 사항

① 정확한 비율 유지

도식화는 평면적으로 그려지므로 실제 제품의 비율과 일치하도록 점검.

② QC 샘플과 비교

QC 샘플과 도식화를 대조하여 누락된 디테일이나 불일치를 사전에 발견.

③ 디자인 의도 반영

디자이너의 의도가 정확히 구현되었는지 확인.

1-2. QC 의뢰사항

QC 의뢰사항은 의류 제품의 품질을 보장하기 위해 생산 과정에서 반드시 준수해야 할 재단, 봉제, 완성 작업의 주의사항을 명시한 내용이다.

1) QC 의뢰사항 작성의 목적

① 제품의 품질과 규격을 유지하고 불량률을 최소화.

② 생산 공정에서 발생할 수 있는 문제를 사전에 예방.

③ 디자인 의도와 일치하는 최종 제품 제작.

2) QC 의뢰사항 구성 요소

(1) 재단 시 주의사항

① 원단의 수축, 이색(異色), 오염, 위곡(歪曲) 등을 확인.

② 파일 방향, 체크무늬, 무늬 배열 등 원단 특성에 따른 재단 방식(일방향 재단, 양방향 재단 등) 지정사항을 확인한다.

(2) 봉제 시 주의사항

① 스티치의 땀수와 간격 등을 확인.

② 부위별 봉제 방법과 주의사항 명시

③ 원단 성분에 따른 봉제 주의점
  • 실크: 바늘 자국 방지 및 다림질 온도 조절 필요.
  • 화학섬유: 바늘 자국 방지 및 장력 조절 필요.
④ 무늬 맞춤 및 스티치 위치 확인
  체크무늬는 패턴 간격을 정확히 맞춰 봉제.

(3) 완성 시 주의사항

① 제품 불량 여부 확인(사이즈, 마감 상태 등).
② 다림질 온도와 방식 설정.
③ 라벨, 단추 부착 위치와 방법 명시.

3) QC 의뢰사항 확인 절차

(1) 재단 작업 확인

① 생산의뢰서에 기재된 재단 지시사항과 QC 샘플 비교.
② 원단과 안감의 결 방향 및 수축률 점검.

(2) 봉제 작업 확인

① QC 샘플과 생산의뢰서에 명시된 봉제 방법 비교.
② 부위별 봉제 상태 점검(솔기선 정리, 퍼커링 방지).
③ 스티치 종류와 간격 확인.

(3) 완성 작업 확인

① 완성된 제품에서 라벨, 단추 등 부속품 부착 상태 점검.
② 다림질 상태와 최종 마감 상태 확인.

4) QC 의뢰사항 작성 시 주의 사항

① 세부적이고 명확한 지시
  각 공정별로 구체적인 작업 방법과 기준을 명시.
② QC 샘플과 일치 여부 점검
  QC 샘플과 생산 지시서 간 불일치 사항 발견 시 즉시 수정 요청.
③ 작업 환경 고려
  작업자의 숙련도와 사용 장비를 고려하여 현실적인 지침 제공.

1-3. 원부자재 매칭차트

원부자재 매칭차트(Material Matching Chart)는 의류 생산 과정에서 사용되는 원자재(겉감)와 부자재(안감, 심지, 단추 등)의 종류, 색상, 규격 등을 체계적으로 정리한 목록이다. 이는 생산의뢰서와 QC 샘플을 기준으로 작성되며, 본사와 생산 현장에서 각각 관리된다.

1) 원부자재 매칭차트의 기능

① 원부자재의 종류 및 규격 확인으로 작업 오류 방지.
② 생산 공정 중 자재 사용의 효율성 및 정확성 확보.
③ 자재로 인한 사고를 사전에 예방하고 품질 관리 강화.

2) 원부자재 매칭차트의 구성 요소

① 기본 정보

업체명, 스타일 번호, 아이템명 등 기본 정보 기입.

② 원부자재 항목

겉감, 배색감, 안감, 심지 등 원자재와 부자재를 포함.

③ 샘플 부착

각 자재별로 실제 샘플(스와치)을 부착하여 시각적 확인 가능.

④ 색상 및 규격

자재별 색상명과 규격(폭, 두께 등)을 명시.

⑤ 사용 부위

자재가 사용될 의복의 부위(예: 칼라, 소매 등)를 간략히 기입.

3) 원부자재 매칭차트 작성 절차

(1) 본사 원부자재 매칭차트 확인

생산의뢰서와 본사 매칭차트를 비교하여 모든 항목이 누락 없이 기록되었는지 확인.

(2) 입고된 원부자재 확인

실제 입고된 원부자재가 생산의뢰서와 일치하는지 확인.
- 주요 확인 항목
  ① 규격(폭, 두께 등)과 색상.
  ② 표리 구분(원단 표면과 이면 확인).
  ③ 스티치사, 단추 등 부자재의 색상 및 품질.

(3) 생산 현장 원부자재 매칭차트 작성

① 본사 매칭차트를 기반으로 생산 현장에서 사용할 차트를 작성.
② 색상별로 가로·세로 기준을 설정하고 각 자재별 사용 부위를 명시.
③ 샘플을 잘라 식서 방향과 표리를 명확히 구분하여 부착.

4) 주의 사항

① 스와치 부착 시 정확성 유지

스와치의 결 방향과 표리를 명확히 구분하여 부착.

② 누락 방지

모든 원부자재가 포함되었는지 점검하고 누락된 항목이 없는지 확인.

③ 색상 및 규격 일치 여부 점검

입고된 자재가 생산의뢰서와 동일한 색상 및 규격인지 확인 후 기록.

1 재단물

1-1. 재단물 분류

- 재단물 분류는 재단된 원단 조각을 의류 제작 공정에 따라 체계적으로 정리하고 분류하는 작업.
- 재단된 원단 조각을 부위별, 사이즈별로 분류하여 작업의 정확성과 생산성을 향상.
- 봉제 공정 중 혼란을 방지하고 작업 오류를 최소화.
- 대량생산 시 체계적인 관리로 품질과 납기 준수 보장.

1) 재단물 분류 방법

(1) 부위별 분류

① 의복의 각 부위(앞판, 뒤판, 소매, 칼라 등)별로 구분.
② 부위별로 별도의 묶음으로 정리하여 봉제 작업 시 손쉽게 사용할 수 있도록 준비.

(2) 사이즈별 분류

① 동일한 디자인이라도 사이즈(예: S, M, L)에 따라 재단물이 다르므로 사이즈별로 정리.
② 각 사이즈마다 별도의 라벨이나 태그를 부착하여 식별 가능하도록 함.

(3) 원단 종류 및 색상별 분류

① 원단의 종류(겉감, 안감, 심지 등)와 색상에 따라 구분.
② 체크무늬나 스트라이프 원단은 무늬 맞춤 여부를 확인하며 분류.

2) 재단물 상태 점검

① 재단물의 올 풀림, 오염 여부, 불량 조각 등을 확인하여 불량품은 별도로 관리.
② 재단된 조각이 정확히 패턴에 맞는지 확인.

3) 번들링(bundling)

봉제전 봉제의 효율성을 위해 재단된 원단의 각 부위와 안감, 심지, 각종 부자재를 묶는 작업을 말한다. 번호 작업이용이하도록 동일한 사이즈의 재단 조각끼리 묶는 공정이다.

4) 넘버링(numbering)

각 재단물이 어느 것과 봉제해야 하는지를 표시해주기 위해 재단물에 일련의 번호를 부여하는 작업이다. 스티커나 색연필, 초크 등으로 넘버링 작업을 한다.

5) 자동화 재단 시스템에서의 분류

CAD/CAM 자동화 재단 시스템을 사용하는 경우에도 분류 작업은 필수이다.

자동화 시스템에서는 마카 작업(패턴 배치) 후 출력된 재단물을 자동으로 크기와 부위별로 정렬할 수 있지만, 최종 확인은 수작업으로 진행.

6) 재단물 분류시 주의사항

① 정확한 패턴 확인

모든 재단물이 패턴과 일치하는지 확인하고, 불량품은 즉시 처리.

② 라벨링 및 태그 부착

부위명, 사이즈, 색상 등을 명확히 표시하여 혼란 방지.

③ 보관 환경 유지

재단물이 손상되지 않도록 깨끗하고 건조한 환경에서 보관.

2　심지와 특수작업

2-1. 심지 접착

심지 접착은 의복 제작 과정에서 원단의 특정 부위에 심지를 부착하여 형태 안정성, 봉제 용이성, 실루엣 유지 등을 돕는 작업이다. 열, 압력, 시간 등의 조건을 조절하여 심지를 원단에 부착한다.

1) 심지의 기능:

① 의복의 형태 안정성과 내구성 강화

② 봉제 작업의 효율성 향상

③ 디자인 의도에 맞는 실루엣 구현.

2) 심지의 종류와 특성

(1) 구조별 분류

① 직물 심지: 강도가 높고 형태 안정성이 우수하며 재킷이나 코트에 주로 사용.

② 편물 심지: 신축성과 드레이프성이 뛰어나 얇은 원단에 적합.

③ 부직포 심지: 가볍고 올 풀림이 없으며 기성복에 널리 사용.

(2) 소재별 분류

① 천연섬유 심지: 면, 모, 마 등으로 구성되며 형태 안정성이 우수.

② 화학섬유 심지: 폴리에스테르, 나일론 등으로 내구성과 치수 안정성이 뛰어남.

③ 혼방 심지: 천연섬유와 화학섬유를 혼합하여 다양한 특성을 제공.

(3) 접착 방식에 따른 분류

① 부분 접착 심지: 밑단, 소매 덧단 등 특정 부위에 사용.

② 전면 접착 심지: 앞판 전체나 라펠 등에 사용하여 실루엣 유지.

3) 심지 접착 조건

(1) 온도

① 접착제의 용융점에 따라 적정 온도를 설정.

② 일반적으로 110℃ ~ 130℃사이에서 작업.

(2) 압력

① 균일한 접착력을 위해 적정 압력을 설정(예: 300~600 g/cm2300~600 g/cm2).

② 너무 강한 압력은 삼출 현상을 유발할 수 있음.

③ 삼출현상이란 접착 온도가 너무 높아 접착 후에 심지 표면으로 수지가 배어나오는 현상이다.

(3) 시간

접착제가 원단에 충분히 침투할 수 있도록 적정 시간을 설정(예: 10~15초).

(4) 냉각

접착 후 냉각 과정을 통해 접착 상태를 안정화.

4) 심지 접착 공정

(1) 심지 준비 및 배치

겉감보다 약간 작은 크기로 재단하여 프레스기나 다리미에서 오염 방지를 위해 준비.

(2) 접착 방법 선택

① 겉감 안쪽에 심지를 올려놓고 접착(얇은 원단).

② 겉감을 심지 위에 올려놓고 접착(두꺼운 원단).

③ 겉감 사이에 심지를 넣고 양면에서 열 공급(벨트 등).

(3) 접착 작업 수행

프레스기 또는 다리미를 사용하여 온도, 압력, 시간을 조절하며 작업.

(4) 접착 상태 확인 및 수정

접착 불량 여부(삼출 현상, 변색 등) 확인 후 필요 시 수정 작업 진행.

5) 심지 접착시 주요 불량 사례

(1) 접착 불량
① 원인: 온도 부족, 압력 과다 또는 부족.
② 대책: 프레스기의 온도와 압력을 재조정.

(2) 수지 변화
① 삼출 현상(strike though)
접착 온도가 너무 높아 접착 후에 심지 표면으로 수지가 배어나오는 현상
② 역삼출 현상(strike back)
접착 온도가 너무 높아 접착 후에 원단 표면으로 수지가 배어나오는 현상
③ 수지 비침 현상
겉감 표면에 수지가 투명하게 비치는 현상

(3) 표면 변화
㉑ 버블 현상, 물결 모양, 변색.원단의 늘어짐, 심지자국, 무아레 현상 등
대책: 냉각 시간을 늘리거나 프레스 조건 조정.

(4) 수축 변화
① 열 또는 세탁으로 인한 수축.
② 대책: 수축률이 낮은 심지를 선택하거나 재단물 크기 조정.

6) 심지 부착시 유의사항
① 스팀다리미와 프레스기 사용 시 화상 방지 주의.
② 작업 중 원단과 심지가 틀어지지 않도록 정확히 배치.
③ 작업 환경을 깨끗하게 유지하여 오염 방지.

2-2. 특수작업

특수 작업은 일반적인 본봉 재봉기로 수행하는 기본 봉제 공정을 제외한, 의류 장식 및 기능성을 강화하기 위해 특수 기계나 기술을 활용하여 수행되는 작업이다.
특수작업을 통해 의류의 장식성과 디자인 완성도 향상. 고급스러운 디테일과 기능성을 제공하여 제품 경쟁력 강화. 다양한 기법을 통해 독창적인 의류 제작 가능.

1) 특수 작업의 종류

(1) 주름 작업
① 기계 주름 작업
• 열과 압력을 이용해 주름을 형성하며, 스커트, 블라우스, 원피스 등에 사용.
• 외주름, 맞주름, 아코디언 주름 등 다양한 형태 가능.

② 핀턱(Pin-tuck)

- 원단에 주름과 장식 스티치를 넣어 무늬를 만드는 작업.
- 블라우스, 셔츠, 원피스의 가슴 또는 허리 부위에 사용.

③ 셔링(Shirring) 및 스모킹(Smocking)

- 셔링: 잔주름을 잡아 장식.
- 스모킹: 잔주름 위에 굵은 실로 일정한 모양의 장식 스티치를 추가.

(2) 자수 작업

① 휘몰이

인터로크 기계를 사용하여 소매나 밑단 끝을 얇게 말아 마감.

② 패고팅(Fagoting)

원단에 구멍을 내고 실로 연결하여 장식 효과를 주는 자수 기법.

③ 호시(Pick Stitch)

재킷이나 코트의 라펠, 칼라 등에 장식 스티치를 넣는 기법.

④ 스팽글(Spangle)

반짝이는 금속이나 합성수지 조각을 투명사로 부착하여 장식 효과 제공.

⑤ 손자수

자수용 재봉기를 활용해 다양한 문양을 수작업으로 제작.

⑥ 자수 퀼팅(Quilting)

원단 사이에 솜이나 심지를 넣고 장식적으로 재봉.

(3) 기타 작업

① 일반 퀼팅

원단 사이에 솜이나 심지를 넣고 전체를 재봉하여 보온성과 디자인 제공.

② 전사(Transfer)

필름에 출력된 그림을 열과 압력으로 원단에 전이하는 작업.

③ 핫픽스(Hot-fixed)

열가소성 수지를 이용해 입체적인 장식물을 부착.

④ 핫멜트(Hot Melt)

- 필름형 접착제를 사용해 지퍼나 포켓 부착 시 사용.
- 무봉제 시스템에서 지퍼, 포켓 등을 작업할 때 주로 사용

⑤ 웰딩(Welding) 및 심실링(Seam Sealing)

- 웰딩: 고열로 원단 이음 부분을 용융 후 냉각하여 부착.
- 심실링: 웰딩된 시접선 위에 심테이프를 부착하여 방수 처리.

1 완성다림질

완성 다림질은 다림질 작업을 통해 제품의 형태 완성도를 향상시키는 작업이다.

- 완성 다림질의 기능
  ① 의복의 외관을 깔끔하고 정돈된 상태로 유지.
  ② 실루엣과 디자인 의도를 정확히 구현.
  ③ 주름 제거와 함께 착용감을 향상.

1-1. 다림질 온도와 기호

섬유의 종류에 따라 적합한 다림질 온도를 설정해야 하며, 잘못된 온도는 섬유 손상을 초래할 수 있다.

1) 섬유별 적정 다림질 온도와 주의사항

섬유 종류	적정 다림질 온도 (℃)	특징 및 주의사항
면 (Cotton)	180~220	높은 내열성을 가지며 고온에서 다림질 가능. 물을 뿌려 스팀 다림질 권장.
린넨 (Linen)	210~230	고온에서 주름 제거 효과가 좋으며, 약간의 수분을 공급 후 다림질.
실크 (Silk)	120~140	섬세한 섬유로 낮은 온도에서 뒤집어 다림질. 스팀 사용은 피하는 것이 좋음.
울 (Wool)	160~170	중간 온도로 다리며 천을 덮고 스팀 사용 권장. 직접 열판 접촉 시 광택 발생 가능.
폴리에스터 (Polyester)	130~150	낮은 온도에서 천천히 다리며, 고온에서는 섬유 변형 가능성 있음.
나일론 (Nylon)	110~120	열에 민감하므로 저온에서 천을 덧대어 다림질. 스팀 사용은 피해야 함.
레이온 (Rayon)	80~120	낮은 온도에서 약간의 습기를 주어 다림질. 과열 시 섬유 손상 우려.

2) 다림질 기호

다림질 기호는 세탁 라벨에 표시되며, 각 기호는 적정 온도와 방법을 나타낸다.

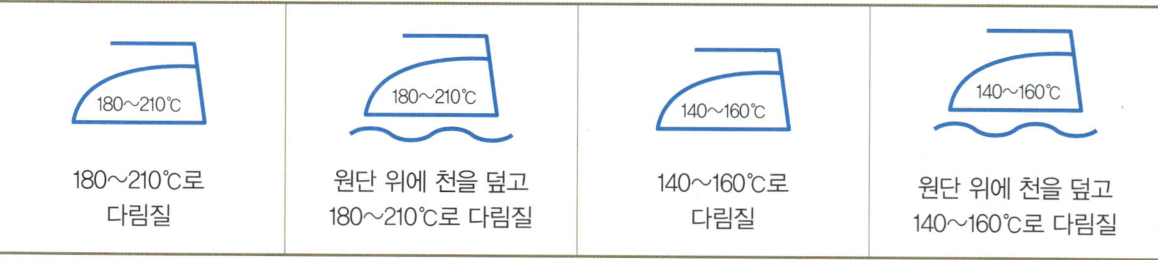

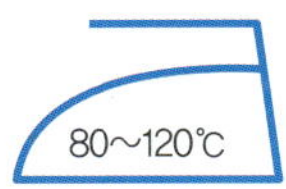

80~120℃로
다림질

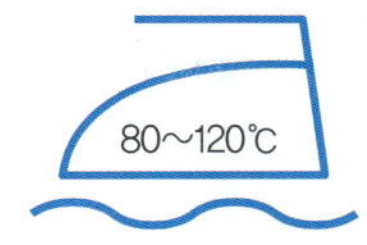

원단 위에 천을 덮고
80~120℃로 다림질

다림질 할 수 없음

1-2. 다림질 방법

1) 다림질 방법

(1) 다리미 준비

① 소재에 맞는 적정 온도로 설정.

② 스팀 기능이 있는 경우 물탱크를 채우고 준비.

(2) 다림판 준비

① 옷감에 맞는 커버를 사용하여 표면을 보호.

② 민감한 섬유는 천이나 헝겊을 덧대어 작업.

(3) 스팀 활용법

① 두꺼운 원단이나 주름이 심한 경우 스팀을 사용하여 작업 효율성을 높임.

② 스팀 후 냉각 시간을 두어 형태를 고정.

(4) 다림질 후 관리

① 완성된 의류를 옷걸이에 걸어 형태를 유지.

② 열기가 식은 후 보관.

2) 복종별 다림질 방법

(1) 셔츠/블라우스

① 칼라 → 커프스 → 소매 → 등판 → 앞판 순으로 진행.

② 단추 주변은 뒤집어서 열판이 직접 닿지 않도록 주의.

(2) 바지/스커트

① 허리선 → 주름선 → 밑단 순으로 진행.

② 바지 주름선은 일직선으로 유지하며 열과 압력을 가함.

(3) 재킷/코트

① 칼라 → 어깨 → 소매 → 몸판 순으로 진행.

② 라펠과 칼라는 모양이 무너지지 않도록 조심스럽게 작업.

3) 의복 부위별 다림질 방법

(1) 암홀 및 소매

암홀 전용 보조형틀을 사용하여 솔기 시접과 소매산 여유량 정리.

(2) 몸판

앞 · 뒤 몸판의 솔기와 잔주름 제거 후 밑단 정리.

(3) 칼라

칼라 꺾임선을 자연스럽게 잡아주며 스팀으로 형태 고정.

4) 안전 및 유의 사항

(1) 화상 방지

스팀과 열판 사용 시 안전수칙 준수.

(2) 장비 점검

작업 전후로 장비 상태를 점검하고 청결 유지.

(3) 열 분산 관리

한 곳에 오래 머물지 않고 지속적으로 움직이며 열이 고르게 분산되도록 함.

(4) 민감한 섬유 보호

실크, 나일론 등 민감한 소재는 반드시 낮은 온도로 작업하고 천을 덧대어 보호.

(5) 다리미 청결 유지

열판에 이물질이 묻지 않도록 관리하여 옷감 손상 방지.

2 특종작업

완성 기계작업에서 특종 작업이란 봉제 작업이 끝난 작업물에 단추나 스냅을 장착하고 단춧구멍을 만드는 작업을 말한다.

2-1. 단춧구멍

단춧구멍은 의복의 여밈을 위해 단추를 끼울 수 있도록 만든 구멍으로, 의복의 기능성과 디자인을 동시에 충족시키는 중요한 요소이다.

1) 단춧구멍의 주요 종류

(1) 일자 단춧구멍 (Straight Buttonhole)

가장 일반적인 형태로, 셔츠, 블라우스, 재킷 등 다양한 의류에 사용.
양 끝이 직선으로 처리되어 깔끔한 외관 제공.

- 특징

① 다양한 크기의 단추에 적합.

② 봉제 후 마감이 간단.

(2) 꼬리 단춧구멍 (Keyhole Buttonhole)

한쪽 끝이 둥글게 처리된 단춧구멍으로, 재킷이나 코트 등 고급 의류에 주로 사용.

- 특징

① 둥근 끝부분이 단추 기둥을 안정적으로 고정.

② 큰 단추를 사용하는 의복에 적합.

(3) 장식 단춧구멍 (Decorative Buttonhole)

기능보다는 장식성을 강조한 형태로, 디자인 포인트를 주기 위해 사용.

- 특징

① 다양한 색실과 스티치 패턴으로 제작 가능.

② 주로 여성복이나 고급 드레스에 활용.

(4) 숨은 단춧구멍 (Hidden Buttonhole)

외관상 보이지 않도록 숨겨진 형태로, 깔끔한 디자인을 유지하기 위해 사용.

- 특징

① 셔츠나 블라우스의 앞중심에 주로 사용.

② 겉감과 안감 사이에 위치하여 외관을 방해하지 않음.

(5) 장식용 실루프 (Thread Loop)

실로만 루프 형태를 만들어 단추를 걸 수 있도록 제작.

- 특징

① 얇고 가벼운 원단이나 드레스에서 주로 사용.

② 장식성과 실용성을 동시에 제공.

2) 단춧구멍 제작 시 주의사항

(1) 위치와 크기

① 단춧구멍 위치는 정확히 표시해야 하며, 단추 크기에 맞춰 적절한 길이로 제작.

② 코트나 재킷용 단춧구멍은 작업할 위치 표시를 제품의 뒷면에 하고, 셔츠용 단춧구멍은 작업할 위치표시를 겉면에 해준다.

(2) 봉제 강도

내구성을 높이기 위해 끝부분을 보강 스티치 처리.

(3) 원단 특성 고려

얇거나 신축성 있는 원단은 접착 심지 등을 사용해 보강 후 작업.

1) 셔츠용 단춧구멍 기계

셔츠와 블라우스 등 얇은 원단에 적합하며, 빠르고 정밀한 작업 가능.

2) 재킷용 단춧구멍 기계

두꺼운 원단과 꼬리 단춧구멍 제작에 적합하며, 고급 의류 제작 시 활용.

3 검침

3-1. 검침기의 종류와 사용 방법

검침기는 의류 제품에 포함될 수 있는 금속 이물질(부러진 바늘, 금속 파편 등)을 탐지하여 제거하는 장비이다. 이는 소비자 안전을 보장하고 제품 품질을 유지하기 위해 필수적으로 사용된다.

1) 검침의 목적

① 소비자 안전사고 예방.
② 브랜드 신뢰도와 품질 관리 강화.
③ 제조물책임법(PL법) 준수를 통한 법적 책임 회피.

2) 검침기의 종류

(1) 포터블 검침기 (Portable Detector)

소형 의류 제품(티셔츠, 속옷 등)을 검침하는 데 적합.
이동이 용이하며 소규모 작업장에서 주로 사용.

- 특징
  ① 간단한 조작과 설치.
  ② 적은 공간에서 사용 가능.

(2) 컨베이어 검침기 (Conveyor Detector)

대량 생산 공정에서 부피가 크거나 많은 양의 제품을 빠르게 검침.

- 특징
  ① 컨베이어 벨트를 통해 제품을 이동시키며 자동으로 검침.
  ② 대량 작업에 적합하며 생산성을 높임.

(3) 핸드 검침기 (Handheld Detector)

정밀 검침을 위해 사용되며, 이물질의 정확한 위치를 탐지.

다운 점퍼, 패딩 재킷 등 부피가 큰 제품에서 사용.

- 특징
  ① 휴대가 간편하며 세부 부위까지 탐지 가능.
  ② 컨베이어 검침기에서 발견된 이물질의 위치를 확인하는 데 활용.

3) 검침 작업 방법

(1) 검침 준비
① 금속 부자재(스냅, 지퍼 등)가 포함된 경우 이를 검침기에 통과할 수 있도록 조정.
② 제품의 생산 수량, 크기, 납기일 등을 확인하여 적합한 검침기를 선택.

(2) 검침 수행
① 포터블 검침기: 소형 제품을 펼쳐서 기기에 통과시킴.
② 컨베이어 검침기: 대량 제품을 컨베이어 벨트에 올려 자동으로 검침.
③ 핸드 검침기: 컨베이어에서 발견된 이물질의 위치를 정밀하게 탐지.

(3) 이물질 발견 시 처리
① 발견된 이물질(바늘, 금속 파편 등)을 제거.
② 제거 후 수선 가능 여부를 판단하여 관련 부서로 전달하거나 폐기 처리.
③ 재검침을 통해 이물질이 완전히 제거되었는지 확인.

4) 안전 및 유의 사항
① 안전 수칙 준수

기기 작동 중 손이나 신체 일부가 기기에 닿지 않도록 주의.

② 정확한 작업 수행

금속 부자재의 도금 상태를 점검하여 오작동 방지.

③ 작업 기록 관리

날짜, 스타일 번호, 불량 내용 등을 작업일지에 기록하여 추후 문제 발생 시 참고.

5) 검침기 사용의 예
① 소형 의류: 티셔츠, 속옷 등 포터블 검침기를 활용해 작업.
② 대량 생산 의류: 패딩 재킷, 바지 등 컨베이어 검침기를 통해 빠르게 처리.
③ 정밀 작업: 핸드 검침기로 다운 점퍼 내부의 바늘이나 금속 파편 탐지 및 제거.

1　마무리 손바느질과 제사

1-1. 마무리 손바느질

① 의복 제작의 마지막 단계에서 기계로 처리하기 어려운 부위를 손으로 바느질하여 제품의 완성도를 높이는 작업.
② 제품의 내구성을 강화하고 봉제 부위의 견고함을 보장.
③ 디자인 디테일과 외관 품질을 높여 고급스러운 마감 제공.
④ 기계 작업으로 처리하기 어려운 세부 부위를 정교하게 마무리.

1) 마무리 손바느질의 주요 종류와 작업 방법

(1) 단추 달기

ㄱ. 일반 단추 달기
① 단추 크기와 위치에 따라 실기둥 높이를 조정하며, 실기둥을 세워 단추를 견고히 고정.
② 뿌리감기를 통해 단추가 쉽게 풀리지 않도록 처리.
③ 실은 겉감과 동일한 색상을 사용하며, 단추 구멍에 실을 2회 이상 통과시켜 견고하게 고정.

ㄴ. 밑단추가 있는 경우
보강용 밑단추를 사용하여 원단 손상을 방지하며, 실기둥 높이를 원단 두께에 맞게 조정.

ㄷ. 기둥 단추 달기
기둥이 있는 단추는 뿌리감기를 생략하며, 기둥의 높이를 원단 두께에 맞게 설정.

(2) 후크 및 걸고리 달기

ㄱ. 후크 달기
① 후크는 허리 여밈이나 지퍼 상단에 사용되며, 버튼홀 스티치로 견고하게 고정.
② 후크와 바(bar)의 위치를 정확히 맞춰 부착.

ㄴ. 철사형 걸고리 달기
원피스나 스커트 지퍼 상단에 사용되며, 피부 접촉 시 손상을 방지하도록 부착.

(3) 스냅 달기

① 스냅은 부드러운 소재나 여밈 보조용으로 사용되며, 버튼홀 스티치로 고정.
② 윗면에는 볼록 스냅, 아랫면에는 오목 스냅을 부착하여 안정성을 확보.

(4) 실고리 뜨기와 실루프 만들기

ㄱ. 실고리 뜨기

① 겉감과 안감을 연결하거나 암홀 등 고정이 필요한 부위에 사용.

② 둥근 고리를 만들어 반복적으로 바느질하며 견고하게 작업.

ㄴ. 실루프 만들기

벨트 고리나 단추걸이로 사용되며, 심지실을 휘갑치기로 마무리.

(5) 밑단 처리

ㄱ. 속감침질

① 밑단과 겉감 사이를 연결하여 바늘땀이 보이지 않도록 처리.

② 주로 고급 여성복이나 안감 없는 재킷에 사용.

ㄴ. 감침질

가장 쉬운 단 처리 방법으로, 겉에서는 바늘땀이 보이지 않음.

ㄷ. 새발뜨기

트임이나 안단, 심감을 고정하거나 튼튼한 밑단 처리를 위해 사용.

(6) 패드 달기

① 어깨 패드는 암홀선과 어깨 솔기에 실고리뜨기로 고정.

② 패드 분량은 앞판(2/5), 뒤판(3/5)으로 분배하여 자연스러운 실루엣 유지.

2) 마무리 손바느질작업 시 유의사항

(1) 바늘과 실 선택

원단 두께와 용도에 따라 적합한 바늘(보통 바늘, 퀼팅 바늘 등)과 실(코어사, 린넨사 등)을 선택.

(2) 손바늘 종류

① 보통 바늘(sharps): 일반적인 손바느질에 사용.

② 퀼팅 바늘(betweens): 섬세한 소재나 정교한 작업에 적합.

③ 시침 바늘(milliners): 주름 잡기나 두꺼운 소재 작업에 적합.

④ 손바늘은 호수가 클수록 바늘의 굵기가 가늘다.

(3) 작업 순서 준수

생산의뢰서와 봉제 사양서를 기반으로 작업 순서를 철저히 준수.

(4) 견고성과 대칭성 유지

단추나 후크는 좌우 대칭을 유지하며 견고하게 작업.

(5) 손바느질 시 주의사항

① 바늘 관리 철저히 하여 제품에 바늘이 남지 않도록 주의.

② 민감한 소재는 낮은 장력으로 작업하여 원단 손상을 방지.

3) 복종별 손바느질 부위

(1) 재킷

ㄱ. 주요 손바느질 부위

① **안단선 시접 고정**: 앞판 안단선 내부 시접을 새발뜨기로 고정.

② **암홀 부위 고정**: 겉감과 안감의 암홀 부위를 실고리뜨기로 연결.

③ **밑단 고정**: 겉감 밑단과 안감을 속감침질로 처리.

④ **앞중심 여밈**: 단추 달기, 후크(hook)와 바(bar) 달기.

⑤ **패드 달기**: 어깨 패드를 암홀선과 어깨 솔기에 실고리뜨기로 고정.

ㄴ. 특징 및 작업 방법

① 새발뜨기와 실고리뜨기를 활용하여 겉감과 안감의 연결 부위를 깔끔하게 처리.

② 단추는 실기둥을 세워 뿌리감기로 견고하게 고정.

③ 어깨 패드와 암홀 연결 시 패드가 움직이지 않도록 정확히 고정.

④ 단추 달기는 좌우 대칭성과 견고함을 유지.

(2) 팬츠

ㄱ. 주요 손바느질 부위

① **허리 여밈**: 후크 및 속단추 달기.

② **밑단 처리**: 밑단 시접을 새발뜨기로 고정.

ㄴ. 특징 및 작업 방법

① 허리 여밈은 견고성을 중시하며, 후크와 속단추를 버튼홀 스티치로 튼튼히 고정.

② 밑단은 새발뜨기를 사용하여 깔끔하고 튼튼하게 마감.

③ 허리 여밈 후크와 속단추 위치를 정확히 맞춰야 착용 시 불편함 방지.

(3) 스커트

ㄱ. 주요 손바느질 부위

① **허리 여밈**: 후크와 바(bar), 속단추 달기.

② **지퍼 부위 안감 고정**: 지퍼 상단과 중앙, 밑단을 감침질로 처리.

③ **트임 부위 안감 고정**: 트임 끝부분을 감침질로 정리.

④ **밑단 처리**: 속감침질 또는 새발뜨기로 마무리.

ㄴ. 특징 및 작업 방법

① 허리 여밈은 팬츠와 유사하며, 견고함을 최우선으로 고려.

② 트임 부위는 안감이 들뜨지 않도록 감침질로 정리.

③ 밑단은 들뜨거나 울지 않도록 일정한 간격으로 바느질.

4) 손바느질 방법

(1) 새발뜨기 (Catch Stitch)

① 주로 밑단, 안단선 고정에 사용되며, 튼튼한 마감을 제공.

② 왼쪽에서 오른쪽으로 진행하며 실이 교차되도록 작업.

(2) 속감침질 (Blind Stitch)

밑단이나 겉감과 안감을 연결할 때 사용되며, 바늘땀이 보이지 않게 작업.

(3) 실고리뜨기 (Thread Looping)

암홀이나 겨드랑이 등 겉감과 안감을 연결할 때 사용되며, 유연성과 내구성을 제공.

(4) 뿌리감기 (Shank Wrapping)

단추 달기 시 실기둥을 세운 후 뿌리를 감아 단추를 견고히 고정.

1-2. 제사

제사 처리는 봉제 후 남은 실밥이나 잔사를 제거하여 제품의 완성도를 높이는 작업이다.

1) 제사의 주요 공정

(1) 제사 처리 위치 확인

① 재킷: 암홀, 밑단, 소매 끝 등 봉제선과 오버로크 부위.

② 팬츠: 벨트고리, 주머니 끝, 프런트 플라이 등 잔사가 많이 발생하는 부위.

③ 스커트: 허리 여밈, 트임 부위 등.

(2) 제사 처리 도구 및 기기 사용

① 쪽가위: 섬세한 실밥 제거에 사용되며 주로 고급 의류에 적합.

② 흡입식 제사 처리기: 데님, 니트 등 먼지가 많은 제품에 사용.

③ 잔사털이기: 송풍기로 실밥과 먼지를 제거하며 캐주얼 의류에 적합.

(3) 제사 처리 과정

① 봉제선 시작과 끝, 되돌아박기 부위를 중점적으로 점검하며 잔사를 제거.

② 합복 전과 후로 나누어 겉감과 안감을 각각 처리.

2) 제사 처리 시 주의사항

① 쪽가위 사용 시 가윗집으로 인해 원단이 손상되지 않도록 유의.

② 흡입식 기기는 섬세한 소재에는 사용하지 않으며, 작업 환경을 깨끗이 유지.

※ 복종별 주의사항

①재킷: 겉감과 안감을 합치기 전에 시접 끝 잔사를 제거하고 완성 후 다시 점검.

②팬츠: 살 부위와 지퍼 끝에서 실밥이 많이 발생하므로 집중적으로 처리.

③스커트: 트임 부위와 밑단에서 실밥이 노출되지 않도록 꼼꼼히 작업.

포장은 의류 제품의 완성 후, 복종별 특성과 제품의 특성에 맞게 구김 방지, 손상 방지, 효율적인 물류 이동 및 관리를 위해 제품을 보호하고 정리하는 작업.

1) 포장의 목적:

① 제품의 외관과 품질 유지.
② 운송 및 보관 중 손상 방지.
③ 소비자에게 깔끔한 상태로 전달.
④ 물류 관리와 출하 효율성 증대.

(1) 포장의 원칙

① 제품 특성 파악

의류 제품의 소재, 형태, 크기에 적합한 포장 방법과 재료를 선택.

② 포장 형태와 디자인

취급이 용이하고 운송 및 보관에 적합한 구조와 크기.

③ 투명한 폴리백 사용

상품 디스플레이 효과를 높이고 구매 촉진을 위해 투명 폴리백 권장.

④ 경제적이고 실용적인 설계

비용 절감과 동시에 상품 보호를 위한 합리적인 설계.

⑤ 소비자 친화적 디자인

구매 욕구를 자극할 수 있는 우수한 디자인.

(2) 포장 재료의 요구 성능

① 보호 기능

외부 충격, 습기, 먼지 등으로부터 제품을 보호.

② 안전성

인체와 의류 제품에 유해하지 않은 재료 사용.

③ 포장의 용이성

간단하고 저비용으로 작업 가능하며 오염 제거가 쉬운 재료.

④ 친환경성

환경 보호를 고려한 재활용 가능한 재료 사용.

2-1. 포장 방법

1) 포장의 종류

(1) 폴리백 포장

① 개별 제품을 폴리백(polybag)에 넣어 구김이나 변형 방지.

② PE(폴리에틸렌), PP(폴리프로필렌) 폴리백등이 있으며 통기 구멍이 있는 폴리백 사용으로 습기 방지.

(2) 행거 포장

① 옷걸이에 걸어 폴리백을 씌우는 방식으로 구김 방지 효과가 큼.

② 주로 정장, 코트, 블레이저 등 고급 의류에 사용.

(3) 박스 포장

① 운송과 선적을 위해 박스(carton box)에 담아 포장.

② 박스 외부에 스타일 번호, 색상, 사이즈 등 정보를 기록.

(4) 번들 포장

개별 폴리백에 담긴 여러 제품을 대형 폴리백에 함께 넣는 방식.

2) 개별 포장 방법

(1) 평면 포장 (Flat Pack)

① 셔츠나 팬츠 등 접어서 폴리백에 넣는 방식.

② 구김 방지를 위해 접기 상태를 유지하며 통기 구멍 활용.

(2) 행거 포장 (Hanger Pack)

① 옷걸이에 걸어 폴리백으로 덮고 하단을 밀봉.

② 먼지나 분실 방지를 위해 테이프 또는 열접착기로 마감.

3) 박스 포장의 종류

(1) 솔리드 포장 (Solid Packing)

동일 색상 및 사이즈의 제품을 한 박스에 담음.

(2) 아소트 포장 (Assort Packing)

① 다양한 색상과 사이즈를 혼합하여 박스에 담음.

② 매장에서 바로 판매 가능하도록 구성.

4) 포장 작업 주요절차

① 생산의뢰서 확인 후 태그 부착 및 색상 · 호칭별 분류.

② 적합한 포장 재료 준비(폴리백, 옷걸이, 스티커 등).

③ 제품 접기 또는 행거에 걸어 폴리백 씌우기.

④ 밀봉 후 스티커 부착(사이즈 라벨, 경고 문구 등).

⑤ 박스에 담아 운송 준비(패킹 리스트 작성 포함).

제직의류 재단 준비 작업

재단 준비 작업 원단의 상태를 점검하고, 생산의뢰서와 패턴을 확인하여 효율적인 재단 계획을 수립하는 단계.

1 재단

1-1. 재단준비작업

1) 생산의뢰서 확인

① 생산의뢰서에 기재된 스타일 번호, 색상, 사이즈별 생산 수량(아소트)을 확인.

② 원부자재 소요량과 배색 여부를 확인하여 필요한 자재를 준비.

　*아소트: 결정된 생산 의복의 사이즈별, 색상별 생산 수량을 말한다. 아소트는 재단 전에 반드시 확인하고 분석되어야 한다.

2) 원단 상태 점검

① 원단의 품질과 상태를 확인하여 불량을 방지.

② 재단 작업의 효율성을 높이고 원단 낭비를 최소화.

③ 최종 제품의 품질을 보장.

(1) 원단 폭 확인

① 셀비지(원단 가장자리)를 제외한 실제 사용 가능한 폭을 측정.

② 텐터핀 자국, 염색 상태 등을 통해 원단 표리 구분.

(2) 이색 확인

① 동일 롤 내 색상 차이(이색)를 확인하여 로트(Lot)별로 분리.

② 이색 발생 시 로트별로 재단 계획 조정.

(3) 원단 결 및 무늬 확인

① 결 방향, 기모 방향, 무늬 상하 구별 여부를 점검.

② 능직, 수자직 등 결 방향이 뚜렷한 원단은 한 방향으로 배치.

③ 체크무늬나 스트라이프는 무늬 맞춤이 필요한지 확인.

(4) 원단 불량 및 오염 검사

검단기를 사용해 오염, 직조 불량, 염색 불량 등을 점검.

(5) 수축률 확인

① 일정 크기의 원단을 잘라 스팀 다림질 후 치수 변화를 측정.

② 수축률이 높은 경우 스폰징(sponging) 과정을 거쳐 안정화.

3) 부자재 확인

① 안감, 심지, 배색감 등 부자재의 규격과 소요량 점검.

② 심지의 접착 테스트를 통해 삼출 현상이나 버블 발생 여부 확인.

4) 패턴 준비 및 마킹 계획

① 패턴을 정리하고 시접 포함 여부를 확인.

② 마킹 계획 수립

- 원단 폭과 특성을 고려하여 패턴 배치(한 방향 마킹, 양방향 마킹 등).
- 체크무늬와 스트라이프는 매칭 포인트를 고려하여 패턴 배치.

5) 재단 차수 계획

① 생산 수량과 작업 환경(테이블 길이, 재단 도구 등)에 따라 최소 차수로 재단 계획 수립.

② 연단 매수와 마카 수를 결정하여 효율적인 작업 진행.

2 생산보조용 패턴제작

2-1. 생산 보조용 패턴

생산보조용 패턴은 의류 제작 과정에서 재단, 봉제, 완성 작업의 효율성과 품질을 높이기 위해 사용되는 별도의 패턴이다. 이는 메인 패턴과는 별도로 제작되며, 디자인 디테일과 완성도를 높이고 대량 생산 시 품질 일관성을 유지하기 위해 사용한다.

1) 생산보조용 패턴의 종류와 용도

(1) 재단 보조용 패턴

ㄱ. 정밀 재단

① 원단 수축을 고려해 여유분을 포함한 패턴으로 제작.

② 방축 처리 후 정밀 재단에 활용.

ㄴ. 심지 재단

심지를 부착한 뒤 밴드 나이프 등으로 정밀 재단.

(2) 봉제 보조용 패턴

ㄱ. 완성선 표시

① 주머니, 칼라, 플랩 등의 정확한 위치를 표시.

② 시접 없는 패턴으로 제작되어 봉제 중간 단계에서 활용.

ㄴ. 형태 완성

① 톱스티치 마감이나 플랩, 주머니 등의 형태를 다림질로 고정하기 위해 사용.

② 두꺼운 종이나 금속(양철)으로 제작하여 다림질 시 활용

(3) 완성 보조용 패턴

① 단춧구멍, 바택, 실고리 등의 위치를 표시하기 위한 패턴.

② 완성 단계에서 제품의 품질과 외관을 보장.

2) 생산보조용 패턴 제작 방법

(1) 재단 보조용 패턴 제작

① 메인 패턴을 참고하여 시접 포함 여부를 확인하고 두꺼운 종이나 금속으로 제작.

② 심지 부착 후 정밀 재단이 필요한 경우 철형(금속 틀)을 사용.

(2) 봉제 보조용 패턴 제작

① 시접 없는 상태로 완성선을 기준으로 제작.

② 플랩, 주머니 등은 두꺼운 종이나 양철로 만들어 다림질과 봉제에 활용.

(3) 완성 보조용 패턴 제작

단춧구멍 위치와 라펠 꺾임선 등을 표시하기 위해 송곳이나 펀치를 사용해 구멍을 뚫어 제작.

(4) 생산보조용 패턴의 주요 활용 사례

① 재킷

- 라펠 테이핑 처리와 주머니 위치 표시에 사용.
- 칼라와 플랩의 완성선을 접어 다림질하는 데 활용.

② 셔츠

- 칼라, 커프스, 앞덧단 등 봉제 중간 단계에서 완성선을 접거나 위치를 표시하기 위해 사용.

③ 팬츠 및 스커트

- 허릿단 테이핑 처리와 벨트 고리 위치 표시.
- 지퍼 스티치 위치를 정확히 가이드하기 위한 샌드페이퍼 소재의 보조용 패턴.

1　마킹

마킹은 의류 제작 과정에서 원단 위에 패턴을 배치하고, 재단선을 표시하는 작업.

1-1. 마킹방법

1) 마킹방법

(1) 수작업 마킹 (Manual Marking)

① 특징
- 전통적인 방식으로, 패턴을 원단 위에 직접 배치하여 표시.
- 소규모 작업장이나 맞춤 제작에 적합.

② 방법
- 패턴을 원단 위에 놓고 초크, 수성펜, 트레이싱 휠 등을 사용해 선을 표시.
- 패턴의 방향과 결 방향을 고려하여 배치.

③ 장점

초기 비용이 적고, 간단한 도구로 작업 가능.

④ 단점

숙련도에 따라 정확도가 달라질 수 있으며, 대량 생산에는 비효율적.

(2) 컴퓨터 마킹 (Computerized Marking)

① 특징
- CAD 소프트웨어를 사용해 디지털 환경에서 패턴을 배치하고 마커를 생성.
- 대량 생산과 정밀한 작업에 적합.

② 방법
- 디지털 패턴 데이터를 입력한 후, 소프트웨어에서 최적의 배치를 계산.
- 출력된 마커를 원단 위에 놓고 재단선을 표시하거나 자동 재단기로 연결.

③ 장점
- 원단 낭비 최소화 및 작업 속도 향상.
- 복잡한 디자인에서도 높은 정확도를 유지.

④ 단점
- 초기 투자 비용이 높으며, 전문 기술이 필요.

2) 마킹 도구

① 초크(Chalk)

일반적으로 사용되는 도구로, 다양한 색상으로 원단에 표시 가능.

② 수성펜(Water-Soluble Pen)

물로 쉽게 제거되며, 얇은 선을 그릴 수 있어 정밀 작업에 적합.

③ 트레이싱 휠(Tracing Wheel)

트레이싱 페이퍼와 함께 사용하여 양면 원단에 동시에 재단선을 표시.

④ 마커 페이퍼(Marker Paper)

컴퓨터 마킹 후 출력된 종이를 원단 위에 놓고 재단선을 표시.

3) 마킹 시 유의사항

(1) 패턴 맞춤(Pattern Matching)

체크무늬나 스트라이프 원단은 무늬가 일치하도록 패턴을 배치.

(2) 결 방향 확인(Fabric Grain Direction)

결 방향과 기모 방향을 고려해 패턴 배치.

(3) 원단 특성 고려

① 신축성 있는 원단은 늘어나지 않도록 고정하며 작업.

② 얇거나 미끄러운 원단은 핀이나 무거운 물체로 고정 후 작업.

(4) 패턴 배치 최적화

① 한 방향 또는 양방향 배치를 결정하여 원단 낭비를 줄임.

② 대칭 디자인은 좌우 균형을 고려해 패턴 배치.

(5) 정확한 표시

시접, 다트, 노치 등 봉제 시 필요한 모든 정보를 명확히 표시.

(6) 도구 선택

원단 손상을 방지하기 위해 적합한 도구를 선택하고 테스트 후 사용.

4) 마킹 방법별 특징 비교

항목	수작업 마킹	컴퓨터 마킹
작업 속도	느림	빠름
정확성	숙련도에 따라 달라짐	매우 높음
초기 비용	낮음	높음
대량 생산 적합성	낮음	높음
활용 사례	소규모 맞춤 제작	대량 생산 및 복잡한 디자인

연단은 재단 작업을 위해 원단을 재단대 위에 펼치고 쌓는 작업

2-1. 연단의 종류

1) 일방향 연단 (One-Way Spreading)

모든 원단을 한 방향으로 쌓는 방식.

- 특징
  ① 능직, 수자직 등 결이 뚜렷한 원단에 적합.
  ② 고품질 제품 제작 시 사용.
  ③ 마커 효율이 낮고 작업 시간이 길어짐.
- 사용 예시: 체크무늬, 프린트 무늬, 기모 원단.

1) 양방향 연단 (Two-Way Spreading)

원단을 한 방향으로 쌓고 반대 방향으로 다시 쌓는 방식.

- 특징
  ① 단색 또는 결이 없는 평직물에 적합.
  ② 마커 효율이 높고 생산성이 우수.
- 사용 예시: 일반 평직물, 단색 원단.

3) 표면대향 연단 (Face-to-Face Spreading)

원단의 겉면끼리 마주 보게 쌓는 방식.

- 특징
  ① 기모나 결이 있는 원단에 적합.
  ② 밀림 현상이 적어 정확한 재단 가능.
- 사용 예시: 벨벳, 코듀로이 등 고급 소재.

4) 계단식 연단 (Stepped Spreading)

각 층의 길이를 다르게 하여 계단 형태로 쌓는 방식.

- 특징
  ① 특정 디자인이나 패턴 배치가 필요한 경우 사용.
  ② 작업 시간이 많이 소요됨.

1) 연단기의 종류와 특징

(1) 수동 연단기 (Manual Spreader)

사람이 직접 원단을 당겨 펼치는 방식.

- 특징
  - ① 소규모 작업장이나 잦은 색상 변경에 적합.
  - ② 작업 속도가 느리고 인력 소모가 큼.

(2) 반자동 연단기 (Semi-Automatic Spreader)

수동 연단기에 동력 장치를 추가한 방식.

- 특징
  - ① 효율성이 높아 소규모에서 중규모 작업장에 적합.
  - ② 작업자가 운반기를 조작하며 진행.

(3) 자동 연단기 (Automatic Spreader)

연단기가 자동으로 움직이며 원단을 펼치는 방식.

- 특징
  - ① 대량 생산 공정에서 사용되며 시간과 인력을 절약.
  - ② 체크무늬나 스트라이프 등 무늬 맞춤에는 부적합.

(4) 연단 커팅기 (Spreader Cutter)

연단된 원단을 일정 길이로 자르는 장비.

- 특징

  인력과 시간을 절약하며 정밀한 커팅 가능.

2) 연단 시 유의사항

(1) 원단 상태 점검

폭, 길이, 결 방향, 표리 구분 및 불량 여부 확인.

(2) 장력 조절

원단이 너무 팽팽하거나 느슨하지 않도록 조정하여 변형 방지.

(3) 정전기 방지

재단실 습도를 유지하거나 정전기 방지제를 사용하여 정전기 발생 최소화.

(4) 무늬 맞춤

체크나 스트라이프 원단은 무늬가 정확히 일치하도록 핀 테이블 등을 활용.

3 커팅

커팅은 재단대 위에 연단된 원단을 마카지(마킹된 패턴)를 기준으로 정확히 자르는 작업.

3-1. 커팅의 종류

1) 수동 커팅
① 작업자가 직접 재단기를 조작하여 원단을 자르는 방식.
② 소규모 작업장이나 샘플 제작에 적합.
③ 사용 도구: 수직재단기, 원형재단기, 재단 가위 등.

2) 자동 커팅 (CAM)
① 컴퓨터 제어 시스템(CAM)을 이용해 자동으로 원단을 자르는 방식.
② 대량 생산 및 정밀한 작업에 적합.
③ CAD와 연동하여 마킹 데이터를 기반으로 재단.

3) 정밀 커팅
① 밴드나이프 등 특수 장비를 사용해 곡선이나 작은 부위를 정밀하게 재단.
② 칼라, 주머니, 커프스 등 세부 부위 작업에 활용.

3-2. 커팅기의 종류

1) 수직재단기 (Vertical Cutter)
가장 일반적으로 사용되는 재단기로, 여러 겹의 원단을 동시에 자를 수 있음.

(1) 칼날 크기
① 얇은 소재: 5인치(13cm) 칼날.
② 일반 소재: 7인치(18cm) 칼날.
③ 두꺼운 소재: 10인치(25cm) 칼날.

(2) 특징
① 직선 및 곡선 절단 가능.
② 작업자의 숙련도에 따라 재단 품질이 달라짐.

2) 밴드나이프 (Band Knife)
① 정밀한 재단이 필요한 경우 사용하며, 원단을 움직여 자르는 방식.
② 약 30cm 높이까지 재단 가능.
③ 특징 : 정밀도가 높아 곡선이나 복잡한 패턴에 적합.

3) 원형재단기 (Round Cutter)

① 곡선이 적은 부위나 직선 부위를 빠르게 자르는 데 사용.

② 두께 약 5cm까지 재단 가능.

③ 특징 : 소규모 작업장이나 안감, 심지 같은 부자재 재단에 적합.

4) 철형판 재단기 (Die Cutter)

① 철판으로 제작된 패턴을 이용해 압력으로 절단하는 방식.

② 반복적인 부속품 제작에 적합(예: 와이셔츠 칼라).

③ 특징 : 정밀도가 높으나 철판 제작 비용이 높음.

5) 자동 재단기 (CAM)

① CAD 데이터를 기반으로 컴퓨터가 제어하는 자동화 시스템.

② 특징

- 높은 생산성과 정밀성 제공.
- 대량 생산에 적합하며, 다양한 소재에 적용 가능.

6) 레이저 및 워터젯 커팅기

① 레이저: 열로 절단하며 가죽, 합성섬유 등에 사용.

② 워터젯: 초고압 물줄기로 절단하며 열 변형 없이 다양한 소재를 처리 가능.

3-3. 커팅 시 유의사항

1) 원부자재 특성 고려

체크무늬, 스트라이프, 기모 원단 등은 무늬 맞춤과 결 방향을 고려하여 커팅.

2) 칼날 관리

칼날 상태를 주기적으로 점검하고 무뎌지면 교체 또는 연마.

3) 안전 수칙 준수

수동 재단기 사용 시 안전 장갑 착용 필수.

4) 정확한 마킹 확인

마카지가 밀리지 않도록 고정하고, 패턴과 원단 편차가 없도록 작업.

※ 커팅 후 점검 사항

① 재단물이 패턴과 일치하는지 확인.

② 위 장과 아래 장 간의 편차 여부 점검.

③ 거칠게 잘린 부분은 다듬질로 마감 처리.

④ 노치와 다트 위치 표시가 정확히 되었는지 확인.

Step 07 제직의류 부속봉제

1 부속봉제

① 부속 봉제란 합복 봉제를 제외한 모든 봉제 작업을 의미한다.
② 제작공정에 따라 소매, 옷깃(칼라), 주머니, 안감 등의 부속물은 따로 제작되어 합쳐진다.

2 부속제작

① 부속 제작은 의복의 주요 부분(앞판, 뒷판) 외에 사용되는 부속품(칼라, 소매, 주머니 등)을 별도로 제작하는 과정이다.
② 각 부속품은 독립적으로 제작 후 본 작업에서 결합된다.
③ 부속봉제는 정밀한 작업이 요구 된다.

1 합복 봉제

합복 봉제는 의류 제작 과정에서 앞판과 뒤판을 연결하여 의복의 기본 틀을 완성하는 작업

2 합복 봉제 작업 순서 (여성복 재킷의 일반 봉제사례)

1) 재단물 점검

(1) 이색 방지

① 원단의 색상 차이를 방지하기 위해 로트(Lot)별로 재단물을 분류하고 번들링(bundling) 작업 수행.

② 재단물에 번호를 부여해 동일한 번들 내에서 작업 진행.

(2) 맞춤 표시 확인

앞뒤판의 맞춤 표시(노치, 다트 등)가 정확히 되어 있는지 점검.

2) 앞뒤판 연결 봉제

(1) 봉제 준비

생산의뢰서와 PP 샘플을 기준으로 봉제 사양(스티치 종류, 솔기 형태, 봉제기기 등)을 확인.

(2) 봉제 작업

ㄱ. 앞판과 안단 연결

① 본봉 재봉기로 앞안단과 앞판을 연결하며, 라펠 꺾임점과 밑단 시작점을 맞춤 표시에 따라 정확히 봉제.

② 안단 라펠의 꺾임 부분에 이즈량(0.2~0.3cm)을 주어 자연스러운 라펠 형태 유지.

ㄴ. 앞판과 앞옆판 연결

① 맞춤 표시를 기준으로 앞판과 앞옆판을 정확히 결합.

② 시접은 가름솔로 처리 후 다림질로 정리.

ㄷ. 뒤판 작업

① 뒤어깨 다트와 뒤중심선을 본봉으로 봉제하고, 뒤옆판과 뒤판을 연결.

② 시접은 허리선을 기준으로 상하로 나누어 다림질.

3) 앞뒤판 결합

(1) 어깨선 봉제

① 어깨선 맞춤 표시를 기준으로 본봉 재봉기로 박음질.

② 뒤판 어깨선에 오그림 분량(ease)을 넣어 자연스러운 곡선 유지.

(2) 옆선 봉제

앞뒤판 옆선을 맞춤 표시에 따라 본봉으로 박음질 후 시접을 가름솔로 처리.

3 복종별 합복 공정 예시

복종	주요 공정	사용 스티치 및 솔기	특징
재킷	앞안단과 앞판 연결 → 어깨선 및 옆선 합봉	본봉 스티치	라펠 꺾임점 이즈량 조절 및 가름솔 처리
블라우스	가슴 다트 및 허리 다트 봉제 → 어깨선 및 옆선 연결	본봉 또는 인터로크	다트 끝부분 보조개 방지 및 안단 솔기 정리
팬츠	허리 다트 봉제 → 옆선 및 안선 합봉	본봉 및 체인 스티치	밑위둘레선 신축성 확보를 위해 체인 스티치 사용
스커트	허리 다트 봉제 → 옆선 및 뒤중심 합봉	본봉 및 오버로크	뒤중심 트임 부위 L자 형태로 마감

4 사용 장비와 도구

1) 본봉 재봉기 (Lock Stitch Machine)

① 직선 및 곡선 봉제가 가능하며, 안정적인 스티치를 제공.

② 주로 플레인 솔기(Plain Seam)에 사용.

2) 오버로크 재봉기 (Overlock Machine)

솔기의 시접 처리를 위한 장비로, 올 풀림 방지 기능 제공.

3) 다림질 도구

스팀다리미와 다림질 보조형틀(우마, 암홀 프레스 등)을 사용해 시접 정리와 형태 고정.

5 의류 소재에 따른 봉제 조건

1) 바늘과 재봉사

소재에 따라 적합한 바늘과 재봉사를 선택해야 품질과 생산성을 높일 수 있다.

소재	바늘 번수	재봉사 번수	3cm당 땀수
얇고 가벼운 직물	7~8	면봉사 80~100번수, 견봉사 100~120번수	14~15
면직물 또는 면혼방 직물	9~12	면봉사 70~80번수, 합성사 70~80번수	12~14
모직물 또는 모혼방 직물	10~14	견봉사 60~70번수, 합성사 60~70번수	11~12
두꺼운 직물	14~16	면봉사 30~40번수, 합성사 50~60번수	9~10
스판 직물	10~14	합성폴리사 70~100번수	14~15

2) 노루발과 톱니

노루발과 톱니는 원단을 고정하고 이동시키는 역할을 하며, 소재 특성에 따라 조정이 필요하다.

직물 종류	톱니 위치 (바늘판 위)
얇은 직물	0.6mm 미만
일반 P/C 직물	0.6~0.8mm
두꺼운 직물	1.0~1.2mm

6 퍼커링 현상

퍼커링(Puckering)은 봉제선 주변에 주름이나 구김이 생기는 현상. 의류 제작 과정에서 발생하는 대표적인 품질 문제로, 제품의 외관을 저하시킬 뿐만 아니라 착용감에도 영향을 미친다.

1) 퍼커링 발생 요인

(1) 재봉사의 결함

① 재봉사의 신축성이 크거나 꼬임 상태가 불량할 때 발생.
② 스티치 밀도가 높거나 재봉사가 원단보다 굵을 경우 문제가 심화.

(2) 바늘의 결함

① 바늘 끝이 마모되었거나 휘었을 때.
② 원단과 바늘의 굵기가 맞지 않을 때.
③ 밀도가 높은 직물은 바늘에 의해 씨실과 날실이 밀려 퍼커링 발생.

(3) 톱니와 노루발의 결함

① 노루발 압력이 과도하거나 톱니와 원단의 이동 속도가 불균형할 경우 발생.
② 특히 얇고 부드러운 원단에서는 밀림 현상으로 인해 주름이 생김.

(4) 윗실과 밑실의 장력 결함

① 윗실 장력이 너무 강하면 실 끊김 및 주름 발생.
② 밑실 장력이 너무 약하면 봉제가 느슨해져 외관 품질 저하.

(5) 원단 특성

① 얇고 부드러운 원단, 신축성이 큰 원단에서 퍼커링 발생 확률이 높음.
② 경사 방향(씨실) 밀도가 위사 방향(날실)보다 높은 경우 경사 방향에서 주름이 더 많이 나타남.

2) 퍼커링 방지 대책

(1) 재봉사 선택

① 가능한 가는 재봉사를 사용하고, 스티치 수는 3cm당 9~15 스티치로 조정.
② 재봉사의 꼬임 상태를 점검하고, 적합한 품질의 재봉사를 사용.

(2) 바늘 관리

① 바늘 끝이 마모되거나 휘었을 경우 즉시 교체.

② 원단에 적합한 굵기의 바늘 사용(얇은 원단에는 가는 바늘, 두꺼운 원단에는 굵은 바늘).

(3) 톱니와 노루발 조정

① 노루발 압력을 낮추고, 톱니의 형상과 수를 원단 특성에 맞게 조정.

② 얇은 원단에는 톱니 수가 많은 것을, 두꺼운 원단에는 톱니 수가 적은 것을 사용.

(4) 장력 조절

① 밑실 장력을 먼저 조정한 후 윗실 장력을 조절하여 균형 유지.

② 윗실과 밑실의 장력비는 5:1~10:1 정도로 설정.

(5) 원단 특성에 따른 작업 방법 개선

① 얇고 가벼운 직물: 장력을 낮추고 노루발 압력을 보통으로 설정하며, 스티치 수를 14~15로 유지.

② 면직물: 봉제 시 뒤에서 약간 잡아당기며 작업하여 주름 방지.

③ 두꺼운 직물: 봉제 속도를 줄이고 스티치 수를 9~10으로 설정.

(6) 다림질 및 프레스 활용

① 봉제 후 중간 다림질을 통해 솔기를 정리하고 주름 제거.

② 프레스기를 사용해 열과 압력을 균일하게 적용하여 형태 안정화.

7 복종별 연결된 주요 부위 솔기 처리

의류 제작 과정에서 각 복종(재킷, 블라우스, 팬츠, 스커트 등)의 주요 부위를 연결한 후, 솔기를 처리하여 봉제선의 내구성을 높이고 외관을 깔끔하게 만드는 작업입니다.

※ 솔기처리의 목적

① 봉제선의 올 풀림 방지 및 내구성 강화.

② 의복의 외관 품질 향상.

③ 착용 시 편안함과 안정성 제공.

8 합복 공정 마무리

8-1. 합복 공정 마무리 작업 순서

1) 솔기 정리

(1) 가름솔 처리

① 솔기를 중심으로 시접을 좌우로 갈라 다림질하여 두께를 고르게 분산.

② 두꺼운 원단이나 재킷, 코트 등 고급 의류에 주로 사용.

(2) 오버로크 처리

① 솔기의 시접을 오버로크 재봉기로 처리하여 올 풀림 방지.

② 팬츠, 스커트 등 대량 생산되는 의류에 적합.

(3) 바택 처리

봉제 강도가 필요한 부위(주머니 끝, 벨트 고리 등)에 바택 스티치를 추가.

2) 다림질

(1) 중간 다림질

① 솔기 정리 후 다림질로 봉제선을 평평하게 정돈.

② 스팀다리미와 다림판을 사용해 형태를 고정.

(2) 최종 다림질

① 의복 전체를 다림질하여 주름을 제거하고 외관을 깔끔하게 마무리.

② 민감한 원단은 천을 덧대어 다림질하여 원단 손상을 방지.

3) 디테일 점검

(1) 봉제선 검사

봉제선이 정확히 연결되었는지 확인하고, 누락된 부분이 없는지 점검.

(2) 대칭성 확인

칼라, 소매, 옆선 등이 대칭적으로 봉제되었는지 확인.

(3) 실밥 제거

재봉 후 남은 실밥이나 잔사를 제거하여 깔끔한 마감 유지.

4) 품질 보강

(1) 스티치 보강

약한 봉제 부위는 추가 스티치를 통해 보강.

(2) 형태 고정

다림질과 프레싱 작업으로 의복의 실루엣을 안정화.

8-2. 종별 합복 공정 마무리 사례

복종	주요 마무리 작업	사용 장비 및 기술
재킷	어깨선과 옆선 가름솔 처리 → 라펠 꺾임선 다림질	본봉 재봉기, 스팀다리미
블라우스	소매산 이즈량 조절 → 소매 끝단 다림질	본봉 재봉기, 암홀 프레스
팬츠	밑위둘레 오버로크 처리 → 허리선 바택 보강	오버로크 재봉기, 바택 기계
스커트	옆선 오버로크 처리 → 밑단 속감침질	오버로크 재봉기, 속감침 바느질 도구

Part 2

기출복원문제

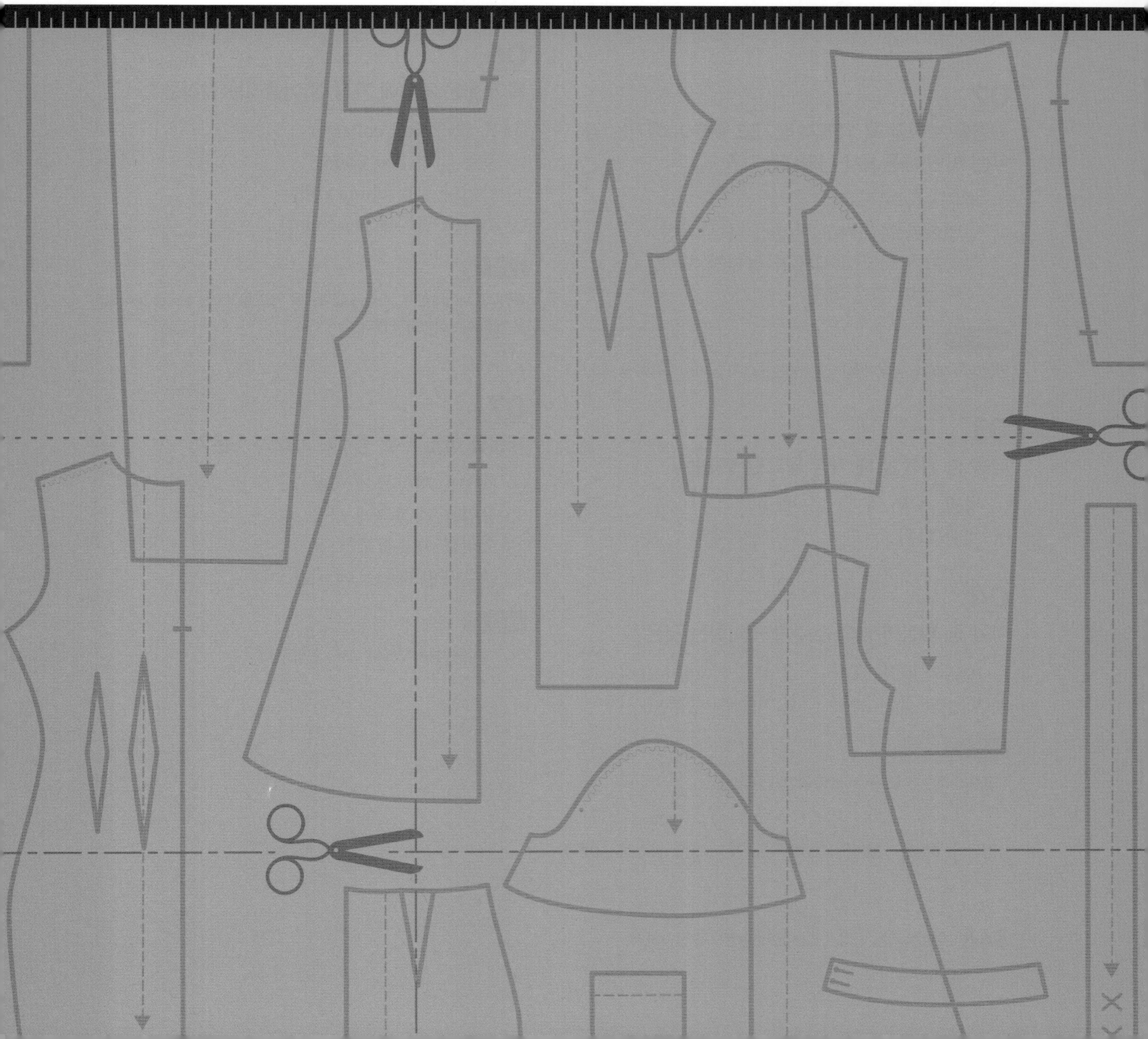

기출복원문제 1회

			수험번호	성명
자격종목 및 등급(선택분야)	종목코드	시험시간	문제지형별	
양장기능사	**7932**	**1시간**		

※ 답안 카드 작성 시 시험문제지 형별누락, 마킹착오로 인한 불이익은 전적으로 수험자의 귀책사유임을 알려드립니다.
※ 각 문항은 4지택일형으로 질문에 가장 적합한 보기 항을 선택하여 마킹하여야 합니다.

01
피측정자가 의자에 앉았을 때 우측 옆의 허리선에서부터 실루엣대로 의자 바닥까지의 수직 길이는 무엇을 의미하는가?

① 바지 길이
② 밑위 길이
③ 엉덩이 길이
④ 치마 길이

해설

밑위 길이는 의자에 앉아 허리둘레선부터 의자 바닥까지의 길이를 측정한다.

02
원형을 보정할 때 뒤에서 당기고 주름이 생기는 경우는 어떤 체형에서 나타나는가?

① 복부 반신체형
② 엉덩이가 들어가고 복부가 나온 체형
③ 엉덩이가 나오고 복부가 들어간 체형
④ 몸에 살이 적은 체형

해설

엉덩이가 나오고 복부가 들어간 체형은 뒤에서 당기는 주름이 생긴다.

03
다음 중 가봉할 때 가장 필요한 도구는?

① 핑킹 가위
② 핀
③ 재단 가위
④ 축도자

04
다음 중 재봉 바늘의 호수가 의미하는 것은?

① 바늘의 강도 표시
② 바늘의 길이 표시
③ 바늘의 굵기 표시
④ 바늘의 종류 표시

해설

재봉틀은 호수가 클수록 바늘의 굵기가 굵다.

05
총원가에 속하지 않는 것은?

① 적정 이윤
② 제조 원가
③ 일반 관리비
④ 판매 간접비

해설

총원가는 제조 원가에 판매 간접비와 일반 관리비를 포함하여 측정한다.

06
목이 짧은 체형에 가장 잘 어울리는 칼라는?

① 롤 칼라(Roll collar)
② 플랫 칼라(Flat collar)
③ 차이나 칼라(china collar)
④ 스카프 칼라(scarf collar)

해설

롤칼라, 차이나칼라, 스카프칼라는 목 위로 올라오는 칼라로 목이 짧은 체형에는 적합하지 않다.

07
재봉틀 바늘 부호 중 DC 기호의 뜻은?

① 가정용 재봉틀에 사용
② 공업용 재봉틀에 사용
③ 오버록 재봉틀에 사용
④ 단춧구멍 재봉틀에 사용

해설

DC: 특수용, HA: 가정용, DB: 공업용

{ **정답** } 01 ② 02 ③ 03 ② 04 ③ 05 ① 06 ② 07 ③

08

재봉된 천에 실이 끊기거나 밑실이 올라오게 되어 박음질이 불량하게 되고 봉축 심 퍼커링 현상이 일어났다. 무엇을 조절해야 하는가?

① 윗실 조절 장치
② 실채기
③ 노루발의 압력
④ 몸체 실걸이

해설

윗실이 장력이 강하여 실이 끊기거나 퍼커링이 일어나므로 윗실 조절장치에서 장력을 낮추어 주어야 한다.

09

본봉 재봉기에서 주어진 땀 길이에 맞게 천을 앞으로 밀어주는 역할을 하는 것은?

① 노루발(presser foot)
② 침판(slide plate)
③ 송치기구 (feed dog)
④ 실채기(take up lever)

해설

재봉틀의 구조에서 송치기구(보내기 기구)는 원단을 한 땀 간격만큼 이동시켜 균일한 바늘땀을 만들어준다.

10

솔기의 퍼커링 현상이 일어나는 요소가 아닌 것은?

① 윗실과 밑실의 장력에 의한 현상
② 바늘에 의해 올이 밀려 나가서 생기는 현상
③ 바늘의 길이에 의한 현상
④ 톱니와 노루발의 압력에 의한 현상

해설

솔기의 퍼커링현상은 바늘의 길이와는 관계가 없고 바늘의 굵기와 관련이 있다.

11

체촌 시 가슴둘레를 잴 때 정확한 방법은?

① 유두점을 지나 수평으로 줄자를 당겨 잰다.
② 유두 아랫부분을 수평으로 잰다.
③ 계측용 벨트로 유두 윗부분을 잰다.
④ 유두점을 지나 수평으로 줄자를 자연스럽게 잰다.

해설

가슴둘레: 가슴의 젖꼭지점을 지나는 수평 둘레

12

다음 중에서 바늘꽂이 속에 넣어두어야 할 재료로 가장 거리가 먼 것은?

① 수수
② 머리카락
③ 쌀겨
④ 양초 가루

해설

바늘꽂이의 속에 쌀겨, 머리카락, 양초 등을 넣어 만들면 바늘이 녹슬지 않는다.

13

다음 그림에 나와 있는 팬츠의 이름은?

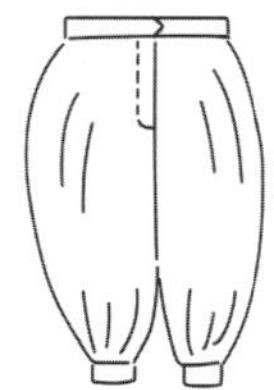

① 하렘 팬츠(harem pants)
② 힙행거 팬츠(hip hanger)
③ 카고 팬츠(cargo pants)
④ 테이퍼드 팬츠(tapered pants)

해설

하렘 팬츠는 발목 부분을 끈으로 묶게 된 통이 넓은 바지이다.

14

밑실이나 윗실이 끊어질 때 처리법 중 가장 거리가 먼 것은?

① 밑실이나 윗실이 바르게 끼워졌는지 확인한다.
② 옷감에 맞는 바늘과 실을 사용하였는지 확인한다.
③ 실 안내걸이 노루발, 바늘판, 북집, 바늘 끝에 흠이 있는지 점검한다.
④ 노루발의 압력이 강한지 약한지를 점검하고 약하면 조여준다.

해설

- 노루발의 압력은 원단의 두께에 맞게 조절해준다.
- 두꺼운 원단은 노루발의 압력을 크게, 얇은 원단은 노루발의 압력을 작게 조절한다.

08 ①　09 ③　10 ③　11 ④　12 ①　13 ①　14 ④　{ 정답 }

15

90cm 폭의 옷감으로 긴소매 원피스를 재단할 경우 가장 적당한 옷 감량의 계산법은?

① 원피스 길이＋소매길이＋시접＋여유분
② (원피스 길이×2)＋소매길이＋시접＋여유분
③ 원피스 길이＋소매길이＋칼라너비＋시접＋여유분
④ 원피스 길이＋(소매길이×1.5)＋시접＋여유분

해설

원단 폭에 따른 원피스 요척
- 90cm 폭 : (원피스 길이×2)＋소매길이＋시접＋여유분
- 110cm 폭 : 원피스 길이×1.2＋소매길이＋시접＋여유분
- 150cm 폭 : 원피스 길이＋소매길이＋시접＋여유분

16

하반신 굴신체의 보정방법이 아닌 것은?

① 앞 중심을 파준다.
② 뒤 다트 분량을 늘려준다.
③ 뒤 스커트의 다트 분량을 줄여준다.
④ 뒤 스커트 허리에 보조 다트를 넣는다.

해설

하반신 굴신체는 엉덩이가 튀어나온 체형으로 앞 중심을 내리고, 튀어나온 엉덩이에 맞게 뒤 다트의 분량을 늘려주거나 뒤판에 보조 다트를 추가한다.

17

아래 그림의 의복 패턴을 뜨려고 한다. 원형 활용이 바르게 된 것은?

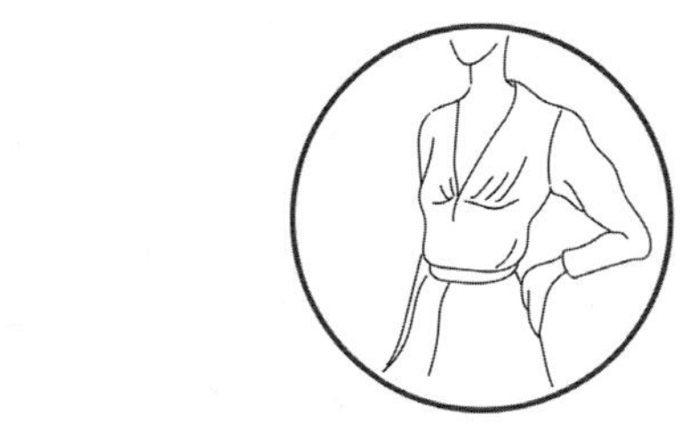

①

②

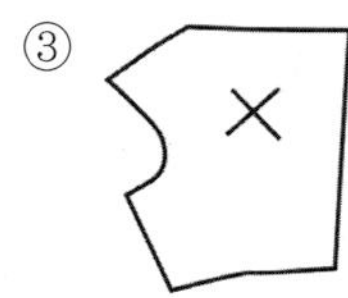
③

④

해설

센터프론트라인 다트가 있으며 개더가 다트에 물려있는 디자인의 패턴 전개이다.

18

다음의 소매에 대한 설명 중 바르지 않은 것은?

① 플레어슬리브 중에서 소매 입구를 말아 올려 입는 소매는 비숍슬리브라 한다.
② 소매산 쪽은 주름을 넣어 부풀리고 소맷부리로 갈수록 좁아지는 형태를 레그오브머튼슬리브라고 한다.
③ 랜턴슬리브는 소매나 어깨를 강조할 때 이용된다.
④ 소맷부리에 개더를 잡아 부풀린 형태의 소매 모양을 비숍슬리브라고 한다.

해설

비숍슬리브는 진동둘레나 소맷부리에 주름을 잡아 부풀린 긴 소매이다.

19

기성복 제품의 원가 상승 혹은 하락 요인이 되는 설명 중 바르지 않은 것은?

① 복잡한 옷의 경우는 인건비가 많이 들므로 가격상승의 요인이 된다.
② 원단값은 가격 결정에 중요한 역할을 하므로 기성복생산의 경우에는 값싼 원단을 사용하는 경우도 있다.
③ 작업과정을 자동화하면 인건비를 줄일 수 있으므로 원가하락에 무조건 도움이 된다.
④ 부속품비는 옷을 만드는데 드는 비용 중 비교적 큰 부분을 차지하므로 비용을 절감하기 위해서는 가격이 낮은 부속품을 사용한다.

해설

제품원가는 재료비, 인건비, 간접비를 모두 포함하여 산정한다.

{ 정답 } 15 ② 16 ③ 17 ① 18 ① 19 ③

20

금속 또는 합성수지 등의 얇은 판을 여러 모양으로 오려낸 것으로 옷의 색과 맞추어 붙이는 것은?

① 파이핑   ② 퀼팅
③ 애플리케   ④ 스팽글

21

다음 중 인사이드 포켓에 해당하지 않는 것은?

① flap pocket
② in-seam pocket
③ patch pocket
④ welt pocket

해설

패치포켓은 아웃포켓과 같으며, 옷의 겉에 덧붙인 주머니이다.

22

재봉기 기구 중 윗실을 바늘로 유도하며 윗실의 장력을 조절하는 기구는?

① 북 기구
② 실채기 기구
③ 바늘대 기구
④ 노루발 기구

해설

- 북기구 : 바늘대의 상하 운동에 따라 회전하며 북집 운동을 함
- 바늘대 기구 : 바늘의 상하 운동을 통해 바늘을 옷감에 통과시킴
- 노루발 기구 : 원단을 침판 위에 눌러 잡아 주는 역할을 함

23

가봉 시착을 위한 손바느질 방법으로 적당한 것은?

① 실은 반드시 강도가 강한 합성섬유로 한다.
② 바느질 방법은 박음질로 한다.
③ 반드시 실은 두올로 한다.
④ 바늘은 옷감에 직각으로 내리꽂아 시침한다.

해설

가봉을 위한 손바느질은 강도가 약한 목면사를 이용하며, 바늘을 옷감에 직각으로 내리꽂아 상침시침한다.

24

그림의 제도 기호법은?

① 늘임의 표시   ② 심감의 표시
③ 직각의 표시   ④ 다트의 표시

해설

심지 부착 부분을 나타내는 표시이다.

25

다음의 제도는 이상 체형의 보정방법을 보여주고 있다. 어떤 체형의 보정방법인가?

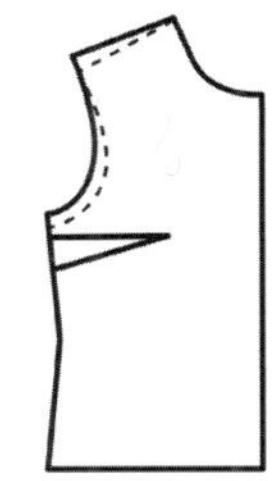

① 어깨가 처진 체형   ② 새가슴 체형
③ 굴신 체형   ④ 반신체형

해설

어깨가 처진 체형은 어깨 경사를 내려주고 어깨 경사가 내려온 만큼 진동 깊이를 아래로 내려 수정한다.

26

다음은 인체 계측 시 직접법에 대한 설명이다. 직접 계측법의 특징으로 옳지 않은 것은?

① 계측기구가 비싸며 계측기준의 설정이 비교적 어렵다.
② 굴곡 있는 체표면의 실측 길이를 얻을 수 있다.
③ 계측기구의 기준화가 필요하다.
④ 계측이 장시간 걸리기 때문에 피계측자의 자세가 흐트러져 자세에 의한 오차가 생기기 쉽다.

해설

직접계측법은 마틴식 인체측정기를 이용하여 직접 인체를 측정하는 방법이다. 비용이 적게 들고 쉽게 정보를 구할 수 있다는 장점이 있다.

27

다음 중에서 제도한 패턴에 표시하지 않아도 되는 부호는?

① 중심선
② 안단선
③ 시접
④ 단추 위치

해설

시접은 산업용 패턴에 포함되어야 하며, 제도한 패턴에는 표시하지 않아도 된다.

28

다음 그림에 나타난 패턴의 네크라인 종류는?

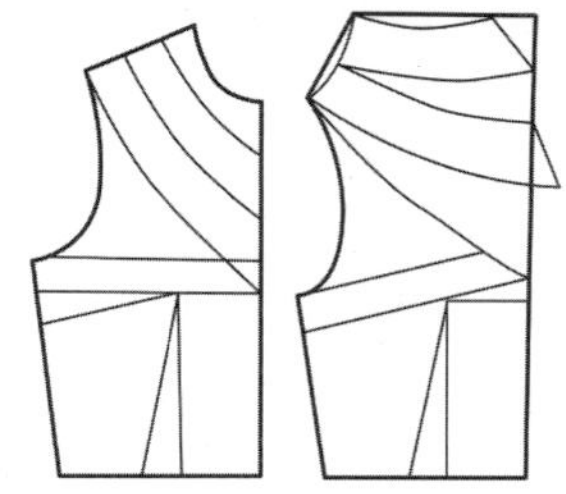

① 하이 네크라인(High Neckline)
② 보트네크라인(Boat Neckline)
③ 카울 네크라인(Cowl Neckline)
④ 스퀘어 네크라인(Square Neckline)

해설

카울 네크라인은 바이어스로 재단하여 자연스러운 드레이프가 흐르는 네크라인이다.

29

스커트 길이에 대한 분류 중 옳은 것은?

① 미니 – 무릎선 길이
② 미디 – 무릎에서 발목 사이의 길이
③ 맥시 – 종아리까지의 길이
④ 내추럴 – 무릎선보다 2.5cm 위인 위치선

해설

- 미니 : 무릎 위 기장의 짧은 스커트
- 미디 : 무릎에서 발목사이의 길이
- 맥시 : 발목 위까지 오는 긴 스커트
- 내추럴 : 길이가 무릎 정도 오는 것으로 샤넬라인 스커트라고도 함

30

길이가 100cm인 슬랙스를 만들려고 한다. 90cm 너비의 옷감을 이용할 경우 가장 적정한 겉감의 필요 치수는?

① 100cm　　② 155cm
③ 220cm　　④ 255cm

해설

- 폭이 90cm인 옷감의 슬랙스 요척
- 슬랙스길이×2＋시접＋여유분

31

황마섬유의 용도로서 가장 적합한 것은?

① 의료용 붕대
② 포대지 제조
③ 타이어코드
④ 어망

해설

황마섬유는 황마의 줄기에서 채취한 섬유로 황마포를 짜서 곡물 등의 포대지로 주로 사용한다.

32

다음 섬유 중 흡습하면 강도가 가장 증가하는 것은?

① 아마　　　② 양털
③ 레이온　　④ 나일론

해설

아마는 강도가 크고 흡습 시 강도가 더욱 증가한다.

33

외부로부터 가해진 힘에 의하여 그 물질이 형태적 변화를 일으키는 성질을 무엇이라고 하는가?

① 가소성　　② 펠팅성
③ 방추성　　④ 방축성

해설

- 방축성 : 원단이 줄어들지 않는 성질
- 방추성 : 옷감에 구김이 잘 가지 않는 성질
- 펠팅성 : 털섬유가 열, 압력에 의해 서로 얽히는 성질 (축융성)

{ 정답 }　27 ③　28 ③　29 ②　30 ③　31 ②　32 ①　33 ①

34

현미경구조에 따른 섬유의 특징 중 겉비늘(scale)이 없는 섬유는?

① 양털 ② 캐시미어
③ 모헤어 ④ 비닐론

양털은 스케일이 잘 발달해 있으며 캐시미어, 모헤어와 같은 털섬유도 스케일을 가지고 있다.

35

다음 중 평직물에 속하는 것은?

① 광목 ② 공단
③ 벨벳(velvet) ④ 서어지(serge)

- 광목 : 평직
- 공단 : 수자직
- 서어지 : 능직

36

물세탁 방법의 표시기호가 다음과 같다. 그 뜻에 해당하지 않는 것은?

① 세탁물 온도는 60℃ 이하로 한다.
② 세제의 종류에는 제한을 받지 않는다.
③ 손세탁은 불가능하다.
④ 세탁기에 의하여 세탁할 수 있다.

37

다음은 달걀 얼룩의 제거 요령을 설명한 것이다. 잘못된 것은?

① 열탕으로 처리하고서 휘발유로 제거한다.
② 건조한 후 솔로 털어낸다.
③ 벤젠이나 휘발유로 지방을 씻어내고, 세제액으로 제거한다.
④ 효소처리를 한다.

달걀 얼룩은 건조한 후 솔로 털어내고 남은 얼룩은 벤젠이나 휘발유로 지방을 씻어낸 뒤 세제액으로 제거하거나 효소처리 한다.

38

견섬유를 이루고 있는 단백질과 관계없는 아미노산은?

① 글리신 ② 알라닌
③ 티로신 ④ 메티오닌

견섬유는 피브로인과 세리신으로 구성되어 있으며 피브로인은 글리신, 알라닌, 세린, 티로신등 4가지 아미노산이 대부분을 차지한다.

39

아마섬유 자체를 결합하고 있는 고무질은?

① 리그닌(lignin) ② 바스틴(bastin)
③ 큐토스(cutose) ④ 펙틴(pectin)

펙틴 : 아마섬유 자체를 결합하고 있는 고무질이다.

40

다음 중 비중이 가장 큰 것은?

① 면 ② 석면
③ 사란 ④ 데이크론

보기의 섬유들의 비중의 크기 비교는 다음과 같다.
데이크론 < 면 < 사란 < 석면

41

유사 색상의 배색은 어떠한 느낌을 주는가?

① 대립적인 감정을 준다.
② 온화한 감정을 준다.
③ 강하고 화려한 감정을 준다.
④ 명쾌하고 가벼운 감정을 준다.

유사 색상 배색은 부드럽고 편안한 분위기가 연출된다.

34 ④ 35 ① 36 ③ 37 ① 38 ④ 39 ④ 40 ② 41 ② { 정답 }

42

비슷한 색상의 배색일 때 서늘하고 가라앉은 느낌을 줄 수 있는 의복의 배색은?

① 고명도의 난색 계통
② 저명도의 한색 계통
③ 고채도의 중성색 계통
④ 중채도의 고명도색 계통

해설

한색계열의 색온도는 차가운 느낌이 있으며, 저명도+한색계열의 배색은 무거운 느낌을 준다.

43

다음 중에서 가장 수축하고 후퇴성이 있는 색상은?

① 빨강
② 청록
③ 주황
④ 노랑

해설

후퇴색: 배경색보다 뒤로 후퇴하는 것처럼 느껴지는 색. 한색계열

44

원색의 설명을 바르게 한 것은?

① 가법혼합 또는 가색혼합에 의하여 얻어진 색상이다.
② 다른 색의 복합으로 만들 수 없는 색을 말한다.
③ 색료 혼합의 중간색을 말한다.
④ 순색에 유채색을 혼합하여 만든 색이다.

해설

원색이란 다른 색을 혼합하여 만들 수 없는 색이다.

45

다음 중 디자인의 요소가 아닌 것은?

① 형(形)
② 색(色)
③ 빛(光)
④ 열(列)

해설

디자인의 요소 – 점, 선, 면, 빛, 색채, 질감

46

교통 표지판은 색의 어떤 성질을 이용한 것인가?

① 실용성
② 명시성
③ 안정성
④ 조화성

해설

명시성이 클수록 눈에 띄게 된다. 교통표지판은 눈에 잘 띄어야 하므로 명시성을 높게 만들어야 한다.

47

색입체를 N5를 포함하여 수평으로 절단하면 나타나는 면은?

① 동일한 색상면
② 동일한 명도면
③ 동일한 채도면
④ 5의 수치를 가진 채도면

해설

색입체의 수평 단면도: 같은 명도에서 색상과 채도 차이를 볼 수 있다.
색입체의 수직단면도: 동일색상의 명도, 채도 변화를 확인할 수 있다.

48

흰색과 흑색의 원피스에 동일한 회색의 무늬가 있는 경우 회색이 바탕색에 따라 다르게 보이는 것은 색의 대비 중 어디에 해당하는가?

① 채도 대비
② 보색대비
③ 명도 대비
④ 색상대비

해설

명도 대비: 명도가 다른 두 가지 색을 나란히 놓고 보았을 때 밝은색은 더 밝게, 어두운색은 더 어둡게 보임.

49

뚱뚱한 체형의 사람에게 어울리는 의복은?

① 저명도 색으로 어두운 계통의 의복을 입는다.
② 엷은 색을 주색채로 사용하는 것이 좋다.
③ 팽창색을 이용한다.
④ 큰 무늬 옷감을 이용한다.

해설

뚱뚱한 체형: 어두운 계통의 컬러를 선택하고 큰 무늬를 피한다.
마른 체형: 밝은 컬러를 선택하고 대담하고 큰 무늬가 좋다.

{ 정답 } 42 ② 43 ② 44 ② 45 ④ 46 ② 47 ② 48 ③ 49 ①

50

다음 중 기능성이 추가된 장식선은?

① 솔기선 ② 핀 턱
③ 흡연 ④ 스캘럽

51

직물의 표피(겉과 뒤)판별법으로 틀린 것은?

① 직물의 식서에 상품명이나 섬유혼용율 표시가 있는 것이 겉면이다.
② 직물의 조직과 무늬가 뚜렷하게 나타난 쪽이 겉면이다.
③ 면직물이나 모직물의 경우 광택이 많은 쪽이 겉면이다.
④ 잔털이 많은 면이 겉면이다.

해설

잔털이 거의 없고 매끈한 면이 겉면이다.

52

다음 중 중성세제로 세탁해야 가장 무난한 것은?

① 면 셔츠
② 울 스웨터
③ 폴리 블라우스
④ 나일론 스타킹

해설

울 섬유는 중성세제로 세탁하거나 드라이클리닝 해야 한다.

53

다음 중 평직의 특징과 상관이 없는 것은?

① 가장 간단한 조직이다.
② 구김이 잘 생기지 아니하고, 광택이 우수하다.
③ 밀도를 많이 할 수 없다.
④ 비교적 바닥이 얇으나 튼튼하다.

해설

평직은 조직점이 많아 강하지만 실의 자유도가 낮아 구김이 잘 생긴다.

54

하절기 의복으로 입기에 가장 적합한 조직과 직물명은?

① 편직물 – 저지
② 주자직물 – 공단
③ 능직물 – 사아지
④ 평직물 – 아마

해설

하절기 의복은 세탁을 자주 하기 때문에 내구성이 좋고 시원한 원단이 적당하다.

55

섬유의 염색성에 영향을 미치는 요인과 가장 관계가 없는 것은?

① 섬유의 강도
② 섬유의 화학적 조성
③ 흡수성
④ 염료를 잘 흡수하는 원자단

해설

보기 중 섬유의 강도는 섬유의 염색성과 관련이 없다.

56

섬유 분류와 그 종류가 올바르게 연결된 것은?

① 폴리아미드계 – 데이크런
② 폴리비닐알코올계 – 스판텍스
③ 폴리프로필렌계 – 사란
④ 폴리아크릴로니트릴계 – 엑스란

해설

폴리에스테르계: 데이크런 , 테틸렌, 테트론
폴리우레탄계: 스판덱스, 바이론, 라이크라
폴리아크릴계: 엑스란, 본넬, 캐시밀론, 오올론
폴리아미드계: 나일론, 아밀란, 펄론
폴리비닐알콜계: 비닐론
폴리염화비닐리덴계: 사란

57

피복 재료로 요구되는 성질 중에서 역학적인 특징에 해당하는 것은?

① 내열성
② 인장강도
③ 내필링성
④ 내일광성

해설

인장강도는 섬유의 물리적 특성에 해당하는 성질이며, 내열성, 내일광성은 섬유의 화학적 특성에 해당한다. 내필링성은 섬유의 외관적 특성에 해당한다.

58

피복류의 성능 중 일반적으로 드레이프성이 가장 요구되는 피복은?

① 양말
② 작업복
③ 속옷
④ 외출복

해설

드레이프성은 옷감이 모양 좋게 늘어지는 특성으로 보기 중에서는 외출복과 가장 관련이 있다.

59

우리나라에서 곰팡이가 가장 잘 발육이 되는 시기는 어느 때인가?

① 1월~2월
② 4월~5월
③ 7월~8월
④ 10월~11월

해설

곰팡이는 습하고 온도가 높은 여름철에 잘 발육된다.

60

다음 중 능직에 속한 직물은?

① 양말(hose)
② 포플린(poplin)
③ 캘리코(calico)
④ 개버딘(gabardine)

해설

능직물에는 개버딘, 데님, 드릴, 서지, 타탄, 트위드 등이 있다.

{ 정답 } 57 ② 58 ④ 59 ③ 60 ④

기출복원문제 2회

자격종목 및 등급(선택분야)	종목코드	시험시간	문제지형별	수험번호	성명
양장기능사	7932	1시간			

※ 답안 카드 작성 시 시험문제지 형별누락, 마킹착오로 인한 불이익은 전적으로 수험자의 귀책사유임을 알려드립니다.
※ 각 문항은 4지택일형으로 질문에 가장 적합한 보기 항을 선택하여 마킹하여야 합니다.

01
다트 머니풀레이션의 응용이 아닌 것은?

① 스모킹   ② 프린세스 라인
③ 다트 풀니스   ④ 요크

해설

다트머니풀레이션은 다트의 위치를 이동시켜 새로운 디자인의 패턴을 만드는 것이다. 다트는 머니풀레이션을 통해 프린세스라인, 다트 풀니스, 요크, 턱, 개더 등으로 변형할 수 있다.

02
다음 중 블라우스 단추의 위치로 바른 것은?

① 안단선
② 길 중심선
③ 여밈분과 길 중심선의 중간
④ 여밈분 끝선

해설

블라우스의 단추는 일반적으로 길 중심선을 따라 단다.

03
다음 부호 중 맞춤 표시에 해당하는 것은?

①　②　③　④

해설

① 맞춤 ② 바이어스 결선 ③ 직각 ④외주름

04
여름용 홑겹 슈트의 솔기 처리법으로 적합한 것은?

① 핑킹가위 자르기   ② 지그재그 박기
③ 끝접어 박기   ④ 바이어스 바인딩

해설

안감이 없는 슈트의 솔기는 바이어스로 감싸 처리하는 것이 가장 적합하다.

05
가죽이나 청지에 주로 사용하는 재봉틀 바늘은?

① 9호   ② 11호
③ 14호   ④ 16호

해설

재봉틀 바늘은 호수가 클수록 굵다.

06
스커트 원형을 제도할 때 필요 치수 항목으로 가장 옳은 것은?

① 스커트 길이, 허리둘레, 엉덩이 길이, 엉덩이 둘레
② 스커트 길이, 밑위 길이, 엉덩이둘레, 배 둘레
③ 스커트 길이, 허리둘레, 엉덩이둘레, 무릎길이
④ 스커트 길이, 허리둘레, 배 둘레, 스커트

해설

스커트 원형의 필요 치수: 허리둘레, 엉덩이둘레, 엉덩이 길이, 스커트 길이

07
실표뜨기할 때 주의사항으로 틀린 내용은?

① 직선일 때는 간격을 성글게, 곡선일 때는 간격을 촘촘하게 시침한다.
② 면사 2올로 겉에서는 실 땀이 길고 뒤에서는 짧게 되도록 시침한다.
③ 완성 후 실을 뽑기 쉽게 완성선에서 0.5cm 떨어져서 한다.
④ 옷감 한 겹을 제치고 사이의 실을 자른다.

해설

실표뜨기는 완성선 위에 해야 한다.

08

다음 소매산 중에서 가장 편한 형태는?

① A · H /3
② A · H /4
③ A · H +/3-4
④ A · H/ 6

해설

소매산이 낮을수록 소매의 통이 넓고 편안하다.

09

다음 중에서 키가 크고 목이 짧은 체형이 피해야 할 네크라인(neck line)이나 칼라의 형태는?

① V 네크라인
② 로 라운드(Low round) 칼라
③ 퓨리탄(Puritan) 칼라
④ 테일러드 칼라

해설

퓨리탄 칼라는 주로 어깨까지 덮어지는 큰 플랫칼라로 목이 짧은 체형에는 어울리지 않는다.

10

길원형의 제도에서 앞길의 기초선을 그릴 때 가로선의 계산에서 B/4 + 4cm를 한다. 이때 4cm가 뜻하는 것은?

① 앞뒤의 차
② 앞 처짐분
③ 다트 폭
④ 여유분

해설

가슴둘레/4 + 4cm (여유분)을 의미한다.

11

직선봉이 두 개 이상 병렬된 박음 방식은?

① 공업용 재봉기의 소분류: 장방형
② 공업용 재봉기의 대분류: 복합봉
③ 공업용 재봉기의 중분류: 복렬봉
④ 공업용 재봉기의 소분류: 원통형

해설

복렬봉 (two line)은 재봉기의 중분류에 속하며 직선봉이 두 줄로 되어있는 박음방식이다.

12

다음 중 키가 제일 커 보이는 디자인은?

① 
② 
③ 
④ 

해설

가로선에 의하여 분할된 면은 분할되지 않은 동일한 면에 비하여 넓어 보이고, 상대적인 지각에 따라 길이도 짧아 보이는 착시현상을 일으키며, 이를 가로효과(horizontal effect)라 한다.

13

단백질 섬유는 방축가공이 되어있는 경우가 많으므로 물을 가볍게 뿌려 헝겊을 덮고 다려야 하는 직물은?

① 면직물
② 마직물
③ 모직물
④ 합성직물

해설

보기 중의 단백질 섬유는 모직물이다.

14

세탁을 자주 해야 하는 운동복, 아동복, 와이셔츠 등에 많이 이용되며 겉으로 바늘땀이 두 줄이 나오기 때문에 스포티한 느낌을 주는 바느질법은?

① 평솔(plain seam)
② 통솔(french seam)
③ 뉜솔(welt seam)
④ 쌈솔(flat felled seam)

해설

• 쌈솔은 가장 견고한 솔기 처리방법.

{ 정답 } 08 ④ 09 ③ 10 ④ 11 ③ 12 ④ 13 ③ 14 ④

- 안과 겉의 솔기가 모두 깨끗하게 처리되어 옷을 양면으로 착용할 수 있다.
- 세탁을 자주 하는 운동복, 아동복, 작업복 등에 많이 사용된다.

15

시접 분량이 가장 적은 것은?

① 목둘레   ② 옆선
③ 어깨   ④ 스커트 단

해설

- 목둘레, 칼라 : 1cm
- 어깨, 옆선 : 1.5~2cm
- 스커트단 : 4~5cm

16

다음 제도 기호가 바르게 연결된 것은?

① 직각   ② 늘린다
③ 주름   ④ 바이어스

해설

① 바이어스 결선
② 늘림 ③ 오그림 ④ 직각

17

뒷길 원형의 기본 다트 명칭은?

① 숄더 다트   ② 암홀 다트
③ 언더암 다트   ④ 센터프론터 다트

해설

뒷길 원형의 기본 다트는 숄더 다트이다.

18

스커트의 명칭 중 실루엣에 따른 명칭과 형태에 따른 명칭이 동일하지 않은 것은?

① 서큘러 스커트   ② 타이트 스커트
③ 큐롯 스커트   ④ 트럼펫 스커트

해설

서큘러스커트, 타이트스커트, 트럼펫 스커트는 실루엣에 따른 명칭이며, 큐롯스커트는 치마바지를 말한다.

19

골무는 일반적으로 오른손을 기준으로 할 때 어느 손가락에 끼워야 하는가?

① 엄지손가락
② 집게손가락
③ 가운뎃손가락
④ 새끼손가락

해설

손바느질에서 골무는 일반적으로 오른쪽 가운뎃손가락에 끼운다.

20

원단 150cm 폭으로 웨이스트 66cm, 스커트 길이 80cm인 180˚ 플레어스커트 재단 때 올바른 옷 감량 계산법은?

① (스커트 길이×1.5)＋시접
② (스커트 길이×2)＋시접
③ (스커트 길이×2.5)＋시접
④ 스커트 길이＋시접

해설

- 150폭 원단의 플레어스커트 요척
  스커트길이×1.5＋시접

21

레이스나 얇은 옷감으로 러플을 만들어 블라우스나 아동복 등의 커프스나 치마단 장식에 이용되는 것으로 러플보다 폭이 좁은 것은?

① 프릴
② 레이스
③ 플라운스
④ 게이징

해설

프릴 : 주름을 잡아 물결 모양으로 만든 장식이다. 주로 여성복·아동복의 소매나 깃에 붙여 옷 가장자리를 장식한다.

22

가봉 시의 일반적인 유의사항이 아닌 것은?

① 칼라, 커프스, 포켓은 가재단한 후 치수, 크기, 모양 등을 확인 후 옷감을 재단한다.
② 바늘을 옷감에 어슷하게 내리꽂아 시침한다.
③ 단추는 같은 크기로 종이나 천을 잘라서 일정한 위치에 붙여본다.
④ 시착한 다음 전체적인 실루엣을 먼저 관찰하고, 부분적인 곳을 관찰한다.

해설

가봉 시 바늘을 옷감에 수직으로 꽂아내려 상침 시침한다.

23

심 퍼커링(Seam Puckering)에 대한 설명으로 틀린 것은?

① 땀 수를 증가시키면 퍼커링 발생을 방지시킬 수 있으므로 가능한 범위 내에서 땀 수를 크게 하는 것이 좋다.
② 실의 장력이 너무 약하면 스티치가 엉성하여 솔기의 강도가 약해지고 반대로 장력이 너무 강하면 퍼커링이 생긴다.
③ 소재의 방향에 따라서 경사 방향은 퍼커링이 가장 심하게 나타나고 그다음 위사방향이고 바이어스 방향은 일어나지 않는다.
④ 천을 구성하는 섬유와 같은 종류의 봉사를 사용하는 것이 좋다.

해설

바늘땀이 지나치게 촘촘한 경우 (땀 수가 많은 경우) 심퍼커링이 생긴다.

24

하반신이 뒤로 젖혀져 하복부가 나온 체형으로 엉덩이 뒤에 주름이 생기고 앞 스커트 단이 올라가고 뒤 스커트 단이 처지는 체형의 보정법이 아닌 것은?

① 뒤 중심을 파준다.
② 뒤 스커트 허리선을 오그려 준다.
③ 뒤 스커트의 다트 분량을 줄인다.
④ 앞 중심을 올려 준다.

해설

· 하반신 반신체를 설명하고 있다. 이 체형의 보정방법은 앞 중심을 올려주고, 뒤 중심을 아래로 내려준다.
· 앞판의 옆선을 키워주며 앞판의 옆선이 커진 만큼 뒤판의 옆선을 줄여주고 뒤 다트를 뒤 옆선이 줄어든 만큼 줄여준다.

25

가봉 및 보정에 대한 일반적인 주의사항으로 부적당한 것은?

① 실은 주로 합성사 보다는 면사를 사용한다.
② 작은 조각 이외에는 반드시 재봉대 위에 펴놓고 오른손으로 누르면서 오른쪽에서 왼쪽으로 시침한다.
③ 바이어스 감과 직선으로 재단된 옷감을 붙일 때는 바이어스 감을 위로 겹쳐놓고 바느질한다.
④ 바느질 방법은 손바느질의 상침 시침으로 한다.

26

소매길이를 재는데 기준점이 되지 않는 것은?

① 어깨 끝점
② 목뒤점
③ 팔꿈치점
④ 손목점

해설

소매길이는 어깨 끝점에서 팔꿈치점을 지나 손목 점까지 연결하여 잰 길이로 목 뒤 점과 관련 없다.

27

부직포 심지에 대한 옳은 설명은?

① 접착제를 사용하여 섬유와 섬유를 얽히게 해 고정한 소재이다.
② 절반 부위가 약해서 올이 잘 풀린다.
③ 올의 결은 방향성을 가지고 있다.
④ 세탁에 수축하거나 늘어나기 쉽다.

해설

· 부직포는 섬유를 얽어 접착제로 고정한 소재이며, 절단면의 올이 풀리지 않고 결의 방향성이 없다.
· 세탁에 의해 수축하거나 늘어나지 않는다.

{ 정답 }　22 ②　23 ①　24 ②　25 ②　26 ②　27 ①

28

루퍼는 한쪽으로부터 밑실이 들어가 선단에서 자유롭게 나오게 되어있고, 바늘의 실은 루퍼가 걸고 다음에 바늘실이 루퍼에서 벗어지기 전에 루퍼 실을 바늘이 다시 거는 조작을 번갈아 되풀이해서 환봉을 구성하는 재봉기는?

① 단환봉 재봉기 ② 이중환봉 재봉기
③ 본봉 재봉기 ④ 주변 감침봉 재봉기

이중환봉재봉기 (double chain stitch) 에 대한 설명이다.

29

다음 중에서 봉제할 때 영향을 가장 많이 끼치는 것들은?

① 옷감 · 가위 · 쵸크 ② 옷감 · 실 · 바늘
③ 옷감 · 실 · 치수 ④ 옷감 · 바늘 · 가위

봉제 시에 옷감, 실, 바늘의 관계는 서로 많은 영향을 미치므로 옷감에 알맞은 실과 바늘을 사용하는 것이 중요하다.

30

굴신체의 설명 중 틀린 것은?

① 앞이 남고 뒤가 부족하기 쉬운 경우이다.
② 옷을 입으면 앞이 뜨고 주름이 생긴다.
③ 표준보다 몸이 뒤로 기울어진다.
④ 뒤의 길이를 늘이든지 앞의 길이를 줄이면 된다.

굴신체는 앞으로 숙인 체형으로 등이 굽어있고 앞이 짧고 뒤가 길다는 특징이 있다.

31

건식세탁의 장점이 아닌 것은?

① 건조가 빠르고 손질이 간편하다.
② 세탁물의 지질이 손상되지 않는다.
③ 유용성오점을 제거하기가 용이하다.
④ 습식세탁보다 세척률이 높다.

· 건식 세탁의 대표적인 방법으로는 드라이클리닝이 있다.
· 드라이클리닝은 지용성 오구를 제거하는 데 효과적이나 수용성 오구는 제거되지 않는다.

32

폴리에스테르 섬유가 다른 합성섬유에 비하여 가장 좋은 특성을 가지는 것은 다음 중 어느 것인가?

① 흡습성이 크다.
② 정전기가 많이 발생한다.
③ 내열성이 우수하다.
④ 내후성이 우수하다.

폴리에스테르 섬유는 흡습성이 낮아 정전기가 많이 발생한다. 내열성이 우수하고 탄성이 우수하여 구김이 잘 생기지 않는다는 특성이 있다.

33

날실과 씨실에 방모사를 사용하고 제직 후 축융, 털 세우기하여 셔츠, 의복지로 사용하는 직물은?

① 알파카(alpaca)
② 융(flannel)
③ 머슬린(muslin)
④ 포럴(poral)

융(플라넬)에 관한 설명이다.

34

양털과 비교한 캐시미어 털의 성질 중 틀린 것은?

① 강도가 강하고 방적성이 좋다.
② 부드럽고 가벼우며 고상한 광택이 있다.
③ 굵은 권축을 가지고 있다.
④ 독특한 스케일이 있다.

캐시미어는 헤어섬유중 가장 부드럽고 실키하며 고상한 광택이 있어 고급소재의 의류에 많이 쓰이지만, 강도가 약하며 특히 마모 강도가 약하여 취급에 주의하여야 한다.

28 ② 29 ② 30 ③ 31 ④ 32 ③ 33 ② 34 ① { 정답 }

35
다음 중 폴리우레탄계 섬유는 어느 것인가?

① 비닐론　　　　② 나일론
③ 스판덱스　　　④ 하이젝스

해설

스판덱스는 폴리우레탄계 섬유이다.

36
다음 중 합성섬유에 속하는 것은?

① 알긴산 섬유
② 나일론 6
③ 셀룰로스레이온
④ 카제인 섬유

해설

알길산섬유, 카제인섬유, 셀룰로스레이온은 재생섬유이고 나일론6는 합성섬유이다.

37
섬유가 물에 젖어도 약해지지 않고 건조 시와 거의 비슷한 강도를 가지는 것은?

① 면이나 마 직물
② 아세테이트 직물
③ 모 직물
④ 나일론 직물

해설

면이나 마 직물은 습윤 시 강도가 오히려 강해지며 모섬유와 아세테이트는 습윤 시 강도가 저하된다. 나일론은 습윤 시 강도가 약간 저하되기는 하지만 건조 시와 거의 비슷한 정도의 강도를 유지한다.

38
다음 직물 중 세탁 후 가장 빨리 건조되는 것은?

① 나일론 직물
② 비스코오스 레이온 직물
③ 견 직물
④ 폴리에스테르 직물

해설

폴리에스테르 직물은 흡습성이 좋지 않아 건조가 빠르다.

39
연소 후 부푼 부드러운 검은 재가 남는 섬유는?

① 아마　　　　② 양모
③ 레이온　　　④ 면

해설

양모에 대한 연소반응이다.

40
다음 중 동물성 섬유로서 크림프와 스케일이 잘 발달한 섬유는?

① 양모　　　　② 면
③ 마　　　　　④ 나일론

해설

양모는 크림프(천연꼬임)과 스케일(비늘모양의 외관)이 잘 발달한 동물성 섬유이다.

41
색의 동화 현상에 관한 설명으로 틀린 것은?

① 같은 회색 줄무늬라도 청색 줄무늬에 섞인 것은 청색을 띠어 보이고, 황색 줄무늬에 섞인 것은 황색을 띠어 보인다.
② 시야 속의 대상을 파악하는 마음가짐에 따라서 달라지기도 한다.
③ 동화를 일으키기 위해서는 색의 영역이 하나로 종합될 필요가 있다.
④ 동화를 일으키기 위해서는 색의 영역이 뚜렷이 분리됨이 필요하다.

해설

색의 동화 현상은 문양이나 선의 색이 배경색과 혼합되어 보이는 현상을 말한다.

42
의복에서 내부의 구성선이나 장식적인 요소들을 무시하는 외형을 무엇이라 하는가?

① 다트선　　　　② 힙라인선
③ 실루엣선　　　④ 허리선

해설

실루엣은 의복을 착용한 전체적인 윤곽선을 하므로 의복 내부의 구성선이나 내부의 장식적인 요소와는 거리가 멀다.

{ **정답** }　35 ③　36 ②　37 ④　38 ④　39 ②　40 ①　41 ④　42 ③

43

색채 계획의 설명이 잘못된 것은?

① 계획의 목적과 대상을 조사하고 아이디어에서 제품까지 디자이너가 의도하는 색을 정확히 분석한다.
② 목적에 맞는 정확한 기술과 방법을 검토하고, 인쇄, 염색, 시공, 제조, 판매 등을 구체화해 전달한다.
③ 계획의 지시, 제시 등 최종 효과에 대한 관리방법까지 하나의 통합적인 계획이 있어야 한다.
④ 색채에 대한 관념을 기능적인 것에서 감각적으로 방향을 바꾸며, 주관적이고 과학적인 연구 자세를 가지도록 해야 한다.

44

다음 중 반사율이 가장 높은 것은?

① 저명도　　　　② 중명도
③ 채도　　　　　④ 고명도

해설

반사율은 명도가 높을수록 높다. 따라서 고명도의 색이 반사율이 높다.
- 흰색의 반사율 : 약 85%
- 회색의 반사율 : 약 30%
- 검은색의 반사율 : 약 3%

45

다음 중 가장 정열적인 배색은?

① 보라 바탕에 흰색　　② 노랑 바탕에 빨강
③ 노랑 바탕에 연두　　④ 녹색 바탕에 파랑

해설

빨간색은 색채의 감정 중 정열적인 느낌을 주며, 노랑은 명랑하고 유쾌한 느낌의 색채이므로 보기 중 빨강과 노랑의 배색이 가장 정열적이라고 할 수 있다.

46

다음 색 중 가장 부드러운 느낌의 색은?

① 자주　　　　　② 분홍
③ 주황　　　　　④ 빨강

해설

분홍색은 부드러운 느낌을 준다.

47

색상환(hue circle)을 가장 옳게 설명한 것은?

① 스펙트럼의 색상에 자주나 연지를 더하여 시계방향으로 둥글게 배열한 것이다.
② 색의 밝고 어두운 정도를 말한다.
③ 색의 맑기를 말한다.
④ 색채의 구별을 위한 색채의 명칭을 말한다.

해설

색상환은 가시광선의 스펙트럼을 원형으로 연결하여 색을 배열한 것이다.

48

다음 중 녹색 잔디 위에서 가장 눈에 잘 뜨이는 색은?

① 노랑　　　　　② 파랑
③ 굴색　　　　　④ 자주

해설

녹색의 보색은 빨간색이며, 보기 중 빨간색과 인접한 자주색과 배색하였을 때 가장 눈에 띈다.

49

허리를 강조하여 가장 여성미를 드러내는 실루엣은?

① 아워글래스 실루엣　　② H라인 실루엣
③ 타원형 실루엣　　　　④ 시스 실루엣

해설

아우어글라스 실루엣은 X자형 실루엣으로 허리를 타이트하게 조여 가늘게 보이게 하며 여성미가 있다.

50

봄 시즌에 밝고 생동감 있는 디자인을 할 때 의복의 색상에 적당한 것은?

① 노랑, 연두　　　② 진녹색, 검정
③ 검정, 갈색　　　④ 남색, 갈색

해설

보기 중 봄 시즌 밝고 생동감 있는 느낌과 가장 가까운 색채는 노랑, 연두이다.

43 ④　44 ④　45 ②　46 ②　47 ①　48 ④　49 ①　50 ① { 정답 }

51

면, 마, 레이온 등의 셀룰로스 직물을 미리 강제 수축시켜 수축을 방지하는 방축가공은?

① 런던슈렁크(london shrunk)
② 염소화법(chlorination)
③ 헤르코세트(hercosett)법
④ 샌포라이즈(sanforized)

해설

샌퍼라이징(방축가공) : 면직물의 수축을 방지하는 가공

52

직물의 변에 대한 설명 중 맞지 않는 것은?

① 직물의 제직 · 가공 · 정리 시 이 부분이 큰 힘을 받는다.
② 다른 부분보다 얇게 제직되어 있다.
③ 대부분의 상호가 여기에 표시되기도 한다.
④ 직물의 양쪽 끝에 있는 쫀쫀한 부분이다.

해설

직물의 변은 식서, 셀비지, 미미지 라고도 명칭하며 다른 부분보다 조직이 두껍고 탄탄하다.

53

방한복의 선택 조건으로 적합한 것은?

① 흡습성이 높은 것   ② 열전도율이 낮은 것
③ 통기성이 높은 것   ④ 투습성이 좋은 것

해설

열전도율이 높은 섬유는 시원하게 느껴지며, 열전도율이 낮은 섬유는 보온성이 좋고 높고 따뜻하다.

54

합성세제에 소량의 비누를 배합하여 거품생성을 억제한 세제는?

① 중질세제   ② 액체세제
③ 저포성세제   ④ 제포성세제

해설

합성세제에 소량의 비누를 배합하면 거품의 생성이 현저히 억제된다. 이러한 세제를 제포성 세제라고 한다.

55

주자 조직의 특징을 설명한 것은?

① 날실과 씨실의 굴곡이 가장 많으며 직축률이 가장 크다.
② 구김이 잘 생기고 광택은 비교적 불량한 편이다.
③ 직물의 밀도를 많이 증가시켜 제직할 수 없다.
④ 날실과 씨실이 각각 5올 이상으로 구성되어 있고 광택이 우수하다.

해설

주자직은 수자직이라고도 하며 조직점이 적어 부드럽고 광택을 가지며 구김이 덜 생기는 특성이 있다.

56

다음은 피복의 성능을 관계되는 것끼리 짝을 맞춰 놓은 것이다. 거리가 먼 것은?

① 감각적 성능 − 촉감
② 위생적 성능 − 형태 안정성
③ 실용성 성능 − 강도와 신도
④ 관리적 성능 − 충해

해설

의복의 감각적 성능: 촉감, 광택, 드레이프성, 필링성 등
의복의 위생적 성능: 흡습성, 보온성, 대전성, 통기성, 투습성 등
의복의 실용적 성능: 인장강도, 마찰 강도, 인열강도, 신도 등
의복의 관리적 성능: 내충성, 내균성, 내추성 등

57

직물의 기본이 되는 삼원조직이란?

① 능직, 사직, 수자직
② 평직, 능직, 파일직
③ 평직, 사직, 중합직
④ 평직, 능직, 수자직

해설

직물의 삼원조직은 평직, 능직, 수자직이 있다.

{ 정답 } 51 ④   52 ②   53 ②   54 ④   55 ④   56 ②   57 ④

58

다음 중 실로 피복을 만드는 방법이 아닌 것은?

① 브레이드 ② 편성물
③ 펠트 ④ 레이스

해설

부직포나 펠트는 실의 과정을 거치지 않고 섬유로부터 직접 옷감을 만든다.

59

곰팡이가 발생할 수 있어 깨끗하고 건조하게 보관 해야 하는 섬유끼리 짝지어진 것은?

① 면-레이온 ② 아마-나일론
③ 견-폴리에스테르 ④ 모-아세테이트

해설

면, 레이온: 곰팡이에 의해 손상되기 쉬운, 내균성이 약한 섬유이다.

60

의류 착용 시에 마찰이나 일광에 의한 변·퇴색이 가장 적게 나타나는 부분은?

① 무릎 부분 ② 소매 가장자리 부분
③ 어깨 부분 ④ 가슴 부분

해설

무릎, 소매 가장자리, 어깨 등은 움직임이 많아 신체 활동 시 마찰이 많은 부분이며 가슴 부분은 상대적으로 그렇지 않다.

기출복원문제 3회

자격종목 및 등급(선택분야)	종목코드	시험시간	문제지형별	수험번호	성명
양장기능사	7932	1시간			

※ 답안 카드 작성 시 시험문제지 형별누락, 마킹착오로 인한 불이익은 전적으로 수험자의 귀책사유임을 알려드립니다.
※ 각 문항은 4지택일형으로 질문에 가장 적합한 보기 항을 선택하여 마킹하여야 합니다.

01
제도 기호 중에서 S.P(Shoulder point)를 바르게 설명한 것은?

① 목둘레선과 어깨 끝점 선과 만나는 점
② 자를 겨드랑이에 끼워 뒷겨드랑이 밑에 표시한 점과 어깨 끝점과의 중간 점
③ 목을 앞으로 구부렸을 때 제일 큰 뼈의 중심점
④ 팔의 가장 굵은 부위에 자를 수평으로 대고 폭을 이 등분 한 수직선과 진동 둘레선과의 만나는 점

해설 🎱
S.P는 어깨 끝점으로 위 팔뚝 둘레 너비의 이등분점과 겨드랑 둘레선이 만나는 점이다.

02
다음 중 디자인상 바이어스(Bias) 방향으로 재단 시 유리한 스커트는?

① 플레어(Flare) 스커트
② 플리츠(Pleated) 스커트
③ 타이트(Tight) 스커트
④ 티어드(Tiered) 스커트

해설 🎱
플레어스커트는 허리에서 엉덩이둘레선까지 약간 붙고 아래로 갈수록 자연스럽게 퍼지는 형태의 스커트이다.
퍼지는 모양을 극대화하려면 옷감을 바이어스 방향으로 재단한다.

03
어깨 다트로부터 허리 다트까지 접어서 군주름을 없애고 다트는 원래 위치에서 분량을 줄여주는 것은 어떠한 경우의 본뜨기인가?

① 등 전체에 걸쳐 헐렁한 경우
② 진동둘레부분이 타이트한 경우
③ 뒤로 젖혀져 등에 주름이 생길 경우
④ 등이 굽어서 어깨가 당기면서 주름이 생길 경우

해설 🎱
등의 위쪽부터 아래쪽까지 전체적으로 옷이 남아서 군주름이 생기는 경우이다.

04
스커트 제작 시 착용했을 때 안감이 미끄러지지 않게 하기 위해 겉감과 연결하는 바느질법은?

① 감치기　　② 실루우프
③ 새발뜨기　④ 버튼호울스터치

해설 🎱
실루프는 겉감과 안감을 고정하는 데 많이 사용하는 바느질 방법이다.

05
경제적으로 볼 때 재단을 가봉 후에 하는 것과 거리가 먼 것은?

① 칼라　　② 주머니
③ 소매　　④ 안단

해설 🎱
칼라, 주머니, 안단 등의 디테일은 가봉 후에 수정한 패턴으로 재단하는 것이 좋다.

06
150cm 폭의 안감으로 긴소매 블라우스를 만들 때 적당한 옷 감량 계산법은?

① 블라우스 길이 + 소매길이 + 시접(10~15cm)
② (블라우스 길이×2) + 시접(10~15cm)
③ (블라우스 길이×2)+소매길이+시접(10~15cm)
④ 블라우스 길이+(소매길이×2)+시접(10~15cm)

해설 🎱
• 150cm 폭의 블라우스 요척
• 블라우스 길이+소매길이+ 시접

{ 정답 }　01 ④　02 ①　03 ①　04 ②　05 ③　06 ①

07

계측방법으로 적당치 못한 것은?

① 가슴둘레 : 좌우 어깨 끝점 사이의 길이
② 등 너비 : 좌우 등 너비점 사이의 길이
③ 가슴너비 : 좌우 가슴 너비점 사이의 길이
④ 유두 길이 : 목옆점에서 유두까지의 길이

해설

가슴둘레는 가슴의 젖꼭지점을 지나는 수평 둘레를 측정한다.

08

체형의 변이요소에 해당하지 않는 것은?

① 인체의 외형은 골격, 근육, 피하지방에 의하여 모양이 만들어진다.
② 자연환경과 사회환경에 의하여 차이가 생긴다.
③ 남녀의 성차, 성장 발육하는 과정에서 차이가 생긴다.
④ 영양 상태와는 관계가 있지만, 유전적인 요소에는 관계되지 않는다.

해설

체형에는 유전적인 요소도 관계가 있다.

09

본봉 재봉틀로 두껍고 딱딱한 천을 박아줄 때 가장 중요한 조절은?

① 노루발 압력을 강하게 한다.
② 노루발 압력을 약하게 한다.
③ 피대를 조절한다.
④ 보내기 기구를 조절하여야 한다.

해설

두꺼운 원단을 박을 경우 노루발의 압력을 크게 하고, 얇은 원단을 봉제할 경우에는 노루발의 압력을 작게 한다.

10

단촌식 제도법의 특징이라 할 수 없는 것은?

① 치수를 많이 재는 제도법이다.
② 각 체형에 따라 알맞은 원형이다.
③ 인체 각 부위를 정밀하게 제도한다.
④ 기준이 되는 큰 치수 몇 항목만을 사용한다.

해설

단촌식 제도법 : 인체 각 부위를 세밀하게 제도하여 체형의 특징에 맞는 원형을 얻을 수 있다
장촌식 제도법 : 기준이 되는 대표 부위만 측정하고 측정하지 않은 부위는 산술식으로 도출한다. 균형 잡힌 원형을 얻을 수 있다.

11

일반적으로 가봉 시 유의사항 중 옳은 것은?

① 바늘은 옷감에 사선으로 꽂아 시침한다.
② 질긴 나이론 실을 사용한다.
③ 쉽게 끊어지는 목면실로 한다.
④ 부분적인 실루엣을 관찰한 후 전체적인 실루엣을 잘 살펴본다.

해설

• 가봉 시 바늘은 옷감에 수직으로 꽂아 상침시침한다.
• 쉽게 끊어지는 목면실을 사용한다.

12

다음 설명 중 틀린 것은?

① 면사는 실의 번수가 높을수록 실의 굵기는 가늘다.
② 재봉 바늘은 호수가 클수록 바늘은 굵다.
③ 손바늘은 호수가 클수록 바늘은 가늘고 짧다.
④ 나일론 실은 번수가 높을수록 실의 굵기는 가늘다.

해설

필라멘트사는 번수가 높을수록 실의 굵기가 굵으며, 숫자가 작을수록 가늘다.

13

다음 중 특수 재봉틀이 아닌 것은?

① 가정용 재봉틀
② 인터록 재봉틀
③ 빗장 막음봉 재봉틀
④ 장식봉 재봉틀

해설

본봉을 제외한 모든 기능의 재봉기는 특수기능 재봉기에 속한다. 가정용 재봉틀은 재봉틀 분류상 특수 재봉틀이 아니다.

14

슈트(suit)는 형태, 착용 목적, 소재, 봉제 상태 등에 따라 여러 가지 명칭으로 불리는데 다음 중 상관이 적은 것은?

① 이브닝 슈트　　② 테일러드 슈트
③ 디너 슈트　　④ 칵테일 슈트

해설

이브닝수트, 디너수트, 칵테일 수트는 착용 장소와 시간에 따른 분류를 나타낸 것이다.

15

허리 윗부분에 주름을 많이 넣어 항아리처럼 생긴 실루엣으로 윗부분에 절개선을 많이 넣어 만든 스커트는?

① 디바이드 스커트
② 페그 스커트
③ 고젯 스커트
④ 티어 스커트

해설

• 페그스커트 : 허리 윗부분에 주름을 많이 넣어 항아리처럼 생긴 실루엣이 특징
• 디바이드스커트 : 나누어진 스커트라는 뜻으로 바지와 같은 구성 형태이다.
• 고젯스커트 : 스커트 사이에 삼각형의 무를 넣어 플레어지게 만드는 스커트이다.
• 티어스커트 : 여러 층으로 나누어져 있고, 층마다 주름을 넣는다.

16

재봉틀 바늘과 실의 굵기를 나타낸 것 중 가장 적당한 것은?

① 재봉틀 바늘 9번 － 면사 40~60번
② 재봉틀 바늘 11번 － 면사 60~70번
③ 재봉틀 바늘 14번 － 면사 70~80번
④ 재봉틀 바늘 16번 － 면 사80~100번

해설

• 재봉틀 바늘 9호 – 면사 70~80번
• 재봉틀 바늘 14~16호 – 면사 30~50번
• 바늘은 호수가 클수록 두꺼우며, 면사는 번수가 클수록 가늘다.

17

가로 또는 세로 방향으로 옷감에 주름을 접어 일정한 간격으로 박아서 장식하는 바느질은?

① 개더(gather)　　② 셔링(shirring)
③ 프릴(frill)　　④ 턱킹(tucking)

해설

• 개더: 옷감에 불규칙적인 잔주름을 잡는 것
• 턱: 작은 주름을 일정하게 박아서 장식하는 것
• 셔링: 한 장의 옷감 위에 여러 개의 개더를 규칙적으로 잡는 것이다.
• 프릴: 주름을 잡아 물결 모양으로 만들어 옷 가장자리를 장식 하는 것

18

봉비(땀뜀현상)의 원인과 가장 상관이 먼 것은?

① 바늘 끝이 닳아서 뭉뚝할 경우
② 가는 바늘에 굵은 실이 끼워졌을 경우
③ 두꺼운 원단에 노루발의 압력이 강한 경우
④ 실의 흐름에 저항이 있는 경우

해설

바늘땀이 건너뛰는 경우의 점검 사항
바늘이 굽었거나 뭉툭한 경우
바늘의 호수에 맞지 않는 두께의 실이 끼워진 경우
실 끼우는 방법이 바르지 않은 경우

19

다음 중 가슴둘레 치수를 필요로 하는 것은?

① 슬랙스　　② 큐로트 스커어트
③ 원피스　　④ 플레어 스커어트

해설

슬랙스, 스커트는 하의이므로 가슴둘레 치수가 필요하지 않다.

20

다음 중 옷본 배치도 마커에 표시할 사항이 아닌 것은?

① 원단 폭　　② 원단 길이
③ 제작 일자　　④ 그레이딩 편차

해설

마커에는 원단 폭, 요척, 제작 일자, 품번, 소재, 패턴 수 등을 표기한다. 그레이딩편차는 표기해야 하는 사항이 아니다.

{ 정답 }　14 ②　15 ②　16 ②　17 ④　18 ③　19 ③　20 ④

21

다음 중에서 모직물의 옷을 다릴 때 사용하는 덮개로 가장 좋은 것은?

① 모 직물
② 면 직물
③ 혼방직물
④ 아크릴 직물

해설

모직물을 다림질할 때 덮개로 면직물을 주로 사용한다.

22

╌╌╌╌╌╌ 의복제도 부호는 무엇을 뜻하는가?

① 꺾임선 표지
② 스티치 위치 표시
③ 안단선 표시
④ 골선 표시

해설

안단선은 일점쇄선으로 표시한다.

23

서큘러 플레어 스커트와 상관이 먼 것은?

① 허리둘레는 W/4가 되도록 정리한다.
② 스커트 원형은 5등분한다.
③ 각도를 90°로 만든 다음 맞추어 배열한다.
④ 허리둘레와 단둘레를 직선으로 정리한다.

해설

서큘럼 플레어스커트의 허리둘레와 단둘레는 원형에 가까운 곡선이 된다.

24

90㎝ 폭의 옷감으로 길이가 70cm인 타이트스커트를 만들 때의 필요한 옷 감량 계산으로 가장 적당한 것은?

① 110cm
② 160cm
③ 210cm
④ 260cm

해설

90cm 폭 타이트스커트 요척
스커트길이×2＋시접＋여유분

25

입술 주머니를 만들 때 입술 감의 올 방향은?

① 경사
② 위사
③ 바이어스
④ 어느 방향이든 상관없다.

해설

입술주머니 제작 시 입술감의 올 방향은 바이어스 방향이 적합하다.

26

다음은 시접의 종류이다. 설명이 잘못된 것은?

① 접어 박기 가름솔 : 시접의 끝을 0.5㎝ 내로 접어 박아 정리한다.
② 핑크드 가름솔 : 시접 끝을 접어서 홈질한 후 정리한다.
③ 오버록 가름솔 : 오버록 재봉틀로 박아 시접을 정리한다.
④ 테이프대기 가름솔 : 시접을 테이프로 싸서 박아 정리한다.

해설

핑크드 가름솔 : 시접 끝을 핑킹가위로 잘라낸 뒤 가름솔하는 방법이다.

27

다음 그림은 어떤 네크라인을 제도한 것인가?

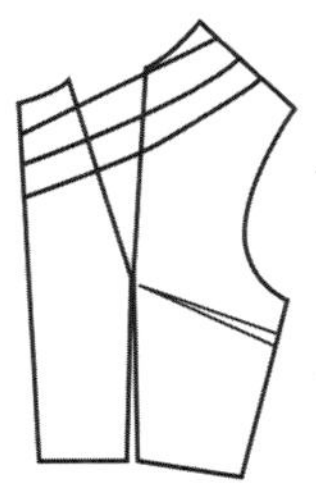

① 하이 네크라인
② 카울 네크라인
③ 스퀘어 네크라인
④ 보트 네크라인

해설

• 하이네크라인 : 몸판의 목선을 따라 위로 연장하여 스탠드하게 목선이 올라온 형태
• 카울네크라인 : 카울네크라인은 바이어스로 재단하여 자연스러운 드레이프가 흐르는 네크라인이다.
• 스퀘어네크라인 : 네크라인의 형태가 사각형을 띤다.
• 보트네크라인 : 옆으로 길고 일직선으로 파진 형태의 네크라인이다.

28

엉덩이가 처진 체형과 관계가 없는 것은?

① 뒤 허리 밑에 수평의 주름이 생긴다.
② 뒤허리선을 내려 준다.
③ 뒤다트 길이를 길게 한다.
④ 뒤허리선을 올려 준다.

해설

엉덩이가 처진 체형의 경우 뒤 중심선 밑에 수평의 주름이 생기게 된다. 뒤 허리선을 내리고 앞 허리선은 위로 올려 보정한다.

29

폴리에스테르 직물로 봉제하여 다름질할 때 효율적이고, 안전한 다림질 온도는?

① 90~100℃
② 120~150℃
③ 170~180℃
④ 190~200℃

해설

폴리에스테르 직물의 안전다리미 온도는 120~150도이다.

30

다음 중 솔기(Seam)의 종류에 속하지 않는 것은?

① 바운드 시임
② 슈우퍼 포우즈 시임
③ 플랫 시임
④ 카운트 시임

해설

슈퍼임포즈심, 바운드심, 플랫심은 한국공업규격에 다른 솔기의 종류들 이며, 카운트 심은솔기의 종류가 아니다.

31

번수나 데니어(denier)는 무엇을 표시하는가?

① 실의 종류
② 실의 꼬임
③ 실의 중량
④ 실의 굵기

해설

실의 굵기를 표시하는 단위로는 번수, 데니어, 텍스 등이 있다.

32

복합 섬유를 만드는 목적에 대하여 바르게 설명한 것은?

① 강신도 증가
② 내구성 향상
③ 대전방지성 증가
④ 벌키성 증가

해설

섬유의 벌키성이란 부피가 늘어나는 성질로 복합 방사 섬유는 벌키성이 뛰어나다.

33

합성섬유에 일반적으로 많이 적용되는 표백제는?

① 아염소산 나트륨
② 표백분
③ 과탄산나트륨
④ 하이드로설파이드

해설

합섬 섬유의 표백제에는 아염소산 나트륨을 일반적으로 사용한다.

34

직물과 편성물을 비교한 것으로 맞지 않는 것은?

① 편성물은 직물에 비해 신축성이 크다.
② 편성물은 직물에 비해 함기율이 크다.
③ 직물은 편성물에 비해 필링이 생기기 쉽다.
④ 직물은 편성물에 비해 마찰에 강하다.

해설

편성물은 직물에 비해 신축성이 크고, 함기율이 높으며, 필링이 생기기 쉽다.

35

섬유의 공정 수분율이 바르게 짝지어진 것은?

① 아마 – 8.5%
② 아크릴 – 0.4%
③ 아세테이트 – 6.5%
④ 폴리에스테르 – 1.5%

해설

섬유의 공정 수분율

- 아마 – 12%
- 아크릴 – 1.5%
- 아세테이트 – 6.5%
- 폴리에스테르 – 0.4%

{ **정답** } 28 ④ 29 ② 30 ④ 31 ④ 32 ④ 33 ① 34 ③ 35 ③

36

다음의 마섬유 중에서 순수한 셀룰로스 함유량이 가장 많은 것은?

① 아마 섬유
② 대마 섬유
③ 저마 섬유
④ 황마 섬유

해설

각 섬유별 셀룰로스 함유량
아마: 80%, 대마: 68%, 저마: 72%, 황마: 61%

37

다음 중 재생 셀룰로스 섬유에 속하는 것은?

① 나일론(nylon)
② 스판덱스(spundex)
③ 아세테이트(acetate)
④ 비스코스레이온(viscose rayon)

해설

아세테이트는 재생섬유이긴 하지만 셀룰로스섬유가 아니다. 비스코스 레이온은 셀룰로스 원료를 재생하여 만든 재생 셀룰로스 섬유이다.

38

다음의 조직 중 주름이 가장 잘 잡히지 않는 조직은?

① 평직
② 능직
③ 주자직
④ 산형사문직

해설

주자직(수자직)은 조직점이 적어 구김이 잘 생기지 않는다.

39

현미경 구조에서 마디(node)가 나타나는 섬유는?

① 아마 섬유
② 양모 섬유
③ 무명 섬유
④ 명주 섬유

해설

아마를 현미경으로 보면 단면은 작은 중공이 있는 다각형이며, 측면에는 마디가 있고 섬유 끝이 뾰족하다.

40

실온의 아세톤에 용해되는 섬유는?

① 아세테이트
② 나일론
③ 폴리에스테르
④ 면

해설

아세테이트는 아세톤에 용해된다.

41

다음 중에서 원기, 적극성, 활력, 유쾌 등을 연상하는 색은?

① 검정
② 주황
③ 파랑
④ 연두

해설

주황색– 기쁨, 원기, 즐거움, 만족, 온화, 건강, 활력, 따뜻함, 광명, 풍부, 가을
검정색– 허무, 불안, 절망, 정지, 침묵, 암흑, 부정, 죽음
파랑색– 젊음, 차가움, 명상, 심원, 성실, 영원, 냉혹, 추위
초록색– 평화, 상쾌함, 희망, 유식함, 안전, 안식

42

시각적인 요소로서 현실적인 형(real shape)이란?

① 선
② 점
③ 입체
④ 면

해설

입체는 형태와 깊이가 표현되고, 3차원 공간까지 표현할 수 있다.

43

키가 작은 사람이 장식할 때 어떻게 하는 것이 자기의 단점을 가장 잘 보완할 수 있는가?

① 목걸이를 V자 형식으로 칼라선 가까이했다.
② 벨트의 버클이 눈에 크게 띄게 했다.
③ 목걸이가 요우크선 아래까지 내려오게 했다.
④ 뒤 허리 중심에 큰 리본을 달았다.

해설

키가 작은 체형은 시선을 위로 끌어 올릴 수 있는 코디법이 좋다.

36 ①　37 ④　38 ③　39 ①　40 ①　41 ②　42 ③　43 ① **{ 정답 }**

44

다음 설명 중 명도와 거리가 먼 것은?

① 색채의 밝고 어두운 정도이다.
② 색상끼리의 명암상태를 말한다.
③ 빛의 반사율이 높은 색이 밝다.
④ 색채의 강약을 말한다.

해설

색채의 강약은 주로 채도에 의해 영향을 많이 받는다.

45

의복과 계절의 감각적인 면에서 볼 때 봄의 색상 설명이 잘못된 것은?

① 경쾌하고 맑은 색상이 좋다.
② 자연현상의 연두, 녹색계통이 좋다.
③ 붉은색, 갈색계통이 자연에 잘 조화된다.
④ 연상감정으로 장미색, 핑크색 등이 좋다.

46

일반적으로 빨간색을 좋아하는 민족에 속하지 않는 것은?

① 중국
② 인도
③ 게르만
④ 프랑스

47

다음 중 배경을 검정으로 했을 때 가장 명시도가 높은 배색은?

① 빨강
② 노랑
③ 녹색
④ 파랑

해설

명도, 색상, 채도 차가 클 때 명시도가 높다. 검정 배경에 노랑 글씨는 명시도가 높다.

48

기하 곡선이 주는 느낌은?

① 안정, 서정
② 예민, 강직
③ 활동, 세련
④ 정직, 장엄

해설

곡선은 부드러움과 우아한 느낌을 준다. 보기 중에 곡선의 느낌을 표현한 것과 가장 가까운 것은 활동과 세련이다.

49

다음 색의 지각적인 효과 중 아래 특징에 적합한 것은?

> **보기**
>
> 눈에 자극을 주어 색각이 생긴 후 자극을 제거하면 제거한 후에도 그 흥분이 남아서 원자극과 동질, 또는 이질의 감각경험을 일으키는 것으로 망막이 강한 자극을 받으면 시세포의 흥분이 증추에 전해져서 색감각이 생기고 그 자극이 중단된 후에도 계속 일어나는 시감각 현상

① 색의 동화
② 항상성
③ 색의 잔상
④ 색의 진출과 후퇴

해설

색의 잔상이란 어떤 색을 일정 시간 보고 있으면 그 색의 자극이 망막에 흔적을 남겨 더 그 색을 보지 않고 있음에도 그 흥분이 망막에 남아있는 상태를 말한다.

50

파랑 순색에 흰색을 혼합하면 어떻게 되는가?

① 명도는 변하지 않지만, 색상은 변한다.
② 명도는 변하지만, 색상은 변하지 않는다.
③ 명도나 색상이 다 변한다.
④ 명도나 색상이 다 변하지 않는다.

해설

파랑 순색에 흰색을 혼합하면 색상은 변하지 않고 명도가 높아진다.

51

면직물에 묻은 쇳녹을 제거할 때 쓰이는 약제는?

① 벤젠
② 옥살산
③ 사염화탄소
④ 트리클로로에틸렌

해설

옥살산은 녹이나 잉크 등으로 인해 생긴 얼룩을 지우는 표백제로 많이 사용된다.

{ **정답** } 44 ④ 45 ③ 46 ④ 47 ② 48 ③ 49 ③ 50 ② 51 ②

52

능직물의 특징이 아닌 것은?

① 얇은 직물은 대부분 능직으로 만든다.
② 평직보다 조직점이 적어 유연하다.
③ 평직보다 마찰에 약하지만, 광택이 좋고 표면이 곱다.
④ 조직점이 대각선 방향으로 연결된 선으로 나타난다.

해설

능직물은 밀도가 큰 직물을 얻을 수 있다.

53

의복이 변색하거나 퇴색되는 원인이 아닌 것은?

① 세탁에 의한 염료의 탈락
② 자외선과 공기 중의 산소
③ 땀의 성분 중 산
④ 의복의 형태

해설

의복의 변, 퇴색의 원인은 세탁, 일광, 땀, 산화 등이 원인이 된다.

54

부직포의 특성으로 가장 거리가 먼 것은?

① 함기량이 많아 가볍고 따뜻하다.
② 절단 부분이 잘 풀리지 않는다.
③ 방향에 따른 성질의 차가 거의 없다.
④ 마찰에 의한 내구성이 좋다.

해설

부직포는 마찰에 대한 내구성이 좋지 않다.

55

직물의 구성 방법에 따른 분류 중 실로 만든 직물인 것은?

① 필름　　　　　② 레이스
③ 부직포　　　　④ 펠트

해설

레이스는 실을 엮어 만든 직물이다.

56

비누의 특성에 해당하지 않는 것은?

① 산성용액에서 지방산을 생성한다.
② 경수와 반응하여 불용성 금속비누를 만들어 침전한다.
③ 알칼리성이 높아 견, 모직물의 세탁에는 부적당하다.
④ 원료가 석유제품으로 값이 싸고 직물에 거의 제한을 받지 않는다.

해설

비누의 원료는 유지와 알칼리이다. 비누의 원료 유지는 동물성 유지와 식물성 유지를 사용한다.

57

다음의 모섬유 중 해충의 해를 가장 많이 받는 것은?

① 가늘고 강직한 모섬유로 실의 꼬임이 많은 직물
② 가늘고 부드러운 모섬유로 실의 꼬임이 적은 직물
③ 두꺼운 모섬유로 실의 꼬임이 많은 직물
④ 두꺼운 모섬유로 실의 꼬임이 적은 직물

해설

실의 꼬임이 적으면 강도가 약하다. 얇고 강도가 약한 실로 만든 직물은 상대적으로 약하여 해충의 피해를 많이 받기 쉽다.

58

양모섬유 피복류 및 나일론 섬유로 된 피복지는 알칼리성 세제로서 반복하여 세탁하게 되면 황변되는 경우가 많다. 그 원인은?

① 섬유 자체의 산화 현상과 산성제에 약하기 때문이다.
② 단백질 성분 중의 티로신 성분이 산화되어 황색의 유색 물질을 만들기 때문이다.
③ 공기 중의 산소나 습기가 섬유에 작용하여 피복지를 분해하기 때문이다.
④ 수지 성분의 분해로 포르말린이 발생하여 섬유를 변질시키기 때문이다.

해설

양모는 알칼리에 약한 성질이 있다. 양모를 알칼리 처리한 뒤 햇볕을 쬐면 티로신 성분이 산화되어 황색의 물질을 생성한다. 이것은 양모의 황변 원인이 된다.

59

다음 중 편성물의 특성에 속하지 않는 것은?

① 신축성　　　　　② 함기성
③ 컬–업성(curl–up)　　④ 염색성

해설

편성물은 신축성과 함기율이 높고 절단면이 돌돌 말리는 컬업성의 특성을 가지고 있다.

60

모직물을 적셔서 스트레인(장력)이 없는 상태로 되돌리는 방축가공은?

① 런던 슈렁크 가공
② 샌퍼라이징 가공
③ 엠보싱 가공
④ 플리스 가공

해설

런던슈렁크 가공은 모직물의 수축을 방지하기 위해 물에 담갔다가 자연스럽게 건조하는 가공이다.

{ 정답 } 59 ④　60 ①

기출복원문제 4회

자격종목 및 등급(선택분야)	종목코드	시험시간	문제지형별	수험번호	성명
양장기능사	7932	1시간			

※ 답안 카드 작성 시 시험문제지 형별누락, 마킹착오로 인한 불이익은 전적으로 수험자의 귀책사유임을 알려드립니다.
※ 각 문항은 4지택일형으로 질문에 가장 적합한 보기 항을 선택하여 마킹하여야 합니다.

01

다음 계측점 중 자를 겨드랑이에 끼워 뒷겨드랑이 밑에 표시한 점과 어깨 끝점과의 중간점은?

① 목옆점 ② 등너비점
③ 가슴너비점 ④ 어깨끝점

해설

겨드랑점과 어깨 끝점의 중간점은 등너비점이다.

02

스커트의 원형에서 가장 일반적인 가로의 기초선은?

① 엉덩이 둘레/2 + 0.5~1cm
② 엉덩이 둘레/2 + 2~3cm
③ 엉덩이 둘레/2 + 4~5cm
④ 엉덩이 둘레/2 + 6cm

해설

스커트 원형 제도 시 가로 기초선의 길이는 엉덩이둘레/2 + 착의여유량 2~3cm이다.

03

북을 사용하지 않고 루퍼를 사용하며 2본침, 3본사 방식이 있는 재봉기는?

① 단환봉 재봉기 ② 이중환봉 재봉기
③ 본봉 재봉기 ④ 주변 감침봉 재봉기

해설

- 단환봉 : 루퍼를 사용하며 자루, 포대 입구 등에 사용됨
- 이중환봉 : 루퍼를 사용하며 1본침 2본사, 2본침 3본사 등의 방식이 있음
- 본봉 : 북을 사용하며 앞뒤의 땀 모양이 같음
- 주변 감침봉 : 편성물의 봉제와 시접 가장자리 처리에 사용함. 칼이 상하운동을 하며 소재의 가장자리를 잘라줌

04

봉비(skip)의 원인이 아닌 것은?

① 바늘의 불량이나 바늘 끝 파손
② 꼬임이 강한 실을 사용
③ 노루발의 압력이 강한 경우
④ 바늘과 북 끝의 타이밍 불량

해설

봉비는 바늘땀이 건너뛰는 현상이다. 바늘과 실이 맞지 않는 경우, 바늘이 불량한 경우, 바늘을 잘못 끼운 경우 등의 원인이 있으며 노루발의 압력은 봉비의 원인으로 거리가 멀다.

05

제도에 사용되는 약자와 명칭이 틀린 것은?

① B.L. – 가슴둘레선
② N.P. – 목점
③ A.H. – 소매둘레
④ S.P. – 어깨끝점

해설

A.H: 진동둘레 (Arm Hole)

06

어깨가 처진 경우 길 보정방법으로 가장 적합한 것은?

① 어깨만 올려 보정한다.
② 어깨만 내려 보정한다.
③ 어깨를 올려주고 어깨가 처진 만큼 진동둘레 밑부분도 올려 준다.
④ 어깨를 내려주고 어깨가 처진 만큼 진동둘레 밑부분도 내려 준다.

07

폭 90cm의 옷감으로 스커트 길이가 70cm인 타이트 스커트르르 만들 때의 필요한 옷 감량으로 가장 적합한 것은? (단, 시접은 15cm임)

① 85cm
② 155cm
③ 195cm
④ 225cm

해설 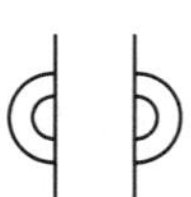

- 폭 90cm 원단의 타이트 스커트 요척
- 스커트길이×2＋시접양

08

다음과 같은 스커트 제작법은?

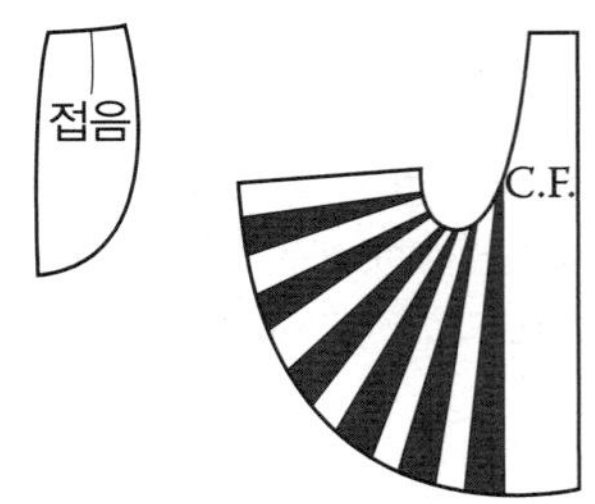

① 고어 스커트
② 개더 스커트
③ 요크를 댄 플리츠 스커트
④ 요크를 댄 플레어 스커트

해설

요크가 있는 플레어스커트의 패턴전개이다.

09

바느질 방법에 따른 강도에 관한 설명으로 틀린 것은?

① 바느질 방법의 종류에 따라 그 강도가 달라진다.
② 의복의 바느질 강도에 있어서는 디자인보다 기능적인 면을 생각해야 한다.
③ 바느질 방법에 따른 절단 강도는 통솔보다는 쌈솔이 크다.
④ 바느질에서는 여러 번 박을수록 옷의 실루엣이 곱게 표현되기가 쉽다.

10

재봉기의 고장 원인 중 윗실이 끊어질 경우와 가장 관계가 있는 것은?

① 톱니에 결함이 있다.
② 노루발 압력에 결함이 있다.
③ 바늘과 북의 타이밍에 결함이 있다.
④ 북 및 북집에 결함이 있다.

해설

- 윗실이 끊어지는 경우
- 실을 바르게 끼우지 않은 경우
- 실이 어딘가에 걸린 경우
- 윗실 장력이 너무 강한 경우
- 반달집의 결함
- 바늘과 북의 타이밍 결함

11

옷감을 다리미로 늘려서 정리하는 부분이 아닌 것은?

① 스커트 허리 부분
② 앞다리가 시작되는 바로 밑
③ 바지 뒤
④ 소매 안쪽

해설

스커트 허리 부분은 오그림을 해주는 부분이다.

12

다음 제도 기호의 표시에 해당하는 것은?

① 늘림
② 줄임
③ 주름
④ 맞춤

해설

맞춤 표시이다.

13

상체가 곧고 가슴이 높게 솟아 있으며 엉덩이는 풍만하고 배가 평편한 자세의 체형은?

① 굴신체
② 반신체
③ 비만체
④ 후신체

해설

- 반신체 : 가슴이 뒤로 젖혀진 체형
- 굴신체 : 상체가 앞으로 숙인 체형

14

포켓(pockets) 중 실제로 주머니는 달렸지 않고 장식으로 플랩(flap)만 달아 놓은 것은?

① 하프(half) 포켓
② 사이드(side) 포켓
③ 폴스(false) 포켓
④ 라운드(round) 포켓

해설

- 사이드포켓 : 허리 양쪽으로 있는 주머니의 총칭
- 라운드포켓 : 둥근 형태의 주머니 총칭

15

가슴 다트 위의 진동 둘레 부위와 뒤 어깨 밑에 군주름이 생길 때의 보정으로 옳은 것은?

① 어깨를 올려주고 진동둘레 밑부분은 같은 치수로 내려 수정한다.
② 어깨솔기를 턴서 군주름 분량만큼 시침 보정하여 어깨를 내려주고 어깨 처진 만큼 진동둘레 밑부분도 내려 수정한다.
③ 뒷길의 어깨를 올려주고 진동 둘레 밑부분을 서로 다른 치수로 내려준다.
④ 앞길의 어깨를 올려주고 진동 둘레 밑부분을 서로 다른 치수로 내려준다.

해설

어깨 경사가 낮아 처진 어깨의 보정방법이다. 군주름 분량만큼 어깨를 내려주고 어깨가 내려온 만큼 진동 둘레의 밑부분을 낮춰준다.

16

손바느질의 올바른 새발감침은?

① 바늘땀을 한 올씩만 되박아 준다.
② 바늘땀을 두 올씩만 되박아 준다.
③ 왼쪽에서 오른쪽으로 순서대로 떠나간다.
④ 오른쪽에서 왼쪽으로 순서대로 떠나간다.

해설

새발뜨기는 왼쪽에서 시작하여 오른쪽으로 진행하는 바느질법이다.

17

45˚ 각도를 이루는 두 개의 선을 먼저 긋고 그 선에 맞추어 스커트의 절개선을 벌려주는 스커트는?

① 45˚ 플레어 스커트
② 90˚ 플레어 스커트
③ 180˚ 플레어 스커트
④ 360˚ 플레어 스커트

18

목둘레선과 어깨 끝점 선과 만나는 점으로 어깨너비의 중심부를 지나는 측정점은?

① 목옆점
② 목뒤점
③ 어깨끝점
④ 등너비점

해설

어깨선은 목옆점과 어깨가 쪽잠을 연결하는 선이다.

19

상반신 반신체의 원형 보정에 대한 설명으로 옳은 것은?

① 뒤목 중심에 옆으로 주름이 생길 때는 목선을 수정한다.
② 뒤 어깨선을 늘리고 그 분량만큼 앞 어깨선은 줄인다.
③ 앞 중심에서 사선으로 절개선을 넣어 앞길이의 부족량을 늘려준다.
④ 앞 중심에 생긴 주름량 만큼 접어주고 옆선과 다트를 줄여준다.

해설

상반신 반신체는 앞길이가 긴 만큼, 앞판 패턴에 절개선을 넣어 부족량만큼 앞길이를 늘려준다.

20

원가계산 방법으로 틀린 것은?

① 제조 원가 = 재료비 + 인건비 + 제조경비
② 총원가 = 제조 원가 + 판매 간접비 + 일반 관리비
③ 판매가 = 총원가 + 관리비
④ 이익 = 판매가 − 총원가

해설

판매가 = 총원가 + 이익

21

겉감의 기본 시접으로 가장 적당한 것은?

① 어깨와 옆선 − 5cm
② 목둘레선 − 1cm
③ 허리선 − 3cm
④ 스커트단 − 2cm

해설

- 각 부위별 적정 시접량
- 목둘레, 칼라, 진동 둘레, 안단, 스커트 허리선 : 1cm
- 절개선 : 1.5cm
- 어깨, 옆선 : 2cm
- 소맷단, 바지, 스커트 밑단 : 4cm
- 코트, 재킷 밑단 : 5cm

22

시접의 한쪽을 안으로 0.3cm~0.5cm 내어서 박은 다음 그 시접으로 접어서 한 번 더 박는 바느질은?

① 가름솔　　　　② 통솔
③ 쌈솔　　　　　④ 뉜솔

23

다음 중 테일러드 재킷에서 심지가 부착되지 않는 곳은?

① 뒤트임　　　　② 밑단
③ 라펠　　　　　④ 옆선

해설

일반적으로 재킷 제작 시 옆선에는 심지를 부착하지 않는다.

24

다음 바느질 방법 중 장식봉이 아닌 것은?

① 샤링
② 파이핑
③ 커프스
④ 스모킹

해설

장식봉에는 바이어스테이프, 셔링, 개더, 파이핑, 스모킹, 패거팅, 스캘럽 등이 있고 커프스는 장식봉의 종류가 아니다.

25

두 장의 직물에 패턴의 완성선을 표시할 때 쓰이는 방법으로 시침실을 사용하는 것은?

① 실표뜨기
② 어슷시침
③ 시침질
④ 박음질

26

코트 단 및 원피스 단을 정리할 때의 설명으로 옳은 것은?

① 겉단을 접어 새발감침으로 고정한다.
② 안감은 겉단보다 5~7cm 짧게 하여 박아준다.
③ 겉단은 안감의 길이와 똑같이 하여 양옆 솔기 끝에 3cm 길이의 실 루프로 고정한다.
④ 겉단 끝에 안감으로 바이어스 처리 후 공그르기를 하며 안감을 겉단보다 2~3cm 정도 짧게 한다.

27

피혁을 봉제할 때 가장 적절한 재봉기는?

① 주변 겸침봉 재봉기
② 본봉 재봉기
③ 이중환봉 재봉기
④ 단환봉 재봉기

{ 정답 }　20 ③　21 ②　22 ③　23 ④　24 ③　25 ①　26 ④　27 ②

28

시착에서 일반적인 관찰방법으로 틀린 것은?

① 전체적인 실루엣이 알맞은가를 관찰한다.
② 옷감의 올이 바로 놓였는가를 관찰한다.
③ B.P의 위치가 맞고 다트의 위치 · 길이 · 분량 등이 알맞은가를 관찰한다.
④ 시침바느질 전에 속옷에 맞추어 겉옷을 정리하여 바르게 착용한 후 핀으로 꽂아가면서 관찰 · 보정한다.

해설

시침바느질이 끝나면 속옷을 정리하여 바르게 착용한 후 핀을 꽂아가며 관찰하고 보정한다.

29

길과 연결하여 구성된 소매는?

① 래글런 소매 ② 비숍 소매
③ 퍼프 소매   ④ 캡 소매

해설

- 길과 연결하여 구성된 소매에는 래글런소매, 기모노소매, 돌먼소매 등이 있다.
- 비숍, 퍼프, 캡소매는 세트인 소매로 분류된다.

30

소매산의 제도 약자는?

① F.S.H   ② B.S.H
③ S.C.H   ④ S.B.L

해설

소매산의 약자: S.C.H (Sleeve Cap Hight)

31

면직물에 있어서 산화 섬유소가 생성되어서 섬유가 약해지는 경우는?

① 아세트산으로 처리할 때 온도가 낮은 경우이다.
② 수산화나트륨 용액으로 삶을 때 직물이 노출되어 공기와 접촉하는 경우이다.
③ 하이드로설피어드를 사용하여 표백할 때 직물이 노출되어 공기와 접촉하는 경우이다.
④ 냉액에서 알칼리 용액으로 처리할 대 농도가 진한 경우이다.

32

마 섬유 중 단섬유의 길이가 가장 길고, 강도가 식물성 섬유에서 가장 강하며, 목질 셀룰로스를 포함하지 않고 순수한 셀루로스로 되어있는 섬유는?

① 아마   ② 대마
③ 저마   ④ 황마

33

일광에 대하여 취화가 가장 큰 합성섬유는?

① 아크릴   ② 나일론
③ 폴리에스테르 ④ 스판덱스

해설

내일광성이 나빠서 직사광선을 쬐면 약해진다.

34

섬유기 습윤하였을 때 강도가 더 증가하는 섬유는?

① 비스코스레이온
② 양모
③ 면
④ 아세데이트

35

섬유의 변수측정에 알맞은 표준상태 온도와 습도는?

① $20\pm2\,℃$, $65\pm5\%$ RH
② $20\pm2\,℃$, $65\pm2\%$ RH
③ $25\pm5\,℃$, $70\pm2\%$ RH
④ $25\pm5\,℃$, $65\pm2\%$ RH

36

무명과 폴리에스테르 혼용제품에서 무명을 가장 잘 용해시키는 약제는?

① 100% 아세톤
② 70% 황산
③ 2.5% 수산화나트륨
④ 20% 염산

37

폴리비닐알코올계 섬유는 방사 후에 포름알데히드로 처리하여 아세탈화 시키는데 그 이유는?

① 신도의 증가
② 내광성의 증가
③ 흡습성 증가
④ 내수성의 증가

해설

아세탈화는 폴리비닐알코올이 가지고 있는 친수성을 소수성으로 변화시켜 끓는 물에도 견디게 한다.

38

다음 섬유 중 속옷 감으로 가장 적합한 것은?

① 부드럽고 촉감이 좋은 견직물
② 땀과 지방을 잘 흡수하는 면직물
③ 보온이 잘 되고 통기성이 있는 모직물
④ 세탁하기 쉽고 건조가 빠른 합성직물

해설

속옷감은 흡습성이 좋아야한다.

39

의복 제작 시 안감으로 선택하기에 적당한 섬유는?

① 면직물
② 견직물
③ 레이온직물
④ 나일론직물

해설

레이온안감: 값이 싸고 염색성, 흡습성, 감촉이 우수하다.

40

다음 중 셀룰로스 섬유가 아닌 것은?

① 면
② 마
③ 양모
④ 케이폭

해설

양모는 단백질 섬유이다.

41

다음 중 녹색 잔디 위에서 가장 눈에 잘 뜨이는 색은?

① 노랑
② 파랑
③ 연두
④ 자주

해설

녹색의 보색은 빨강이고 빨강과 가장 가까운 색은 자주이다.

42

다음 중 한 색상의 명도와 채도를 변화시킨 배색으로 하늘색, 코발트블루, 남색의 조합 등 무난한 느낌의 배색은?

① 콘트라스트(contrast) 배색
② 톤 인 톤(ton in ton) 배색
③ 포 카마이와(faux camaieu) 배색
④ 톤 온 톤(ton on ton) 배색`

해설

톤온톤배색: 색상이 같고 톤을 변화시킨 배색
톤인톤배색: 톤이 같고 다른 색상의 배색
포카마이와배색: 색상과 톤이 약간의 변화를 가지는 배색
콘트라스트배색: 서로 반대가 되는 색상끼리의 배색

43

가을의 복식 배색으로 가장 효과적인 색은?

① 검정과 녹색
② 노랑과 갈색
③ 파랑과 흰색
④ 연두와 보라

44

다음 중 색상에 의해 좌우되는 색의 감정과 가장 관계가 깊은 것은?

① 온도감
② 중량감
③ 강약감
④ 경연감

해설

온도감은 색상에 의해 좌우되며 중량감은 명도에 의해 좌우된다.

{ 정답 } 37 ④ 38 ② 39 ③ 40 ③ 41 ④ 42 ④ 43 ② 44 ①

45

다음 중 함께 사용되는 색에 따라 느낌이 달라지는 색상은?

① 빨강
② 파랑
③ 청록
④ 보라

해설

중성색: 보라, 초록, 무채색계열

46

먼셀 표색계에서 색표가 방법인 HV/C에서 H는 무엇을 뜻하는가?

① 명도
② 색상
③ 순도
④ 채도

해설

H: Hue 색상, V: Value 명도, C: Chroma 채도

47

큰 꽃무늬 원피스를 강조할 수 있는 가장 효과적인 연출 방법은?

① 꽃 무늬와 같은 색으로 트리밍 장식을 한다.
② 단색의 스카프를 이용하여 문양의 느낌을 강조한다.
③ 꽃 코사지를 가슴에 단다.
④ 반대색의 꽃무늬 숄을 걸친다.

48

인접색의 조화가 받을 수 있는 효과는?

① 활기찬 시각적인 효과
② 격조 높고 다양한 효과
③ 화려하고 원색적인 효과
④ 차분하고 안정된 효과

해설

인접색 조화는 유사색조화 라고도 하며 조화롭고 차분한 효과를 준다.

49

다음 중 가장 좋은 디자인은?

① 아름다움보다 실용성에 치중한 디자인
② 유행에 민감한 디자인
③ 기능보다 미적인 면을 중요시한 디자인
④ 기능과 미가 결합한 독창적인 디자인

50

흰색에서부터 차츰차츰 어두워지는 회색계통을 거쳐 검은색에 이르는 것으로 명도의 차이만 나타내는 색은?

① 유채색
② 무채색
③ 동색
④ 인근색

해설

무채색은 명도의 차이가 있으나 색상과 채도의 차이가 없다.

51

피복의 손상과 관계가 가장 작은 것은?

① 수축과 신장
② 변색과 퇴색
③ 탄성과 레질리언스
④ 찢어짐과 터짐

해설

무채색은 명도의 차이가 있으나 색상과 채도의 차이가 없다.

52

다음 중 편성물의 단점에 속하는 것은?

① 신축성
② 흡습성
③ 필링성
④ 다공성

해설

편성물은 마찰에 의해 필링(보풀)이 발생하기 쉽다.

---

45 ④　46 ②　47 ②　48 ④　49 ④　50 ②　51 ③　52 ③　{ 정답 }

53

주자 조직의 특징을 설명한 것은?

① 날실과 씨실의 굴곡이 가장 많으며 직축률이 가장 크다.
② 구김이 잘 생기고 광택은 비교적 불량한 편이다.
③ 직물의 밀도를 크게 증가시켜 제작할 수 없으나 광택이 우수하다.
④ 날실과 씨실이 각각 5올 이상으로 구성되어 있고 광택이 우수하다.

해설

수자직(주자직)은 조직점이 적어 구김이 덜 생기며 광택이 있다.

54

명주직물에 증량 가공을 하는 목적은?

① 겉모양과 촉감을 개선한다.
② 세리신의 무게를 증가시킨다.
③ 직물에 딱딱함과 뻣뻣함을 부여한다.
④ 무게 증가와 드레이프성을 부여한다.

해설

견의 증량 가공은 정련 과정에서 세리신이 제거되면서 감소한 중량을 보충하기 위함이다.

55

다음 중 면섬유에 적합하지 않은 염료는?

① 직접 염료
② 분산 염료
③ 반응성 염료
④ 배트 염료

해설

분산 염료는 합성섬유에 염색이 잘된다.

56

섬유가 가지고 있는 색소를 산화 또는 환원에 의해 분해하여 섬유를 순백으로 만드는 공정은?

① 표백
② 정련
③ 증백
④ 순화

57

피복의 위생상의 성능과 가장 관련이 적은 것은?

① 통기성
② 흡수성
③ 방충성
④ 열전도성

해설

의복의 위생적 성능이란 의복의 쾌적성 및 착용자의 건강과 관련된 성질이다. 방충성은 의복의 관리적 성능과 관련이 있다.

58

천의 표면에 섬유가 서로 엉켜서 작은 보풀이 생기는 것을 측정하는 시험은?

① 필링 시험
② 강연도 시험
③ 피열 강도 시험
④ 마찰 견뢰도 시험

해설

섬유가 마찰에 의해 보풀이 생기는 것을 필링이라고 한다.

59

직물의 3원 조직에 속하지 않는 것은?

① 평직
② 능직
③ 분산염료사직
④ 주지직

해설

직물의 3원조직은 평직, 능직, 주자직이다.

60

다음 중 날실과 씨실이 각각 3올 이상 서로 교차하여 이루어지는 조직은?

① 경편조직
② 위편조직
③ 사문직
④ 주자직

해설

능직은 사문직이라고도 하며, 날실과 씨실이 각각 3올 이상 서로 교차한다.

{ 정답 } 53 ④ 54 ④ 55 ② 56 ① 57 ③ 58 ① 59 ③ 60 ③

<h1 align="center">기출복원문제 5회</h1>

자격종목 및 등급(선택분야)	종목코드	시험시간	문제지형별	수험번호	성명
양장기능사	7932	1시간			

※ 답안 카드 작성 시 시험문제지 형별누락, 마킹착오로 인한 불이익은 전적으로 수험자의 귀책사유임을 알려드립니다.
※ 각 문항은 4지택일형으로 질문에 가장 적합한 보기 항을 선택하여 마킹하여야 합니다.

01
재봉기의 고장 원인 중 윗실이 끊어질 경우로 가장 옳은 것은?

① 톱니에 결함이 있다
② 노루발 압력에 결함이 있다.
③ 바늘에 결함이 있다
④ 보내기 기구에 결함이 있다.

해설

톱니의 결함, 노루발 압력의 결함, 보내기 기구의 결함은 원단이 앞으로 잘 나가지 않는 경우와 관련이 있다.

02
다음 중 시착 방법이 아닌 것은?

① 옷감의 올이 바로 놓였는가 확인한다.
② 안감이 겉감으로 되었는가를 확인한다.
③ 칼라의 형, 크기가 적당한가를 확인한다.
④ 전체적인 실루엣이 알맞은가를 확인한다.

03
150cm 폭의 옷감으로 긴 소매 원피스 드레스를 만들 때 가장 적합한 옷감의 필요량은? (단, 가슴둘레 84cm, 소매길이 57cm, 옷길이 96cm)

① 150~170cm
② 180~200cm
③ 210~230cm
④ 250~270cm

해설

150폭 옷감의 긴소매 원피스 드레스의 요척
원피스길이 + 소매길이 + 시접 (약 10~15)

04
가슴의 유두점을 지나는 수평부위를 돌려서 재는 계측 항목은?

① 목둘레
② 등 길이
③ 가슴둘레
④ 유두 길이

05
올이 풀리지 않는 옷감의 시접을 핑킹가위로 자른 다음 가르는 바느질은?

① 접어 박기 가름솔(clean stitched seam)
② 휘감치기 가름솔(over cast seam)
③ 핑크 가름솔(pinked sdam)
④ 홈질 가름솔(self-stitching seam)

06
옷감의 패턴 배치방법으로 옳은 것은?

① 줄무늬는 옷감 정리에서 줄을 사선으로 정리한다.
② 패턴이 작은 것으로부터 큰 것은 작은 것 사이에 배치한다.
③ 옷감의 안쪽에 옷본을 배치한다.
④ 짧은 털이 있는 옷감은 털의 방향을 아래로 배치한다.

해설

• 패턴이 큰 것부터 배치한다.
• 옷감의 안쪽에 옷본을 배치한다.
• 짧은 털이 있는 옷감은 털의 방향을 위로 배치한다.

01 ③　02 ②　03 ①　04 ③　05 ③　06 ③　{ 정답 }

07

목둘레의 완성선을 바이어스 테이프로 처리할 때 시접의 처리법으로 가장 옳은 것은?

① 시접을 두지 않는다.
② 1cm 정도의 시접을 둔다.
③ 2cm 정도의 시접을 둔다.
④ 3cm 정도의 시접을 둔다.

08

합성섬유를 다림질할 때 경화현상과 관계가 먼 것은?

① 섬유가 가열로 연화되어 섬유 자체가 융착–냉각 후에도 그대로 굳어지는 현상이다.
② 비닐론이나 아세테이트를 고온으로 가열하면 나타나는 현상이다.
③ 수분이 있을 경우가 정도가 더 심하다.
④ 고온으로 다리면 열에 약한 염료가 변색하는 현상이다.

해설

변색: 고온의 다림질 시 열에 약한 염료는 변색한다.

09

세탁을 자주 해야 하는 운동복이나 아동복에 많이 쓰이는 바느질 방법은?

① 쌈솔
② 통솔
③ 가름솔
④ 평솔

해설

쌈솔은 견고한 솔기 처리방법으로 운동복과 아동복에 많이 사용된다.

10

재봉기의 직업별 분류 중 가정용 재봉기에 해당하는 것은?

① 103종
② 96종
③ 31종
④ 15종

11

키가 크고 마른 체형에 가장 어울리는 선은?

① 곡선
② 수직선
③ 수평선
④ 바이어스선

해설

키가 크고 마른 체형은 가로 선의 풍성한 스타일을 입는 것이 좋다.

12

두꺼운 모직물을 재봉기로 바느질을 할 때 알맞은 실과 바늘로서 옳은 것은?

① 면사 50's, 9호 바늘
② 합섬사 60D/2×3, 14호 바늘
③ 면사80's, 16호 바늘
④ 견사 35D/4×3, 16호 바늘

해설

원단과 비슷한 소재의 실을 선택하고, 원단이 두꺼우면 실과 바늘도 두꺼운 것을 선택하는 것이 좋다.

13

장식 바느질법 중 핀턱(pin tuck)에 대하여 설명으로 옳은 것은?

① 주름량이 적은 것으로, 블라우스나 원피스 등에 쓰이며 특히, 아동복에 사용된다.
② 불규칙한 작은 주름이 많이 모인 것으로, 천의 두께에 따라 필요량이 다르나 일반적으로 완성 폭의 2~3배로 필요량을 잡아 준다.
③ 장식적인 디테일로 쓰이며, 개더를 규칙적으로 여러 줄을 잡아주어 여유분을 부드럽게 표현한다.
④ 손바늘질을 이용하여 규칙적인 바늘땀으로 주름을 잡는 방법으로, 아동복이나 여성복에 장식용으로 쓰이며 부드럽고 귀여운 느낌을 준다.

14

블라우스를 제도할 때 가장 먼저 제도하는 것은?

① 소매
② 앞길
③ 뒷길
④ 칼라

해설

상의는 뒷길부터 제도한다.

{ **정답** } 07 ① 08 ④ 09 ① 10 ④ 11 ③ 12 ④ 13 ① 14 ③

15

제품 생산요인 중 제조경비에 포함되지 않는 것은?

① 기기 수선료
② 원자재비
③ 운반비
④ 세금

원자재비는 재료비에 포함된다.

16

고어 스커트의 설명으로 옳은 것은?

① 엉덩이 둘레선에서 수직으로 내려오는 스커트
② 스커트의 실루엣을 정하여 폭으로 등분한 후 다트를 잘라내어 이어서 만든 스커트
③ 원형에 절개선을 넣어 다트를 접어 없애줌으로써 플레어분을 벌려주는 스커트
④ 위에서 아래까지 주름을 잡은 스커트

17

인체의 각 부위를 세밀하게 계측하여 제도하는 방법으로, 인체의 많은 부위를 계측하여 제도하기 때문에 체형 특징에 잘 맞는 원형을 얻을 수 있는 제도 방법은?

① 단촉식 제도법
② 중촌식 제도법
③ 장촌식 제도법
④ 혼합식 제도법

18

굴신 체형의 설명으로 옳은 것은?

① 배가 나온 체형이다.
② 어깨가 처진 체형이다.
③ 등이 굽은 체형이다.
④ 가슴이 큰 체형이다.

굴신 체형은 등이 굽어 등길이가 길고 앞길이가 짧다는 특징이 있다.

19

다음 그림을 활용한 디자인의 칼라는?

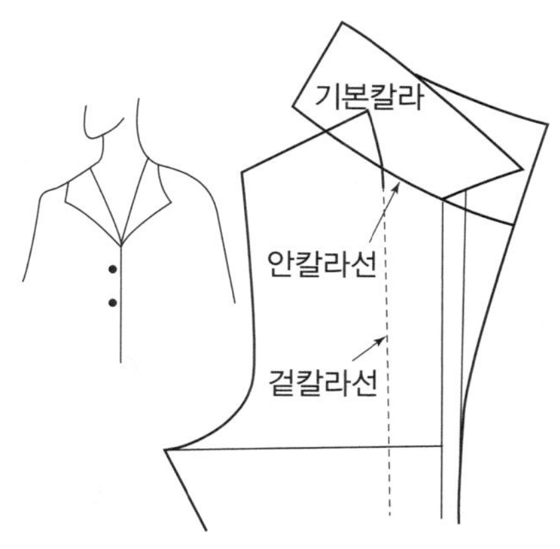

① 셔츠칼라
② 케이프 칼라
③ 컨버터블 칼라
④ 만다린 칼라

20

스커트 봉제 시 알맞은 순서는?

① 옆솔기 박기 → 지퍼 달기 → 다트 박기
② 다트 박기 → 지퍼 달기 → 옆솔기 박기
③ 다트 박기 → 옆솔기 박기 → 지퍼 달기
④ 지퍼 달기 → 다트 박기 → 옆솔기 박기

21

상반신이 굴신체인 경우 일반적인 보정법에 대한 설명 중 틀린 것은?

① 등길이의 부족량을 절개하여 늘려 준다
② 앞중심의 길이가 남아 군주름이 생기므로 접어 줄여 준다.
③ 등의 돌출로 인해 어깨 다트를 늘려준다
④ 전체적으로 앞몸판의 사이즈를 키워준다

굴신체는 등이 굽은 체형으로 등길이가 길고 앞길이가 짧다. 등길이의 부족량은 늘려주고 앞판의 남는 분량은 줄여주는 방법으로 보정을 한다.

22

겉감의 기본 시접 중 가장 부적당한 것은?

① 어깨와 옆선 2cm
② 진동 둘레 1.5cm
③ 스커트단 1~2cm
④ 칼라 1cm

해설

각 부위별 적정 시접량
- 목둘레, 칼라, 진동둘레, 안단, 스커트 허리선: 1cm
- 절개선: 1.5cm
- 어깨, 옆선: 2cm
- 소맷단, 바지, 스커트 밑단: 4cm
- 코트, 재킷 밑단: 5cm

23

치수를 잴 때 어깨 끝점부터 팔꿈치를 지나 손목 점까지의 길이를 재는 부위는?

① 가슴둘레
② 어깨너비
③ 소매길이
④ 등길이

24

원가계산방법의 설명으로 옳은 것은?

① 제조 원가 = 재료비+인건비+판매 간접비
② 제조 원가 = 재료비+인건비+제조경비
③ 판매가 = 총원가+인건비
④ 판매가 = 제조 원가+이익

해설

판매가 = 총원가 + 이익
제조 원가 = 재료비 + 인건비 + 제조경비

25

다음 그림과 같은 의복제도 부호의 의미는?

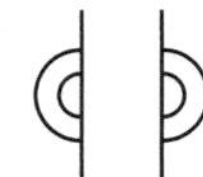

① 주름
② 직각
③ 늘림
④ 맞춤

26

블라우스 스웨터 위에 입는 원피스 스타일의 스커트는?

① 티어 스커트
② 점퍼 스커트
③ 디바이드 스커트
④ 개더 스커트

27

다음 중 밴드나이프 재단기의 설명이 아닌 것은?

① 금형을 원단 위에 놓고 전기나 유압으로 압축시켜 자르는 재단기로 다이 커팅기 또는 클리커라고도 한다.
② 칼날이 좁고 날카로우므로 예리한 것도 쉽게 재단할 수 있다
③ 적은 장수에서부터 높이 30㎝까지 쌓은 원단도 쉽게 재단할 수 있다.
④ 정확한 재단을 할 수 있으므로 칼라. 커프스, 주머니 뚜껑 등 정확성이 필요한 재단에 적합하다.

해설

- 밴드나이프(band-knife)재단기: 고정식 재단기로, 칼날이 좁고 날카로워 디테일과 정확성이 요구되는 부위의 재단에 적합하다. 작은 부분을 정확하게 재단한다.
- 다이(die)재단기, 프레스(press)형 재단기: 형틀을 이용하여 압축하는 방식으로 원단을 재단한다. 형태가 일정한 부위를 정밀하게 재단할 때 사용한다. (커프스, 칼라, 주머니 등)

28

스커트의 허리와 옆선을 내어 수정해야 할 경우는?

① 배가 나와서 배 부분이 너무 낄 경우
② 편평한 배로 인하여 앞 스커트와 옆 바지에 군주름이 생길 경우
③ 한쪽 엉덩이가 높거나 커서 한쪽이 당길 경우
④ 뒤가 끼는 경우

{ 정답 } 22 ③ 23 ③ 24 ② 25 ④ 26 ② 27 ① 28 ③

29

재봉기로 바느질할 때 천 보내기가 나쁜 경우가 아닌 것은?

① 톱니에 결함이 있는 경우
② 노루발에 결함이 있는 경우
③ 죔새에 결함이 있는 경우
④ 바늘에 결함이 있는 경우

30

다음 중 슬랙스의 구성법과 같은 원리로 제도하는 스커트는?

① 디바이드 스커트　② 플리츠 스커트
③ 개서 스커트　④ 티어 스커트

해설

디바이드스커트: 나누어진 스커트라는 뜻으로 바지와 같은 구성형태이다.

31

다음 중 능직물에 속하는 것은?

① 서지　② 광목
③ 양단　④ 코르덴

해설

서지: 능직
광목: 평직
양단: 수자직
코르덴: 두둑직

32

양털과 비교한 캐시미어 털의 성질 중 틀린 것은?

① 보온성이 우수하나 탄력성이 없다
② 부드럽고 가벼우며 광택이 우수하다.
③ 생산량이 적어 가격이 비싼 편이다.
④ 가늘고 부드러운 털과 굵고 길며 거칠고 뻣뻣한 털이 섞여서 얻어진다.

해설

캐시미어는 부드럽고 광택이 있는 고급스러운 소재이다.

33

실의 굵기를 표시하는 방법 중 항장식 번수에 의해서 굵기를 표시하는 섬유는?

① 면사　② 마사
③ 모사　④ 견사

해설

견사는 필라멘트사로 항장식 번수로 굵기를 표시한다.

34

다음 천연 섬유 중 필라멘트사에 해당하는 것은?

① 면 섬유　② 양털 섬유
③ 명주 섬유　④ 마 섬유

해설

필라멘트사: 견
스테이플 방적사: 면, 모, 마

35

다음 중 분산 염료로 염색이 잘 되는 섬유는?

① 비닐론　② 양모
③ 나일론　④ 폴리에스테르

해설

분산 염료는 모든 합성섬유의 염색에 사용이 가능하나, 주로 아세테이트와 폴리에스터에 사용한다.

36

견 섬유의 성질을 살리고, 자외선에 취화되는 것을 막는 방법으로 처리하는 것은?

① 알칼리 처리　② 탄닌산 처리
③ 실켓트화 처리　④ 염소 처리

37

무명 섬유의 강도에 영향을 미치는 부분은?

① 규칙적으로 배열된 결정 부분
② 불규칙하게 배열된 비결정 부분
③ 속이 비어 있는 타원형의 중공
④ 불규칙하게 변하는 천연 꼬인 방향

29 ④　30 ①　31 ①　32 ④　33 ④　34 ③　35 ④　36 ②　37 ① 　{ 정답 }

38

다음 섬유 중 내일광성이 가장 좋은 것은?

① 아크릴　　　　　　② 견
③ 모　　　　　　　　④ 나일론

해설

아크릴은 내일광성이 가장 좋은 섬유이다. 차양, 커튼, 텐트 등에 널리 사용된다.

39

적당한 온, 습도하에 매끄러운 롤러의 강한 압력으로 직물에 광택을 주는 가공법은?

① 방추가공
② 의마 가공
③ 실켓가공
④ 캘린더 가공

40

코르세이나 브래지어 등의 속옷에 고무 대신 쓸 수 있는 합성섬유는?

① 폴리아미드계
② 폴리에스테르계
③ 폴리우레탄계
④ 폴리아크리로니트릴계

해설

폴리우레탄계 섬유는 스판덱스라고도 하며 신축성이 좋고 신도가 크다.

41

의복의 배색조화에 관한 설명 중 틀린 것은?

① 저채도인 색의 면적을 넓게 하고 고채도의 색을 좁게 하면 균형이 맞고 수수한 느낌이 든다.
② 고채도인 색의 면적을 넓게 하고 저채도의 색을 좁게 하면 매우 화려한 배색이 된다.
③ 고명도의 색을 좁게 하고 저명도의 색을 넓게 하면 명시도가 낮아 보인다.
④ 한색계의 색을 넓게 하고 난색계의 색을 좁게 하면 약간 침울하고 가라앉은 듯한 느낌이 든다.

42

색입체에 관한 설명 중 틀린 것은?

① 색입체의 축은 무채색이다.
② 축으로부터 멀리 떨어질수록 채도가 낮다
③ 축에서 위로 갈수록 명도가 높아진다
④ 축을 중심으로 각색상들이 배열되어 있다

해설

색 입체의 중앙에서 바깥으로 멀어질수록 채도가 높다.

43

선의 공통성이 있기 때문에 안정적이고 균일한 분위기를 나타내는 조화는?

① 부조화　　　　　　② 3각조화
③ 대비조화　　　　　④ 유사조화

해설

선, 형태, 색채 따위가 서로 같거나 비슷한 것끼리 잘 어울리는 것을 유사조화라고 하며 안정적인 느낌을 준다.

44

마른 사람의 옷 색상으로 가장 어울리지 않는 것은?

① 파랑　　　　　　　② 흰색
③ 노랑　　　　　　　④ 검정

해설

어둡고 저채도인 색은 수축하여 보이는 효과가 있어 마른 사람의 옷 색상으로 적절하지 않다.

45

중간혼합의 일종인 회전혼합의 특징으로 틀린 것은?

① 회전 혼합되는 색은 명도와 채도가 색과 색 사이의 중간 정도의 색으로 보인다.
② 평균혼합으로서 명도와 채도가 평균값으로 지각된다.
③ 채도는 채도가 높은 색 방향으로 기울어 보인다.
④ 명도는 혼합되는 색 중 명도가 낮은 색으로 좀 더 기울어 보인다.

해설

회전혼합은 명도와 채도가 평균값으로 지각된다.

{ 정답 }　38 ①　39 ④　40 ③　41 ③　42 ②　43 ④　44 ④　45 ④

46

명랑, 유쾌, 희망의 느낌을 주는 색은?

① 노랑
② 회색
③ 자주
④ 검정

47

난색계통의 색상에서 갖는 느낌이 아닌 것은?

① 전진적
② 수동적
③ 활동적
④ 충동적

48

다음 중 대비조화가 아닌 것은?

① 보색대비에 따른 조화
② 원과 타원의 조화
③ 원과 삼각형의 조화
④ 원과 사각형의 조화

해설

대비조화란 반대되는 느낌을 주는 것들의 조화나 보색끼리의 조화이다.

49

다음 중 형태의 존재를 인식하기 위하여 의복에 사용되는 인간의 감각이 아닌 것은?

① 시각
② 후각
③ 촉각
④ 청각

50

다음 중 차가운 느낌이 드는 색으로만 나열된 것은?

① 빨강, 초록, 파랑
② 자주, 노랑, 청록
③ 빨강, 주황, 노랑
④ 초록, 파랑, 남색

51

다음 중 능직물의 특성은?

① 삼원 조직 중 조직점이 가장 많다.
② 표면이 매끄럽고 광택이 가장 좋다.
③ 구김이 잘 생긴다.
④ 3올 이상으로 만들어지며 표면에 능선이 나타난다.

52

다음 중 평직물에 속하는 것은?

① 광목
② 데님
③ 진
④ 사틴

해설

광목 : 평직물

데님, 진 : 능직물

사틴 : 수자직물

53

다음 중 염소계 산화표백제에 속하는 것은?

① 치아염소산나트륨
② 아황산수소나트륨
③ 하이드로설파이트
④ 아황산

해설

염소계 산화표백제: 하이포아염소산나트륨, 아염소산나트륨, 치아염소산나트륨

54

피복의 성능을 관계되는 것끼리 연결한 것 중 틀린 것은?

① 감각적 성능 – 촉감
② 위생적 성능 – 형태 안정성
③ 내구적 성능 – 강도와 마모성
④ 관리적 성능 – 충해

해설

의복의 위생적 성능: 의복의 쾌적성 및 착용자의 건강과 관련된 성질 흡습성, 보온성, 대전성, 통기성, 투습성 등

55

피복류의 감각적 성능 중 일반적으로 드레이프성이 가장 요구되는 피복은?

① 양말
② 작업복
③ 속옷
④ 외출복

56

다음 중 부직포의 특성 설명으로 틀린 것은?

① 함기량이 많아 가볍고 따뜻하다.
② 절단 부분이 잘 풀리지 않는다.
③ 방향에 따른 성질의 차가 거의 없다.
④ 마찰에 의한 내구성이 좋다.

해설

부직포는 마찰에 약하다.

57

좀먹는 벌레로부터 피해를 방지하기 위한 가공은?

① 방축가공　　　② 방추가공
③ 방충 가공　　　④ 방오가공

해설

- 방축가공: 수축방지 가공
- 방추가공: 구김 방지 가공
- 방오가공: 오염방지 가공

58

다음 중 편성물의 보온성에 가장 영향을 미치는 것은?

① 함기성　　　② 인장성
③ 굴곡성　　　④ 마찰성

해설

함기율이 크면 보온성이 좋다.

59

견 직물에 대한 곰팡이의 피해로서 틀린 것은?

① 견직물의 무게를 증가시킨다.
② 특히 신도의 저하가 심하다.
③ 연사에 비하여 생사는 손상이 심하다.
④ 광택이 저하된다.

60

블라우스나 드레스 셔츠를 구입할 때 유의할 사항 중 틀린 것은?

① 몸에 잘 맞아야 한다.
② 칼라의 좌우가 편편하게 잘 놓여 있어야 한다.
③ 바느질 솔기의 너비가 알맞고, 가장자리의 처리가 깨끗한 것이어야 한다.
④ 흡습성이 좋고, 몸에 닿아 감촉이 좋은 것이어야 한다.

해설

흡습성이 좋고 몸에 닿을 때 감촉이 좋은 것은 속옷, 내의류를 고를 때의 유의사항에 가깝다.

{ 정답 }　56 ④　57 ③　58 ①　59 ①　60 ④

기출복원문제 6회

자격종목 및 등급(선택분야)	종목코드	시험시간	문제지형별	수험번호	성명
양장기능사	7932	1시간			

※ 답안 카드 작성 시 시험문제지 형별누락, 마킹착오로 인한 불이익은 전적으로 수험자의 귀책사유임을 알려드립니다.
※ 각 문항은 4지택일형으로 질문에 가장 적합한 보기 항을 선택하여 마킹하여야 합니다.

01

앞 중심선에서 겉감과 안단을 움직이지 않도록 고정하거나 심지와 옷감을 일정한 면적 안에서 움직이지 않도록 하기 위한 손바느질 방법은?

① 홈질
② 시침질
③ 상침시침
④ 어슷시침

02

봉제 작업의 능률을 향상하기 위한 재봉기의 부속 중 천을 일정한 폭으로 접어주기 위한 것으로 일명 래퍼(wrapper)라고도 하며 커프스 달기, 소매 달기, 밑단 달기 등에 사용되는 부속은?

① 커팅(cutting)
② 게이지(gauge)
③ 가이드(guide)
④ 폴더(folder)

해설

• 게이지: 시접 간격을 일정하게 하기 위해 노루발 우측에 부착하는 보조기구
• 가이드: 박음질 간격을 일정하게 하기 위한 보조기구로 작업물의 좌, 우 모두에서 작업이 가능함

03

두 장의 옷감을 겹쳐놓고 쵸크로 완성선을 그은 다음, 표시 뜨기에 사용되는 방법은?

① 박음질
② 긴시침
③ 어슷시침
④ 실표뜨기

04

생산비에 영향을 미치는 원가 계산 방법으로 옳은 것은?

① 제조원가 = 재료비 + 인건비 + 제조경비
② 총원가 = 제조원가 + 판매직접비 + 일반관리비
③ 판매가 = 총원가 + 생산비
④ 이익 = 총원가 − 판매가

해설

• 판매가 = 총원가 + 이익
• 이익 = 판매가 − 총원가

05

본봉 재봉기에서 천을 용수철의 압력으로 눌러 윗실의 고리 형성을 도와주는 것은?

① 노루발
② 바늘판
③ 톱니
④ 가마

06

너비 110cm의 천으로 반소매 원피스를 만들려고 한다. 다음 중 옷감의 필요량 계산법으로 옳은 것은?

① 옷길이 + 소매길이 + 시접(10~15cm)
② (옷길이×2) + 시접(12~16cm)
③ (옷길이×2) + 소매길이 + 시접(12~16cm)
④ (옷길이×1.2) + 소매길이 + 시접(10~15cm)

01 ④ 02 ④ 03 ④ 04 ① 05 ① 06 ④ { 정답 }

07

한 가닥 또는 그 이상의 봉사들이 한 가닥 또는 그 이상의 보빈 봉사들과 독립적이거나 서로 결합하여 일정한 간격을 유지하면서 이루어진 환(땀)의 구조는?

① 스티치(stitch)
② 시임(seam)
③ 연단(spreading)
④ 마킹(marking)

08

앞 중심선의 약자에 해당하는 것은?

① C.F.L
② C.B.L
③ S.C.H
④ A.H.L

해설

• 앞 중심선 C.F.L (Center Front Line)
• 뒤 중심선 C.B.L (Center Back Line)
• 소매산높이 S.C.H (Sleeve Cap Hight)

09

다음 계측점 중 자를 겨드랑이에 끼워 뒷겨드랑이 밑에 표시한 점과 어깨 끝점과의 중간 점에 해당하는 것은?

① 목옆점
② 등너비점
③ 가슴너비점
④ 어깨 끝점

10

몸판과는 별도로 재단하여 손바느질이나 재봉기로 박아 몸판에 붙이는 포켓은?

① 인씸 포켓
② 프론트 힙 포켓
③ 패치 포켓
④ 플랩 포켓

11

치수 계측방법에 대한 설명 중 옳은 것은?

① 바지 길이 – 옆 허리둘레선에서 발바닥까지의 길이
② B.P 길이 – 어깨 점에서 B.P 점까지의 길이
③ 엉덩이 길이 – 옆 허리둘레선에서 엉덩이둘레선까지의 길이
④ 소매길이–어깨 끝점에서 손목점까지의 길이

12

장촌식 제도법의 설명으로 옳은 것은?

① 초보자에게 적당하지 않다.
② 대량 생산되는 의복에 적합하다.
③ 인체의 각 부위를 세밀하게 계측한다.
④ 개인의 체형특성에 맞는 원형이다.

해설

• 기준이 되는 대표 부위만 측정하고 측정하지 않은 부위는 산술식이나 고정 치수를 활용하여 제도하는 원형이다.
• 균형 잡힌 원형을 만들 수 있고 측정이 서툰 초보자에게도 적합한 방법이다.

13

본봉 제봉기 구조 중 톱니의 작용에 해당하는 것은?

① 천을 밀어내는 작용을 한다.
② 윗실의 고리 형성을 도와준다.
③ 실의 강, 약을 조절한다.
④ 바느질의 땀 수를 조절한다.

14

소매길이를 재는 위치의 설명으로 옳은 것은?

① 팔을 자연스럽게 내린 후 어깨 끝점부터 팔꿈치를 지나 손목점까지의 길이
② 오른쪽 어깨 끝점에서 팔꿈치점까지의 길이
③ 팔을 구부리고 팔꿈치점을 지나는 둘레
④ 손목점을 지나는 둘레

15

스커트 원형에 필요 치수가 아닌 것은?

① 엉덩이둘레
② 허리둘레
③ 스커트 길이
④ 소매산 길이

16

바이어스 소매 트임이나 솔기 트임을 한 곳에 달며, 트임의 뒷소매 쪽 커프스에 여밈이 생기는 커프스?

① 랩 커프스
② 셔츠 커프스
③ 프렌치 커프스
④ 밴드 커프스

{ 정답 } 07 ① 08 ① 09 ② 10 ③ 11 ③ 12 ② 13 ① 14 ① 15 ④ 16 ①

17

재봉기 중 윗실을 바늘로 유도하며 윗실의 장력을 조절하는 기구는?

① 바늘대 기구
② 실채기 기구
③ 북 기구
④ 보내기 기구

해설

- 바늘대 기구: 바늘의 상하 운동을 한다 .
- 북기구: 바늘대의 상하 운동에 따라 회전하여 북집 운동을 한다.
- 보내기기구: 원단을 한 땀 간격만큼 이동시켜 균일한 간격의 바늘 땀을 만든다.

18

바지의 허벅지 부위가 너무 타이트 할 경우 보정법은?

① 허리 다트로부터 헴 라인 3cm 전까지 절개선을 넣어 벌려 주고 다트는 길게 수정한다.
② 앞 중심에 가까운 다트로부터 헴 라인 3cm 전까지 접어준다.
③ 옆선을 안으로 접어 넣고 줄여 준다.
④ 옆선을 내준다.

19

일반적으로 소매 원형 제도 시 타이트 재킷용 소매산의 높이를 구하는 공식은?

① A.H/2+3cm
② A.H/4+3cm
③ A.H/6 +2cm
④ A.H/5+1cm

20

옷본의 배치에 대한 설명으로 틀린 것은?

① 옷감의 안쪽에 옷본을 배치한다.
② 털이 긴 옷감은 털의 결방향이 아래로 향하도록 배치한다.
③ 패턴은 큰 것부터 배치하고 작은 것은 큰 것 사이에 배치한다.
④ 벨벳과 같이 짧은 털이 있는 옷감은 결방행이 아래로 향하도록 한다.

해설

짧은 털이 있는 옷감은 결방향이 위로 향하도록 패턴을 배치한다.

21

가로 또는 세로 방향으로 옷감에 주름을 접어 일정한 간격으로 박아서 장식하는 바느질은?

① 개더링(gathering)
② 샤링(shirring)
③ 프린징(fringing)
④ 턱킹(tuching)

22

드레스 셔츠의 칼라, 커프스, 심지 등의 정밀 재단용에 해당하는 재단은?

① 칼을 이용한 재단
② 워터 제트에 의한 재단
③ 작두식 재단
④ 레이져 광선이 의한 재단

23

다음 중 시임(seam)의 분류에 해당하지 않는 것은?

① 슈퍼임포즈 시임(super imposed seam)
② 랩 시임(lapped seam)
③ 2중 환봉 시임(double lock seam)
④ 바운드 시임(bound seam)

24

겉감 시접 규격으로 틀린 것은?

① 목둘레 – 3cm
② 어깨와 옆선 – 2cm
③ 칼라 – 1cm
④ 허리선 – 1.5cm

해설

목둘레의 적정 시접: 1cm

25

다음중 단트기의 종류가 아닌 것은?

① 덧단트기
② 지퍼트기
③ 뒤트기
④ 소매 단트기

26

다리미의 다이얼 표시에서 1에 해당하는 온도 범위는?

① 20~50　　　　　② 70~100
③ 100~120　　　　④ 120~140

27

다음 중 세트 인 슬리브(set in sleeve)가 아닌 것은?

① 래글런 슬리브
② 레그 오브 머튼 슬리브
③ 캡 슬리브
④ 비숍 슬리브

해설
- 래글런 슬리브는 길과 연결된 슬리브이다.
- 길과 연결된 슬리브로는 래글런슬리브, 기모노슬리브, 돌먼슬리브 등이 있다.

28

가봉한 옷을 착용한 후 전체 균형과 세부적으로 파악하는 것은?

① 수정　　　　　② 보정
③ 시착　　　　　④ 연단

29

의장이라고도 하며 특유한 목적에 의해 정해진 복식류로 시대, 민족, 관습, 지방, 계층, 행사에 의해 생긴 것은?

① 복장　　　　　② 의복
③ 의상　　　　　④ 복식

해설
- 의복: 인간의 몸에 입혀지는 옷의 총칭
- 복장: 차림새, 특정 장소에 맞춰 입는 옷차림
- 복식: 옷과 의복 외에 사용되는 액세서리, 장신구 등을 포함하는 개념
- 의상: 특정 목적에 따라 제작되고 착용되는 옷. 민족의상, 궁중의상, 신부 의상 등

30

스커트 실루엣을 정하고 폭으로 등분한 후 다트를 잘라내어 이어서 만든 스커트는?

① 고어 스커트(gored skirt)
② 플레어 스커트(flare skirt)
③ 플리츠 스커트(pleats skirt)
④ 개더 스커트(gather skirt)

31

다음 중 일광에 대하여 취화가 가장 큰 합성 섬유는?

① 아크릴　　　　　② 나일론
③ 폴리에스테르　　④ 스판덱스

해설
보기 중 일광에 약한 섬유는 나일론이며, 일광에 가장 강한 섬유는 아크릴이다.

32

다음 섬유 중 열가소성 섬유가 아닌 것은?

① 트리아세테이트　　② 나일론
③ 구리암모늄레이온　④ 폴리에스테르

해설
- 열가소성은 열과 힘이 작용하여 섬유에 영구적인 변형이 생기는 성질.
- 열가소성이 우수한 섬유: 나일론, 폴리에스테르, 트리아세테이트

33

두 가닥 내지 세 가닥의 실을 사용하여 이 중에 한 가닥은 다른 실의 위에 감겨 고정한 실은?

① 놋트사　　　　　② 슬럽사
③ 네프사　　　　　④ 루프사

34

실의 용도에 따른 분류에 해당하지 않는 것은?

① 직사　　　　　② 혼방사
③ 봉사　　　　　④ 장식사

해설
혼방사는 실의 소재에 따른 분류이다.

{ 정답 }　26 ②　27 ①　28 ③　29 ③　30 ①　31 ②　32 ③　33 ①　34 ②

35

다음 중 흡습성이 가장 좋은 섬유는?

① 폴리에스테르　　　② 아크릴
③ 아마　　　　　　　④ 나일론

36

합성 섬유의 분류 중 스판텍스 섬유가 해당하는 것은?

① 폴리우레탄계　　　② 폴리에틸렌계
③ 폴리아미드계　　　④ 폴리염화비닐리덴계

해설

스판덱스 섬유는 폴리우레탄계 섬유에 해당하며, 폴리우렌탄계 섬유는 신축성이 좋다.

37

양모 섬유의 처리 과정 중 섬유의 길이, 굵기, 권축, 색 등에 따라 분류하는 직업은?

① 정련　　　　　　　② 선모
③ 탄화　　　　　　　④ 중화

38

일반적으로 실의 굵기를 표시하는 방법에 해당하는 것은?

① 실의 길이와 무게를 이용하는 번수법
② 단면을 측정하는 단면법
③ 현미경으로 단면의 굵기를 측정하는 현미경법
④ 실을 여러 가닥 합쳐서 두께를 측정하고 나누어 주는 직접법

39

현미경 구조에서 측면에 마디(node)가 보이는 섬유는?

① 아마　　　　　　　② 양모
③ 면　　　　　　　　④ 견

해설

아마섬유의 단면은 작은 중공이 있는 다각형이며 측면에 마디가 있다.

40

삼각형 모양의 단면을 가지고 있는 섬유는?

① 양모　　　　　　　② 면
③ 아마　　　　　　　④ 견

해설

섬유의 단면

양모: 원형, 면: 중공을 가지며 강낭콩 형태, 아마: 중공이 있는 다각형, 견: 삼각형

41

다음 중 가장 수축하고 후퇴성이 있는 색은?

① 빨강　　　　　　　② 청록
③ 주황　　　　　　　④ 노랑

해설

수축색 : 어두운색, 한색, 저채도의색
후퇴색 : 한색, 명도가 낮은 색, 채도가 낮은 색, 무채색

42

다음 중 보색의 조화를 이룬 예가 아닌 것은?

① 빨간색 상의와 청록색 하의
② 노란색 상의와 남색 하의
③ 주황색 상의와 연두색 하의
④ 연두색 상의와 보라색 하의

해설

보색은 색상환에서 서로 마주 보고 있는 색이며, 주황과 연두는 보색 관계가 아니다.

43

다음 중 선의 유형과 의복디자인이 바르게 연결된 것은?

① 수직선 – 요크선
② 사선 – 플레어 스커트
③ 지그재그선 – 솔기선
④ 파상선 – 소매 둘레

해설

요크선: 수평선

---

35 ③　36 ①　37 ②　38 ①　39 ①　40 ④　41 ②　42 ③　43 ② { 정답 }

44

다음 중 가을의 감각을 느낄 수 있는 색으로 가장 적당한 것은?

① 진한 코발트블루
② 희끄무레한 회색
③ 초록색 기미의 연두
④ 찬 느낌의 아이스 블루

45

다음 중 시각 디자인에 속하지 않는 것은?

① 포스터 디자인　　② 제품 디자인
③ 광고 디자인　　④ 포장 디자인

46

다음 중 차가운 느낌을 주는 색으로 나열된 것은?

① 노랑, 연두, 녹색
② 보라, 연두, 노랑
③ 주황, 파랑, 보라
④ 녹색, 파랑, 보라

47

어떤 색을 한참 동안 주시하다가 급히 다른 흰 면으로 눈을 이동시키면 거기에 보색의 상이 보이는 것은?

① 진출　　　② 후퇴
③ 팽창　　　④ 잔상

48

색광 혼합에서 빨강과 초록을 혼합한 색은?

① 청록　　　② 노랑
③ 자주　　　④ 흰색

해설

색광 혼합은 빛의 삼원색으로 색을 만드는 방식이다.
- 빨강 + 파랑 = 자주
- 빨강 + 초록 + 파랑 = 흰색
- 초록 + 파랑 = 청록
- 빨강 + 초록 = 노랑

49

먼저 본 색의 영향으로 나중에 보는 색이 다르게 보이는 현상은?

① 명도 대비　　② 계시 대비
③ 채도 대비　　④ 동시 대비

50

빨간 사과, 노란 바나나 등 서로의 색을 다른 색과 구별하여 나타내는 것에 해당하는 것은?

① 색상　　　② 명도
③ 채도　　　④ 고명도

51

아세테이트 직물의 세탁에 대한 설명으로 틀린 것은?

① 드라이클리닝을 하는 것이 좋다.
② 세탁에 의해 구김이 잘 생기지 않는다.
③ 물세탁 시 알칼리성 세제를 사용하는 것이 좋다.
④ 40도 이상에서 세탁하여서는 안 된다.

해설

아세테이트 물세탁 시 중성세제를 사용하여 손세탁하는 것이 좋다.

52

평직의 특징이 아닌 것은?

① 앞뒤의 구별이 없다.
② 제직이 간단하다.
③ 표면이 매끄럽고 광택이 많다.
④ 조직점이 많아 실이 자유롭게 움직이지 못해서 구김이 잘 생긴다.

해설

표면이 매끄럽고 광택이 많은 것은 수자직의 특징이다.

53

다음 중 실로 이루어진 피륙은?

① 펠트　　　② 부직포
③ 인조피혁　　④ 레이스

{ 정답 }　44 ①　45 ②　46 ④　47 ④　48 ②　49 ②　50 ①　51 ③　52 ③　53 ④

54

셀룰로스 섬유의 표백에 관한 설명 중 옳은 것은?

① 표백에 앞서 수지가공 여부를 확인하여 표백 후 변색하는 일을 방지해야 한다.
② 정련 후 섬유에 잔존하는 불순물을 제거하는 것을 표백이라고 한다.
③ 면직물에는 수산화나트륨을 가장 많이 사용하고 있다.
④ 좋은 백도를 가지고 있으므로 표백의 필요성이 적다.

해설

표백은 섬유에 포함되어있는 색소를 제거하는 과정이다.
면직물에는 염소계 표백제를 가장 많이 사용한다.

55

다음 중 피복의 보온성 저하에 가장 관계되는 것은?

① 직물조직이 치밀한 직물
② 통기성이 좋은 직물
③ 두께가 두꺼운 직물
④ 열전도율이 적은 섬유

해설

통기성이 좋으면 보온력이 떨어진다.

56

다음 중 능직으로 제직된 직물이 아닌 것은?

① 서지(serge)
② 개버딘(gaberdine)
③ 포플린(poplin)
④ 데님(denim)

해설

포플린은 평직이다.

57

직물의 3원 조직에 해당하지 않는 것은?

① 평직
② 능직
③ 두둑직
④ 주자직

해설

직물의 3원조직: 평직, 능직, 수자직(주자직)

58

다음 중 위편성물의 기본조직이 아닌 것은?

① 능편
② 평편
③ 펄(purl)편
④ 고무편

해설

위편성물의 종류 : 평편, 고무편, 펄편, 턱편

59

레이온 섬유제품의 세탁요령에 해당하는 것은?

① 비누나 알칼리성 합성세제를 사용하는 것이 좋고 오염이 심할 때는 탄산나트륨을 첨가하는 것도 무방하다.
② 습윤하면 강도가 크게 감소하므로 세탁할 때 큰 힘을 가하지 않도록 한다.
③ 열수 중에서 변형이 잘 일어나므로 40도 이상에서는 세탁하는 일을 피해야 한다.
④ 중성세제를 사용하여야 하며, 축융이 일어나지 않도록 해야 한다.

해설

레이온 섬유는 물에 젖으면 강도가 크게 감소하므로 잦은 세탁은 지양 하는 것이 좋다.

60

다음 중 코팅 가공을 위한 재료가 아닌 것은?

① 실리콘
② 폴리우레탄
③ 안료
④ 라미네이트

<h1 align="center">기출복원문제 7회</h1>

자격종목 및 등급(선택분야)	종목코드	시험시간	문제지형별	수험번호	성명
양장기능사	7932	1시간			

※ 답안 카드 작성 시 시험문제지 형별누락, 마킹착오로 인한 불이익은 전적으로 수험자의 귀책사유임을 알려드립니다.
※ 각 문항은 4지택일형으로 질문에 가장 적합한 보기 항을 선택하여 마킹하여야 합니다.

01

재단할 때의 주의사항으로 옳은 것은?

① 소매, 바지 등의 단부분이 좁아 경사가 많으면 시접을 펴놓고 재단한다.
② 바이어스 테이프를 장식으로 댈 때는 시접을 넣지 않는다.
③ 안단의 시접은 칼라형에 관계없이 같게 잡는다.
④ 다트 주름은 펴놓고 시접을 넣지 않고 재단한다.

02

재봉기 바늘의 번수에 대한 설명으로 가장 옳은 것은?

① 번호가 높을수록 바늘은 가늘다.
② 번호와 굵기는 상관이 없다.
③ 번호가 높을수록 바늘은 굵다.
④ 번호가 높을수록 바늘은 짧고 가늘다.

해설
• 재봉틀 바늘의 번수는 높을수록 바늘의 굵기가 굵다.
• 손바늘은 번수가 높을수록 바늘의 굵기가 가늘다.

03

일반적인 각 부위의 기본 시접 분량으로 옳은 것은?

① 목둘레 – 2cm
② 칼라 – 2cm
③ 어깨와 옆선 – 2cm
④ 소맷단 – 2cm

해설
기본 시접 분량
• 목둘레: 1cm, 칼라: 1cm, 소맷단: 3~cm

04

재봉기의 용도에 따른 분류에 해당하지 않는 것은?

① 단환봉
② 직선봉
③ 자수봉
④ 장식봉

해설
단환봉은 재봉기의 대분류 8종 중의 하나이다.

05

다음 그림의 스커트 명칭은?

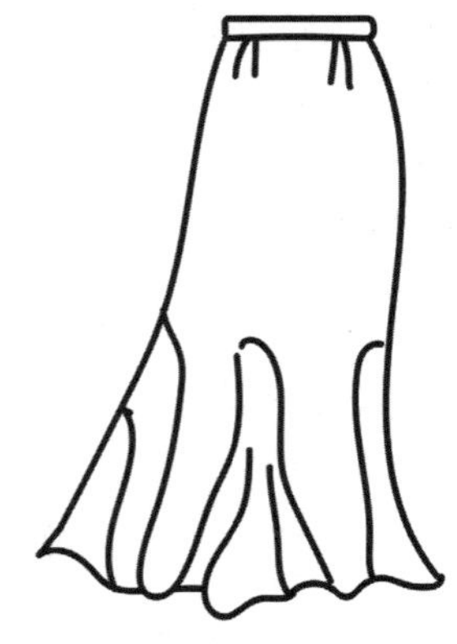

① 티어드 스커트(Tiered Skirt)
② 디바이드 스커트(Divided Skirt)
③ 랩 스커트(Wrap Skirt)
④ 고젯 스커트(Gusset Skirt)

06

길 원형의 필요 치수에서 가장 중요한 항목에 해당하는 것은?

① 앞길이
② 등너비
③ 어깨너비
④ 가슴둘레

해설
길 원형의 필요 치수 중 가슴둘레가 가장 치수가 크므로 가슴둘레가 가장 중요한 항목이다.

{ 정답 } 01 ② 02 ③ 03 ③ 04 ① 05 ④ 06 ④

07

길 원형 제도에 사용되는 부호가 아닌 것은?

① N, P　　　　　② C, B, L
③ S, P　　　　　④ S, C, P

해설

- N.P :목 옆점
- C.B.L : 뒤 중심선
- S.P: 어깨점

08

단촌식 제도법의 특징으로 옳은 것은?

① 인체의 각 부위를 세밀하게 계측하여 제도한다.
② 인체 부위 중 가장 대표적인 부위만 측정한다.
③ 초보자에게 바람직하다.
④ 체형 특징에 맞도록 하기 위해서는 보정 과정
　을 거쳐야 한다.

해설

단촌식 제도법
- 인체의 각 부위를 세밀하게 측정하여 제도함.
- 체형의 특징에 맞는 원형을 얻을 수 있다.
- 제도 방법이 복잡하고 신체 계측에 숙련 기술이 필요하다.

09

디자인에 의한 명칭으로 부르는 소매의 설명으로
틀린 것은?

① 벨 슬리브 – 소매 입구를 말아 올려 입는 소매
② 레그 오브 머튼 슬리브 – 소매산에는 개더를
　넣어 펴서 소매처럼 하고, 소맷부리로 갈수록
　좁아지게 한 소매
③ 랜턴 슬리브 – 반소매인데 등초롱과 같은 형
　태로 부풀린 소매
④ 비숍 슬리브 – 소맷부리만 개더를 잡은 퍼
　프 소매

해설

소매의 실루엣이 소맷부리로 갈수록 넓어진 소매.

10

원가 계산 방법으로 틀린 것은?

① 제조원가 = 재료비 + 인건비 + 제조경비
② 총원가 = 제조원가 + 판매간접비 + 일반관
　리비
③ 판매가 = 총원가 + 관리비
④ 이익 = 판매가 − 총원가

해설

판매가= 총원가 +이익

11

정상적인 체형보다 어깨가 처진 경우의 보정 방법
으로 옳은 것은?

① 어깨를 내려주고 어깨 처진 만큼 진동 둘레 밑
　부분은 올려준다.
② 어깨를 내려주고 어깨 처진 만큼 진동 둘레 밑
　부분도 내려준다.
③ 어깨선을 올려 보정하고 그 분량만큼 진동 밑
　부분은 내려준다.
④ 어깨선을 올려 보정하고 그 분량만큼 진동 밑
　부분은 올려준다.

12

위와 아래의 박혀진 모양이 같은 것이 특징으로 모
든 재봉기의 기본이 되는 재봉기는?

① 단환봉 재봉기
② 본봉 재봉기
③ 이중환봉 재봉기
④ 지그재그 재봉기

해설

본봉 재봉기에 대한 설명이며 본봉 재봉기는 용도에 따라 가정용과 공
업용으로 나누어진다.

13

인체 인자 요소 중 형태적 인자에 해당하지 않는
것은?

① 인체치수　　　　② 체형
③ 체표면적　　　　④ 피부 표면 온도

14

목둘레선에서 겨드랑이에 사선으로 절개선이 들어간 소매는?

① 래글런 소매　　② 프렌치 소매
③ 케이프 소매　　④ 퍼프 소매

해설

- 퍼프슬리브: 개더 등으로 어깨 끝이나 소매 끝을 부풀린 소매
- 케이프슬리브: 케이프를 걸친듯한 느낌의 여유 있는 소매. 소매 끝이 넓어짐.
- 프렌치슬리브: 몸판에서 이어져 있는 소매

15

다음 중 길과 소매가 절개선 없이 연결하여 구성되는 소매는?

① 퍼프(Puff) 소매　　② 캡(Cap) 소매
③ 요크(Yoke) 소매　　④ 플리츠(Pleats) 소매

해설

- 길과 소매가 연결된 소매의 종류
- 프렌치소매, 래글런소매, 기모노소매, 돌먼소매

16

손바느질 중 박음질의 설명으로 틀린 것은?

① 바늘땀을 되돌아와서 다시 뜨는 방법이다.
② 손바느질 중에서 가장 튼튼하게 처리되는 방법이다.
③ 솔기를 잇거나 개더를 만들 때 사용하는 방법이다.
④ 재봉기로 박는 것과 같은 모양으로 겉면에 나타난다.

해설

홈질 – 솔기를 잇거나 개더를 만들 때 사용하는 바느질

17

두꺼운 모직물을 재봉기로 바느질할 때 알맞은 실과 바늘로서 가장 옳은 것은?

① 면 505, 9호 바늘
② 폴리에스테르 60D/2×3, 14호 바늘
③ 면 805, 16호 바늘
④ 견 350/4×3, 16호 바늘

해설

원단과 비슷한 재질의 실을 사용하며, 두꺼운 원단에는 두꺼운 실과 바늘을 사용한다.

18

시접을 완전히 감싸는 방법으로 얇고 비치거나 풀리기 쉬운 옷감으로 옷을 만들 때 이용되는 솔기는?

① 통솔　　② 평솔
③ 쌈솔　　④ 뉜솔

19

가로 또는 세로 방향으로 옷감에 주름을 접어 일정한 간격으로 박아서 장식하는 바느질법은?

① 턱킹　　② 퀼팅
③ 파고팅　　④ 스모킹

20

재봉기의 윗실 거는 순서로서 가장 옳은 것은?

① 실걸이대 → 실채기 → 윗실조절기
② 실채기 → 실걸이대 → 윗실조절기
③ 실걸이대 → 윗실조절기 → 실채기
④ 윗실조절기→ 실채기 → 실걸이대

21

실표 뜨기 방법에 대한 설명으로 틀린 것은?

① 면사 2올로 한다.
② 바늘땀을 3cm 정도로 뜬다.
③ 두 장의 옷감을 겹쳐 시작한다.
④ 곡선은 느리게, 직선은 잘게 뜬다

해설

곡선은 촘촘하게 곡선은 잘게 뜬다.

22

제도에 필요한 부호 중 소매산 높이에 해당하는 것은?

① A, H, L　　② S, C, H
③ S, B, L　　④ S, N, P

해설

소매산 높이: Sleeve Cap Height

{ 정답 }　14 ①　15 ③　16 ③　17 ④　18 ①　19 ①　20 ③　21 ④　22 ②

23

룰렛이나 재단 주걱 등으로 표시하기 어려운 옷감을 두 겹으로 겹쳐놓고 재단했을 때 완성선 표시를 하는 것은?

① 휘감치기　　　② 새발뜨기
③ 공그리기　　　④ 실표뜨기

해설

완성선 표시를 하는 것은 실표뜨기이다.

24

디테일의 규모를 결정하는 요소 중 의복이 주는 전체적인 느낌을 결정하는 것은?

① 실루엣　　　② 옷감의 재질
③ 착용자의 체형　　　④ 옷감의 배색

25

너비가 150cm인 180° 플레어 스커트를 재단할 때 옷감의 필요량 계산법은?

① (스커트 길이×1.5)+시접(6~15cm)
② (스커트 길이×2)+시접(5~10cm)
③ (스커트 길이×2.5)+시접(5~12cm)
④ 스커트 길이+시접(7~10cm)

26

소매가 너무 좁은 경우의 보정 방법에 대한 설명으로 가장 옳은 것은?

① 접어서 여유분을 없앤다.
② 가위집을 넣은 후 새로운 진동선을 그리고, 길 원형의 진동 밑부분을 올린다.
③ 식서방향을 따라 절개한 후 적당하게 벌려 패턴을 수정하고, 길의 진동 둘레도 파준다.
④ 바이어스 헝겊으로 덧대어 가봉한 후 진동둘레선을 수정한다.

해설

소매를 세로로 절개하여 옆으로 벌려 주고 소매패턴의 진동 둘레가 커진 만큼 길의 진동 둘레를 늘려 길이를 맞춘다.

27

단추가 갖추어야 할 성능으로 틀린 것은?

① 가볍고 내충격성이 커야 한다.
② 세탁에 의해서 색이나 광택이 변하지 않아야 한다.
③ 다림질에 의해서 녹거나 변색하지 않아야 한다.
④ 단추 가격이 비싸야 한다.

28

다음 그림의 보정 방법에 해당하는 체형은?

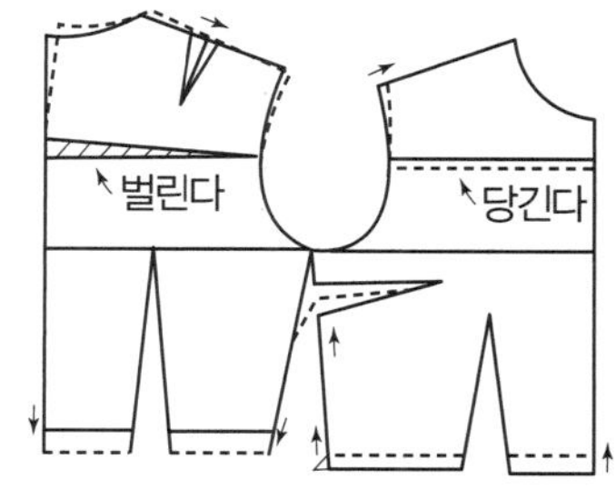

① 마른 체형　　　② 비만 체형
③ 등이 굽은 체형　　　④ 가슴이 큰 체형

해설

등이 굽은 굴신체의 체형은 등이 앞으로 굽고 등길이가 길고 앞길이가 짧다.

29

의복제도 부호 중 오그림 표시에 해당하는 것은?

30

재봉기 기구 중 여러 가지 봉제 조건에 알맞도록 윗실과 밑실이 적당한 장력을 주어 옷감과 옷감 사이에서 윗실과 밑실을 교차시켜서 좋은 박음질이 되는 역할이 되는 것은?

① 실조절 기구　　　② 바늘대 기구
③ 보내기 기구　　　④ 실채기 기구

해설

실 조절기구 : 윗실과 밑실의 장력을 적절하게 유지하는 역할을 한다.

23 ④　24 ②　25 ①　26 ③　27 ④　28 ③　29 ③　30 ① **{ 정답 }**

31
재생섬유 중 셀룰로스 섬유를 원료로 하지 않는 것은?

① 비스코스레이온
② 구리암모늄레이온
③ 래니탈
④ 트리아세테이트

32
비닐론 섬유의 특성에 대한 설명으로 틀린 것은?

① 염색성이 좋다 선명한 색상을 얻기 쉽다.
② 마모 강도와 굴곡 강도가 크다.
③ 탄성과 레질리언스가 나빠서 구멍이 잘 생긴다.
④ 형태 안정성이 나쁘다.

해설

비닐론 섬유는 탄성이 좋지 않고 염색성이 나쁘다.

33
다음 중 공정수분율이 가장 높은 섬유는?

① 폴리에스테르
② 나일론
③ 아크릴
④ 폴리우레탄

해설

섬유의 공정수분율
• 나일론 – 4.5%
• 아크릴 – 1.5%
• 폴리우레탄 – 1.0%
• 폴리에스테르 – 0.4%

34
비스코스레이온 실의 길이가 9km이며 무게가 5g인 실의 굵기(denier)는?

① 1 denier
② 5 denier
③ 7 denier
④ 45 denier

해설

$$데니어 = 9 \times \frac{무게(g)}{길이(km)}$$

35
조면기에서 분리된 면섬유는?

① 린트
② 린터
③ 린터스
④ 면실

해설

• 린트 : 조면 후 분리된 긴 섬유
• 린터 : 린트 제거 후 남은 짧은 것으로 실을 만드는 데 쓰이지 못함

36
천연섬유 중에서 유일한 필라멘트 섬유에 해당하는 것은?

① 양모
② 견
③ 면
④ 마

37
다음 중 내일광성이 가장 좋은 섬유는?

① 비스코스레이온
② 나일론
③ 폴리에스테르
④ 아크릴

해설

아크릴은 내일광성이 좋아 커튼, 텐트, 차양막 등의 용도로 쓰인다.

38
염색방법 중 침염에 해당하지 않는 것은?

① 후염
② 선염
③ 날염
④ 사염

해설

• 침염 : 섬유를 염액에 담가 염색하는 방법
• 날염 : 옷감 위에 무늬를 찍어 나타내는 염색법

39
비스코스레이온 제조에 있어서 숙성공정의 필요성으로 옳은 것은?

① 점도를 감소시키기 위해
② 물이 녹지 않도록 하기 위해
③ 방사 시 산에 잘 녹도록 하기 위해
④ 점도와 용해도를 증가시키기 위해

{ 정답 }　31 ③　32 ①　33 ②　34 ②　35 ①　36 ②　37 ④　38 ③　39 ①

해설

비스코스레이온 제조 과정에서 숙성공정을 거쳐 방사하기 좋은 점도
로 방사액이 만들어진다.

40

다음 중 폴리에스테르나 아세테이트 섬유의 염색
에 가장 많이 사용되는 염료는?

① 분산염료　　　　② 산성염료
③ 직접염료　　　　④ 반응성염료

해설

분산염료는 합성 섬유 염색에 적당하며 폴리에스테르나 아세테이트
에 가장 많이 사용된다.

41

하나의 색상에 검은색의 포함량이 많아질 때 나타
나는 변화로 옳은 것은?

① 고명도, 저채도가 된다.
② 저명도, 저채도가 된다.
③ 저명도, 고채도가 된다.
④ 명도와 채도의 변화가 없다.

해설

검은색은 저명도, 저채도 색이다.

42

색의 대비에서 인간의 눈이 색의 3속성 중 가장 예
민히 반응하며 두 색 사이에 명도, 색상, 채도 대
비가 동시에 일어났을 때 가장 강하게 나타나는 현
상은?

① 색상 대비　　　　② 채도 대비
③ 보색 대비　　　　④ 명도 대비

43

옷감의 무늬에서 율동감을 얻을 수 있는 것은?

① 색이나 형의 반복　　② 균제적인 균형
③ 일부분을 특히 강조　　④ 조화있는 공간 설정

해설

리듬은 디자인 요소들의 규칙적인 반복이나 점진적인 변화를 통해 시
각적으로 나타나는 율동감을 의미한다.

44

어떤 무채색 옆에 유채색을 놓으면 그 무채색은 어
떻게 보이는가?

① 잔상효과가 있어 보인다.
② 유채색의 보색 기미가 있어 보인다.
③ 실제보다 밝게 보인다.
④ 아무런 변화가 없다.

45

먼셀 표색계의 색입체 수평 단면도에 대한 설명으
로 틀린 것은?

① 수평 절단한 단면을 의미한다.
② 등명도면이라고도 한다.
③ 중심은 유채색이고 색상 순으로 방사형을 이
　 룬다.
④ 같은 명도에서 채도의 차이와 색상의 차이를
　 한눈에 알 수 있다.

해설

색입체 수평 단면도의 중심은 무채색이고 색상 순으로 방사형을 이
룬다.

46

의상에서 여자다운 부드러움, 우아함, 귀엽고 사랑
스러운 소녀적인 이미지를 표현하는 대표적인 컬
러 이미지는?

① 내츄럴(natural)
② 엘레강스(elegance)
③ 로맨틱(romantic)
④ 후레쉬(fresh)

47

의복디자인에서 키를 커 보이게 하고 동시에 몸을
가늘어 보이게 하기 위한 수단으로 가장 많이 활용
되는 것은?

① 세로선에 의해서 분할된 면에 의한 착시현상
② 가로선에 의해서 분할된 면에 의한 착시현상
③ 사선에 의해서 분할된 면에 의한 착시현상
④ 선의 길이에 의한 착시현상

48

색상에 따른 느낌의 차이에서 가장 강하고 공통적인 것에 해당하는 것은?

① 운동감 ② 면적감
③ 중량감 ④ 온도감

49

색의 대비에서 다음 그림과 같이 빨강 순색 바탕에 크기가 다른 같은 명도의 노랑 색지 A와 B를 놓았더니, B는 A보다 명도가 높게 보이는 것은?

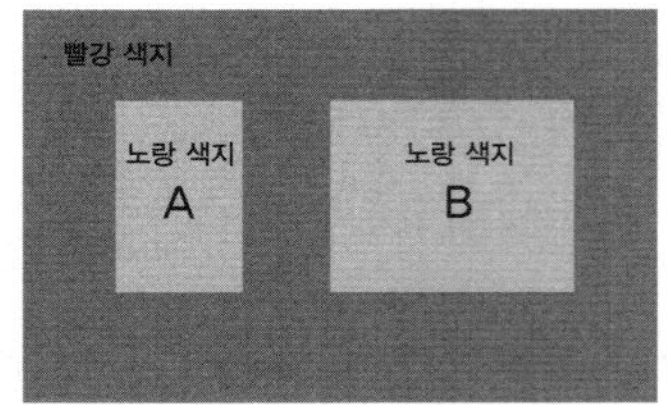

① 색상 대비 ② 명도 대비
③ 채도 대비 ④ 면적 대비

해설

면적 대비: 같은 색이라도 면적의 크고 적음에 따라 색의 명도 채도가 다르게 보이는 현상

50

일반적으로 빨간색을 좋아하는 민족이 아닌 것은?

① 중국 ② 인도
③ 필리핀 ④ 아프리카

51

불에 잘 타지 않는 약제를 부착시켜 불에 대한 내성을 부여하는 가공은?

① 방수 가공
② 의마 가공
③ 대전방지 가공
④ 방열 가공

해설

의마 가공: 마직물과 같은 외관과 촉감을 갖게 하는 가공
대전방지가공: 정전기를 방지하는 가공

52

폴리에스테르 직물을 수산화나트륨 용액으로 처리하여 중량을 감소시킴으로써 견섬유에 가까운 특성을 지니게 하는 가공은?

① 알칼리 감량 가공 ② 듀어러블프레스 가공
③ 런던슈헝크 가공 ④ 머서화 가공

해설

알칼리 감량 가공 처리된 폴리에스테르는 물실크 라고 부르기도 함

53

다음 중 염색물의 일광견뢰도 판정에서 가장 우수한 등급은?

① 1급 ② 3급
③ 5급 ④ 8급

해설

일광견뢰도는 8등급으로 1급이 가장. 낮은 것이고 8급은 가장 높은 것이다.

54

바스켓직의 특성이 아닌 것은?

① 변화 평직이다.
② 평직보다 내구성이 좋다.
③ 표면 결이 곱고 평활하다.
④ 평직에 비해 조직점이 적어서 부드럽고 구김이 덜 생긴다.

해설

바스켓은 평직에 비해 조직이 엉성하여 내구성이 떨어진다.

55

양모섬유의 세탁방법에 관한 내용 중 가장 옳은 것은?

① 건조는 직사 일광에서 한다.
② 알칼리 세제를 사용해야 한다.
③ 드라이클리닝을 하여야 한다.
④ 염소계 표백제를 사용해야 한다.

해설

양모섬유는 드라이클리닝을 하거나 중성세제를 사용하여 손세탁하는 것이 좋다.

{ 정답 } 48 ④ 49 ④ 50 ④ 51 ④ 52 ① 53 ④ 54 ② 55 ③

56

다음 중 능직물의 특성에 해당하는 것은?

① 3원 조직 중 조직점이 가장 많다.
② 표면이 매끄럽고 광택이 가장 좋다.
③ 구김이 잘 생긴다.
④ 밀도를 크게 할 수 있어 두꺼우면서 부드러운
  직물을 얻을 수 있다.

해설

능직의 특성
조직점이 사선 방향으로 나타남
실의 자유도가 평직보다 높아 유연하고 구김이 덜 생김
밀도가 큰 직물을 얻을 수 있음

57

중성 또는 약알칼리성의 중성염 수용액에서는 셀룰로스 섬유에 직접 염색되며, 산성하에서 단백질 섬유와 나일론에도 염착되는 염료는?

① 산성염료
② 염기성염료
③ 직접염료
④ 배트염료

58

섬유에 금속염을 흡수시킨 다음 염색하면 금속이 염료와 배위결합을 하여 불용성 착화합물을 만드는 염료는?

① 산성염료
② 매염염료
③ 아조익염료
④ 황화염료

59

피복의 위생적 성능에 가장 크게 영향을 미치는 것은?

① 통기성
② 방추성
③ 강연성
④ 드레이프성

해설

의복의 위생적 성능
의복의 쾌적성 및 착용자의 건강과 관련된 성질
흡습성, 보온성, 대전성, 통기성, 투습성 등

60

직물의 표면이 평활하지 않고 오돌토돌하여 요철 효과를 주는 작물은?

① 사직
② 파일직물
③ 크레이프
④ 이중직물

---

56 ④ 57 ③ 58 ② 59 ① 60 ③ { 정답 }

기출복원문제 8회

				수험번호	성명
자격종목 및 등급(선택분야)	종목코드	시험시간	문제지형별		
양장기능사	7932	1시간			

※ 답안 카드 작성 시 시험문제지 형별누락, 마킹착오로 인한 불이익은 전적으로 수험자의 귀책사유임을 알려드립니다.
※ 각 문항은 4지택일형으로 질문에 가장 적합한 보기 항을 선택하여 마킹하여야 합니다.

01

너비가 150cm인 180°플레어스커트를 재단할 때 옷감의 필요량 계산법은?

① (스커트 길이×1.5)+시접(6~15cm)
② (스커트 길이×2)+시접(5~10cm)
③ (스커트 길이×2.5)+시접(5~12cm)
④ 스커트 길이+시접(7~10cm)

02

상반신 반신체의 보정 방법 중 틀린 것은?

① 뒤판의 여유분을 접어서 주름을 없앤다.
② 뒤 다트 분량을 줄인다.
③ 다트 분량을 줄인 만큼 뒤 옆선에서 늘여 준다.
④ 앞길 옆선을 늘리고 그 분량만큼 앞 허리 다트를 늘린다.

해설

상반신 반신체는 앞이 젖혀진 체형으로 앞길이가 길고 뒤길이가 짧다. 앞을 늘리고 뒤를 줄이는 보정이 필요하다.

03

재봉기의 고장 원인 중 윗실이 끊어지는 경우가 아닌 것은?

① 실채기 용수철이 너무 강할 때
② 북집이 제대로 끼워지지 않을 때
③ 바늘의 부착 방향이 나쁠 때
④ 윗실의 장력이 너무 강할 때

04

다음 중 가장 효율적인 재단대의 크기는?

① 두께 1~2cm, 길이 100~150cm, 너비 85~90cm
② 두께 3~6cm, 길이 180~200cm, 너비 90~95cm
③ 두께 7~9cm, 길이 250~290cm, 너비 95~120cm
④ 두께 9~12cm, 길이 250~300cm, 너비 130~205cm

05

시침실을 사용하며 두 장의 직물에 패턴의 완성선을 표시할 때 사용되는 손바느질 방법은?

① 휘감치기　　② 실표뜨기
③ 홈질　　④ 어슷시침

06

가름솔의 종류 중 시접의 가장자리를 잘라서 처리하는 방법으로, 올이 풀리지 않는 옷감에 이용되는 것은?

① 핑크드 가름솔
② 접어박기 가름솔
③ 휘감치기 가름솔
④ 바이어스싸기 가름솔

07

성인의 슬랙스 제작 시 옷본의 밑위 앞뒤 길이는 실측 치수에 얼마를 더한 것이 가장 적당한가?

① 0.5cm　　② 1.5cm
③ 2.5cm　　④ 3.5cm

{ 정답 }　01 ①　02 ③　03 ②　04 ②　05 ②　06 ①　07 ③

08

다음 중 가봉 요령에 관련된 사항으로 옳은 것은?

① 가봉 시 면사를 사용하고 손바느질로 상침 시침한다.
② 가봉 시 잘못된 점이 있으면 눈대중으로 파악하여 수정한다.
③ 가봉 시 주머니, 단추 등은 생략한다.
④ 겉·안감을 동시에 재단하여 가봉 후 보정이 필요한 부분을 수정한다.

09

길 원형의 필요 치수 중 가장 중요한 항목은?

① 엉덩이길이　　② 앞길이
③ 가슴둘레　　④ 어깨너비

10

옷감과 패턴의 배치에 대한 설명 중 틀린 것은?

① 패턴에 결 방향을 표시해 놓고 패턴의 중심 방향을 옷감의 종선에 맞추어 배치한다.
② 옷감의 표면이 안으로 되게 반을 접어 패턴을 배치한다.
③ 패턴은 작은 것부터 배치하고 큰 것은 작은 것 사이에 배치한다.
④ 짧은 털이 있는 옷감은 털의 결 방향을 위로 배치한다.

> **해설**
>
> 패턴은 큰 것부터 배치하고 작은 것을 나중에 배치한다.

11

재봉기의 기구 중 박음질 기구에 해당하지 않는 것은?

① 보내기 기구
② 바늘대 기구
③ 실조절 기구
④ 실채기 기구

> **해설**
>
> 보내기 기구는 원단을 한 땀 간격만큼 이동시키는 기구이다.

12

성인에 비해서 일반적인 아동의 체형으로 옳은 것은?

① 앞부분이 굴신체이다.
② 앞과 뒤가 후신체이다.
③ 전체적으로 수신체이다.
④ 뒤허리의 경사가 완곡한 체형이다.

13

다음 중 의복의 바느질 강도에 있어서 우선 생각해야 하는 것은?

① 디자인
② 기능
③ 장식
④ 옷의 수명도

14

다음 중 봉제 작업의 끝손질에 해당하지 않는 것은?

① 포장　　② 실밥 제거
③ 프레싱　　④ 다림질

15

프렌치(french) 소매의 설명으로 옳은 것은?

① 소매붙임선이 목둘레선부터 A.H 아래로 연결되어 이루어진 소매
② A.H선을 크게 판 소매
③ 기모노 소매의 일종으로 일반적으로 길이가 짧은 소매
④ 요크와 소매가 연결된 소매

> **해설**
>
> 프렌치소매는 길과 연결된 소매이다.

16

재봉기의 직업별 분류 중 가정용 재봉기에 해당하는 것은?

① 103종　　② 96종
③ 31종　　④ 15종

17

재봉기 기구 중 여러 가지 봉제 조건에 알맞도록 윗실과 밑실에 적당한 장력을 주어 옷감과 옷감 사이에서 윗실과 밑실을 교차시켜서 좋은 박음질이 되는 역할이 되는 것은?

① 실조절 기구
② 바늘대 기구
③ 보내기 기구
④ 실채기 기구

해설

실 조절기구: 윗실과 밑실의 장력을 적절하게 유지하는 역할을 한다.

18

원형 제도 방법 중 병용식 제도법의 설명으로 옳은 것은?

① 기준이 되는 큰 치수 몇 항목만을 사용하는 제도법이다.
② 단촌식과 장촌식의 방법을 함께 이용한 제도법이다.
③ 초보자에게 적합한 제도 방법이다.
④ 인체의 각 부위를 세밀하게 계측하여 제도하는 방법이다.

19

다음 그림은 어떤 체형의 보정 방법인가?

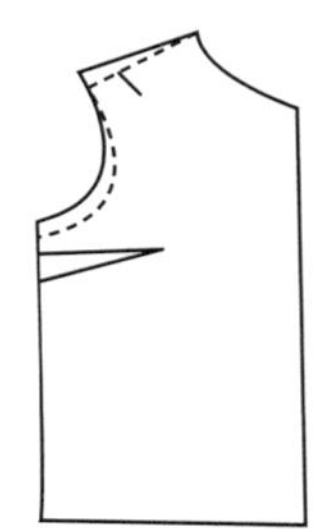

① 어깨가 처진 체형
② 새가슴 체형
③ 굴신체형
④ 반신체형

해설

어깨 각도를 내려주고 어깨가 내려온 만큼 진동 깊이를 파주었다.

20

의류제품의 제조원가에 해당하지 않는 것은?

① 재료비
② 일반관리비
③ 인건비
④ 제조경비

해설

• 제조원가 = 재료비 + 인건비 + 제조경비
• 일반관리비는 제조경비에 포함되는 개념이다.

21

바늘의 표면 도금에 따른 분류 중 두껍고 딱딱한 원단의 봉제용이나 고속재봉기에 적합한 바늘은?

① S 바늘
② Cr 바늘
③ N 바늘
④ Hc 바늘

22

등너비(back width)의 계측방법으로 옳은 것은?

① 좌우 가슴 너비점 사이의 길이를 잰다.
② 좌우 어깨 끝점 사이의 길이를 잰다.
③ 좌우 등 너비점 사이의 길이를 잰다.
④ 목뒤점부터 허리둘레선까지의 길이를 잰다.

23

의복 제작과정의 순서로 옳은 것은?

① 의복설계 → 치수설정 → 재단 → 패턴설계 → 봉제
② 치수설정 → 패턴제작 → 의복설계 → 재단 → 봉제
③ 치수설정 → 의복설계 → 패턴제작 → 재단 → 봉제
④ 의복설계 → 치수설정 → 패턴제작 → 봉제 → 재단

24

단춧구멍의 크기로 가장 적합한 것은?

① 단추지름+0.3cm
② 단추지름+0.5cm
③ 단추지름+0.7cm
④ 단추지름+0.9cm

{ 정답 } 17 ① 18 ② 19 ① 20 ② 21 ④ 22 ③ 23 ③ 24 ①

25

소매 뒤에 군주름이 생긴 경우의 올바른 보정법은?

① 소매중심점을 뒤쪽으로 옮긴다.
② 소매중심점을 앞쪽으로 옮긴다.
③ 소매산을 내려서 소매통을 넓혀 준다.
④ 소매산을 올려서 소매통을 좁혀 준다.

해설

소매 뒤가 남아 군주름이 생기는 경우이므로 소매중심점을 앞쪽으로 옮겨 남는 분량을 없애준다.

26

활동이 가장 자유롭게 제도된 소매산의 높이는?

① $\dfrac{A \cdot H}{6}$　　　　② $\dfrac{A \cdot H}{5}$

③ $\dfrac{A \cdot H}{6} + 2$　　　④ $\dfrac{A \cdot H}{5} + 2$

해설

소매산의 높이가 낮을수록 소매통이 커서 활동이 자유롭다.

27

프린세스 라인(princess line)의 설명으로 옳은 것은?

① 어깨의 숄더 다트를 높여 자른 선
② 암홀에서 N.P를 통과한 선
③ 웨이스트 다트를 높여 옆으로 자른 선
④ 어깨의 숄더 다트와 웨이스트 다트를 연결하
　 는 선

28

시접 한쪽을 안으로 0.3~0.5cm 내어서 받은 다음 그 시접으로 접어 한 번 더 박는 솔기는?

① 가름솔　　　　　② 쌈솔
③ 통솔　　　　　　④ 뉜솔

29

바늘땀을 한 땀만큼 완전히 뒤로 돌아와 뜨는 바느질은?

① 홈질　　　　　　② 박음질
③ 감치기　　　　　④ 새발뜨기

30

심지의 종류 중 여러 종류의 섬유를 얇게 펴서 접착제를 사용하여 접착시킨 심지로, 가볍고 올이 풀리지 않으며 올의 방향이 없어 사용에 간편한 심지는?

① 마심지　　　　　② 면심지
③ 모심지　　　　　④ 부직포

해설

부직포는 섬유를 얇게 펴서 접착제를 사용하여 제조하며 올의 방향이 없고 절단면의 올이 풀리지 않는다.

31

다음 중 흡습량이 가장 많은 직물은?

① 면직물　　　　　② 견직물
③ 마직물　　　　　④ 모직물

32

습식방사에 의해 제조되는 섬유는?

① 폴리에스테르
② 나일론
③ 비스코스레이온
④ 아세테이트

해설

융융방사 : 나일론, 폴리에스터, 폴리프로필렌 섬유
습식방사 : 레이온, 비닐론, 아크릴 등
건식방사 : 아세테이트

33

다음 중 현미경으로 본 성숙된 면섬유의 횡·단면으로 가장 옳은 것은?

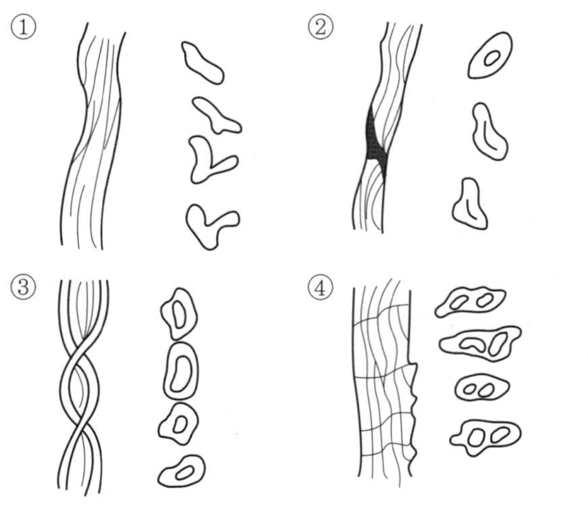

해설

현미경으로 본 측면은 꼬임이 있고 단면은 중공을 가지며 강낭콩 형태를 띠고있음.

34

다음 중 흡수성이 좋고 열전도성이 우수하여 여름용 옷감으로 가장 적당한 섬유는?

① 면
② 아마
③ 나일론
④ 폴리에스테르

35

천연섬유 중에서 유일한 필라멘트 섬유에 해당하는 것은?

① 양모　　　　② 견
③ 면　　　　　④ 마

36

다음 섬유 중 비중이 가장 적은 것부터 높은 순서대로 나열된 것은?

① 나일론-면-양모　② 양모-면-나일론
③ 면-양모-나일론　④ 나일론-양모-면

해설

섬유의 비중
- 나일론 :1.14
- 양모:1.34
- 면: 1.47

37

섬유의 분류 중 면섬유가 해당하는 것은?

① 종자섬유　　　　② 인피섬유
③ 엽맥섬유　　　　④ 과실섬유

해설

종자섬유는 식물의 종자(씨)를 보호하기 위해서 자란 섬유를 말한다.

38

다음 중 천연섬유에 해당하지 않는 것은?

① 무기섬유
② 셀룰로스섬유
③ 단백질섬유
④ 광물성섬유

해설

무기섬유는 무기질을 원료로 하는 섬유이며, 천연섬유가 아니다.

39

섬유가 물에 젖어도 약해지지 않고 건조 시와 거의 비슷한 강도를 가지는 섬유는?

① 면　　　　　　② 아세테이트
③ 양모　　　　　④ 폴리에스테르

40

의복제작 시 안감으로 선택하기에 가장 좋은 섬유는?

① 면
② 견
③ 비스코스레이온
④ 나일론

해설

표면이 매끄럽고 정전기가 잘 생기지 않아 안감으로 적당함

{ 정답 }　33 ③　34 ②　35 ②　36 ④　37 ①　38 ①　39 ④　40 ③

41

다음 중 명도가 가장 낮은 색은?

① 흰색 ② 빨강
③ 검정 ④ 노랑

42

다음 중 가장 시원하게 보이는 배색은?

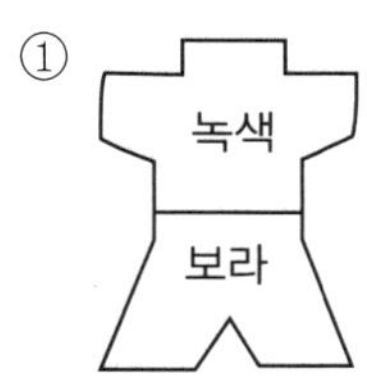

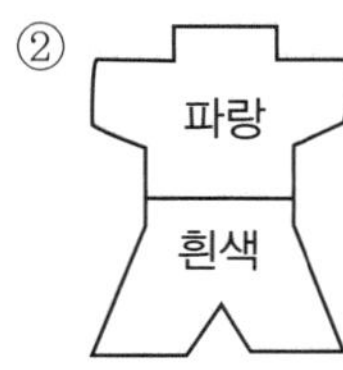

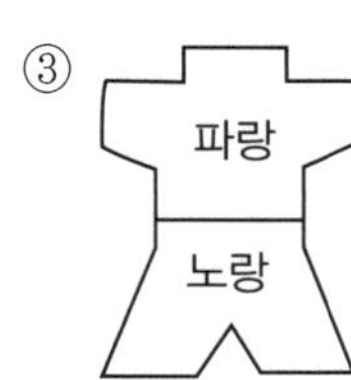

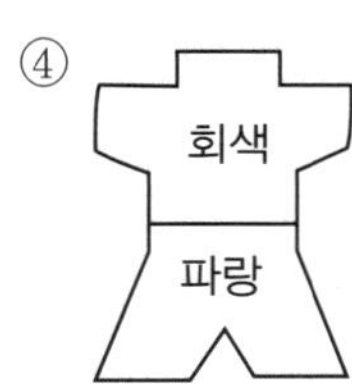

43

진한 색과 연한 색을 구별하여 나타나는 색의 요소는?

① 색상 ② 명도
③ 채도 ④ 휘도

채도는 색채의 강하고 약한 정도로 진한 색과 연한 색은 채도의 높고 낮음을 가리킨다.

44

다음 색 중 달콤함과 부드러운 맛을 동시에 주며 식욕을 가장 증진하는 것은?

① 주황 ② 녹색
③ 노랑 ④ 흰색

45

뚱뚱한 사람이 입었을 때 가장 효과적인 배색은?

① 파랑 바탕에 남색 ② 파랑 바탕에 노랑
③ 파랑 바탕에 빨강 ④ 파랑 바탕에 흰색

수축색: 한색 계열, 저채도인 색, 어두운색

46

큰 꽃무늬 원피스를 강조할 수 있는 가장 효과적인 연출방법은?

① 꽃무늬와 같은 색으로 트리밍 장식을 한다.
② 단색의 스카프를 이용하여 문양의 느낌을 강조한다.
③ 꽃 코사지를 가슴에 단다.
④ 반대색의 꽃무늬 숄을 걸친다.

47

색의 지각에서 형태와 크기가 동일한 물체이더라도 색이 달라지면 더 커 보이는 색은?

① 진출색 ② 후퇴색
③ 수축색 ④ 팽창색

48

색채에 대한 심리적 측면에 대한 설명 중 틀린 것은?

① 사회 문화적 배경에 영향을 받는다.
② 개인의 과거 경험에 따라 느낌이 다르다.
③ 문화권과 관계없이 유행되는 색채는 모두 받아들인다.
④ 자연환경에 영향을 받는다.

색채의 선호도는 문화권의 영향을 받는다.

49

동화 현상에 대한 설명 중 틀린 것은?

① 주위 색의 영향으로 오히려 인접 색에 가깝게 느껴지는 경우이다.
② 대비 현상과 비슷한 색채이다.
③ 하나의 색이 다른 색 위에서 넓어져 가는 것처럼 보인다.
④ 혼색 효과하고도 한다.

색의 동화 현상은 색의 대비 현상과는 반대되는 효과이다.

---

41 ③ 42 ② 43 ③ 44 ① 45 ① 46 ② 47 ④ 48 ③ 49 ② { 정답 }

50

명도 대비의 설명으로 틀린 것은?

① 어두운색 가운데서 대비되는 밝은색이 한층 더 밝게 느껴지는 현상이다.
② 대비되는 색의 명도 차가 클수록 더욱 약하게 나타난다.
③ 명도의 단계별로 느끼는 밝기가 다르게 나타난다.
④ 색의 3속성 관계에서 특히 명도에 변화를 주는 대비 현상이다.

해설

명도가 다른 두 색을 이웃하였을 때 밝은색이 더 밝게 어두운색이 더 어둡게 보이는 현상

51

편성물의 특징에 대한 설명 중 틀린 것은?

① 구김이 잘 생기지 않는다.
② 보온성, 투습성, 통기성이 우수하다.
③ 마찰에 강하여 내구성이 크다.
④ 세탁 시 모양이 변하기 쉽다.

해설

편성물은 필링이 잘 생긴다는 단점이 있다.

52

면사 또는 면직물을 냉온(10~20℃)에서 긴장하여 수축을 방지하면서 짙은 수산화나트륨(20~25℃) 용액으로 처리한 다음 중화하고 충분히 씻어서 처리하는 가공방법은?

① 축융 가공
② 머서화 가공
③ 플리스 가공
④ 캘린더 가공

해설

머서화 가공: 면직물을 수산화나트륨 수용액으로 처리하여 광택, 흡수성, 강도를 좋게 함

53

양모섬유웹 또는 모직물을 비눗물에 적시고 가열하면서 문지르면 섬유가 엉키고 밀착되어 두터운 층은 만드는 성질은?

① 압축성
② 이염성
③ 방추성
④ 축융성

해설

양모에 스케일 층이 있어 마찰하면 엉켜서 풀리지 않는 성질

54

편성물과 직물의 성능 비교 시 편성물이 더 우의성을 갖는 것은?

① 내마모성
② 방추성
③ 인장강도
④ 내마찰성

해설

방추성은 구김이 적은 성질이며 편성물은 직물보다 구김이 적다는 이점이 있다.

55

다음 중 인체에 대한 의복압의 허용한계로 옳은 것은?

① 10g/cm2
② 20g/cm2
③ 40g/cm2
④ 60g/cm2

56

혼방직물이나 교직물을 염색할 때 섬유의 종류에 따른 염색성의 차를 이용하여 섬유의 종류에 따라 각각 다른 색으로 염색할 수 있는 염색방법은?

① 사염색
② 이색염색
③ 원료염색
④ 톱염색

해설

이색염색: 성질이 다른 실로 짠 천을 이용하여 두 가지 이상의 색으로 염색하는 방법. 천을 이루고 있는 실의 성질이 다르므로 염색이 되는 정도나 방법에 따라 다양하게 염색이 된다.

{ 정답 } 50 ② 51 ③ 52 ② 53 ④ 54 ② 55 ③ 56 ②

57

다음 중 직물의 3원 조직에 해당하는 것은?

① 사문직
② 파능직
③ 주아수자직
④ 바스켓직

해설

• 직물의 3원조직: 평직, 능직, 수자직
• 능직은 사선 무늬가 발달하기 때문에 사문직 이라고도 한다.

58

다음 중 무기정련제에 해당하는 것은?

① 아염소산 나트륨
② 수산화나트륨
③ 과산화수소
④ 표백분

해설

무기 정련제에는 수산화나트륨, 탄산나트륨, 암모니아수, 규산나트륨 등이 있다.

59

날염풀에 미리 염료 용액이 피염물에 침투하거나 고착되는 것을 방지하는 약제를 혼합하여 날인한 다음 건조하고 나서, 최후에 바탕색을 염색하여 무늬를 나타내는 날염법은?

① 직접 날염
② 발염 날염
③ 방염 날염
④ 분산 날염

60

다음 중 타월(towel)이 해당하는 파일직물은?

① 경루프 파일직물
② 컷 파일직물
③ 플록
④ 터프트 파일직물

기출복원문제 9회

				수험번호	성명
자격종목 및 등급(선택분야)	종목코드	시험시간	문제지형별		
양장기능사	**7932**	**1시간**			

※ 답안 카드 작성 시 시험문제지 형별누락, 마킹착오로 인한 불이익은 전적으로 수험자의 귀책사유임을 알려드립니다.
※ 각 문항은 4지택일형으로 질문에 가장 적합한 보기 항을 선택하여 마킹하여야 합니다.

01

다음 그림의 슬랙스 원형에서 부호가 의미하는 것은?

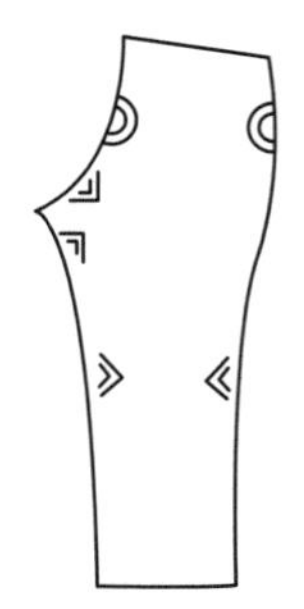

① 늘임　　　　② 맞춤
③ 줄임　　　　④ 선의 교차

02

스커트 원형 제도에 필요한 약자가 아닌 것은?

① W.L　　　　② H.L
③ C.B.L　　　　④ E.L

03

다음 그림은 보정 방법에 해당하는 체형은?

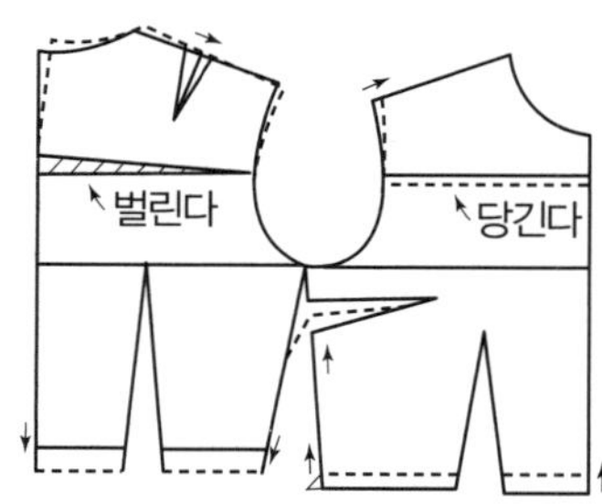

① 마른 체형　　　　② 비만 체형
③ 등이 굽은 체형　　　　④ 가슴이 큰 체형

등길이를 늘이고 앞길이를 줄이는 패턴의 보정법이다.
등이 굽은 굴신체는 등길이가 길고 앞길이가 짧다.

04

상반신 굴신체의 보정으로 옳은 것은?

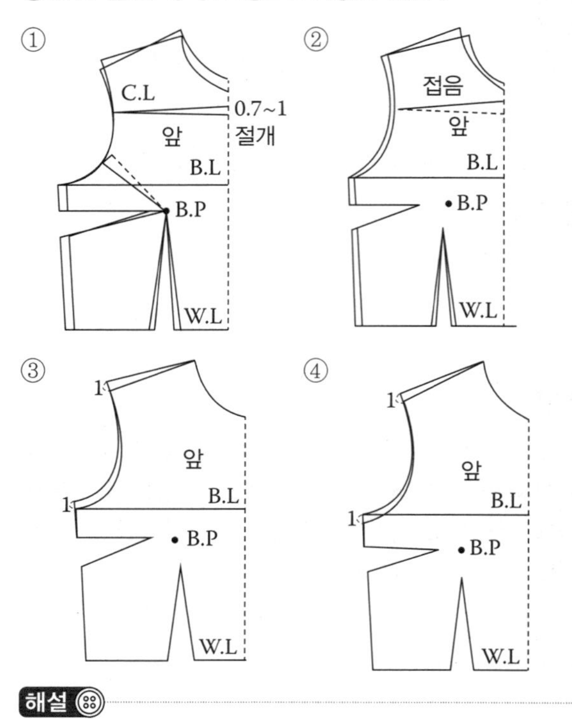

해설

상반신 굴신체는 앞판 패턴을 접어 앞길이를 줄인다.

05

다음 중 박스형의 재킷이나 드레스 또는 베스트에 많이 활용되는 다트는?

① 암홀 다트
② 어깨 다트
③ 목 다트
④ 허리 다트

{ 정답 }　01 ③　02 ④　03 ③　04 ②　05 ①

06
다음 그림과 같은 길 원형 활용방법은?

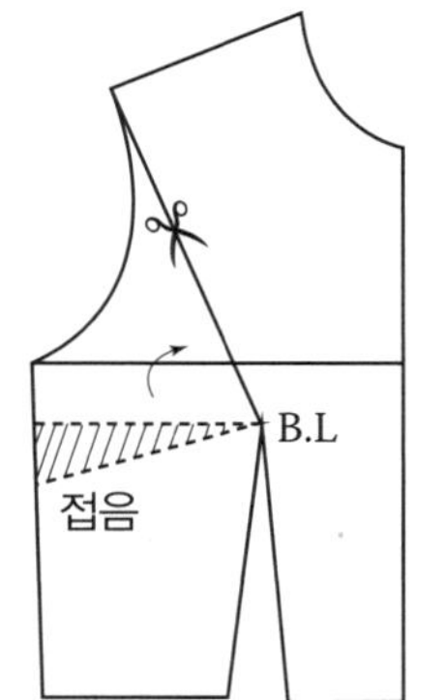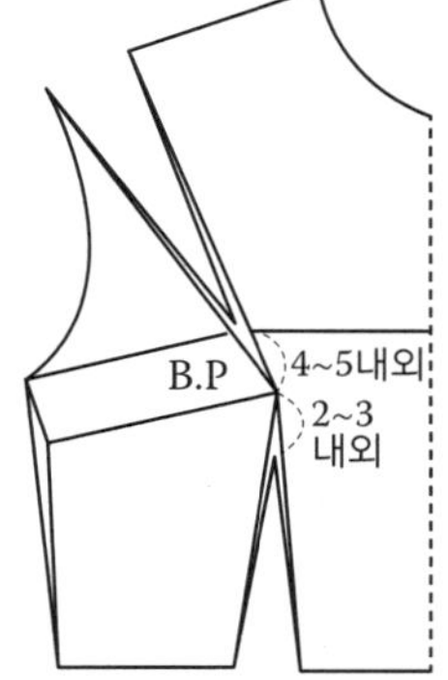

① 웨이스트 다트(waist dart)
② 로 언더암 다트(low under arm dart)
③ 숄더 포인트 다트(shoulder point dart)
④ 센터 프론트 웨이스트 다트(center front waist dart)

07
칼라 끝이나 옷솔기에 끼워 장식하는 것으로 옷감과 같은 색 또는 다른 색으로 만들어 장식 효과를 내는 것은?

① 셔링　　　　　② 스모킹
③ 개더　　　　　④ 파이핑

08
옷감의 신축성 차이로 인한 퍼커링(puckering)의 발생원인으로 가장 옳은 것은?

① 딱딱하거나 신축성이 큰 탄성 옷감을 딱딱하거나 신축성 큰 천에 봉합할 때 많이 발생한다.
② 딱딱하거나 신축성이 적은 탄성 옷감을 딱딱하거나 신축성 적은 천에 봉합할 때 많이 발생한다.
③ 부드럽거나 신축성이 적은 탄성 옷감을 딱딱하거나 신축성이 적은 천에 봉합할 때 많이 발생한다.
④ 부드럽거나 신축성이 큰 탄성 옷감을 딱딱하거나 신축성이 적은 천에 봉합할 때 많이 발생한다.

09
다음 중 밑위 길이의 계측방법으로 옳은 것은?

① 옆 허리선부터 무릎점까지 길이를 잰다.(오른쪽 위에서)
② 오른쪽 옆 허리선에서부터 엉덩이 둘레선까지의 길이를 잰다.(오른쪽 뒤에서)
③ 의자에 앉아 옆 허리선부터 실루엣을 따라 의자 바닥까지의 길이를 잰다.(뒤에서)
④ 목뒤점부터 허리둘레선까지의 길이를 잰다.(왼쪽 뒤에서)

10
스커트 원형의 필요 치수가 아닌 것은?

① 스커트길이
② 엉덩이둘레
③ 허리둘레
④ 밑위길이

해설 ⊕

밑위길이는 슬랙스를 제도할 때 필요한 치수이다.

11
다음 그림의 제도 부호가 갖는 의미는?

└──────

① 다트　　　　　② 완성
③ 직각　　　　　④ 맞춤

12
각 부위의 기본 시접 중 칼라의 시접 분량으로 가장 적합한 것은?

① 1cm　　　　　② 2cm
③ 3cm　　　　　④ 5cm

해설 ⊕

칼라의 적정 시접 분량: 1cm

13

다음 그림의 옷본 변형에 해당하는 스커트는?

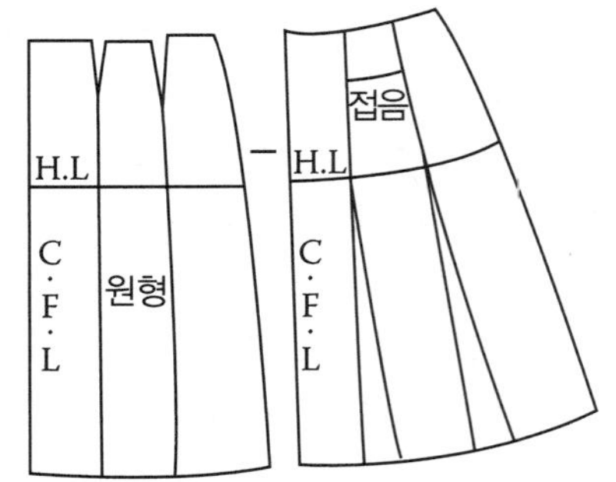

① A 라인 스커트   ② 플리츠 스커트
③ 고어 스커트   ④ 개더 스커트

14

다음 중 세트 인 슬리브 형태에 해당하는 것은?

① 기모노 슬리브(Kimono sleeve)
② 래글런 슬리브(Raglan sleeve)
③ 랜턴 슬리브(Lantern sleeve)
④ 돌먼 슬리브(Dolman sleeve)

해설

세트인 슬리브: 길과 분리되어 따로 달린 소매의 형태이다.

15

길과 소매가 한 장으로 연결된 소매는?

① 기모노 슬리브(Kimono sleeve)
② 타이트 슬리브(tight sleeve)
③ 퍼프 슬리브(puff sleeve)
④ 케이프 슬리브(cape sleeve)

16

다림질할 때 덧헝겊을 대지 않아도 되는 것은?

① 모직물
② 면직물
③ 아세테이트직물
④ 아크릴직물

해설

면직물은 안전다리미 온도가 높다.

17

체형에 대한 설명으로 틀린 것은?

① 인체의 외형을 뜻한다.
② 생리적인 현상에 따라 많이 변한다.
③ 영양 상태에 따라 변할 수 있다.
④ 체형과 체격은 직접적인 관계가 있다.

18

다음 중 활동 시 가장 불편한 소매의 소매산 치수는?

① $\dfrac{A \cdot H}{1}$ ② $\dfrac{A \cdot H}{6}$
③ $\dfrac{A \cdot H}{8}$ ④ $\dfrac{A \cdot H}{10}$

해설

소매산이 높을수록 소매통이 좁고 활동이 불편하다.

19

재단하기 전 옷감의 겉과 안을 구별하는 방법 중 틀린 것은?

① 직물의 양 끝에 있는 식서에 구멍이 있는 경우, 구멍이 움푹 들어간 쪽이 겉이다.
② 능직으로 제작된 모직물의 경우 능선이 왼쪽 위에서 오른쪽 아래로 되어 있는 쪽이 겉이다.
③ 더블(double) 폭의 모직물은 안으로 들어가도록 접어 말아져 있는 것이 겉이다.
④ 옷감의 식서 부분이나 단 쪽에 문자나 표식이 찍혀 있는 쪽이 겉이다.

해설

능선이 오른쪽 위에서 왼쪽 아래로 되어있는 쪽이 겉이다.

20

스커트 원형을 다트가 1개인 세미 타이트(semi tight)로 만들고, 슬랙스를 제도하는 방법으로 밑부분을 그려 넣는 스커트는?

① 타이트 스커트(tight skirt)
② 티어드 스커트(tiered skirt)
③ 큐롯 스커트(culottes skirt)
④ 요크 스커트(yoke skirt)

{ 정답 } 13 ①   14 ③   15 ①   16 ②   17 ④   18 ①   19 ②   20 ③

21

테일러드 재킷의 가봉에 대한 설명으로 옳은 것은?

① 솔기 바느질은 어슷상침을 사용한다.
② 포켓과 단추의 모양과 위치를 보기 위하여 심지나 광목으로 잘라 붙인다.
③ 패드나 칼라는 달지 않아도 무방하다.
④ 정확한 실루엣을 보기 위하여 가위집을 많이 주어야 한다.

22

다음 중 길이가 가장 짧은 스커트는?

① 미니 스커트
② 마이크로 스커트
③ 미디 스커트
④ 맥시 스커트

23

다음 중 니트의 솔기 처리방법으로 가장 적합한 것은?

① 성긴 직선박기　　② 촘촘한 직선박기
③ 인터록 박기　　④ 지그재그 박기

24

소매산의 높이에 대한 설명으로 옳은 것은?

① 소매산의 높이는 활동에 아무런 영향을 주지 않는다.
② 소매산이 높으면 활동이 매우 불편하다.
③ 소매산의 높이는 활동에 영향을 미치나 옷의 종류와 유행에는 관련이 없다.
④ 소매산의 높이는 소매길이에 의해 산출된다.

25

공업용 재봉기의 분류 중 대분류에 해당하지 않는 것은?

① 본봉　　② 직선봉
③ 복합봉　　④ 특수봉

26

다음 중 제도에 필요한 부호와 의미의 연결이 틀린 것은?

① 外주름
② 식서
③ 오그림
④ 늘림

27

여성 의복 원형의 3가지 기본 요소는?

① 길, 소매, 스커트
② 길, 칼라, 슬랙스
③ 재킷, 바지, 스커트
④ 뒤판, 스커트, 슬랙스

28

첨모직물의 패턴 배치에서 털이 짧은 직물이 아닌 것은?

① 벨벳　　② 모헤어
③ 벨베틴　　④ 코듀로이

29

가봉에 사용하는 실의 소재로 가장 적합한 것은?

① 폴리에스테르   ② 나일론
③ 면   ④ 견

해설

가봉은 목면사를 사용하여 상침시침한다.

30

등길이를 계측하여 허리선을 지나 바닥까지의 길이에 해당하는 것은?

① 총길이   ② 바지길이
③ 엉덩이길이   ④ 치마길이

31

양모섬유의 일반적인 단면 모양은?

① 톱니 모양
② 원형 모양
③ 다각형 모양
④ 강낭콩 모양

해설

양모의 단면은 원형에 가까우며 측면은 막대모양이다.

32

다음 중 내일광성이 가장 좋은 섬유는?

① 견   ② 나이론
③ 아크릴   ④ 면

33

나일론 섬유의 특성 중 틀린 것은?

① 비중이 면섬유보다 가볍다.
② 탄성이 우수하다.
③ 흡습성이 천연섬유에 비해 크다.
④ 일광에 의해 쉽게 손상된다.

해설

나일론 섬유는 흡습성이 좋지 않다.

34

수분을 흡수하면 강도와 초기탄성률이 크게 줄어드는 섬유는?

① 면
② 아마
③ 나일론
④ 비스코스 레이온

35

실의 굵기에 대한 설명 중 틀린 것은?

① 항중식은 일정한 무게의 실의 길이로 표시하는 방식이다.
② 항장식은 일정한 길이의 실의 길이로 표시하는 방식이다.
③ 항중식은 번수방식을 사용하며 숫자가 클수록 굵다.
④ 항장식은 합성 섬유 등 필라멘트사의 굵기를 표시하는 데 사용한다.

해설

항중식은 번수 방식을 사용하며 숫자가 작을수록 굵다.

36

섬유의 단면에 대한 설명으로 틀린 것은?

① 단면은 현미경으로 관찰하면 확인이 가능하다.
② 단면이 삼각형이면 광택이 좋다.
③ 단면이 편평해질수록 필링이 잘 생긴다.
④ 단면이 원형에 가까우면 촉감이 부드럽다.

해설

단면이 삼각형인 섬유: 견
단면이 원형인 경우: 양모 등

37

실의 종류, 굵기, 색 등의 변화 있는 배합으로 특수한 외관을 가지는 실은?

① 편사   ② 직사
③ 장식사   ④ 자수사

{ 정답 }   29 ③   30 ①   31 ②   32 ③   33 ③   34 ④   35 ③   36 ③   37 ③

38

다음 중 섬유시험을 위한 표준상태로 가장 적합한 조건은?

① 온도 : 10±2℃, 습도 : 65±2% RH
② 온도 : 20±2℃, 습도 : 65±4% RH
③ 온도 : 10±2℃, 습도 : 55±2% RH
④ 온도 : 20±2℃, 습도 : 55±2% RH

39

폴리에스테르 섬유의 염색에 주로 사용하는 염료는?

① 황화염료
② 직접염료
③ 산성염료
④ 분산염료

해설

분산염료는 합성섬유의 염색에 사용하며 폴리에스테르와 아세테이트 염색에 많이 쓰인다.

40

다음 중 목재펄프를 원료로 하는 섬유는?

① 비스코스 레이온
② 알파카
③ 카제인
④ 아크릴

41

수축색에 대한 설명으로 틀린 것은?

① 저명도, 저채도의 색이 해당한다.
② 후퇴색과 비슷한 성향을 가지고 있다.
③ 외부로 확산하려는 성향을 가지고 있다.
④ 색채에 따라 같은 형태, 같은 면적이라도 그 크기가 다르게 보이는 경우가 있다.

42

다음 중 동시 대비가 아닌 것은?

① 색상 대비
② 명도 대비
③ 계시 대비
④ 보색 대비

해설

계시대비는 시차를 두고 어떤 색들을 보았을 때 먼저 본 색의 영향으로 나중에 본 색이 다르게 보이는 현상이다.

43

다음 중 색의 강약이며 선명도에 해당하는 것은?

① 채도
② 명도
③ 색상
④ 색입체

해설

색의 강약과 선명도는 채도와 관련이 있다.

44

색의 혼합에 대한 설명으로 틀린 것은?

① 색광의 3원색을 혼합하면 모든 색광을 만들 수 있다.
② 색광의 3원색이 모두 합쳐지면 흰색이 된다.
③ 색료 혼합은 혼합할수록 명도와 채도가 낮아진다.
④ 색료 혼합을 가산 혼합이라고도 한다.

해설

색료혼합은 감산혼합이라고 한다.

45

맑고 생동감 있는 봄 시즌을 위해 디자인을 할 때의 의복 색상으로 가장 적합한 것은?

① 노랑, 연두
② 파랑, 검정
③ 검정, 갈색
④ 남색, 갈색

46

중성색으로 예술감이나 신앙심을 유발하는데 가장 적합한 색은?

① 보라
② 파랑
③ 빨강
④ 노랑

38 ②　39 ④　40 ①　41 ③　42 ③　43 ①　44 ④　45 ①　46 ①　{ 정답 }

47

실루엣 안의 선 중 포켓, 칼라, 커프스 등과 같이 의복의 봉제 과정에서 만들어지는 부분의 선에 해당하는 것은?

① 접힘선 ② 핀턱선
③ 구성선 ④ 디테일선

해설

실루엣 안의 선
- 접힘선 : 개더, 플레어
- 핀턱선 : 스커트주름, 바지핀턱
- 구성선 : 솔기, 다트, 트임
- 디테일선 : 포켓, 칼라, 커프스

48

의복에 있어 통일감을 주기 위한 방법 중 틀린 것은?

① 색상조화에 있어 채도를 통일시킨다.
② 의복의 문양은 체크 문양보다 꽃문양을 이용하여 경쾌한 인상을 준다.
③ 주 색상을 뚜렷한 것으로 하여 대비 색상의 이미지를 통일시킨다.
④ 서로 온도감이 유사한 색상끼리 이용하여 전체적인 분위기를 통일시킨다.

49

의상의 기본 요소 중 복사열의 반사 또는 흡수 등의 기능과 밀접한 관계가 있는 것은?

① 색채미 ② 형태미
③ 재료미 ④ 기능미

해설

색채미는 재료의 색과 부속품에서 만들어지는 배색의 아름다움으로 복사열의 반사 또는 흡수 기능과 밀접한 관계가 있다.

50

다음 중 진출, 팽창되어 보이는 색이 아닌 것은?

① 한색계통의 색 ② 난색계통의 색
③ 고명도의 색 ④ 고채도의 색

해설

한색계통의 색은 수축색이다.

51

다음 중 위편성물의 기본조직이 아닌 것은?

① 평편 ② 터크편
③ 고무편 ④ 펄편

해설

위편성물의 기본조직: 평편, 고무편, 펄편

52

다음 중 방추가공과 관계없는 섬유는?

① 면 ② 마
③ 비스코스 레이온 ④ 양모

해설

양모는 탄성과 레질리언스가 좋아 구김이 잘 가지 않는다.

53

부직포의 특징으로 틀린 것은?

① 방향성이 없다.
② 함기량이 많다.
③ 절단 부분이 풀리지 않는다.
④ 탄성과 레질리언스가 나쁘다.

해설

부직포는 탄성과 레질리언스가 좋아 구김이 덜 생기고 형태 안정성이 좋음

54

샌포라이즈 가공의 주된 목적으로 옳은 것은?

① 방축 ② 방추
③ 방오 ④ 방수

해설

샌퍼라이징(방축가공) : 면직물의 수축을 방지하는 가공

55

얇은 직물의 표면을 고무 또는 합성수지 필름으로 피막을 입혀 전혀 누수되지 않고 통기성도 없게 만드는 가공은?

① 방추기공 ② 방영가공
③ 방오기공 ④ 방수기공

{ 정답 } 47 ④ 48 ② 49 ① 50 ① 51 ② 52 ④ 53 ④ 54 ① 55 ④

56

경사 또는 위사가 한 올, 두 올 또는 그 이상의 올이 교대로 계속하여 업 또는 다운되어 조직점이 대각선 방향으로 연결된 선이 나타나는 조직은?

① 경편조직
② 위편조직
③ 능직
④ 수자직

57

혼방직물이나 교직물을 염색할 때 섬유의 종류에 따른 염색성의 차이를 이용하여 각각 다른 색으로 염색할 수 있는 염색방법은?

① 사염색
② 이색염색
③ 원료염색
④ 톱염색

58

다음 중 방충을 목적으로 직물의 후처리나 염색과정에서 가공하는 섬유는?

① 면
② 견
③ 마
④ 양모

59

드라이클리닝의 장점이 아닌 것은?

① 재오염되지 않는다.
② 기름 얼룩 제거가 쉽다.
③ 형태변화가 작다.
④ 세정, 탈수, 건조가 단시간에 이루어진다.

60

다음 중 곰팡이의 침해를 가장 쉽게 받는 섬유는?

① 면
② 모
③ 폴리에스테르
④ 아크릴

해설

면, 레이온: 곰팡이에 의해 손상되기 쉬움 (내균성 약함)

<h1 style="text-align:center">기출복원문제 10회</h1>

				수험번호	성명
자격종목 및 등급(선택분야)	종목코드	시험시간	문제지형별		
양장기능사	7932	1시간			

※ 답안 카드 작성 시 시험문제지 형별누락, 마킹착오로 인한 불이익은 전적으로 수험자의 귀책사유임을 알려드립니다.
※ 각 문항은 4지택일형으로 질문에 가장 적합한 보기 항을 선택하여 마킹하여야 합니다.

01

의복 종류에 따른 제도 시 길 원형에 사용하는 약자가 아닌 것은?

① W.L
② B.L
③ H.L
④ C.L

해설

H.L은 엉덩이 둘레선으로 스커트, 슬랙스 원형에 사용하는 약자이다.

02

겨드랑이 부분이 끼며 품이 좁을 때의 보정 방법으로 가장 적합한 것은?

① 앞뒷길의 옆선에서 품을 넓혀 준다.
② 앞뒷길의 어깨 끝점 부분을 올려 준다.
③ 앞뒷길의 어깨 끝점 부분을 내려 준다.
④ 진동둘레가 넓어지지 않도록 겨드랑이 부분을 올려 준다.

03

봉제할 때 옷감에 적합한 재봉실을 선택하는 방법으로 옳은 것은?

① 실의 굵기 표시방법은 번수만 사용하면 된다.
② 재봉사는 옷감과 같은 재질을 선택한다.
③ 혼방직물일 때 혼용률이 낮은 재료를 선택한다.
④ 수지가공의 옷감에는 방축 가공된 재봉사는 피한다.

해설

재봉사는 옷감과 같은 재질을 선택하며, 옷감의 두께에 비례하여 바늘과 실의 굵기를 선택한다.

04

다음 중 패턴에 표시하지 않아도 되는 것은?

① 중심선
② 안단선
③ 단추의 모양
④ 포켓다는 위치

05

다음 그림에 나타난 패턴의 네크라인 종류는?

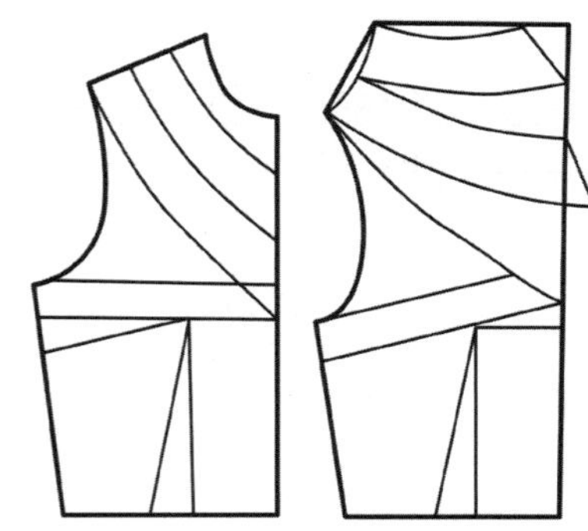

① 하이 네크라인(high neckline)
② 라운드 네크라인(round neckline)
③ 카울 네크라인(cowl neckline)
④ 스퀘어 네크라인(square neckline)

06

다음 그림과 같이 진동둘레에 사선의 군주름이 생길 경우 보정 방법으로 옳은 것은?

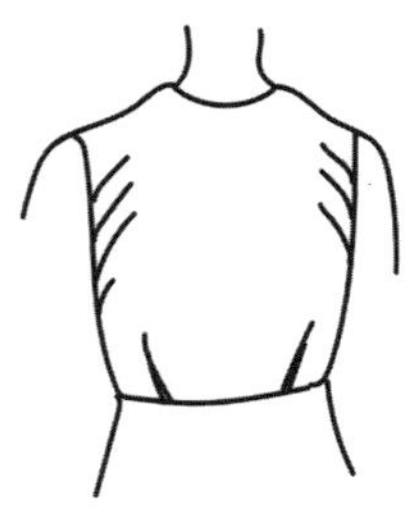

① 목둘레선을 높여 앞뒤판을 맞춘다.

{ 정답 } 01 ③ 02 ① 03 ② 04 ③ 05 ③ 06 ②

② 어깨선을 군주름 분량만큼 시침 보정하여 내
　려주고 어깨 처진 만큼 진동 둘레 밑부분도 내
　려 준다.
③ 어깨선을 올려서 보정하고 진동둘레 밑부분
　도 올려 준다.
④ 목둘레가 좁은 경우이므로 목둘레선을 파 준다.

해설

어깨가 처진 체형의 패턴 보정 방법이다.

07

옷감의 손질 방법으로 옳은 것은?

① 옷감을 침수시킬 때는 되도록 많이 접어서 담
　근다.
② 확실한 내용의 표시가 없는 것은 섬유의 감별
　법에 따른다.
③ 다람질은 온도를 섬유의 종류에 맞추어 가로
　방향으로만 다린다.
④ 수지가공에서 방축, 방추, 상수 가공이 되어
　있는 옷감은 다림질로 다려 구김살을 펴지 않
　아도 된다.

08

재단할 때의 주의사항으로 옳은 것은?

① 한 겹 옷일 경우에는 안단을 따로 재단한다.
② 안단의 시접은 칼라의 형태와 관계없이 모두
　같게 접는다.
③ 바이어스 테이프를 장식으로 댈 때는 시접을
　반드시 넣는다.
④ 무늬 있는 옷감은 위의 한 장을 자른 후에 아
　래의 무늬를 확인하면서 자른다.

해설

• 한 겹 옷의 경우 안단은 골로 재단한다.
• 안단의 시접은 칼라의 형태에 따라 다르게 처리한다.
• 장식 바이어스테이프의 경우 시접을 넣지 않는다.

09

다음 중 길 원형의 프린세스 라인 구성이 아닌 것은?

① 숄더 다트와 웨이스트 다트
② 암 홀 다트와 웨이스트 다트
③ 숄더 포인트 다트와 웨이스트 다트
④ 언더 암 다트와 웨이스트 다트

10

제도에 사용하는 약아 중 C.B.L의 의미는?

① 앞중심선　　　　　② 뒷중심선
③ 가슴둘레선　　　　④ 허리둘레선

해설

Center Back Line

11

주름 잡는 위치에 따라 종류가 달라지며, 주름 잡는 모양에 따라 슬리브 모양과 어깨 모양이 달라지는 슬리브는?

① 퍼프 슬리브(puff sleeve)
② 비숍 슬리브(bishop sleeve)
③ 케이프 슬리브(cape sleeve)
④ 타이트 슬리브(tight sleeve)

12

각 부위의 기본 시접 분량 중 가장 적합하지 않은 것은?

① 목둘레−1cm　　　② 옆선−2cm
③ 어깨선−2cm　　　④ 소매단−5cm

해설

각 부위별 적정 시접량
• 목둘레, 칼라, 진동둘레, 안단, 스커트 허리선: 1cm
• 절개선: 1.5cm
• 어깨, 옆선: 2cm
• 소맷단, 바지, 스커트 밑단: 4cm
• 코트, 재킷 밑단: 5cm

13

다음 의복제도 부호의 의미는?

━ ━ ━ ━ ━ ━ ━

① 꺾임선　　　　　　② 완성선
③ 안단선　　　　　　④ 골선

14

심지의 종류 중 여러 종류의 섬유를 얇게 펴서 접착제를 사용하여 접착시킨 심지로, 가볍고 올리 풀리지 않으며 올의 방향이 없어 사용에 간편한 심지는?

① 마심지　　　　② 면심지
③ 모심지　　　　④ 부직포

15

의복제작 시 본봉으로 들어가기 전 가봉할 때의 주의사항 중 틀린 것은?

① 바느질 방법은 손바느질의 상침 시침으로 한다.
② 실은 면사로 하되 얇은 감은 한 몰로, 두꺼운 감은 두 올로 한다.
③ 바늘은 옷감에 직각으로 꽂아 옷감이 울지 않게 하고 실이 늘어지지 않게 한다.
④ 바이어스 감과 직선으로 재단된 옷감을 붙일 때는 바이어스 감을 아래로 위치한 후 바느질한다.

16

원형 제도 방법 중 장촌식 제도법에 해당하는 것은?

① 인체의 각 부위를 세밀하게 계측한다.
② 체형 특징에 잘 맞는 원형을 얻을 수 있다.
③ 인체 부위 중 가장 대표적인 부위만 측정한다.
④ 계측이 서투른 초보자에게는 바람직하지 못하다.

17

다음 중 다람질 온도가 가장 높은 섬유는?

① 면
② 양모
③ 아마
④ 폴리에스테르

해설

다리미 온도
아마 > 면 > 양모 = 폴리에스테르

18

플레어 스커트 중 45° 각도를 이루고 두 개의 선을 먼저 긋고, 그 선에 맞추어 스커트의 절개선을 벌려 주는 것은?

① 벨 플레어스커트
② 서큘러 플레어 스커트
③ 요크를 댄 플레어 스커트
④ 세미 서큘러 플레어 스커트

19

체형과 관련된 설명 중 틀린 것은?

① 앞으로 굽은 체형－등이 굽어진 체형으로 앞품이 부족하기 쉽다.
② 어깨가 솟은 체형－어깨의 경사로 인해 암홀의 길이가 변화한다.
③ 배가 나온 체형－스커트의 경우 밑단을 충분히 주어야 들리지 않는다.
④ 목이 굽은 체형－앞, 뒤의 목둘레가 변화한다.

해설

앞으로 굽은 체형은 앞길이가 남는다.

20

상반신에서 둘레의 최대치를 나타내는 위치는?

① 목둘레선
② 진동 둘레선
③ 가슴둘레선
④ 허리둘레선

해설

상반신에서 둘레의 최대치수는 가슴둘레이다.

21

연단 방법 중 옷감이 감긴 롤러를 돌려가면서 연단해야 하기 때문에 인력 소모가 가장 큰 것은?

① 표면대향 연단
② 무방향 연단
③ 양방향 연단
④ 한방향 연단

{ 정답 }　14 ④　15 ④　16 ③　17 ③　18 ④　19 ①　20 ③　21 ①

22

다트 머니퓨레이션(manipulation)의 정의로 옳은 것은?

① 다트의 위치를 이동시켜 새로운 원형을 만드는 과정
② 활동에 불편이 없도록 원형으로 변화시키는 작업
③ 이상 체형의 변화를 원형에서 수정하는 작업
④ 길원형의 다트를 생략하는 과정

23

슬기 가장자리를 장식하는 것으로 바이어스보다 선을 가늘게 나타낸 것은?

① 셔링　　　　② 스모킹
③ 파이핑　　　　④ 개더링

24

옷감과 패턴의 배치에 대한 설명으로 옳은 것은?

① 무늬가 있는 옷감은 왼쪽과 오른쪽을 다른 무늬로 배치한다.
② 짧은 털이 있는 옷감은 털의 결 방향을 아래로 배치한다.
③ 옷감의 표면이 밖으로 되게 반을 접어 패턴을 배치한다.
④ 패턴은 큰 것부터 배치하고 작은 것은 큰 것 사이에 배치한다.

25

원가계산방법 중 총원가에 해당하는 것은?

① 제조원가 + 판매간접비 + 일반관리비
② 재료비 + 인건비 + 제조경비
③ 판매가 - 총원가
④ 총원가 + 이익

해설

제조원가 = 재료비 + 인건비 + 제조경비
이익 = 판매가 - 총원가

26

제도에 필요한 부호 중 '오그림'에 해당하는 것은?

해설

1: 늘림 2: 줄임 3: 오그림 4: 개더잡음

27

공업용 재봉기의 대분류에서 표기 기호가 틀린 것은?

① 본봉 : L　　　② 복합봉 : S
③ 단환봉 : C　　　④ 이중환봉 : D

해설

S: 특수봉

28

스커트 길이의 명칭 중 원형의 무릎선 정도의 위치는?

① 마이크로(micro)
② 미디(midi)
③ 내추럴(natural)라인
④ 맥시(maxi)

해설

• 마이크로: 매우 짧은 스커트
• 내추럴: 무릎 정도 길이
• 미디: 종아리 중간에 오는 스커트
• 맥시: 발목 위까지 오는 긴 스커트

29

본봉 재봉기 다음으로 많이 이용되며, 바늘실과 루퍼실의 두 가닥의 재봉실이 천 밑에서 고리를 형성하는 재봉기는?

① 인터록 재봉기
② 이중환봉 재봉기
③ 오버록 재봉기
④ 단환봉 재봉기

22 ①　23 ③　24 ④　25 ①　26 ③　27 ②　28 ③　29 ①　{ 정답 }

30

다음 각 용어의 설명 중 옳은 것은?

① 의상 – 속옷과 겉옷의 총칭
② 복장 – 의복을 입어서 나타나는 전체적인 모습
③ 의복 – 모자와 신발을 포함하여 인체의 각 부를 덮는 것
④ 피복 – 모자와 신발을 제외한 인체의 각 부를 덮는 것

31

천연섬유로서 단면이 원형에 가까운 섬유는?

① 양모
② 나일론
③ 아마
④ 면

해설

섬유의 단면형태
• 양모: 원형에 가까움
• 나일론: 단면은 원형
• 아마: 작은 중공이 있는 다각형
• 면: 중공이 있으며 강낭콩 형태

32

다음 중 섬유 내에서 결정 부분이 발달하여 있으면 향상되는 성질은?

① 신도
② 강도
③ 염색성
④ 흡습성

해설

섬유의 결정이 발달하여 있으면 섬유의 강도, 탄성, 내열성, 마찰 강도 등이 향상됨. 신도는 감소함

33

폴리에스테르 섬유의 연소시험 결과 나타나는 현상이 아닌 것은?

① 검은 재가 남는다.
② 달콤한 냄새가 난다.
③ 불꽃에 접근시키면 녹는다.
④ 천천히 타며 저절로 꺼진다.

34

현미경 구조에서 측면에 마디(node)가 보이는 섬유는?

① 아마
② 양모
③ 면
④ 견

35

다음 중 습윤상태에서 강도가 증가하는 섬유는?

① 견
② 면
③ 나일론
④ 폴리에스테르

해설

습윤상태에서 강도가 증가하는 섬유는 면, 마 등이 있다.

36

섬유의 단면에 대한 설명으로 틀린 것은?

① 섬유의 단면이 원형에 가까우면 촉감이 부드럽다.
② 섬유의 단면은 옷감의 필링과도 관련이 있다.
③ 면섬유의 단면은 날카롭다.
④ 아세테이트는 단면이 주름 잡혀 있다.

해설

면섬유의 단면은 중공이 있으며 강낭콩 형태를 띤다.

37

5% 수산화나트륨 용액에 가장 쉽게 용해되는 섬유는?

① 양모
② 면
③ 아크릴
④ 저마

해설

양모는 알칼리성 물질에 약하다.

38

다음 중 방적의 원리가 아닌 것은?

① 섬유에 꼬임을 준다.
② 섬유를 뽑아 늘여 준다.
③ 섬유를 움직이지 않게 고정한다.
④ 섬유를 곧게 평행으로 배열시킨다.

{ 정답 } 30 ② 31 ① 32 ② 33 ④ 34 ① 35 ② 36 ③ 37 ① 38 ③

방적이란 섬유에서 실을 뽑아내는 것으로 섬유에 꼬임을 주고 길게 늘여주며 곧게 평향으로 배열시킨다.

39

실의 굵기에 대한 설명으로 틀린 것은?

① 항중식 변수는 일전한 무게의 실의 길이로 표시하는 것이다.

② 데니어는 견, 레이온, 합성 섬유 등의 실의 굵기를 표시하는 데 사용된다.

③ 데니어는 실 1km의 무게를 g 수로 표시한 것이다.

④ 소모 변수는 1파운드의 소모사의 길이를 560야드 길이 단위로 나타내는 것으로 항중식 번수이다.

데니어는 실 9000m일 때의 무게(g)로, 1데니어는 9000m의 실이 1g 인 것을 나타낸다.

40

섬유가 외부 힘의 작용으로 변형을 받았다가 그 힘이 사라졌을 때 원상으로 되돌아가는 능력에 해당하는 것은?

① 탄성   ② 강도

③ 방적성   ④ 레질리언스

탄성: 외부의 힘에 의해 신장하였다가 다시 원래 상태로 줄어드는 성질
리질리언스: 섬유를 구부리거나 압축시켰다가 원래 상태로 회복되는 성질

41

명도가 비슷한 유사색을 동시에 배색했을 때 얻어지는 조화는?

① 명도에 따른 조화

② 색상에 따른 조화

③ 주조색에 따른 조화

④ 보색 대비에 따른 조화

42

의복의 배색조화에 대한 설명 중 틀린 것은?

① 저채도인 색의 면적을 넓게 하고 고채도의 색을 좁게 한면 균형이 맞고 수수한 느낌이 든다.

② 고채도인 색의 면적을 넓게 하고 저채도의 색을 좁게 하면 매우 화려한 배색이 된다.

③ 고명도의 색을 좁게 하고 저명도의 색을 넓게 하면 명시도가 낮아 보인다.

④ 한색계통의 색을 넓게 하고 난색계통의 색을 좁게 하면 약간 침울하고 가라앉은 듯한 느낌이 든다.

43

다음 중 따뜻하게 느껴지는 색상이 아닌 것은?

① 빨강   ② 연두

③ 주황   ④ 노랑

빨강, 주황, 노랑: 난색
연두: 난색도 아니고 한색도 아니다.

44

색의 시지각적 효과 중 주위색의 영향으로 오히려 인접색에 가깝게 느껴지는 경우에 해당하는 것은?

① 공감각 현상

② 동화 현상

③ 항상성

④ 진출성

45

다음 중 진출, 팽창되어 보이는 색이 아닌 것은?

① 고명도   ② 고채도

③ 한색계   ④ 난색계

팽창색: 고명도, 고채도, 난색 계열
수축색: 저명도, 저채도, 한색 계열

39 ③   40 ④   41 ②   42 ③   43 ②   44 ②   45 ③   { 정답 }

46
다음 중 황금 분할의 비율에 해당하는 것은?

① 1:1.218　　　　② 1:1.418
③ 1:1.618　　　　④ 1:1.718

47
기본 형태 중 현실적 형태에 해당하는 것은?

① 점　　　　② 선
③ 면　　　　④ 입체

48
색광의 3원색으로 옳은 것은?

① 빨강, 노랑, 파랑　　② 빨강, 주황, 노랑
③ 빨강, 파랑, 흰색　　④ 빨강, 초록, 파랑

해설
- 색광의 3원색 : 빨강(R), 초록 (G), 파랑 (B)
- 색료의 3원색 : 마젠타(M), 노랑(Y), 시안(C)

49
다음 중 디자인의 원리에 해당하지 않는 것은?

① 조화　　　　② 균형
③ 질감　　　　④ 율동

해설
디자인의 원리
균형, 비례, 통일, 조화, 리듬(율동), 강조

50
색의 감정 중 색상에 의한 효과가 가장 큰 것은?

① 중량감　　　　② 강약감
③ 경연감　　　　④ 온도감

51
다음 중 양모직물의 가공방법이 아닌 것은?

① 축융 가공　　　　② 전모 가공
③ 방축 가공　　　　④ 알칼리 감량 가공

해설
알칼리 감량 가공: 폴리에스테르 섬유의 촉감을 견과 비슷하게 만들어 줌.

52
평직의 특성에 해당하는 것은?

① 표면이 평활하다.
② 광택이 우수하다
③ 제직이 간단하다.
④ 조직점이 적어서 유연하다.

해설
평직의 특성
- 가장 간단한 조직
- 조직점이 많아서 강하고 실용적임
- 실의 자유도가 낮아 구김이 잘 생김

53
편성물의 가장자리가 휘감기는 성질에 해당하는 것은?

① 방추성　　　　② 수축성
③ 컬업　　　　④ 신축성

해설
위편성물은 끝이 돌돌 말리는 현상(컬업)이 생겨 재단과 봉제 시 불편함

54
다음 중 의복의 위생적 성능에 해당하지 않는 것은?

① 보온성　　　　② 통기성
③ 흡수성　　　　④ 내약품성

해설
의복의 위생적 성능
- 의복의 쾌적성 및 착용자의 건강과 관련된 성질
- 흡습성, 보온성, 대전성, 통기성, 투습성 등

{ 정답 }　46 ③　47 ④　48 ④　49 ③　50 ④　51 ④　52 ③　53 ③　54 ④

55

워시 앤드 웨어(wash and wear) 가공의 효과에 해당하는 것은?

① 축융 방지　　　　② 방추성 향상
③ 대전 방지　　　　④ 보온성 향상

워시앤드웨어(방추가공)

면섬유의 구김 방지 가공이며, 세탁 시 구김이 생기지 않아 다림질 없이 바로 입을 수 있게 처리함

56

면직물에 묻은 쇳녹을 제거할 때 가장 적합한 약제는?

① 벤젠　　　　　　② 옥살산
③ 사염화탄소　　　　④ 트리클로로에틸렌

57

정련만으로 제거되지 않는 색소를 화학약품을 사용해서 분해 제거하는 공정은?

① 발호　　　　　　② 표백
③ 호발　　　　　　④ 탈색

58

섬유의 염색성에 영향을 미치는 요인과 관계가 없는 것은?

① 발호　　　　　　② 표백
③ 호발　　　　　　④ 탈색

59

혼방직물이나 교직물을 염색할 때 섬유의 종류에 따른 염색성의 차이를 이용하여 각각 다른 색으로 염색할 수 있는 염색방법은?

① 포염색　　　　　② 크로스(cross) 염색
③ 원료염색　　　　④ 톱(top) 염색

크로스염색 또는 이색염색이라고 한다.

60

수자직의 설명으로 옳은 것은?

① 변화 평직이다.
② 조직이 간단하다.
③ 마찰에 약하다.
④ 직물의 앞뒤의 구별이 없다.

55 ② 　56 ② 　57 ② 　58 ① 　59 ② 　60 ③ 　{ 정답 }

기출복원문제 11회

				수험번호	성명
자격종목 및 등급(선택분야)	종목코드	시험시간	문제지형별		
양장기능사	7932	1시간			

※ 답안 카드 작성 시 시험문제지 형별누락, 마킹착오로 인한 불이익은 전적으로 수험자의 귀책사유임을 알려드립니다.
※ 각 문항은 4지택일형으로 질문에 가장 적합한 보기 항을 선택하여 마킹하여야 합니다.

01
다음 중 오버 블라우스에 해당하는 것은?

① Y셔츠와 같은 형태의 블라우스
② 스커트나 슬랙스 겉으로 내어놓고 착용하는 블라우스
③ 자수나 스모킹을 부분적으로 장식한 블라우스
④ 스커트나 슬랙스에 넣어서 착용하는 블라우스

02
기모노 슬리브가 매우 짧아진 형태의 슬리브는?

① 래글런 슬리브　　② 캡 슬리브
③ 쇼츠 슬리브　　④ 프렌치 슬리브

해설 🎱

프렌치 슬리브는 길에 붙어있는 형태로 기모노 슬리브가 짧아진 형태이다.

03
다음 의복제도 부호의 명칭은?

① 늘림　　② 줄임
③ 심지　　④ 오그림

04
생산목표량의 산출 근거에 해당하는 요소가 아닌 것은?

① 생산제품 1매 생산을 위해서 투입된 작업원 수
② 제품의 공정별 가공기술 기준 및 방법 기준
③ 투입 작업원 개별 기능도
④ 1일 작업시간

05
너비 110cm의 옷감으로 180° 플레어스커트를 제작할 때 옷감의 필요량 계산법으로 옳은 것은?

① (스커트 길이×1.5)+시접
② (스커트 길이×2.5)+시접
③ (스커트 길이×2)+벨트 너비
④ (스커트 길이×4)+벨트 너비

06
다음 중 단추 달 때의 실기둥 치수로 가장 옳은 것은?

① 단추의 두께　　② 단추의 반지름
③ 옷감의 두께　　④ 앞단 두께

07
그레이딩(grading)에 대한 설명으로 옳은 것은?

① 디자인 종류를 부분별로 구별하는 작업이다.
② 재단 작업에서 봉제 작업으로 이동하는 작업이다.
③ 상품화, 불량품을 분리하는 작업이다.
④ 각 사이즈별 패턴을 제작하는 작업이다.

08
다음 그림의 소매(sleeve) 명칭은?

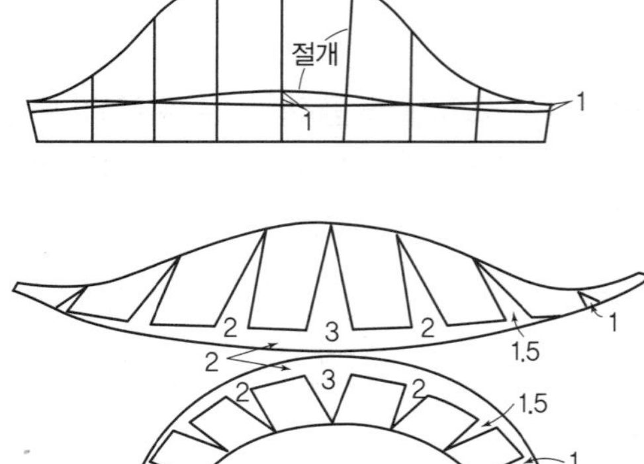

{ **정답** } 01 ②　02 ④　03 ②　04 ②　05 ②　06 ④　07 ④　08 ①

① 랜턴 슬리브(lantern sleeve)
② 퍼프 슬리브(puff sleeve)
③ 비숍 슬리브(bishop sleeve)
④ 벨 슬리브(bell sleeve)

09

공업용 재봉기의 소분류 중 버선, 장갑 등의 손가락 끝부분의 가장자리 박기 작업에 가장 적합한 형태의 재봉기는?

① 장방형　　　　② 원륜형
③ 기둥형　　　　④ 보내기암형

10

원형의 보정 방법에 대한 설명 중 틀린 것은?

① 마른 체형 – 원형의 모든 치수를 줄인다.
② 등이 굽은 체형 – 뒷길의 남은 부분을 절개하여 줄여 준다.
③ 복부가 나온 체형 – 뒤에 남은 부분은 접어서 줄이고 밑파임 곡선을 조금 더 파준다.
④ 소매 앞쪽에서 소매산을 향하여 주름이 생길 때 – 소매산 중심점을 앞소매 쪽으로 옮기고 소매산둘레의 곡선을 수정한다.

해설

등이 굽은 체형은 앞길이 남고 뒷길이 부족한 경우가 일반적이다.

11

계측 항목 중 가슴너비의 설명으로 옳은 것은?

① 좌우 뒷품점 사이의 길이
② 좌우 앞품점 사이의 길이
③ 좌우 유두 사이의 직선거리
④ 옆목점에서 유두점까지의 길이

12

체형의 분류 중 Kretschmer의 체형분류에 해당하지 않는 것은?

① 세장형　　　　② 투사형
③ 근육형　　　　④ 비만형

해설

크레치머의 체형분류

비만형: 목이 굵고 짧으며 흉부나 배에 피하지방이 많은 체형
세장형: 몸이 가늘고 가슴이 좁으며 피하지방이 적은 체형
투사형: 신장이 크며 골격이 크고 근육이 고루 발달한 체형

13

계측방법의 설명 중 틀린 것은?

① 유두길이 – 목옆점을 지나 유두까지를 잰다.
② 허리둘레 – 허리의 가장 가는 부위를 돌려서 잰다.
③ 엉덩이둘레 – 엉덩이의 가장 두드러진 부위를 수평으로 돌려서 잰다.
④ 등길이 – 목뒤점부터 엉덩이선보다 약간 위쪽까지 잰다.

해설

등길이: 목 뒤점에서 허리둘레선까지의 길이

14

소매산의 높이를 $\dfrac{A \cdot H}{4}$ 에서 $\dfrac{A \cdot H}{6}$ 으로 바꾸어 소매제도를 했을 때 소매진동둘레의 변화로 옳은 것은?

① 소매진동둘레의 변화가 없다.
② 소매진동둘레가 좁아진다.
③ 소매진동둘레가 넓어진다.
④ 소매진동둘레가 좁혀졌다가 넓어진다.

해설

소매산 높이가 낮을수록 소매의 진동둘레는 넓어진다.

15

길 원형의 필요 치수에서 상체의 최대 주경이므로 가장 중요한 항목은?

① 가슴너비　　　　② 가슴둘레
③ 허리너비　　　　④ 허리둘레

해설

길원형에서 가장 중요한 치수는 가슴둘레이다.

09 ③　10 ②　11 ②　12 ③　13 ④　14 ③　15 ② **{ 정답 }**

16

심감의 갖추어야 할 성질이 아닌 것은?

① 부착이 간편해야 한다.
② 형태 안전성이 커야 한다.
③ 빳빳하면서 탄력성이 커야 한다.
④ 두께는 겉감과 부조화되어야 한다.

해설

심지는 겉감 소재와 잘 어울리는 것으로 선택하여야 한다.

17

바이어스 테이프를 만들어 도안을 따라 얽어매면서 배치한 후 무늬를 나타내는 장식봉은?

① 스모킹(smocning)
② 패거팅(fagoting)
③ 루싱(ruching)
④ 러플링(ruffling)

해설

패거팅: 단과 단 사이의 공간을 루프나 실을 엮어 연결하는 방법이다.

18

각 부위의 기본 시접 중 어깨와 옆선의 시접 분량으로 가장 적합한 것은?

① 0.5cm
② 2cm
③ 4cm
④ 6cm

19

소매의 진동선 없이 길과 소매가 한 장으로 제도된 소매는?

① 돌먼 슬리브(dolman sleeve)
② 비숍 슬리브(bishop sleeve)
③ 타이트 슬리브(tight sleeve)
④ 케이프 슬리브(cape sleeve)

해설

길과 소매가 한 장으로 제도된 소매: 돌먼슬리브, 기모노 슬리브, 프렌치슬리브

20

원형제작 시 필요 항목의 연결이 틀린 것은?

① 소매(sleeve) - 길 원형의 앞뒤 진동둘레치수, 소매길이, 팔꿈치길이, 소매산길이, 손목둘레
② 슬랙스(slacks) - 허리둘레, 엉덩이둘레, 엉덩이길이, 밑위길이, 앞길이, 바지길이
③ 스커트(skirt) - 허리둘레, 엉덩이둘레, 스커트길이, 엉덩이길이
④ 길(bodice) - 가슴둘레, 등길이, 유두길이, 어깨너비, 등너비, 가슴너비, 유두간격, 목둘레

해설

슬렉스 원형 제작 시 앞길이는 필요하지 않다.

21

기본 스커트 원형 각부 명칭의 약자 표시가 아닌 것은?

① C.B.L
② C.F.L
③ E.L
④ H.L

해설

E.L 는 팔꿈치선으로 소매원형 제도 시 필요한 약자이다.

22

가봉 시 주의할 점 중 틀린 것은?

① 바느질 방법은 의복의 종류와 관계없이 손바느질의 상침시침으로 한다.
② 바늘은 옷감에 직각으로 꽂아 옷감이 울지 않게 한다.
③ 실은 면사로 하되 얇은 옷감은 한 올로 하고, 두꺼운 옷감은 두 올로 한다.
④ 재봉대 위에 펴놓고 일반적으로 오른손으로 누르면서 왼쪽에서 오른쪽으로 시침한다.

해설

일반적으로 오른손으로 작업을 하므로 오른쪽에서 왼쪽으로 시침을 한다.

{ 정답 } 16 ④ 17 ② 18 ② 19 ① 20 ② 21 ③ 22 ④

23

바느질 방법에 대한 설명 중 틀린 것은?

① 통솔 - 시접을 겉으로 0.3~0.5cm로 박은 다음 접어서 안으로 0.5~0.7cm로 한 번 더 박는다.
② 쌈솔 - 청바지의 솔기를 튼튼하게 하기 위해 사용하는 바느질이다.
③ 누름상침 - 소매를 진동둘레에 달 때 사용하는 바느질이다.
④ 접어박기 가름솔 - 시접 끝을 0.5cm 정도로 접어서 박아 시접을 가른다.

해설

누름상침: 안단이 겉으로 밀려 나오지 않도록 고정해주는 바느질이다.

24

의복구성에 필요한 체형을 계측하는 직접법의 특징이 아닌 것은?

① 피계측자에게 직접 기구를 대지 않고 인체를 사진에 기록한다.
② 굴곡 있는 체표의 실측길이를 얻을 수 있다.
③ 표준화된 계측기구가 필요하다.
④ 계측을 위하여 넓은 장소와 환경의 정리가 필요하다.

해설

직접법은 도구를 사용하여 피계측자의 신체를 직접 계측하는 방법이다.

25

시침실을 사용하여 두 장의 직물에 패턴의 완성선을 표시할 때 사용하는 손바느질 방법은?

① 휘갑치기
② 실표뜨기
③ 홈질
④ 어슷시침

26

옷감과 패턴의 배치 설명으로 옳은 것은?

① 짧은 털이 있는 직물은 털의 결 방향에 신경 쓰지 않고 패턴을 배치한다.
② 털이 긴 첨모직물은 털의 결 방향이 위로 향하도록 배치한다.
③ 체크 무늬나 줄무늬는 옷감 정리에서 줄을 바르게 정리한 다음 무늬를 맞춰 배치한다.
④ 옷감의 안과 안이 마주 보도록 접은 다음 옷감의 겉쪽에 패턴을 배치한다.

해설

옷감에 패턴을 배치하는 방법
옷감의 겉과 겉이 마주 보도록 접은 다음 옷감의 안쪽에 패턴을 배치한다.
짧은 털이 있는 직물은 털 방향이 위쪽을 향하게 한다.
털이 긴 직물의 털 방향은 아래로 향하게 한다.

27

다음 중 디자인상 바이어스(bias) 방향으로 재단 시 스커트 모양이 제대로 나타나는 것은?

① 플레어(flared) 스커트
② 플리츠(pleate) 스커트
③ 타이트(tight) 스커트
④ 티어드(tiered) 스커트

28

길 다트에서 기준점이 되는 것은?

① 앞목점
② 옆목점
③ 앞중심점
④ 가슴점

해설

앞길 다트의 기준점은 가슴점(B.P)이다.

29

2매 이상의 소재가 끝부분이 서로 나란히 포개진 상태에서 한 줄 또는 여러 줄로 봉제하는 솔기는?

① 플랫 솔기(flat seam)
② 랩 솔기(lapped seam)
③ 바운드 솔기(bound seam)
④ 슈퍼임포즈 솔기(superimposed seam)

해설

플랫심: 1매의 소재의 끝부분을 봉제하는 솔기
랩심: 2매의 소재의 중간을 포개 박는 솔기
바운드심: 1매 원단의 끝을 다른 원단으로 감싸서 박는 솔기

30

옷의 실루엣을 위하여 봉제하기 전에 다림질하여 형태를 입체적으로 만드는 방법으로 틀린 것은?

① 다림질로 오그리는 부위는 소매산, 팔꿈치, 어깨, 허리, 엉덩이 부분이다.
② 재킷의 소매 밑의 앞부분은 다리미로 늘여서 정리한다.
③ 웨이스트 라인의 곡선을 나타내는 부분은 시접만 늘여서 옷감을 정리한다.
④ 직선에 달 때는 바이어스를 대고 곱게 바느질한다.

31

재생섬유에 대한 설명 중 틀린 것은?

① 셀룰로스를 주성분으로 한 인조섬유를 레이온 또는 인견이라고 한다.
② 비스코스 레이온의 제조공정에는 침지, 노성, 황화, 숙성 등이 있다.
③ 황산나트륨과 황산은 셀룰로스를 재생시키는 역할을 한다.
④ 강력 레이온은 강도는 크나 습윤에 따른 형체 안정성이 좋지 못하다.

32

앙고라염소에서 얻어진 헤어 섬유로, 평활한 표면을 가지고 있으며 좋은 레질리언스를 가지고 있는 것은?

① 모헤어
② 캐시미어
③ 낙타모
④ 라마속

33

섬유의 단면이 두 개의 삼각형에 가까운 피브로인 섬유가 세리신으로 접착되어 이루어진 섬유는?

① 면
② 양모
③ 견
④ 황마

해설

견섬유 생사의 단면은 삼각형 모양이며 두개의 피브로인 필라멘트가 세리신에 감겨있음

34

주로 견, 레이온, 합성섬유 등의 필라멘트사의 굵기를 표시하는데 사용하는 것은?

① 얀
② 리어
③ 코드
④ 데니어

35

인조섬유 필라멘트사를 여러 가지 기계적인 처리에 의하여 루프(loop) 또는 권축을 만들어 신축성을 향상하고 함기량을 크게 하는 실은?

① 스파이럴사
② 직방사
③ 장식사
④ 텍스처사

해설

텍스처사는 합성 섬유의 열가소성을 이용해 필라멘트사에 열 가공 처리하여 곱슬곱슬하게 한 실. 부피감이 증가하고 탄성과 신축성이 좋아지며, 보온성과 흡습성이 향상된다.

36

다음 중 방적사를 만들 수 없는 섬유는?

① 면
② 양모
③ 마
④ 폴리우레탄

해설

폴리우레탄은 필라멘트사로 이용된다.

{ **정답** } 29 ④ 30 ④ 31 ③ 32 ① 33 ③ 34 ④ 35 ④ 36 ④

37

폴리에스테르 섬유의 특성이 아닌 것은?

① 내약품성이 좋다.
② 열가소성이 좋다.
③ 흡습성이 낮아 습기가 강도와 신도에 영향을
  미치지 않는다.
④ 제조공정에서의 연신의 정도에 따라 강도와
  신도의 차이가 없다.

38

다음 중 흡습하였을 때 강도가 증가하는 섬유는?

① 양모
② 아세테이트
③ 비스코스 레이온
④ 면

39

스테이플 파이버(staple fiber)에 대한 설명으로 옳
은 것은?

① 견과 같이 무한히 긴 것이다.
② 치밀하여 광택이 좋고 촉감이 차다.
③ 양모섬유처럼 한정된 길이를 가진 것이다.
④ 통기성, 투습성이 좋지 않다.

해설

스테이플 섬유는 길이가 짧아 꼬임을 주어 방적을 통해 길게 만든다.

40

아마의 특성으로 섬유 간에 잘 엉키게 하여 방적성
을 좋게 해주는 것은?

① 마디(node)
② 스케일(scale)
③ 크림프(crimp)
④ 천연 꼬임(natural twist)

해설

아마의 측면에는 마디가 있다.

41

색상을 기준으로 한 배색 중 색상 차가 가장 낮은
배색은?

① 중간차색상　　　② 유사색상
③ 대조색상　　　　④ 보색색상

42

원색에 대한 설명 중 틀린 것은?

① 색의 근원이 되는 으뜸의 색이다.
② 원색들을 혼합해서 다른 색상을 만들 수 있다.
③ 다른 색상들을 혼합해서 원색을 만들 수 있다.
④ 색과의 3원색은 빨강, 초록, 파랑이다.

해설

원색은 다른 색상들을 혼합해서 만들 수 없는 색이다.

43

다음 중 진출, 팽창되어 보이는 색이 아닌 것은?

① 한색계의 색　　　② 난색계의 색
③ 고명도의 색　　　④ 고채도의 색

해설

한색 계열의 색은 수축색이다.

44

다음 중 색의 3속성으로 옳은 것은?

① 한색, 난색, 보색
② 색상, 명도, 채도
③ 명도, 순도, 채도
④ 빨강, 노랑, 파랑

45

대비조화 중 보색 조화가 지나치게 강렬한 느낌을
주고 두 색의 관계가 뚜렷하게 나타나기 때문에, 이
보다 약간 덜 눈에 띄는 미묘한 대비조화를 이룰 때
사용하는 것은?

① 분보색조화　　　② 3각조화
③ 보색조화　　　　④ 중보색조화

---

37 ④　38 ④　39 ③　40 ①　41 ②　42 ③　43 ①　44 ②　45 ① 　{ 정답 }

46

다음 중 비대칭 균형에서 느낄 수 없는 것은?

① 부드러움　　　　② 단조로움
③ 운동감　　　　　④ 유연성

해설

대칭균형은 안정감과 정적이고 단조로움을 느낄 수 있다.
비대칭 균형은 변화와 생동감을 느낄 수 있다.

47

색의 경연감에 대한 설명 중 틀린 것은?

① 명도가 높고 채도가 낮은 색은 딱딱한 느낌을 준다.
② 경연감이란 색의 딱딱함과 부드러운 느낌을 말한다.
③ 시각적으로 경험에 따라 다르게 느껴진다.
④ 한색의 색은 딱딱한 느낌을 준다.

해설

명도가 높고 채도가 낮은 색은 온화하고 은은한 느낌을 준다.

48

다음 중 색이 상징하는 내용으로 가장 거리가 먼 것은?

① 빨강 - 위험, 분노
② 노랑 - 명랑, 유쾌
③ 녹색 - 안식, 안정
④ 청록 - 신비, 우아

49

매스 효과(mass effect)의 설명으로 가장 옳은 것은?

① 그림과 배경이 서로 반전하여 보이는 것이다.
② 색의 차가움과 따뜻함의 느낌에 따라 생기는 것이다.
③ 같은 색이라도 큰 면적의 색이 작은 면적의 색보다 밝고 선명하게 보이는 것이다.
④ 색의 3속성별로 색상 대비, 명도 대비, 채도 대비의 현상이 더욱 강하게 일어나는 것이다.

해설

매스효과(Mass effect) – 큰 면적의 색은 적은 면적의 색을 보는 것보다는 화려하고 박력이 가해진 인상을 주게 되는데 이러한 현상을 매스효과라고 한다.

50

다음 중 동시 대비에 해당하지 않는 것은?

① 색상 대비　　　　② 보색 대비
③ 계시 대비　　　　④ 명조 대비

51

의복의 보관 중 습기로 인한 피해로 가장 거리가 먼 것은?

① 함기성 감소　　　② 강도 저하
③ 변퇴색 발생　　　④ 곰팡이 발생

52

다음 중 평직물이 아닌 것은?

① 광목　　　　　　② 목공단
③ 당목　　　　　　④ 옥양목

53

능직의 표면과 이면의 조직을 가로 · 세로 방향으로 교대로 배합하여 만든 조직은?

① 신능직　　　　　② 산형능직
③ 능형능직　　　　④ 주야능직

54

축융 방지 가공 방법에 대한 설명 중 틀린 것은?

① 양모섬유의 스케일 일부를 약품으로 용해하는 방법이다.
② 양모섬유의 스케일을 합성수지로 피복하는 방법이다.
③ 염소에 의해 스케일 일부가 흡착되어 축융을 방지하는 방법이다.
④ 수지로 섬유를 접착하여 섬유의 이동을 막아 축융을 방지하는 방법이다.

{ 정답 }　46 ②　47 ①　48 ④　49 ③　50 ③　51 ①　52 ②　53 ④　54 ③　55 ④

55

평직의 특징이 아닌 것은?

① 제직이 간단하다.
② 조직점이 많아서 얇으면서 강직하다.
③ 구김이 잘 생기고 광택이 적다.
④ 표면과 이면이 다른 조직이다.

해설

평직은 표면과 이면이 같다.

56

뜀 수가 정해지지 않아서 수자 조직으로 부적합한 것은?

① 5매 수자　　　② 6매 수자
③ 7매 수자　　　④ 8매 수자

57

의복의 보관에 대한 설명 중 가장 거리가 먼 것은?

① 정돈한 의복은 한 벌씩 따로 종이에 싼다.
② 먼지를 막기 위해 비닐 옷보자기에 싸서 오랫동안 둔다.
③ 해충으로부터 의복을 보호하기 위해서는 보관할 때에 방충제를 함께 넣어 보관한다.
④ 양복은 옷걸이 걸고 옷덮개를 사용하는 것이 바람직하다.

58

다음 중 의복의 위생적 성능에 해당하지 않는 것은?

① 방추성　　　② 통기성
③ 보온성　　　④ 흡수성

해설

방추성은 의복의 관리적 성능과 관련이 있다.

59

부직포의 특성으로 틀린 것은?

① 방향성이 없다.
② 함기량이 많다.
③ 내구성이 좋다.
④ 표면 결이 곱지 못하다.

해설

부직포의 특성
강도가 약하고 마찰에 약해 내구성이 좋지 않음
함기량과 통기성이 좋음
광택과 촉감이 좋지 못함
방향성이 없고 절단면의 올이 풀리지 않음

60

의복 재료가 갖추어야 할 특성 중 관리성과 가장 관계가 있는 것은?

① 내연성　　　② 내추성
③ 드레이프성　　　④ 염색성

해설

드레이스성은 의복의 감각적 성능과 관련이 있다.

기출복원문제 12회

				수험번호	성명
자격종목 및 등급(선택분야)	종목코드	시험시간	문제지형별		
양장기능사	7932	1시간			

※ 답안 카드 작성 시 시험문제지 형별누락, 마킹착오로 인한 불이익은 전적으로 수험자의 귀책사유임을 알려드립니다.
※ 각 문항은 4지택일형으로 질문에 가장 적합한 보기 항을 선택하여 마킹하여야 합니다.

01

길 다트에서 완성된 다트 길이는 B.P에서 몇 cm 정도 떨어져 처리하는 것이 가장 이상적인가?

① 1cm ② 3cm
③ 5cm ④ 7cm

02

소매원형 제도에서 그림 A에 해당하는 것은?

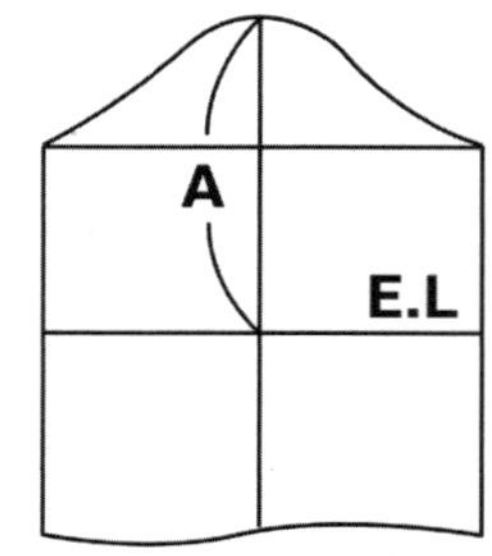

① 소매 길이 ② 소매산 높이
③ 진동 둘레 ④ 팔꿈치 길이

03

칼라의 종류 중 테일러드 칼라(tailored collar) 그룹에 해당하지 않는 것은?

① 숄 칼라(shawl collar)
② 오픈 칼라(open collar)
③ 셔츠 칼라(shirt collar)
④ 윙 칼라(wing collar)

04

가봉 시 주의사항 중 틀린 것은?

① 바늘은 옷감에 수평에 꽂아 옷감이 울지 않게 하고 실이 늘어지지 않게 한다.
② 비이어스감과 직선으로 재단된 옷감을 붙일 때는 바이어스감을 위로 겹쳐놓고 바느질한다.
③ 실은 면사로 하되 얇은 감은 한 올로 하고, 두꺼운 감은 두 올로 한다.
④ 바느질 방법은 손바느질의 상침 시침으로 한다.

해설

가봉 시 바늘은 옷감에 수직으로 꽂는다.

05

세탁을 자주 해야 하는 운동복, 아동복 등에 많이 사용하는 바느질 방법은?

① 가름솔 ② 쌈솔
③ 평솔 ④ 닝솔

06

어깨 끝점에서 B.P까지 연결된 다트의 명칭은?

① 숄더 다트(shoulder dart)
② 숄더 포인트 다트(shoulder point dart)
③ 언더 암 다트(under arm dart)
④ 센터 프론트 넥 다트(center front neck dart)

07

의복을 제작할 때 사용하는 심지의 역할이 아닌 것은?

① 의복의 강도와 수명을 연장되게 해준다.
② 의복의 실루엣을 아름답게 해준다.
③ 의복의 형태가 변형되지 않도록 해준다.
④ 의복의 형태가 입체감을 이루도록 해준다.

해설

심지는 겉감을 안정시켜 봉제를 쉽게 한다.
맵시 있는 실루엣을 부여한다.
착용, 세탁 등에 의한 의복의 변형을 감소시킨다.

{ 정답 }　01 ②　02 ④　03 ③　04 ①　05 ②　06 ②　07 ①

08

네크라인 중 등이나 팔이 드러나며, 이브닝드레스
(evening dress)나 비치 웨어(beach wear)에 응용
하는 것은?

① 하이 네크라인(high neckline)
② 카울 네크라인(cowl neckline)
③ 홀터 네크라인(halter neckline)
④ 스퀘어 네크라인(square neckline)

09

남녀 간의 체형적 특징에 대한 설명 중 틀린 것은?

① 남성은 여성에 비해 체지방이 많은 편이다.
② 남성의 피부는 두껍고, 피하지방 축적은 적다.
③ 남성의 체형은 역삼각형, 여성의 체형은 모래
　시계형이다.
④ 여성은 어깨가 좁고 골반이 넓다.

여성은 남성에 비해 체지방이 많은 편이다.

10

의복제작 전 옷감의 수축률에 따른 옷감의 정리 방
법 중 틀린 것은?

① 수축률이 4% 이상일 때는 옷감을 물에 담갔
　다가 약간 축축한 상태까지 말린 후 다린다.
② 수축률이 2~4%일 때는 안으로 물을 뿌려 헝
　겊에 싸 놓았다가 물기가 골고루 스며들게 한
　후, 안쪽에서 옷감의 결 따라 다린다.
③ 수축률이 1~2%일 때는 안쪽에서 옷감의 결을
　따라 구김을 펴는 정도로 다린다.
④ 기계적인 후처리로 충분히 축융시켜 만든 수
　축률이 낮은 옷감은 물에 30분 정도 담갔다가
　말린 후 옷감의 결을 따라서 골고루 다린다.

11

의복 구성에 필요한 체형을 계측하는 방법 중 인체
계측기구를 사용하는 것은?

① 직접법　　　　　② 등고선법
③ 입체사진 계측법　　④ 실루에터법

등고선법, 입체사진 계측법, 실루에터법은 간접측정법이다.

12

다음 그림 중 휘갑치기 가름솔에 해당하는 것은?

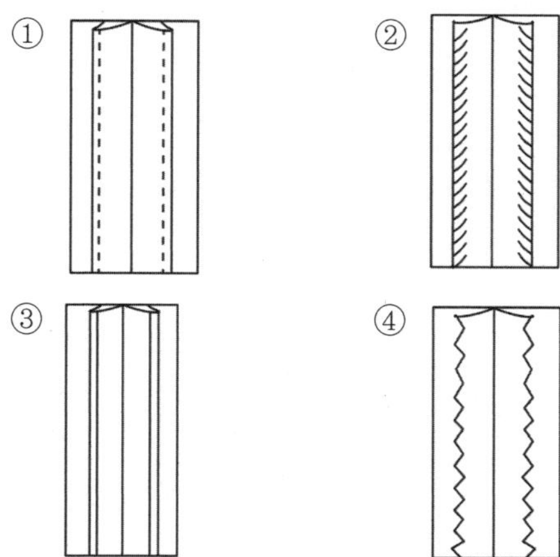

13

재봉기의 밑실이 끊어지는 이유로 가장 옳은 것은?

① 북집 및 북의 결함
② 실채기 용수철의 결함
③ 실걸이 결함
④ 바늘 높이에 의한 결함

14

다트 머니퓨레이션(dart manipulation)의 설명으로
옳은 것은?

① 다트의 명칭을 나열한 것이다.
② 다트의 기초선을 그리는 것이다.
③ 다트를 활용하는 기본 방법이다.
④ 다트를 제도하는 것이다.

다트 머니퓨레이션은 다트를 접거나 이동시킴으로써 다트를 활용하
는 방법이다.

15

인체 각 부분의 치수를 정확하게 직접 측정하는 방법으로 국제적 표준이 되는 것은?

① 실루에터법
② 마틴식 계측법
③ 물결무늬 사진 촬영법
④ 슬라이딩게이지법

해설

마틴식 계측법은 마틴식 인체 측정기를 사용하여 직접 인체를 측정한다.

16

다음 중 시접 분량이 가장 작은 것은?

① 목둘레
② 블라우스 단
③ 소매 단
④ 어깨와 옆선

해설

적정시접량
목둘레 : 1cm, 어깨와 옆선: 2cm, 블라우스던, 소맷단: 4cm

17

재봉기의 분류 중 대분류에 해당하지 않는 것은?

① 직선봉 재봉기
② 단환봉 재봉기
③ 편평봉 재봉기
④ 특수봉 재봉기

18

다음 중 세트 인 슬리브(set in sleeve) 형태에 해당하는 것은?

① 요크 슬리브(yoke sleeve)
② 래글런 슬리브(raglan sleeve)
③ 랜턴 슬리브(lantern sleeve)
④ 돌먼 슬리브(dolman sleeve)

해설

요크, 돌먼, 래글런 슬리브는 길과 연결된 소매이다.

19

공업용 재봉기 중 직선봉이 두 개 이상 병렬된 박음 방식은?

① 장방형
② 복합봉
③ 복렬봉
④ 원통형

20

다음 그림에 해당하는 원형은?

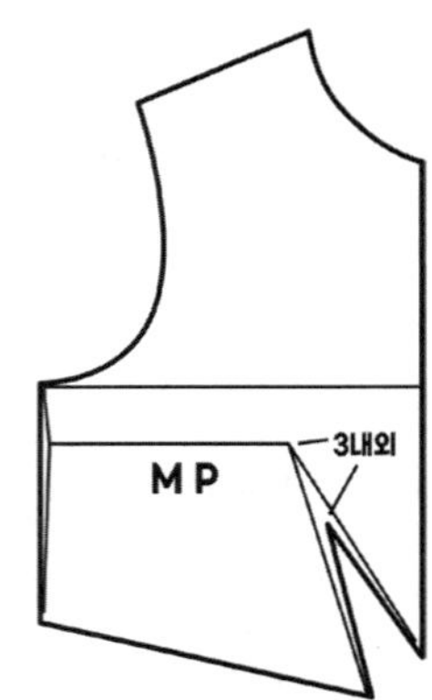

① 네크라인 다트(neckline dart)
② 숄더 포인트 다트(shoulder point dart)
③ 센터 프론트 넥 다트(center front neck dart)
④ 센터 프론트 라인 다트(center front line dart)

21

프린세스 라인(princess line)의 설명으로 가장 옳은 것은?

① 어깨의 숄더 다트를 높여 자른 선
② 암홀에서 N.P를 통과한 선
③ 바디스(bodice)에서 웨이스트 다트를 높여 옆으로 자른 선
④ 어깨의 숄더 다트와 웨이스트 다트를 연결하는 선

22

연단기에 대한 설명 중 틀린 것은?

① 대량 생산을 위하여 여러 장의 원단을 쌓아서 한꺼번에 재단하는 것이다.
② 연단기는 형넣기에 의해서 정해지는 길이로 재단할 장수만큼 원단을 연단대 위에 펼쳐 쌓는 기계이다.
③ 연단기의 종류로는 자동 연단기, 턴 테이블 연단기, 적극 송출 연단기 등이 있다.
④ 적극 송출 연단기는 연단 시 최대한의 장력을 부여하여야 한다.

{ 정답 } 15 ② 16 ① 17 ① 18 ③ 19 ③ 20 ④ 21 ④ 22 ④

적극송출연단기는 연단의 속도와 원단의 송출속도를 동일하게 맞춰 장력이 거의 없는 상태로 하여야 한다.

23

래글런(raglan) 소매의 설명으로 옳은 것은?

① 목둘레선에서 진동둘레선까지 사선으로 절개선이 들어간 소매이다.
② 소맷부리를 넓게 하여 주름을 잡아 오그리고 커프스로 처리한 소매이다.
③ 어깨를 감싸는 짧은 소매로 겨드랑이에는 소매가 없는 디자인이다.
④ 소매산이나 소맷부리에 개더 및 플리츠를 넣은 소매로 주름의 위치와 분량에 따라 모양이 달라진다.

24

다음 중 소매원형의 제도에 사용하는 약자가 아닌 것은?

① A.H
② C.L
③ B.P
④ S.B.L

B.P는 유두점으로 길원형과 관련이 있다.

25

제조원가를 구하는 계산식으로 옳은 것은?

① 재료비+인건비
② 재료비+인건비+제조경비
③ 재료비+인건비+제조경비+판매간접비
④ 재료비+인건비+제조경비+판매간접비+일반관리비

26

재단할 때의 주의점으로 틀린 것은?

① 슈트, 투피스 등의 겹옷은 안단을 붙여서 재단한다.
② 소매, 바지 등의 단 부분이 좁아서 경사가 많으면 밑단 시접을 접은 다음 재단한다.
③ 다트나 주름이 있는 경우에는 다트를 접거나 주름을 접은 다음에 시접을 넣어 재단한다.
④ 칼라의 라펠 부분이 넓은 스포츠 칼라일 경우에는 안단을 따로 재단한다.

슈트, 투피스 등은 안단을 따로 재단하여 봉제할 때 이어 붙인다.

27

다음 중 여성복의 기본 원형에 해당하지 않는 것은?

① 팬츠
② 스커트
③ 소매
④ 길

28

라펠, 칼라, 다트 등과 같이 옷감을 곡면으로 정형(定型)할 때 사용하는 다림질 보조 용구는?

① 둥근 다림질대
② 소매 다림질대
③ 솔기 다림질대
④ 니들 보드

29

시접의 분량이 다르게 되는 요인이 아닌 것은?

① 바느질 방법
② 재봉기의 종류
③ 옷감의 재질
④ 옷감의 두께

시접의 분량은 바느질 방법, 옷감의 재질, 옷감의 두께 등에 따라 달라질 수 있다.

30

옷감에 패턴 배치방법 중 틀린 것은?

① 패턴 배치를 할 때 식서 방향으로 맞추는 것이 중요하다.
② 무늬 모양이 전부 한쪽으로 되어있는 옷감은 보통 옷감의 필요 치수보다 5~10% 옷감이 적게 필요하다.
③ 첨모직물은 패턴 전체를 같은 방향으로 배치하여 재단하여야 한다.
④ 큰 무늬가 있는 옷감일 경우는 무늬가 한쪽에 몰리지 않도록 유의하여야 한다.

무늬 모양이 한 방향으로 되어있는 옷감은 보통 옷감의 필요 치수보다 옷감이 많이 필요하다.

31

면섬유의 미세구조 중 면섬유 전체의 90%를 차지하며, 물리적 성질을 주로 지배하는 것은?

① 중공
② 제12차 세포막
③ 제2차 세포막
④ 표피질

32

다음 중 중심에 심이 되는 심사(心絲) 그 주위에 특수 외관을 가지도록 감은 것은?

① 방적사
② 식사
③ 자수사
④ 접결사

33

다음 중 비중이 작은 섬유부터 큰 섬유 순서대로 나열한 것은?

① 폴리프로필렌 → 나일론 → 폴리에스터 → 면
② 폴리프로필렌 → 폴리에스터 → 나일론 → 면
③ 면 → 폴리에스터 → 나일론 → 폴리프로필렌
④ 면 → 나이론 → 폴리에스터 → 폴리프로필렌

해설

섬유의 비중
• 폴리프로필렌: 0.9
• 나일론: 1.14
• 폴리에스터: 1.38
• 면: 1.47

34

물을 잘 흡수하면서 건조가 빠르고 세탁성과 내균성이 좋아서 손수건용으로 가장 적합한 소재의 직물은?

① 양모직물
② T/C직물
③ 아마직물
④ T/W직물

해설

아마는 흡습성이 좋고 건조가 빠르다.

35

나일론의 장점에 해당하는 것은?

① 강도
② 흡습성
③ 필링성
④ 대전성

해설

나일론은 강도와 신도가 크다.

36

아크릴 섬유의 장점에 해당하는 성질이 아닌 것은?

① 내열성
② 내약품성
③ 내균성
④ 흡습성

37

실의 꼬임에 대한 설명 중 틀린 것은?

① 꼬임이 적으면 부푼 실이 된다.
② 꼬임이 많아지면 실의 광택은 줄어든다.
③ 꼬임수가 많아지면 실이 부드러워진다.
④ 꼬임의 방향으로 우연을 S꼬임, 좌연을 Z꼬임이라 한다.

해설

꼬임수가 많아지면 실이 딱딱하고 까슬까슬해진다.

38

다음 중 섬유의 단면 모양이 원형이 아닌 것은?

① 양모
② 견
③ 나이론
④ 아크릴

해설

견의 단면은 삼각형이다.

39

나일론 실에 있어서 100데니어(denier)와 50데니어의 나일론 실을 비교 설명한 것으로 옳은 것은?

① 50데니어가 100데니어보다 실의 굵기가 가늘다.
② 100데니어가 50데니어보다 실의 굵기가 가늘다.
③ 50데니어가 100데니어보다 실의 길이가 길다.
④ 100데니어가 50데니어보다 실의 길이가 길다.

{ **정답** } 31 ③ 32 ② 33 ① 34 ③ 35 ① 36 ④ 37 ③ 38 ② 39 ①

데니어는 실의 굵기가 굵을수록 숫자가 크다.

40

합성 섬유 중 흡습성이 가장 좋은 섬유는?

① 폴리비닐알코올 ② 폴리에스터
③ 폴리프로필렌 ④ 폴리우레탄

41

색의 진출과 후퇴에 대한 설명으로 옳은 것은?

① 색의 면적이 실제보다 크게, 작게 느껴지는 심리 현상을 색의 팽창성과 수축성이라 한다.
② 고명도, 고채도, 한색계의 색은 진출, 팽창되어 보인다.
③ 난색계의 파랑은 후퇴, 축소되어 보인다.
④ 어두운색이 밝은색보다 크게 보인다.

해설

• 진출색: 고명도, 고채도, 난색계열
• 후퇴색: 저명도, 저채도, 한색계열

42

다음과 같이 같은 회색을 배치하였을 때 바탕색에 따라 느낌이 다르게 보이는 색의 대비는?

① 색상 대비 ② 명도 대비
③ 채도 대비 ④ 보색 대비

해설

명도 대비: 명도가 다른 두 색을 이웃하거나 배색하였을 때 밝은색은 더욱 밝게 어두운색은 더욱 어둡게 보이는 현상이다.

43

색의 혼합 중 여러 색이 조밀하게 병치되어 있기 때문에 혼색되어 보이는 것은?

① 색광혼합 ② 색료혼합
③ 중간혼합 ④ 보색

해설

중간혼합은 실제로 색을 섞는 것이 아니라 색을 배치하거나 물리적으로 힘을 주어 색이 섞인 듯 보이게 하는 혼합이다.

44

명도에 대한 설명 중 틀린 것은?

① 색의 밝고 어두운 정도는 명도라 한다.
② 순색에 흰색을 더할수록 명도가 높아진다.
③ 빛이 눈에 자극을 주는 양의 많고 적음에 따른 느낌의 정도이다.
④ 유채색만 명도를 가진다.

해설

유채색은 색상, 명도, 채도를 가지고 있으며 무채색은 명도만 가진다.

45

다음 중 흥분을 일으키는데 가장 적합한 색은?

① 난색계통으로 채도가 낮은 색
② 난색계통으로 채도가 높은 색
③ 한색계통으로 채도가 낮은 색
④ 항색계통으로 채도가 높은 색

46

색입체에서 축에 가까운 1이나 2는 매우 탁한 색으로 거의 회색에 가까워지는 것은?

① 고채도 ② 중채도
③ 저채도 ④ 채도

47

색을 느끼는 색의 강약과 관계되는 것은?

① 색상 ② 채도
③ 명도 ④ 색입체

해설

색의 강약은 채도와 관련이 있다.

48

다음 중 색의 3속성이 아닌 것은?

① 색상 ② 색상환
③ 채도 ④ 명도

해설

색의 3속성은 색상, 채도, 명도이다.

---

40 ① 41 ① 42 ② 43 ③ 44 ④ 45 ② 46 ③ 47 ② 48 ② **{ 정답 }**

49

다음 중 가장 연하고 부드러운 느낌을 주는 색으로만 나열한 것은?

① 고동색, 회색
② 분홍색, 하늘색
③ 주황, 자주
④ 연두색, 파랑

50

남색의 의복이 노랑을 배경으로 했을 때 서로의 영향으로 인하여 각각의 채도가 더 높게 보이는 현상은?

① 보색 대비
② 면적 대비
③ 명도 대비
④ 색상 대비

해설

보색 대비는 반대되는 색상을 배색하였을 때 더욱 선명하게 보인다.

51

다음 중 나일론 섬유의 염소계 산화표백제로 가장 적합한 것은?

① 차아염소산나트륨
② 아염소산 나트륨
③ 하이드로 설파이트
④ 유기염소 표백제

52

다음 중 방추가공과 관계가 없는 섬유는?

① 면
② 마
③ 비스코스 레이온
④ 견

해설

방추가공은 구김방지 가공이다. 견은 구김이 잘 가지 않는 소재로 방추가공과 거리가 멀다.

53

부직포의 특성에 대한 설명으로 옳은 것은?

① 직물에 비해 강도가 부족하나 내구성이 좋다.
② 실의 결이 없어 아름답지 못하나 광택은 우수하다.
③ 함기량이 적으나 가볍고, 보온성, 통기성이 우수하다.
④ 절단 부분이 풀리지 않고, 표면 결이 곱지 않다.

54

피복류의 성능요구도 중 형태 안정성, 방충성, 내오염성이 해당하는 성능은?

① 감각적 성능
② 관리적 성능
③ 내구적 성능
④ 위생적 성능

55

의류의 세탁에 대한 설명 중 틀린 것은?

① 세탁온도는 일반적으로 35~40℃가 적합한 온도이다.
② 경수에서는 섬유의 종류와 관계없이 비누보다는 합성세제를 사용하는 것이 좋다.
③ 양모나 견에서는 알칼리성 세제, 면이나 마에서는 중성세제를 사용한다.
④ 세제의 농도는 약 0.2% 정도에서 비교적 우수한 세탁 효과를 나타낸다.

해설

양모나 견은 중성세제를 사용하며, 면이나 마는 알칼리 세제를 사용한다.

56

머서화 가공(mercerization)으로 얻어지는 효과가 아닌 것은?

① 광택의 증가
② 내연성의 증가
③ 염색성의 증가
④ 흡습성의 증가

해설

머서화가공: 면직물을 수산화나트륨 수용액으로 처리하여 광택, 흡수성, 염색성, 강도를 좋게 함

57

다음 중 산화표백제가 아닌 것은?

① 표백분
② 아황산
③ 과산화수소
④ 과망간산칼륨

해설

아황산계 표백제는 환원표백제이다.

{ 정답 } 49 ②　50 ①　51 ②　52 ④　53 ④　54 ②　55 ③　56 ②　57 ②

58

양모섬유웹 또는 모직물을 비눗물에 적시고 가열하면서 문지르면 섬유가 엉키고 밀착되어 두터운 층은 만드는 성질은?

① 방추성　　　② 압축성
③ 이염성　　　④ 축융성

59

정칙능직(正則綾織)에 해당하는 능선각은?

① 30°　　　② 45°
③ 90°　　　④ 120°

60

다음 중 직물의 드레이프 계수가 가장 큰 것은?

① 서지(양모)　　　② 브로드(면)
③ 부직포(건식)　　　④ 크레이프드신(견)

해설 🔘

드레이프계수가 크면 뻣뻣하고 드레이프성이 좋지 못한 직물이다.

여성복기능사 필기·실기
한권으로 합격하기

발 행 일　2025년 6월 20일 개정판 2쇄 인쇄
　　　　　　2025년 6월 30일 개정판 2쇄 발행

저　　자　안혜숙

발 행 처　 크라운출판사
　　　　　　http://www.crownbook.co.kr

발 행 인　李尙原
신고번호　제 300-2007-143호
주　　소　서울시 종로구 율곡로13길 21
공 급 처　(02) 765-4787, 1566-5937
전　　화　(02) 745-0311~3
팩　　스　(02) 743-2688, 02) 741-3231
홈페이지　www.crownbook.co.kr
I S B N　978-89-406-5007-3 / 13590

특별판매정가　29,000원